AutoCAD 应用教程

谈蓓月　主编

谈蓓月　曲艳峰　周金芝　张梅林　潘耀芳　编著

東華大學出版社

图书在版编目（CIP）数据

AutoCAD应用教程 / 谈蓓月主编. —2版. —上海：东华大学出版社，2012.7

ISBN 978-7-5669-0088-3

Ⅰ.①A… Ⅱ.①谈… Ⅲ.①AutoCAD软件—教材 Ⅳ.①TP391.72

中国版本图书馆CIP数据核字(2012)第151234号

责任编辑　吴川灵
装帧设计　雅　风

AutoCAD应用教程
谈蓓月　主编

出版：东华大学出版社
　　　上海市延安西路1882号　邮政编码:200051
发行：新华书店上海发行所
印刷：苏州望电印刷有限公司
版次：2012年7月第2版
印次：2012年7月第1次印刷
开本：787 × 1092　1/16
印张：18.25
字数：438千字
书号：ISBN 978-7-5669-0088-3/TP•009
定价：35.00元

前 言

随着计算机技术的发展，作为计算机辅助设计（CAD）基础之一的计算机绘图在各行各业的应用更加普及，计算机绘图已成为工程技术人员的必备技能。AutoCAD2012 是由美国 Autodesk 公司开发的通用计算机辅助绘图和设计软件包的最新版本，它的工作界面与 Windows 的标准应用程序界面相似，易于普及与应用。所以各大高等院校都普遍开设了以 AutoCAD 软件为基础的计算机绘图课程。

本书可作为高等院校机械 CAD、计算机绘图等课程的教材，也可供 AutoCAD 绘图方面的不同专业、不同层次的读者使用。主要包括以下特点：

1. 本书结合大量绘图实例，系统地介绍了 AutoCAD2012 的强大绘图功能及其在机械绘图中的应用方法和技巧。全书共 14 章，主要包括 AutoCAD 基本操作、二维图形的绘制及编辑、块及外部参照的应用、文字和尺寸标注、机械图样模板的制作、零件图及装配图的绘制、轴测图三维表面模型、实体模型的创建及编辑、由三维实体生成二维视图以及图形的打印及输出等内容。

2. 本书精心挑选了适合不同专业、不同层次读者的典型图例，采用易于接受的、循序渐进的方法，详细地介绍了 AutoCAD 2012 的新增功能，使初学者能很快地掌握计算机绘图技术知识。

3. 本书每章分为基本知识、应用实例、习题三部分。通过学习，读者既能对 AutoCAD 的基本知识、基本命令的理论知识有一个系统的认识，又能把学到的理论知识与实际应用相结合，学以致用，帮助读者更好地理解理论知识，灵活地应用理论知识，并通过配备的习题巩固本章所学的知识，以便读者能在最短的时间内熟悉掌握 AutoCAD 2012 绘图技术，并具有应用该技术独立完成设计、绘制图形的能力。

本书由谈蓓月、曲艳峰、周金芝、张梅林、潘耀芳编写，由谈蓓月统稿，其中邓肖明副教授参与了本书前期的编写和指导，同时本书在编写过程中得到了上海电力学院教务处、上海理工大学钱炜副教授，以及上海电力学院吴寿林教授的大力支持与帮助，在此表示衷心的感谢。

限于水平，书中难免有不妥或错误之处，恳请读者指正。

编　者

2012 年 6 月

目　录

第 1 章　AutoCAD 2012 基础知识

学习要求

- 了解 AutoCAD 2012 的主要功能。
- 掌握 AutoCAD 2012 的工作界面。
- 掌握 AutoCAD 2012 的文件管理。
- 掌握 AutoCAD 2012 的工作空间。
- 了解 AutoCAD 2012 的绘图流程。
- 掌握 AutoCAD 2012 的输入操作。
- 掌握 AutoCAD 2012 的实体选择。

基本知识

1.1　AutoCAD 2012 的主要功能

CAD（Computer Aided Design）是指计算机辅助设计，是计算机技术的一个重要的应用领域。AutoCAD 是美国 Autodesk 公司开发的一个交互式辅助设计软件，是用于二维及三维设计的系统工具，用户可以使用它创建、浏览、管理、打印、输出、共享设计图形。自 20 世纪 80 年代以来，AutoCAD 一直是计算机领域中最具影响力的软件包之一，在城市规划、建筑、测绘、机械、电子、造船、汽车等许多行业得到了广泛的应用。经过十几次的版本升级，目前最新版本是 AutoCAD 2012 版。它扩展了 AutoCAD 以前版本的优势和特点，并且在用户界面、性能、操作、图形管理、产品数据管理等方面得到进一步加强，将直观强大的概念设计和视觉工具结合在一起，促进了 2D 设计向 3D 设计的转换，为用户提供了更高效、更直观的设计环境。

AutoCAD 软件可以满足通用设计和绘图的主要需求，并提供各种接口，可以和其他设计软件共享设计成果，并能十分方便地进行管理。它的主要功能如下：

1. 具有完善的图形绘制功能，绘制基本图形简单易学。
2. 具备强大的图形编辑功能，提高了绘图的效率。
3. 具有多种二次开发方式和定制的功能。
4. 具有较强的数据和图形交换能力，提供多种图形格式的转换。
5. 提供网上交流功能，可以通过 XML 传送协议传送三维模型和图像信息。
6. 具有通用性、易用性，适用于各类用户。
7. 支持多种硬件设备、操作平台。

1.2　AutoCAD 2012 的工作界面

AutoCAD 2012 工作界面与 Windows 2007 的标准应用程序界面相似，主要由应用程序菜单、快速访问工具栏、功能区、绘图窗口、命令行、状态栏及滚动条等组成，如图 1–1 所示。

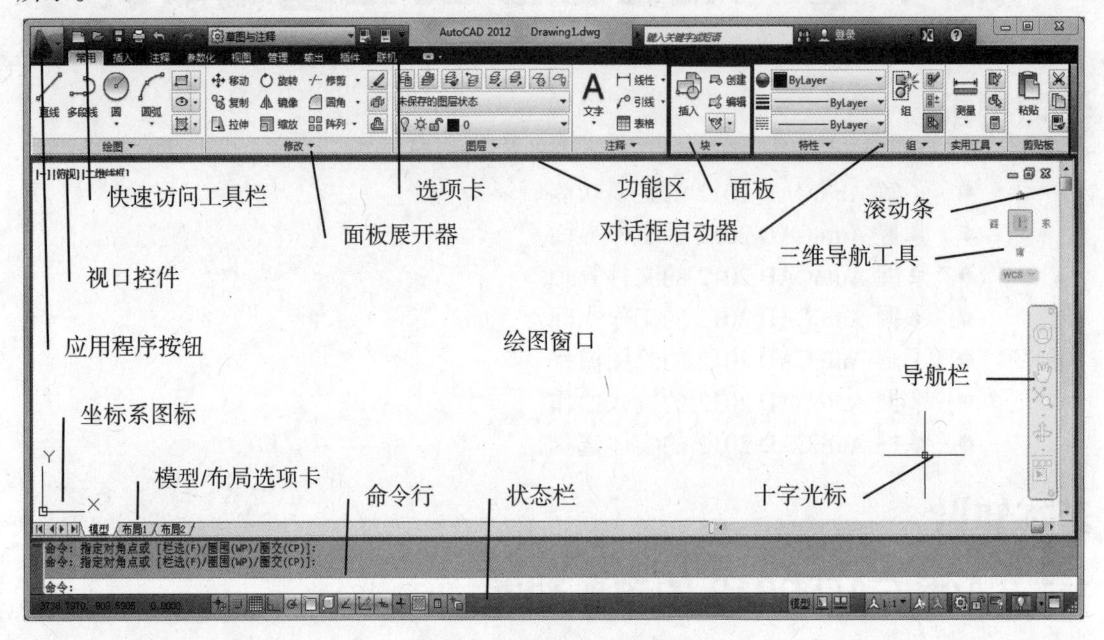

图 1–1 系统默认工作界面

1.2.1 应用程序菜单

单击应用程序按钮，可弹出包括新建、打开及保存等常用选项的下拉菜单。其功能主要有：访问常用工具，如新建、打开、保存、发布文件等；搜索命令；浏览文件，查看、排序和访问最近打开的文件。

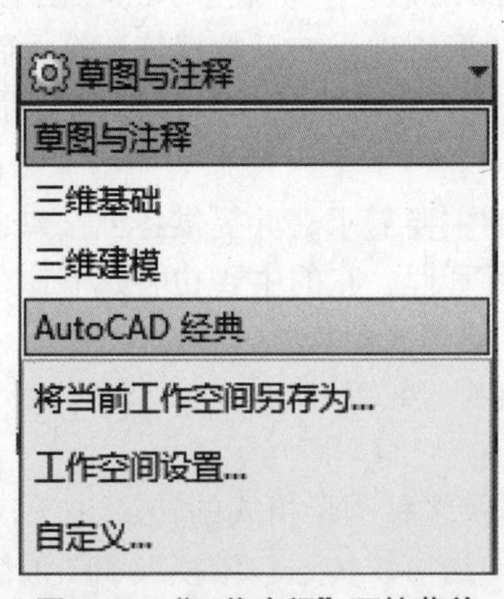

图 1–2 “工作空间”下拉菜单

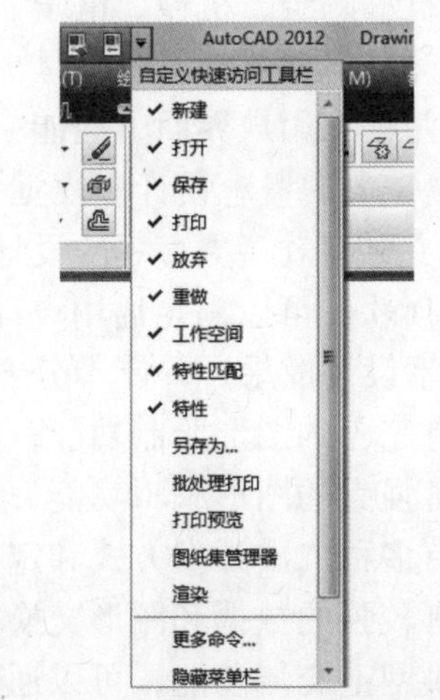

图 1–3 “自定义快速访问工具栏”下拉菜单

1.2.2 快速访问工具栏

快速访问工具栏位于应用程序窗口顶部，显示常用工具，如图 1–1 所示。其左侧包括：新建(New)、打开(Open)、保存(Save)、打印(Print)、撤销(UNDO)、重做(REDO)按钮，“工作空间”下拉框、特性 (Properties)按钮。点击“工作空间”下拉框，弹出如图 1–2

所示下拉菜单，可根据需要从中选择相应的选项，打开所需工作空间界面。

点击“特性”按钮右侧展开器（向下箭头），可以弹出自定义快速访问工具栏下拉菜单，该菜单可以自定义快速访问工具栏所显示内容、定义快速访问工具栏位置、显示菜单栏等，如图 1–3 所示。快速访问工具栏正中是 AutoCAD 2012 版本号、当前打开的文件路径和名称。接着是搜索、网络、帮助服务。最右边是三个 Windows 控制按钮，用于调整窗口大小或关闭窗口。

1.2.3 菜单栏

在快速访问工具栏中单击特性按钮右边的向下箭头，选择“显示菜单栏”选项，在快速访问工具栏下方显示 AutoCAD 菜单，如图 1–4 所示。它包括文件(File)、编辑(Edit)、视图 (View)、插入(Insert)、格式(Format)、工具(Tool)、绘图 (Draw)、标注(Dimension)、修改(Modify)、参数(Parameter)、窗口(Window)、帮助(Help)共 12 个选项。单击这些选项，AutoCAD 弹出下拉菜单，在下拉菜单中几乎可以实现所有的 AutoCAD 操作。

图 1–4 菜单栏

单击下拉菜单栏中的某一项，则弹出相应的下拉菜单，该菜单可分为三种类型：

☆ 选项右边没有任何符号，选择它则直接执行一个相应的 AutoCAD 2012 命令。

☆ 选项右边带“▶”符号，表示该菜单项是一个子菜单的标题，单击该项后会弹出一个子菜单。

☆ 选项右边带“…”符号，表示单击该项后会弹出一个对话框，需要用户选择或编辑，退出对话框后，执行相应的 AutoCAD 2012 命令。

1.2.4 功能区

功能区由选项卡和面板组成。AutoCAD 2012 共有常用(Home)、插入(Insert)、注释(Annotation)、参数化(Parameter)、视图(View)、管理 (Administer)、输入(Input)、插件(Plug)、联机(Online)九个选项卡，各对应不同面板。单击“联机”右侧展开器(上或下箭头)可以改变面板的显示情况，如图 1–5 所示。默认设置下，AutoCAD 2012 显示“常用”选项卡。

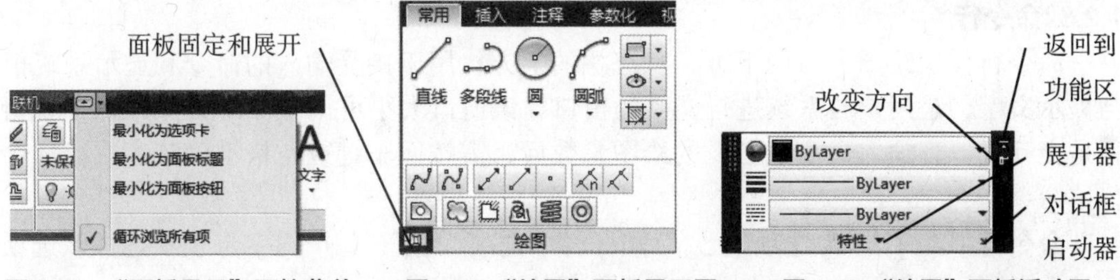

图 1–5 “面板显示”下拉菜单　图 1–6 “绘图”面板展开图　图 1–7 “绘图”面板浮动图

面板大图标显示基本命令按钮，小图标显示复杂命令按钮。鼠标左键单击任意面板下端文字说明右侧的展开器▾(向下箭头)，可以展开面饭，显示其他命令，再单击左下角面板固定和展开按钮(红色标记处)，可以固定或展开面板，如图 1–6 所示。鼠标左键按住面板下端文字说明的横条上，然后拖动鼠标，用户可以把面板拖动到指定的地方。拖动后的面板如图 1-7 所示。光标置于其右侧向右箭头处，面板两侧出现黑色浮动条，其右上角有一个用于将面板返回功能区按钮(红色标记处)和改变方向按钮。当将面板拖动到功能区的左右适合位置，松开鼠标，面板也可返回到功能区的适合位置。鼠标左键单击任意面板右下端的对话框启动器图标 ↘(斜下箭头)，可以弹出相应的对话框。鼠标右键单击任意面板空白处，可以弹出快捷菜单以打开其他选项卡或面板，如图 1-8、9 所示，可以选择激活或关闭相应的选项卡或面板。

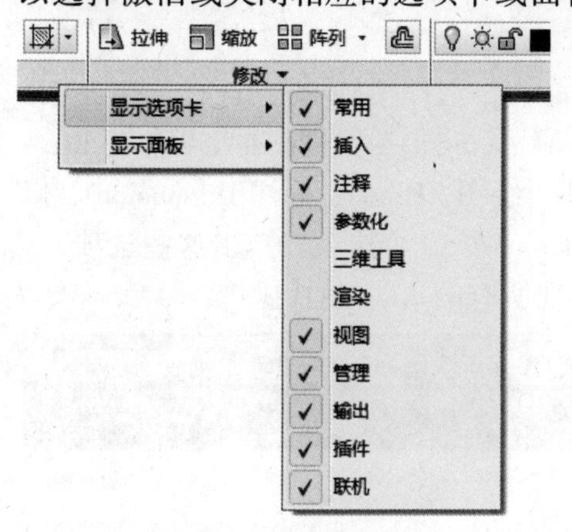

图 1-8 “显示选项卡”下拉菜单

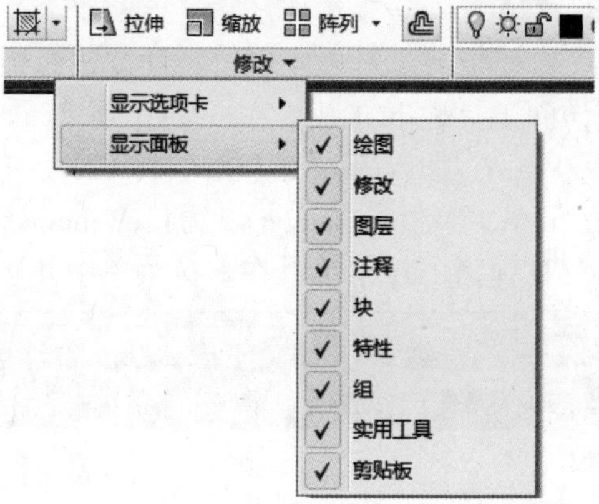

图 1-9 “显示面板”下拉菜单

1.2.5 绘图窗口

绘图窗口是用户在屏幕上绘制、编辑、显示图形的区域。绘图窗口左上角是视口控件，提供更改视图、视觉样式和其他设置的便捷方式。绘图区域中左下角显示一个图标，它表示矩形坐标系的 X、Y 轴，该坐标系称为“用户坐标系（UCS）”，可以选择、移动和旋转 UCS 图标以更改当前 UCS。

绘图窗口中的光标为十字光标，用于绘制图形及选择图形对象。十字线交点反映了光标在当前坐标系中的位置，十字线的方向与当前用户坐标系的 X 轴、Y 轴方向平行，十字线交汇处有一个称为“拾取框”的小方框；绘制图形时显示为十字形“+”，拾取编辑对象时显示为拾取框“□”。绘图窗口右侧有三维导航工具，允许用户从不同的角度、高度和距离查看图形中的对象。导航栏中有常用的观察视图工具。

1.2.6 命令行

命令行位于绘图窗口的下方，状态栏的上方，用于接受输入的命令和显示系统信息与提示文字，是用户与系统进行交互的窗口，该窗口大小可调整。AutoCAD 命令执行过程是交互式，当输入命令或必要的绘图参数后，需按回车键或空格键确认，系统才会执行该命令。

命令行中“[ ]”内为选项集、“/”隔开各个选项，输入“( )”内字母表示选择该选项，字母大小写均可以，“< >”内是当前执行项的默认数值。

1.2.7 状态栏

命令行下面是反映操作状态的状态栏，其左侧数字是当前光标所在位置的 X、Y、Z 坐标。状态栏中间一排按钮是辅助绘图工具，有栅格、捕捉、正交等。单击按钮使其亮显，则启动对应功能。右击辅助绘图工具按钮可以弹出一个包括常用操作、启动和设置选项的菜单。其右侧有模式切换、快速查看、注释比例、工作空间切换、全屏查看等。

1.3 AutoCAD 2012 的文件管理

1.3.1 新建（New）文件

1. 功能

创建新的图形文件。

2. 调用方式

☆ 快速访问工具栏：

☆ 命令行： new

☆ 菜 单： 文件（File）=> 新建（New）

☆ 工具栏：

☆ 快捷键： Ctrl+N

3. 解释

调用该命令，弹出“选择样板”对话框，如图 1-10 所示。从中选择不同的图形样板创建新图形文件，在“文件类型”下拉列表框中有 3 种格式的图形样板，*.dwt 文件是标准的样板文件，通常将一些规定的标准性的样板文件设成* .dwt 文件；*.dwg 文件是普通的样板文件；而*.dws 文件是包含标准图形、标注样式、线型和文字样式的样板文件。

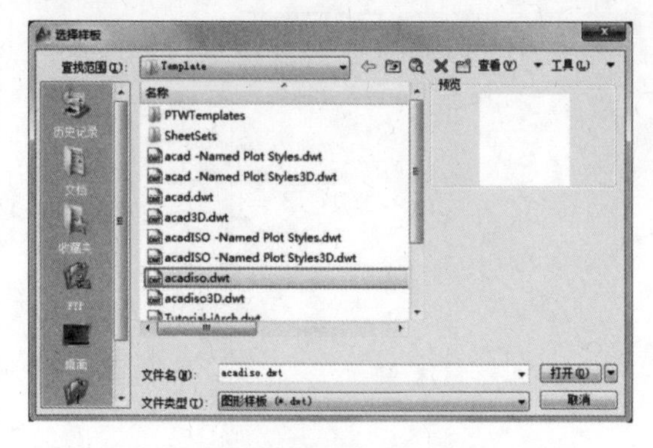

图 1-10 “选择样板”对话框

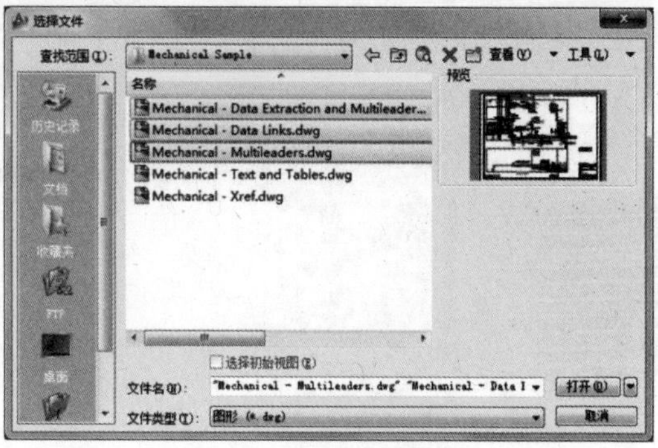

图 1-11 “选择文件”对话框

1.3.2 打开（Open）文件

1. 功能

打开已存在的图形文件。

2. 调用方式

☆ 快速访问工具栏：

☆ 命令行：open

☆ 菜 单：文件（File）=> 打开（Open）

☆ 快捷键：Ctrl+O

☆ 工具栏：

3. 解释

调用该命令，弹出“选择文件”对话框，如图 1-11 所示。AutoCAD 2012 是多文档设计，用户可以同时打开多个文件。按下 Ctrl 键，依次单击要打开的图形文件，或按下 Shift 键，同时单击要打开的其他图形文件。

多个文件的叠放通过“视图”选项卡“窗口”面板可选择“水平平铺(Tile Horizontally)”、“垂直平铺(Tile Vertically)”、“层叠(Cascade)”三种方式。单击某一图形的任何位置或单击“切换窗口”按钮，可将某一图形文件置为当前。

1.3.3 保存（Save）文件

1. 功能

将图形文件保存到指定文件录目下。

2. 调用方式

☆ 快速访问工具栏：

☆ 命令行：qsave

☆ 菜　单：文件（File）=> 保存（Save）

☆ 工具栏：

☆ 快捷键：Ctrl+S

3. 解释

调用该命令，弹出“图形另存为”对话框，如图 1–12 所示。选择文件的保存位置，键入文件名，选择文件类型，一般用户绘制的图形文件选择“*.dwg”类型，需要保存为“样板”文件时，选择“*.dwt”类型。

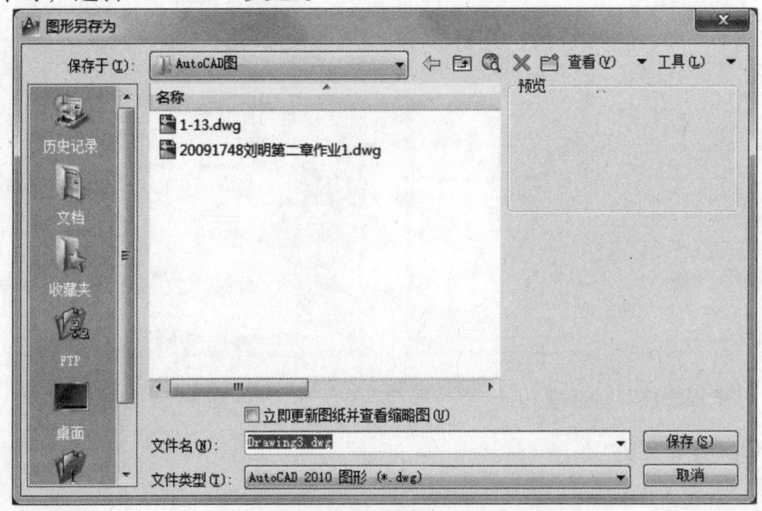

图 1–12 “图形另存为”对话框

1.4 AutoCAD 2012 的工作空间

AutoCAD 2012 工作空间是由快速访问工具栏、菜单、选项卡、面板、命令行和工具栏组成的集合，使用户可以在专门的、面向任务的绘图环境中工作。使用工作空间时，只会显示与任务相关的菜单、工具栏和选项板。AutoCAD 已定义了四个工作空间：草图与注释、三维基础、三维建模、AutoCAD 经典。用户可以通过快速访问工具栏“工作空间”下拉框轻松地切换工作空间，不同的工作空间对应的工作界面不同。“草图与注释”工作空间对应的工作界面，如图 1–1 所示；“三维建模”工作空间对应的工作界面，如图 1–13 所示；“AutoCAD 经典”工作空间对应的工作界面，如图 1–14 所示。

在二维绘图时，使用“草图与注释”工作空间，其中仅包含与二维相关的工具栏、菜单和面板等，二维绘图不需要的选项卡会被隐藏，以使用户的工作屏幕区域最大化。在创建三维模型时，一般使用“三维建模”工作空间，也可以使用“三维基础”工作空间。此外，用户可以将最常使用的工作空间保存到现有工作空间或自定义工作空间。如果需要着手另一任务，可随时从快速访问工具栏“工作空间”下拉框中切换到另一工作空间。

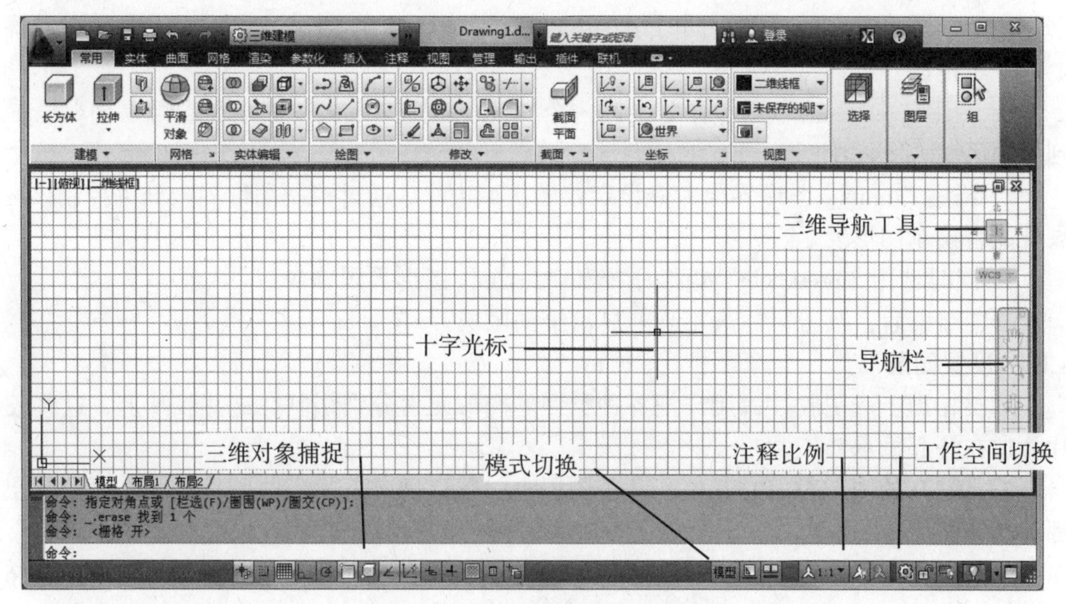

图 1-13　“三维建模”工作空间

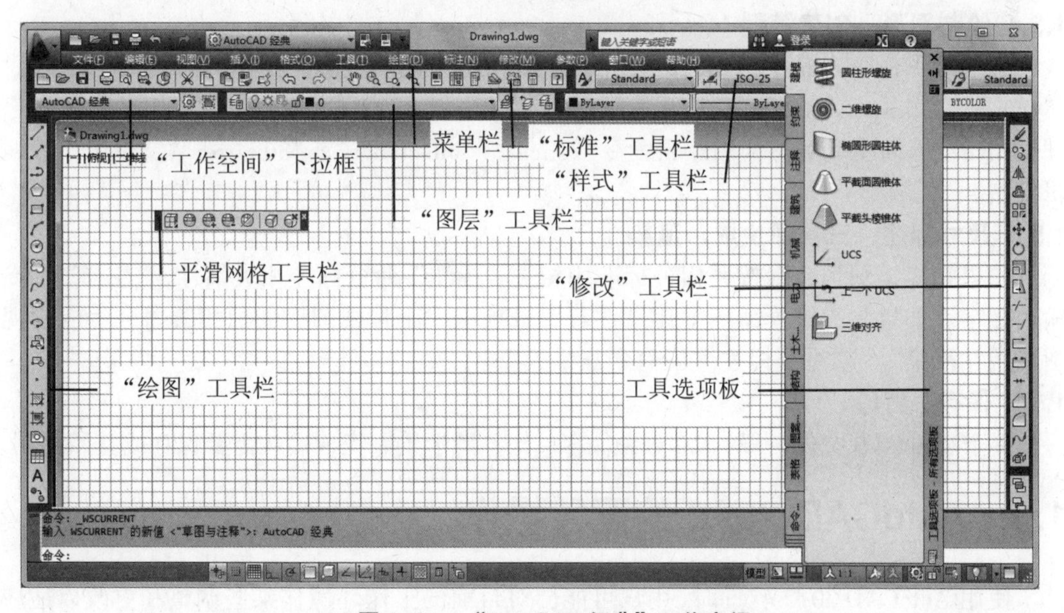

图 1-14　“AutoCAD 经典”工作空间

1.5 AutoCAD 2012 的绘图流程

1.5.1 选择工作空间

根据任务需要从“快速访问”工具栏“工作空间”下拉框选择合适的工作空间，默认设置满足需要时可以省略该操作。

1.5.2 设置绘图区域

AutoCAD 的绘图空间理论上时无限大的。作图时，首先对绘图区大小进行设定有助于用户了解图形分布的范围。同时用户可以在绘图过程中随时缩放图形以控制其在屏幕上的显示范围。具体过程如下：

☆ 调用“rectangle”矩形命令绘制一个和符合指定图纸大小的矩形，可以直观地看到绘制区域，方便绘图。

☆ 调用“limits”图形界限命令设定绘图区域大小，通过控制图形界限开关控制该区域外能否绘制图形。

☆ 同时调用“rectangle”矩形命令和“limits”图形界限命令。

设置结束后，双击鼠标滚轮全屏显示绘图区域。

1.5.3 设置图层

图层相当于透明胶片，用户把各种类型的图形元素分别绘制在这些胶片上，这些胶片叠加在一起显示。

AutoCAD 的图形对象总是位于某个图层上。默认情况下，当前层是 0 层。每个图层都有与其相关联的颜色、线型及线宽等属性信息，用户可以修改这些信息。单击“图层”面板“图层特性”按钮，弹出“图层特性管理器”对话框，可对图层进行相关操作，详见第四章。

1.5.4 绘制图形、创建模型

调用绘图命令“Line”、“Circle”、“Rectangle”等绘制基本图形，调用编辑命令“Trim”、“Offset”、“Mirror”、“Array”等编辑图形。在三维建模空间，调用建模命令“box”、“extrude”、“revolve”等创建模型，调用编辑命令“slice”、“offsetedge”、“3dmirror”、“shell”等编辑模型。

1.5.5 尺寸标注、三视图生成、渲染

如果是二维图形，则按照相关标准用相关“标注”命令标注相关尺寸，“注释”命令输入文字。如果是三维模型需要用“注释”选项卡“工程视图”面板相关命令生成三视图或用“渲染” 选项卡相关渲染命令三维模型。

1.5.6 保存、打印

一个 AutoCAD 文件一般约 10 分钟保存一次，图形绘制完成后按需要保存或打印出图。

1.6 AutoCAD 2012 的配置操作

使用 AutoCAD 2012 软件时，用户可能会对目前的工作环境作某些调整和更改以适应不同绘图工作的需要。AutoCAD 2012 提供了“文件（File）”、“显示（Display）”、“打开和保存（Open and Save）”、“打印和发布（Plotting and Issue）”、“系统（System）”、“用户

系统配置（User Preferences）”、“绘图（Drafting）”、“三维建模（Modelling）”、“选择集（Selection）”、“配置（Profiles）” 10 个选项卡进行系统配置，具体调用方式：

☆ 命令行：config

☆ 菜　单：工具（Tools）=> 选项 （Options）

“文件” 选项卡列出程序在其中搜索支持文件、驱动程序文件、菜单文件和其他文件的文件夹。还列出了用户定义的可选设置，例如哪个目录用于进行拼写检查。

“打开和保存” 选项卡控制打开和保存文件的相关选项，如保存文件格式、保存时图形视觉逼真度；帮助避免数据丢失以及检测错误的文件安全措施：指定的时间间隔自动保存图形、每次保存均建备份；维护日志文件、临时文件的文件扩展名，提供数字签名和密码选显示数字等。

“打印和发布” 选项卡控制与打印和发布相关的选项，如添加或配置绘图仪、打印到文件、打印和发布日志文件、常规打印设置、打印偏移、打印戳记、打印样式等。

“系统” 选项卡控制系统设置，如三维性能、气泡式通知等。

“绘图” 选项卡设定包括“自动极轴追踪”、“自动对象捕捉” 等多个编辑功能选项。详见 2.4.5 节。

“三维建模” 选项卡设定在三维中使用实体和曲面的选项。“三维十字光标” 区控制三维操作中十字光标指针的显示样式的设置。“在视口中显示工具” 区控制 ViewCube、UCS 图标和视口控件的显示。“三维对象” 区控制三维实体、曲面和网格的显示的设置。“三维导航” 区设定漫游、飞行和动画选项以显示三维模型。“动态输入” 区控制坐标项的动态输入字段的显示。

“配置” 选项卡控制用户定义的配置的使用。

其它选项卡说明如下：

1.6.1 “显示” 选项卡

选取上述任一格式，弹出“选项” 对话框，“显示” 选项卡如图 1-15 所示。各选项说明如下：

1. “窗口元素” 区

控制绘图环境特有的显示设置。常用选项说明如下：

☆ “配色方案（M）” 下拉框：以深色或亮色控制元素的颜色设置，如状态栏、标题栏、功能区和应用程序菜单边框。

☆ “图形窗口中显示滚动条” 复选框：绘图窗口底部或右侧显示滚动条。

☆ “将功能区图标大小调整为标准大小” 复选框：当它们不符合标准图标的大小时，将功能区小图标缩放为 16 × 16 像素，将功能区大图标缩放为 32 × 32 像素。

☆ “显示鼠标悬停工具提示” 复选框：控制光标悬停在对象上时鼠标悬停工具提示的显示。

☆ “显示工具提示” 复选框：控制工具提示在功能区、工具栏和其它用户界面元素中的显示。

☆ “颜色” 按钮：设置应用程序窗口中元素的颜色，如二维模型空间（绘图窗口）、命令行、十字光标、图纸布局等。

☆ “字体” 按钮：指定命令窗口文字字体、字形、字号。

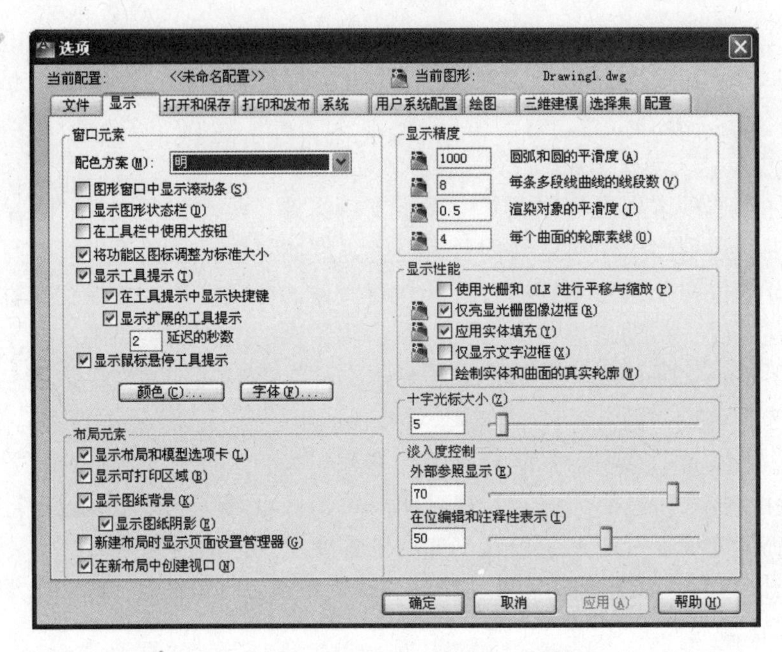

图 1-15 “选项”选项卡中的“显示”对话框

2. “布局元素”区

控制现有布局和新布局的选项。布局是一个图纸空间环境，用户可在其中设置图形进行打印。可以设置是否显示显示布局和“模型”选项卡、可打印区域、图纸背景、图纸阴影、新建布局时显示页面设置管理器，是否在新布局中创建视口。

3. “十字光标大小”区

按屏幕大小的百分比确定十字光标的大小。十字光标的长度系统预设为屏幕大小的5%，用户可以根据绘图的实际需要更改其大小。在相应文本框中直接输入数值，或者拖动文本框后的滑块，即可对十字光标的大小进行调整。

4. “显示精度”区

控制对象的显示质量，即圆弧和圆的平滑度；每条多段线的线段数；渲染对象的平滑度；每个曲面的轮廓线的数目。如果设置较高的值提高显示质量，则性能将受到显著影响。

5. “显示性能”区

控制影响性能的显示设置，即控制平移和缩放时的光栅图像、光栅图像的显示、填充实体对象的显示、文本的边框代替文本对象的显示、三维实体轮廓的线框显示。

6. “淡入度控制”区

控制 DWG 外部参照和参照编辑的淡入度的值。

1.6.2 “用户系统配置”选项卡

控制优化工作方式的选项。常用选项说明如下：

“Window 标准操作”区控制单击和单击鼠标右键操作。“双击编辑”复选框控制绘图区域中的双击编辑操作。“绘图区域中使用快捷菜单”控制“默认”、“编辑”和“命令”模式的快捷菜单在绘图区域是否可用。如果清除此选项，则单击鼠标右键将被判定为按 Enter 键。单击“自定义右键单击”按钮，显示“自定义右键单击”对话框，控制在绘图区域中单击鼠标右键是显示快捷菜单还是与按 Enter 键的效果相同。

“插图比例”区控制在图形中插入块和图形时使用的默认比例。“坐标数据输入的优先级”区控制在命令行输入的坐标是否替代坐标输入。“关联标注”区控制创建关联标注对象还是创建传统的非关联标注对象。

1.6.3 “选择集”选项卡

AutoCAD 中把用一个绘图或建模命令绘制的一个图形或三维模型成为一个“实体”，即一个实体作为一个整体存在，可以用相关编辑命令对其进行整体操作。为编辑某些“实体”，必须选定实体，即要对其进行“选择”操作，所选择的实体构成一个“选择集”。

“选择集”选项卡用于设置选择方式，如图 1–16 所示，“夹点”设置详见 5.3 节，其余选项说明如下：

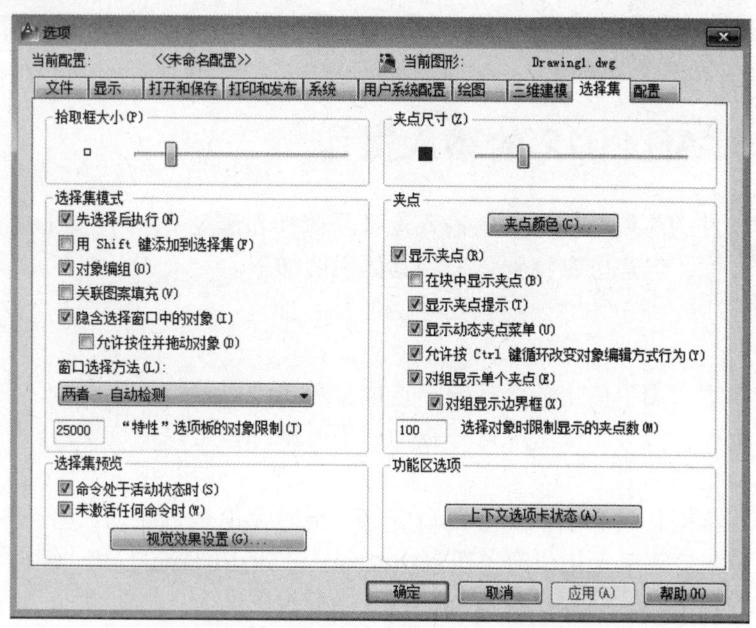

图 1–16 “选项”选项卡“选择”对话框

1. “拾取框大小”区

前面介绍十字光标时已介绍了拾取框。拾取框小则选择的分辨率高，但选择实体时对准难度大，所以用户必须根据图形的具体情况，通过移动对话框中的滚动滑块，改变拾取框的大小。

2. “选择集模式”区

☆“先选择后执行”复选框：选中该选项，可以先输入执行命令，再选择实体，也可以先选择实体，再输入执行命令，反之只能先输入执行命令再选择实体。但有些命令如：Trim、Fillet、Chamfer、Extend、Divide、Measure 等必须先输入执行命令，后选择实体。

☆“用 Shift 键添加到选择集”复选框：直接选择实体，实体选择集中只能有一个实体，当多个实体要放在同一实体选择集中时必须在选择时按下 Shift 键，一般不选择该项。

☆“对象编组”复选框：由对象集合成的组是可以选取的，也即选择组中一个成员就选择了整个组。

☆ “关联填充”复选框:选择剖面线时,与剖面线相关联的剖面线边界同时被选中。

☆ “隐含选择窗口中的对象”复选框：系统隐含着用窗口方式来选择实体集，当该选项为“关闭”时，用 Windows 或 Crossing 方式才能生成具有以上功能的选择窗口。

☆ “允许按住并拖动对象”复选框：按住鼠标左键并拖动来产生一个选择窗口，从而选择窗口内所有实体为实体选择集。

3. “选择集预览”区

当拾取框光标滚过对象时，亮显对象。

☆ “命令处于活动状态时”复选框：只有当某个命令处于活动状态并显示“选择对象”时，才会显示选择预览。

☆ “未激活任何命令时”复选框：即使未激活任何命令，也可显示选择预览。

☆ “视觉效果设置”按钮：控制选择预览过程中对象和选择区域的外观。

1.7 AutoCAD 2012 的输入操作

AutoCAD 软件的应用中最常见的输入设备是鼠标和键盘，它们在 AutoCAD 的使用和在其他软件中类似，但是也有特别之处，具体说明如下。

1.7.1 鼠标操作

1. 左键

左键是拾取键，用于单击命令按钮、选取菜单选项以执行相应命令、在绘图过程中用于指定点和选择实体等。单击左键并拖动后松开鼠标，可以框选实体。

2. 右键

一般作为回车键，具有确认及重复命令的功能。无论是否启动命令，单击鼠标右键将弹出快捷菜单，该菜单上提供有“重复(Repeat)”、“剪切(Trim)”和“缩放(Zoom)”等绘图中经常使用的选项。这些选项与鼠标位置及当前绘图命令、图形状态等有关。例如，将鼠标光标放在作图区域、工具栏或选项卡内单击鼠标右键，弹出不一样的快捷菜单。

3. 滚轮

向前转动滚轮，放大图形；向后转动滚轮，缩小图形。缩放基点为十字光标点，默认情况下，缩放增量为 10%。按住滚轮并拖动鼠标光标，则平移图形；双击滚轮，范围缩放图形，使所绘图形最大化地显示在绘图窗口。按住滚轮不动，光标显示为一只小手，然后拖动鼠标可以平移图形。

1.7.2 键盘操作

1. 功能键区

功能键区是位于键盘上部的一排按键，从左到右分别是：Esc 键可以退出或取消正在执行的命令，F1 ~ F12 共 12 个功能键作"快捷键"，其中 F1 键可以打开 AutoCAD 帮助文件，Print Screen 键可以把屏幕显示图形硬拷贝。

2. 主键盘区

主键盘区主要是由字母键、数字键、符号键和制表键等组成。字母键区可以输入各种命令，数字键区输入各种参数，Shift 键+数字键形成符号键可以输入各种特殊符号。

回车键 Enter 和空格键用于确认命令的执行和相应的输入,任何在命令行输入命令、参数后，都必须用回车键或空格键结束输入。一个命令结束后再按回车键或空格键可以重复执行前一个命令。Ctrl 键可以和 A、C、V 等构成组合键有全选、复制、粘贴等功能。

3. 其他

编辑控制区有方向键等编辑专用键。在 AutoCAD 中常用 Delete 键删除不需要的图形或文字。最右侧数字键盘可以用来输入相应的数值。

1.8 AutoCAD 2012 的实体选择

用户使用编辑命令时，选择多个对象构成一个选择集，AutoCAD 提供多种构造选择集的方法。默认情况下，用户可以逐个拾取对象或利用矩形窗口、交叉窗口一次选取多个对象。

1.8.1 鼠标选择法

1. 逐个选择法

直接用鼠标逐个单击选择对象，被选实体变虚线，但每次只能选择一个实体，所以拾取框不能定位在几个实体的交汇处，否则计算机将无法正确选择你需要的实体。

2. 实线框选取法

移动实体拾取框至需要选择实体的左上(下)方,单击鼠标左键并拖动至需要选择实体的右下(上)方，此时光标在屏幕上会出现一个实线框，再单击一次，则窗口内的全部实体被选中并变成虚线。

3. 虚线框选取法

移动实体拾取框至需要选择实体的右上(下)方,单击鼠标左键并拖动至需要选择实体的左下(上)方，此时光标在屏幕上会出现一个虚线框，再单击一次，则在框内实体和与窗框相交的实体都被选中，被选择的实体变虚线。

1.8.2 选项法

当用户输入编辑命令后，命令行窗口中将出现提示：“选择对象”。则在该提示下输入“?”，系统进一步显示提示，现列出比较常用的选项做出解释：

1. 需要点：同鼠标选择法中逐个选择法。

2. 窗口(W)：窗口选择方式。选取由两个角点所定义的矩形框内的所有对象。与上面讲的实线框选取法基本相同，不过不论鼠标向左还是向右，均为实线框，且与边界相交的对象不会被选中。同鼠标选择法中实线框选取法。

3. 上一个(L)：自动选取最后绘制的一个对象。

4. 窗交(C)：交叉窗口选择方式。此方式操作方法与“窗口”方式类似，但它不仅包括矩形框内对象,也包括与矩形框边界相交的所有对象。同鼠标选择法中虚线框选取法。

5. 全部(ALL)：该选项表示系统将自动选择当前窗口中的所有图形对象(冻结或加锁图层中的对象除外)。

6. 栏选(F)：栅栏选择方式。按提示要求绘制一条多段折线，则与该多段折线相交的所有图形对象均被选中。

7. 添加(A)：将删除模式改为加入模式，系统提示恢复为“选择对象”，则可将选定对象添加到选择集。

8. 删除(R)：将构造选择集的模式改为删除模式，此时系统提示变为“删除对象”，则可从已选中的对象中移出某些对象。

9. 多个(M)：多重对象选择方式。通过多次直接选取对象而不虚线显示，从而加快复杂对象上的对象选择过程。当按回车键后被选中的所有对象才同时变成虚线。

10. 前一个(P)：该选项表示系统将自动选择前一次操作生成的选择集。

11. 放弃(U)：该选项表示系统将放弃前一次的选择操作。

12. 子对象(SU)：选择一个实体的某一部分。

习题

1. 设置绘图区域为 420×297mm 的文件，文件名为“1.dwg”。

2. 移动面板，改变面板形状，自定义一个工作空间。

3. 新建三个图形文件，并以水平平铺的方式显示在屏幕上。

4. 在“AutoCAD 经典”工作空间，调用“limits”命令设定绘图区域的大小为 210×297mm。

第 2 章　基本操作

学习要求

- 了解 AutoCAD 的坐标系统。
- 掌握数值及坐标点的输入方法。
- 掌握绘图区域的设定方法。
- 掌握辅助绘图工具的操作。
- 掌握绘制直线的方法。

基本知识

2.1　AutoCAD 的坐标系统

AutoCAD 采用三维笛卡尔直角坐标系统(Cartesian Coordinate System,缩写为 CCS)，确定点的空间位置。当前光标所在位置的坐标(x, y, z)显示在屏幕左下角状态栏中。空间任何一点可由坐标系中的三个坐标值(x, y, z)唯一确定。

用户坐标系统(User Coordinate System，缩写为 UCS)是 AutoCAD 2012 的基本坐标系。它由三个相互垂直相交的 X，Y，Z 坐标轴组成，默认设置坐标原点在屏幕的左下角，X 轴为屏幕的水平方向，Y 轴为屏幕的垂直方向，按照右手规则 Z 轴方向是指向操作者(由屏幕里指向屏幕外)。

在三维建模中，UCS 可以将复杂的三维问题变成简单的二维问题。用户可以根据自己特定的需要来定义 UCS 坐标原点的位置及 X，Y，Z 轴的方向。

2.2　数值及坐标点的输入

2.2.1 数值的输入

数值主要有距离数值和角度数值两种，常用键盘直接输入数值。

1. 距离数值输入

属于距离的数值有：“长度”、“高度”、“宽度”、“半径”、“直径”、“列距”、“行距”等，距离除了从键盘输入数据外，还可在绘图窗口指定两点，由两点间的距离确定输入距离的值。

2. 角度数值输入

角度数值输入只输入相应角度数字，表示为“<角度”，无需输入符号度(°)。还可指定两点，由两点连接与水平方向的夹角确定角度的值。系统默认设置角度起始位置为水平向右方向，逆时针方向为正。

2.2.2 坐标点的输入

点是构成图形中最基本元素，AutoCAD 提供了以下四种二维点的输入方式：

1. 键盘输入点的坐标值

坐标系统不同，平面上一个点要输入的坐标值就不同。用户常用的有直角坐标系和极坐标系。坐标系中又有绝对坐标和相对坐标之分，其中相对坐标以@为相对坐标符号，数值表示相对于前一点的位置。从键盘输入一个点坐标的四种方法如表 2-1 所示。表中示例为已有一点 A(1,1)，输入另一点 B(5,5)。

表 2-1　键盘输入坐标点的方式

坐标系统	坐标方式	输入格式	示例中应输入数据
直角坐标	绝对坐标	x, y	5, 5
	相对坐标	@x, y	@4,4
极坐标	绝对坐标	距离<角度（$l<\alpha$）	7.070<45
	相对坐标	距离<角度（@$l<\alpha$）	@5.656<45

上述 4 种方法，用户要根据绘图中的具体情况确定最方便的一种输入点的方式。

2. 光标拾取点

移动十字光标达到指定位置，单击鼠标左键，即把该点(x, y)坐标值输入。

3. 给定距离的方式确定点

当提示用户输入一个点时，将十字光标移到欲输入点的方向，直接从键盘输入相对前一点的距离，按 Enter 键确认即输入该点。在本章 2.4.1 中讲的“正交”状态下采用此种输入方式，可以更方便、准确地绘制指定长度的水平线和垂直线。

4. 捕捉方式捕捉点

利用本章 2.4.3 中讲的栅格、对象捕捉、对象追踪功能可以快速、准确地捕捉到栅格点和实体上的特殊点或与实体相关的点。用户启用“对象捕捉”功能捕捉点时，应尽量将光标靠近选择对象，等屏幕出现捕捉点标记，单击鼠标左键，系统将自动捕捉到该点，即输入了此点坐标。用户启用“对象追踪”功能追踪点时，应尽量将光标靠近选择对象，等屏幕出现捕捉点标记，停留约 2 秒后，光标自动追踪到该点，接着移动光标到理想方向，系统将在追逐点和当前光标位置之间显示虚线，然后输入相对距离值即输入了此点坐标。

2.3　绘图界限设置（Limits）

1. 功能

设置图形界限。

2. 调用方式

☆ 命令行：limits

☆ 菜　单：格式（Format）=> 图形界限（Drawing Limits）

3. 解释

命令：limits↙

重新设置模型空间的界限：

指定左下角点或[开(ON)/关(OFF)]< 0.0000, 0.0000>：（输入左下角点坐标值，< >中为缺省值）

指定右上角点<420.0000, 297.0000>：（输入右上角点坐标值）

其中“开(ON)”选项表示打开绘图边界检查功能。限制点在图形界限内有效，当超出绘图界限时，命令行提示“超出界限”，并拒绝执行。“关(OFF)”选项表示关闭绘图边界检查功能，图形绘制允许超出图形界限范围。缺省设置为“关”状态。

2.4 辅助绘图工具的操作

2.4.1 栅格显示（Grid）

1. 功能

在绘图区显示标定位置的栅格点，以便用户绘图时定位对象。

2. 调用方式

☆ 状态栏：

☆ 命令行：grid

☆ 菜　单：工具（Tools）=> 绘图设置（Drafting Settings）

☆ 快捷键：F7

3. 解释

右击状态栏“栅格”按钮，选择“设置”选项，弹出“草图设置”对话框的“捕捉和栅格”选项卡，如图 2-1 所示。选中“启用栅格”复选框便可显示栅格。在“栅格样式”区中可设置栅格样式，其中“二维模型空间”、“块编辑器”、“图纸/布局”选项分别将二维模型空间、块编辑器、图纸和布局的栅格样式设定为点栅格。GRIDSTYLE 系统变量也可以设定栅格样式。在“栅格间距”区中可设置栅格显示的 X 轴和 Y 轴方向间距，X，Y 轴间距可以不同。“栅格行为”区控制显示栅格线的外观，当 GRIDSTYLE 设定为 0 时，显示栅格线的外观。其中：“自适应栅格”选项分两种，当缩小时，限制栅格密度，允许以小于栅格间距的间距再拆分；当放大时，生成更多间距更小的栅格线。主栅格线的频率确定这些栅格线的频率。“显示超出界线的栅格”选项显示超出 LIMITS 命令指定区域的栅格，一般不选择该复选框。“跟随动态 UCS”选项更改栅格平面以跟随动态 UCS 的 XY 平面。“栅格行为”区控制显示栅格线的外观，通过“工具”菜单的“绘图设置”选项，也可以打开“捕捉和栅格”选项卡。命令行输入“grid”命令，可以设置栅格间距，显示、隐藏栅格等。单击“栅格”按钮和 F7 快捷键，也可显示或隐藏栅格。

2.4.2 捕捉（Snap）模式

1. 功能

控制光标在设定的等间距点上捕捉。

2. 调用方式

☆ 状态栏：

☆ 快捷键：F9

☆ 命令行：snap 或 sn

☆ 菜　单：工具（Tools）=> 绘图设置（Drafting Settings）

3. 解释

右击状态栏“捕捉”按钮，选择“设置”选项，弹出“草图设置”对话框的“捕捉和栅格”选项卡，如图 2-1 所示。选中“启用捕捉”复选框便可打开捕捉模式。在“捕捉”区中可设置捕捉 X 轴和 Y 轴间的距离。“角度”对话框用于设置捕捉旋转角度。“X 基点”和“Y 基点”文本框用于设置旋转基点。“捕捉类型和样式”区可设置捕捉类型和样式，分别为：

☆ 栅格捕捉：分为“矩形捕捉”和“等轴测捕捉”两种。矩形捕捉鼠标指针为十字光标，栅格点按矩形排列；等轴测捕捉光标指针为正等轴测光标，栅格点按正等轴测方向排列，用于绘制正等轴测图。正等轴测光标有“左视等轴测”、“俯视等轴测”、“主视等轴测”三种样式，可用快捷键“F5”或热键“Ctrl+E”来切换。

☆ 极轴捕捉：选中“极轴捕捉”单选按钮，鼠标指针将从极轴追踪起始点开始沿着“极轴追踪”选项卡中设置的角度增量方向和“极轴距离”文本框中设置的捕捉间距进行捕捉。

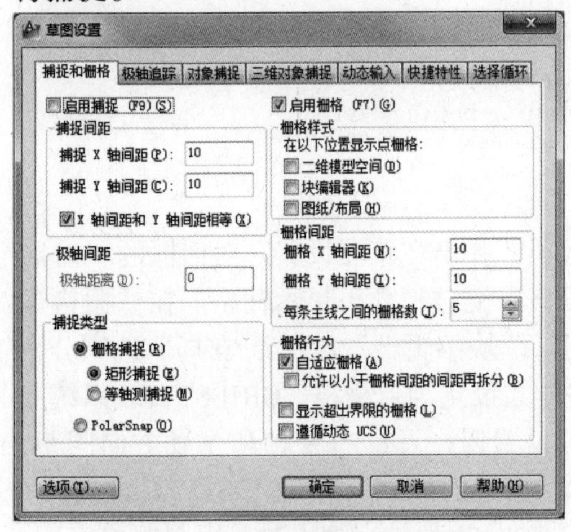

图 2-1 “捕捉和栅格”选项卡

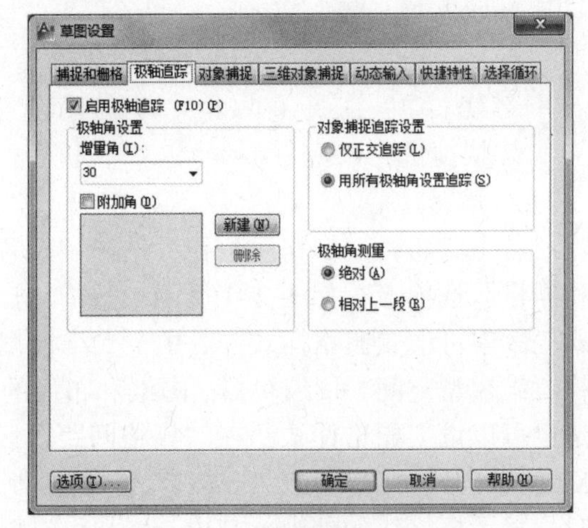

图 2-2 “极轴追踪”选项卡

2.4.3 正交（Ortho）模式

1. 功能

绘制与坐标 X，Y 轴平行的直线。

2. 调用方式

☆ 状态栏：

☆ 快捷键：F8

☆ 命令行：ortho

3. 解释

启用该功能后，光标只能在平行于坐标轴水平或竖直方向移动，绘制与坐标 X，Y 轴平行的直线。只有从键盘上输入点坐标或对象捕捉点时，才能绘制与坐标轴不平行的直线。

2.4.4 极轴追踪（Polar Tracking）

1. 功能

显示由指定的极轴角所定义的临时对齐路径。可以使用“极轴捕捉”沿对齐路径捕捉指定的距离进行捕捉。

2. 调用方式

☆ 状态栏：

☆ 快捷键：F10

☆ 菜　单：工具（Tools）=> 绘图设置（Drafting Settings）

3. 解释

打开“草图设置”对话框的“极轴追踪”选项卡，如图 2–2 所示。各选项说明如下：

☆ “启用极轴追踪”复选框：打开、关闭极轴追踪功能。

☆ “极轴角设置”区：“增量角”下拉列表框设置极轴追踪角度增量。“附加角”复选框设置在极轴追踪时是否采用附加角度增量。“新建”和“删除”按钮用于新建和删除附加角度值。

☆ “对象捕捉追踪设置”区：确定对象捕捉追踪方式。“仅正交追踪”方式表示在对象捕捉追踪时，仅在水平和垂直方向显示追踪点极坐标数据；而用“所有极轴角设置追踪”方式可在水平和垂直方向以及按设定的角增量和附加角方向显示追踪点极坐标数据。

☆ “极轴角测量”区：确定极轴角测量是采用绝对角度还是相对于上一段对象进行测量。对应两个单选按钮“绝对”和“相对上一段”。

绘图中，“正交模式”和“极轴追踪”两者之间只能启用其中一种，一种被启用，另一种自动关闭。

2.4.5 对象捕捉（Object Snap）

1. 功能

把光标移动到所要捕捉点附件，便自动准确捕捉需要选取的特殊点，如端点、中点、垂足、圆心、切点等。

2. 调用方式

☆ 状态栏：

☆ 快捷键：F3

☆ 快捷方式：shift +鼠标右键

☆ 菜　单：工具（Tools）=> 绘图设置（Drafting Settings）

3. 解释

打开“草图设置”对话框的“对象捕捉”选项卡，如图 2–3 所示。各选项说明如下：

☆ “启用对象捕捉”复选框：打开、关闭对象捕捉功能。

☆ “启用对象捕捉追踪”区：打开、关闭对象捕捉追踪。使用对象捕捉追踪，在命令中指定点时，光标可以沿基于其他对象捕捉点的对齐路径进行追踪。要使用对象捕捉追踪，必须打开一个或多个对象捕捉。

单击“对象捕捉追踪”按钮或 F11 快捷键，也可打开或关闭对象捕捉追踪功能。

☆ “对象捕捉模式”区：此区内共有 13 种对象捕捉模式，对应 13 个复选框，各选项含义如表 2–2 所示。“全部选择”和“全部清除”按钮可以选择或清除所有对象捕捉模式。

☆ “选项”按钮：单击该按钮，弹出“选项”对话框，如图 2–4 所示。各选项说明如下：

(1)“自动捕捉设置”区：“标记”复选框用于打开或关闭自动捕捉标记。当光标移动到捕捉点附近时，捕捉点处会出现捕捉点类型的显示符号。“磁吸”复选框用于打开或关闭捕捉磁吸。当光标移动到捕捉点时，它会自动将靶框锁定到该点上。“显示自动捕捉工具提示”复选框用于打开或关闭捕捉提示。当光标移近捕捉点时，显示捕捉点类型的文字说明。“显示自动捕捉靶框”复选框用于打开或关闭靶框。“自动捕捉标记颜色”下拉列表框用于显示、更改标记的颜色。

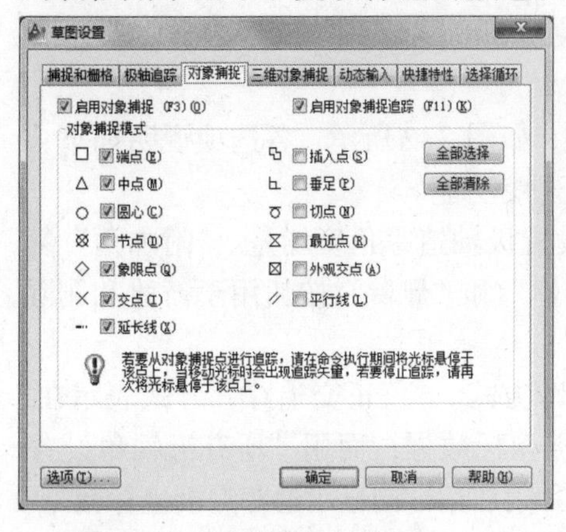

图 2-3 “对象捕捉”选项卡

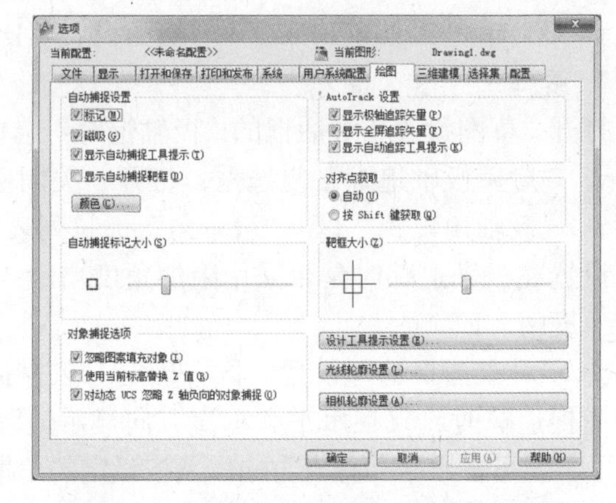

图 2-4 “选项”对话框中“绘图”选项卡

(2)“自动捕捉标记大小”区：控制自动捕捉标记大小，拖动滑块即可改变标记的大小。

使用 shift 键+鼠标右键，弹出“对象捕捉”快捷菜单，如图 2-5 所示。其中“点过滤器”选项用于过滤捕捉点的一个或两个方向的坐标值来得到输入点的一个或两个坐标值。“无”选项用于关闭“对象捕捉”对话框，“对象捕捉设置”选项用于打开“对象捕捉”对话框，其余选项含义同表 2-2。

表 2-2 对象捕捉模式及功能

捕捉模式	功 能
端点（ENDpoint）	捕捉直线或圆弧的最近端点，宽线、填充区或 3D 面的角点
中点（MIDpoint）	捕捉直线或圆弧的中点，填充区或面一边的中点
圆心(CENter)	捕捉圆弧或圆的中心
节点(NODe)	捕捉最近点图元或尺寸定义点
象限点(QUAdrant)	捕捉圆弧上或圆周上 0°，90°，180°，270° 处点
交点（INTersection）	捕捉直线、圆弧、圆任意组合的交叉点，宽线、填充区域面的角点
延长线(EXTension)	捕捉直线或圆弧的延长线上的点
插入点(INSertion)	捕捉文本、图块和属性的插入点
垂足(PERpendicular)	捕捉垂直于直线、圆弧的垂足
切点(TANgent)	捕捉与圆弧或圆相切的点
最近点(NEArest)	捕捉直线、圆弧、圆或宽线的最近点
外观交点（APParent intersection）	捕捉两个对象看起来相交的点，这两个对象在 3D 空间中可能不相交
平行线(PARallel)	捕捉已知直线的平行线

单击“对象捕捉”按钮或 F3 快捷键，也可打开或关闭对象捕捉功能。捕捉到的特殊点是在“对象捕捉模式”区中所选定的一个或多个特殊点。

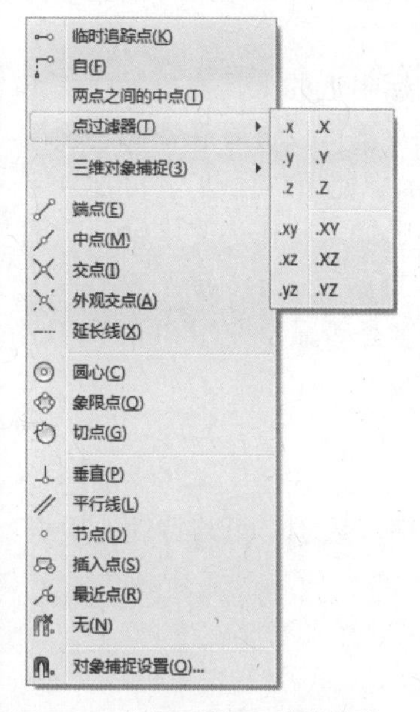

图 2-5 “对象捕捉”快捷菜单

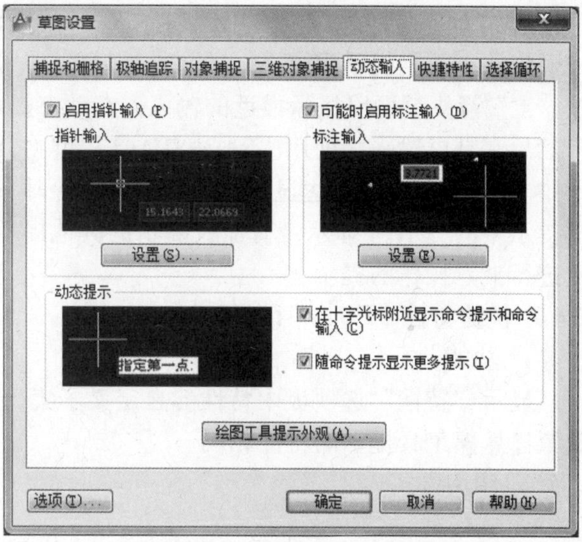

图 2-6 “动态输入”选项卡

2.4.6 动态输入（DYN）

1. 功能

在光标附近显示工具栏提示信息，并随着光标移动而动态更新，为用户提供输入位置。

2. 调用方式

☆ 状态栏：

☆ 快捷键：F12

☆ 菜 单：工具（Tools）=> 绘图设置（Drafting Settings）

3. 解释

打开“草图设置”对话框中“动态输入”选项卡，如图 2-6 所示。各选项说明如下：

☆ “指针输入”区：启用指针输入且有命令在执行时，十字光标的位置将在光标附近的工具栏提示中显示其坐标。可以直接在工具栏提示中输入坐标值。第二个点和后续点的默认设置为相对坐标（对于“矩形”命令，为相对笛卡尔坐标），不需要输入“@”符号。如果需要使用绝对坐标，需使用“#”符号做前缀。例如，要将对象移到原点，请在提示输入第二个点时，输入“#0，0”。“设置”按钮可修改坐标的默认格式，以及控制指针输入工具栏提示何时显示。

☆ “标注输入”区：启用标注输入时，当命令提示输入第二点时，工具栏提示将显示距离和角度值，该值将随着光标移动而改变。按 Tab 键可以移动光标到要更改的值。标注输入可用于“圆弧”、“圆”、“椭圆”、“直线”和“多段线”。对于标注输入，在输入字段中输入值并按 TAB 键后，该字段将显示一个锁定图标，并且光标会受输入值约束。使用夹点编辑对象时，标注输入工具栏提示信息为：“旧的长度”、“移动夹点时更新的长度”、“长度的改变”、“角度”、“移动夹点时角度的变化”、“圆弧的半径”。在使用夹点来拉伸对象或创建新对象时，标注输入仅显示锐角，即所有角度都显示为小于或等于 180 度，如 270 度的角度都将显示为 90 度。创建新对象时指定的角度需要根据光标位置来决定角度的正方向。

☆ “动态提示”区：启用动态提示时，提示会显示在光标附近的工具栏提示中。用户可以在工具栏提示(而不是在命令行)中输入响应。按“下”箭头键可以查看和选择选项。按“上”箭头键可以显示最近的输入。在动态提示工具栏提示中使用“粘贴”，可键入字母然后在粘贴输入之前用“BACKSPACE”键将其删除。否则，输入将作为文字粘贴到图形中。“在十字光标旁边显示命令提示和命令输入”复选框控制是否显示“动态输入”工具提示中的提示。“显示带有命令提示的其他提示”复选框控制是否显示使用 Shift 和 Ctrl 键进行夹点操作的提示。

2.4.7 快捷特性（Polar Tracking）

1. 功能

显示“特性”选项板中特性的自定义子集，提高设计效率。该子集可与特性选项板及鼠标悬停工具提示的特性相同。

2. 调用方式

☆ 状态栏：

☆ 快捷键：Ctrl+Shift+P

☆ 菜　单：工具（Tools）=> 绘图设置（Drafting Settings）

3. 解释

打开“草图设置”对话框的“快捷特性”选项卡，如图 2–7 所示。各选项说明如下：

☆ “选择对象时显示快捷特性选项板”复选框：确定选择对象时显示快捷特性选项板内容取决于对象类型。PICKFIRST 系统变量必须打开，才能显示“快捷特性”选项板。或者，可以输入 QUICKPROPERTIES 命令来选择对象。

☆ “选项板显示”区：设定“快捷特性”选项板的显示设置。“所有对象”设置“快捷特性”选项板显示选择的任何对象，而不只是在“自定义用户界面(CUI)”编辑器中指定为显示特性的对象类型。“仅具有指定特性的对象”复选框设置“快捷特性”选项板，仅显示在“自定义用户界面(CUI)”编辑器中指定为显示特性的对象类型。

☆ “选项板位置”区：控制在何处显示“快捷特性”选项板。“由光标位置决定”设置“快捷特性”选项板将显示在相对于光标的位置。其中“象限”设置指定相对于光标的四个象限之一，显示相对于光标位置的“快捷特性”选项板；“距离”(以像素为单位)用光标指定距离（以像素为单位）以显示“快捷特性”选项板，可以指定从 0 到 400 的整数值。“固定”区设置在固定位置显示“快捷特性”选项板，可以通过拖动选项板指定一个新位置。

☆ “选项板行为”区：设置“快捷特性”选项板行为。“自动收拢选项板”复选框设置“快捷特性”选项板仅显示指定数量的特性。当光标滚过时，该选项板展开。“最小行数”文本框设置当“快捷特性”选项板收拢时显示的特性数量，可以指定从 1 至 30 的整数值。

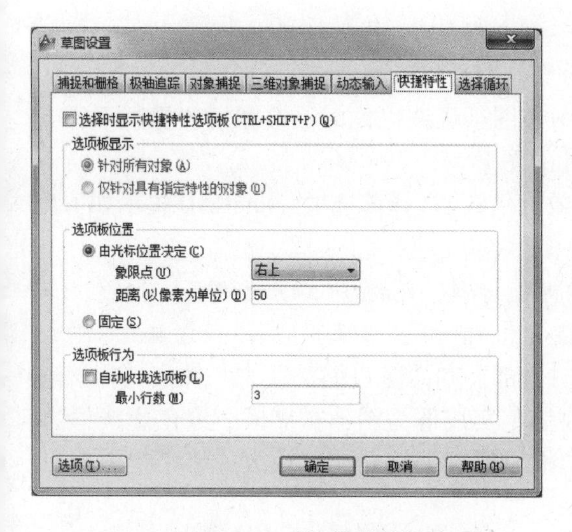

图 2-7 “快捷特性”选项板

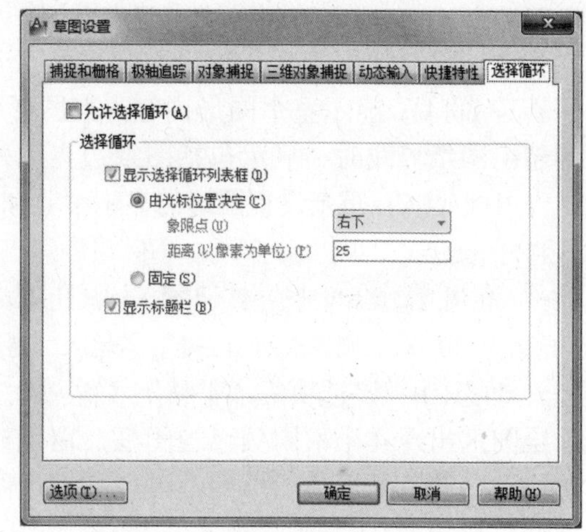

图 2-8 “选择循环”选项卡

2.4.8 选择循环（Polar Tracking）

1. 功能

允许选择重叠对象。可以配置“选择循环”选项卡列表框的显示设置，设置选择次序等。

2. 调用方式

☆ 状态栏：

☆ 快捷键：Ctrl+W

☆ 菜　单：工具（Tools）=> 绘图设置（Drafting Settings）

3. 解释

打开“草图设置”对话框的“选择循环”选项卡，如图 2-8 所示。各选项说明如下：

☆ “允许选择循环”复选框：打开、关闭选择循环功能。

☆ “选择循环”区：“显示选择循环列表框”显示“选择循环”列表框。其中“由光标位置决定”单选按钮表示相对于光标移动列表框，“象限”指定光标将列表框定位到的象限，“距离(以像素为单位)”指定光标与列表框之间的距离；“固定”单选按钮控制列表框不随光标一起移动，仍在原来的位置，若要更改列表框的位置，请单击并拖动。“显示标题栏”复选框设置节省屏幕空间时可关闭标题栏。

2.4.9 缩放（Zoom）

1. 功能

将绘图区域内的图形放大或缩小，其实际尺寸保持不变。

2. 调用方式

☆ 命令行：zoom 或 z

☆ 菜　单：视图（View）=> 缩放（Zoom）

☆ 工具栏：

3. 解释

命令：zoom↙

指定窗口角点，输入比例因子(nx 或 nxp)或者[全部(A)/中心点(C)/动态(D)/范围(E)/上一个(P)/比例(S)/

窗口(W)/对象(O)]<实时>：（选择缩放形式）

各选项说明如下：

☆ 全部(A)：显示整个图形内容。当图形画在图纸界线以内时，按图纸边界显示；当图纸超出图纸界线时，显示包括图纸边界以外的图形。

☆ 中心点(C)：重新设置图形的显示中心和放大倍数。选择该选项，AutoCAD 提示如下：

指定中心点：（指定显示中心点）

输入比例或高度<当前值>：（输入缩放比例或高度。若输入比例为“5X”，则图形放大 5 倍，若输入比例为“0.5X”，则图形缩小一半；若输入的高度值比当前值大，则图形缩小，反之则图形放大）

☆ 动态(D)：该选项集“平移”、“缩放”、“全部”和“窗口缩放”为一体。选择该选项，绘图区出现几个不同颜色视图框。白色或黑色实线框为图形扩展区，绿色虚线框为当前视区，蓝色线框为图形的范围。移动视图框可实现平移功能，放大或缩小视图框可实现缩放功能。

☆ 范围(E)：使显示图形尽可能地充满整个绘图区域。

☆ 上一个(P)：恢复显示前一个视图，最多可连续恢复前 10 幅视图。

☆ 比例(S)：该选项有 3 种形式。其中，绝对缩放：输入“2”显示原图的 2 倍；相对当前可见视图缩放：输入“2X”在当前图形的显示基础上放大 2 倍；相对图纸空间缩放：输入“2XP”将当前视区以 2 倍的比例显示在图纸空间中。

☆ 窗口(W)：用一个矩形窗口的两个对角点的方式对图形进行放大，是用户常用选项。

☆ 对象(O)：尽可能大地显示一个或多个选定的对象并使其位于绘图区域的中心。

☆ 实时(R)：缺省选项，按 Enter 键选择该选项，此时绘图区出现一放大镜，按住鼠标左键向右上方移动光标放大图形、向左下方移动光标缩小图形，松开鼠标停止缩放。

要显示全幅图形则在命令行输入“Z”回车，再输入“A”回车即可实现。转动鼠标滚轮缩放图形最为快捷。

2.4.10 平移（Pan）

1. 功能

在任意方向上移动观察图形的窗口，保持图形的形状和位置不变。

2. 调用方式

☆ 命令行：pan 或 p

☆ 菜　单：视图（View）=> 平移（Pan）

☆ 工具栏：

3. 解释

调用该命令，屏幕上光标变成一只小手，按住鼠标左键，移动鼠标即可移动图形。按 Esc 或 Enter 键退出，或单击右键显示快捷菜单。按住滚轮不动实时平移图形最为快捷。

2.5 绘制直线（Line）

1. 功能

绘制直线。

2. 调用方式

☆ 功能区：常用（Home）=> 绘图（Draw）=>

☆ 命令行：line 或 l

☆ 菜　单：绘图（Draw）=> 直线（Line）

☆ 工具栏：

3. 解释

命令：line↙

指定第一点：　（输入线段起点坐标值）

指定下一点或[放弃(U)]：　（输入线段终点坐标值，或选择“放弃(U)”选项，取消所绘制直线）

指定下一点或[放弃(U)]：　（同上）

指定下一点或[闭合(C)/放弃(U)]：（同上，或选择“闭合(C)”选项，使线段首末两端自动连接成一封闭图形并结束命令，此选项只在绘制第四点及以后点才会出现提示。）

按 Enter 键或右击鼠标选择确定结束命令。

应用实例

2.6 绘制正方形与三角形

2.6.1 绘制要求

用各种坐标输入方式绘制图 2–9 所示图形，设置绘图区域为 210 × 100mm。

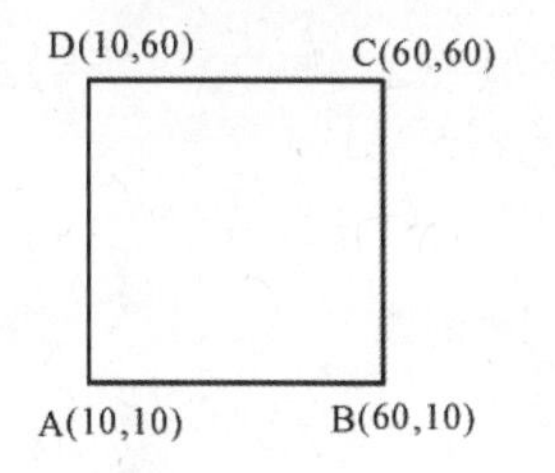

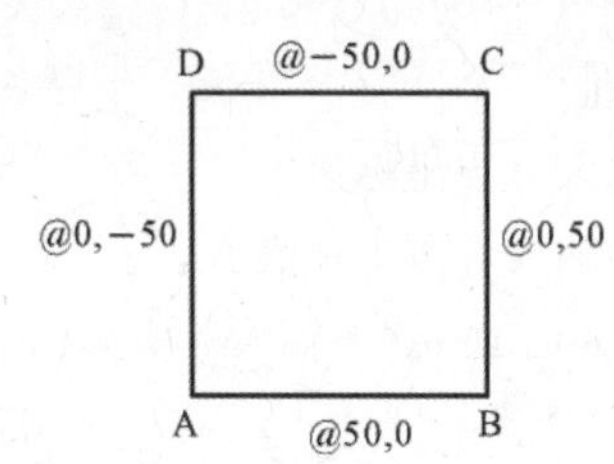

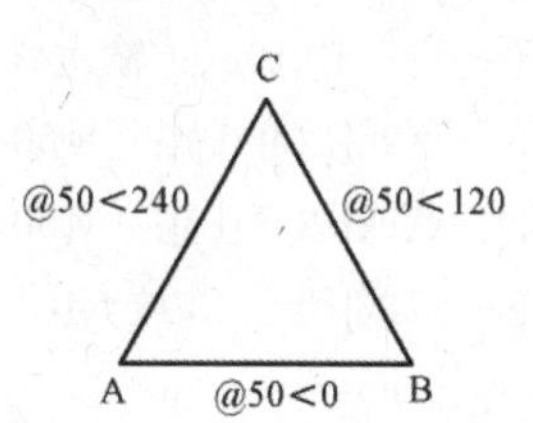

图 2–9　三种不同坐标输入方法下用直线绘制图形

2.6.2 绘制步骤

1. 新建文件

☆ 新建：单击快速访问工具栏的“新建”按钮，弹出如图 1–10 所示“选择样板”对话框，选择“acad”选项，单击“打开”按钮，进入 AutoCAD 2012 默认绘图界面。打开一个新的 AutoCAD 文件。

☆ 保存：单击快速访问工具栏的“保存”按钮，弹出如图 1–12 所示对话框，选择文件保存的路径，键入文件名“正方形与三角形”，在“文件类型”下拉列表框中选择“*.dwg”类型。

2. 设置绘图区域

调用“绘图界限”命令设置本例绘图区域 210 × 100mm，具体步骤如下：

命令：limits↙

重新设置图形界限：

指定左下角点或[开(ON)/关(OFF)]<0.0000，0.0000>：↙（输入左下角点坐标值 0，0）

指定右上角点<420.0000，297.0000>：210，100↙（输入右上角点坐标值 210，100）

双击鼠标滚轮，范围缩放图形，使绘图区域最大化地显示在绘图窗口，然后适当转动鼠标滚轮，使绘图区域在适合位置。

3. 绘制图线

☆ 采用直角坐标系绝对坐标输入法绘制图 2-10 所示左侧正方形。

命令：line↙

指定第一点：10,10↙（输入 A 点坐标值）

指定下一点或[放弃(U)]：60,10↙ （输入 B 点坐标值）

指定下一点或[放弃(U)]：60,60↙ （输入 C 点坐标值）

指定下一点或[闭合(C)/放弃(U)]： 10，60↙（输入 D 点坐标值）

指定下一点或[闭合(C)/放弃(U)]：10，10↙ （输入 A 点坐标值闭合图线）

☆ 采用直角坐标系相对坐标输入法绘制图 2-7 所示正中正方形。

命令：line↙

指定第一点：10,10↙（输入 A 点坐标值）

指定下一点或[放弃(U)]：@50，0↙（输入 B 点坐标值）

指定下一点或[放弃(U)]： @0，50↙（输入 C 点坐标值）

指定下一点或[闭合(C)/放弃(U)]：@-50，0↙ （输入 D 点坐标值闭合图线）

指定下一点或[闭合(C)/放弃(U)]：@0，-50↙或 c↙ （输入 A 点坐标值闭合图线）

☆ 采用极坐标系相对坐标输入法绘制图 2-7 所示三角形。

命令：line↙

指定第一点：10,10↙（输入 A 点坐标值）

指定下一点或[放弃(U)]： @50<0↙（输入 B 点坐标值）

指定下一点或[放弃(U)]： @50<120↙（输入 C 点坐标值）

指定下一点或[闭合(C)/放弃(U)]：@50<240↙或 c↙（输入 A 点坐标值闭合图线）

4. 保存图形

2.7 绘制平面图形

2.7.1 绘制要求

绘制图 2-10 所示平面图形，设置绘图区域为 200×150mm。

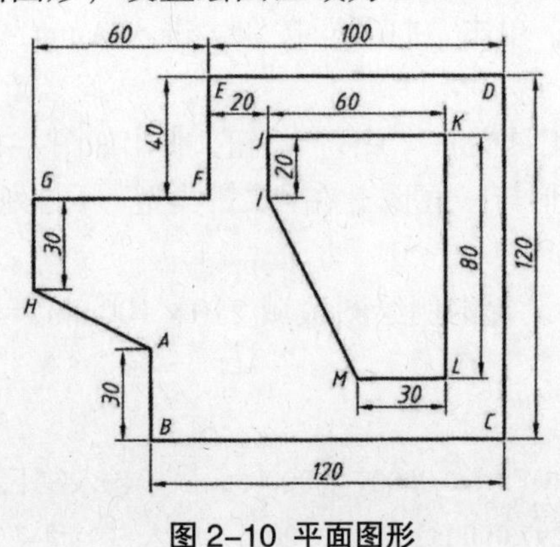

图 2-10 平面图形

2.7.2 绘制步骤

1. 新建文件

☆ 新建：单击快速访问工具栏的“新建”按钮，弹出如图 1–10 所示“选择样板”对话框，选择“acad”选项，单击“打开”按钮，进入 AutoCAD 2012 默认绘图界面。打开一个新的 AutoCAD 文件。

☆ 保存：单击快速访问工具栏的“保存”按钮，弹出如图 1–12 所示对话框，选择文件保存的路径，键入文件名“平面图形”，在“文件类型”下拉列表框中选择“*.dwg”类型。

2. 设置绘图区域

调用“绘图界限”命令设置本例绘图区域 200 × 150mm，具体步骤如下：

命令：limits↙

重新设置图形界限：

指定左下角点或[开(ON)/关(OFF)]<0.0000，0.0000>：↙ （输入左下角点坐标值 0，0）

指定右上角点<420.0000，297.0000>：200，150↙（输入右上角点坐标值 200，150）

双击鼠标滚轮，范围缩放图形，使绘图区域最大化地显示在绘图窗口，然后适当转动鼠标滚轮，使绘图区域在适合位置。

3. 绘制图线

☆ 绘制外部图形

命令：line↙

指定第一点： （在绘图区域中适当位置处用光标拾取一点，如（50,50）点左右）

指定下一点或[放弃(U)]： 30↙（启用“正交”模式，垂直向下移动光标，输入 30，绘制线段 AB）

指定下一点或[放弃(U)]： 120↙（水平向右移动光标，输入 120，绘制线段 BC）

指定下一点或[放弃(U)]： 120↙（垂直向上移动光标，输入 120，绘制线段 CD）

指定下一点或[闭合(C)/放弃(U)]：100↙（水平向左移动光标，输入 100，绘制线段 DE）

指定下一点或[闭合(C)/放弃(U)]： 40↙（垂直向下移动光标，输入 40，绘制线段 EF）

指定下一点或[闭合(C)/放弃(U)]：60↙（水平向左移动光标，输入 60，绘制线段 FG）

指定下一点或[闭合(C)/放弃(U)]： 30↙（垂直向下移动光标，输入 30，绘制线段 GH）

指定下一点或[闭合(C)/放弃(U)]： （启用“对象捕捉”模式，捕捉线段的起点 A）

指定下一点或[闭合(C)/放弃(U)]：↙（按 Enter 键结束命令）

☆ 绘制内部图形

命令：line↙

指定第一点：20↙（启用“对象捕捉追踪”，移动光标到 F 点至出现“端点”图标，在 F 点停留 2 秒左右，向右移动光标，出现表示捕捉方向的虚线后，输入 20，绘制 I 点）

指定下一点或[放弃(U)]： 20↙（启用“正交”模式，垂直向上移动光标，输入 20，绘制线段 IJ）

指定下一点或[放弃(U)]： 60↙（水平向右移动光标，输入 60，绘制线段 JK）

指定下一点或[放弃(U)]： 80↙（垂直向下移动光标，输入 80，绘制线段 KL）

指定下一点或[闭合(C)/放弃(U)]： 30↙（水平向左移动光标，输入 30，绘制线段 LM）

指定下一点或[闭合(C)/放弃(U)]：C↙

4. 保存图形

习题

1. 按尺寸依次绘制图 2-11 所示平面图形，并保存图形。

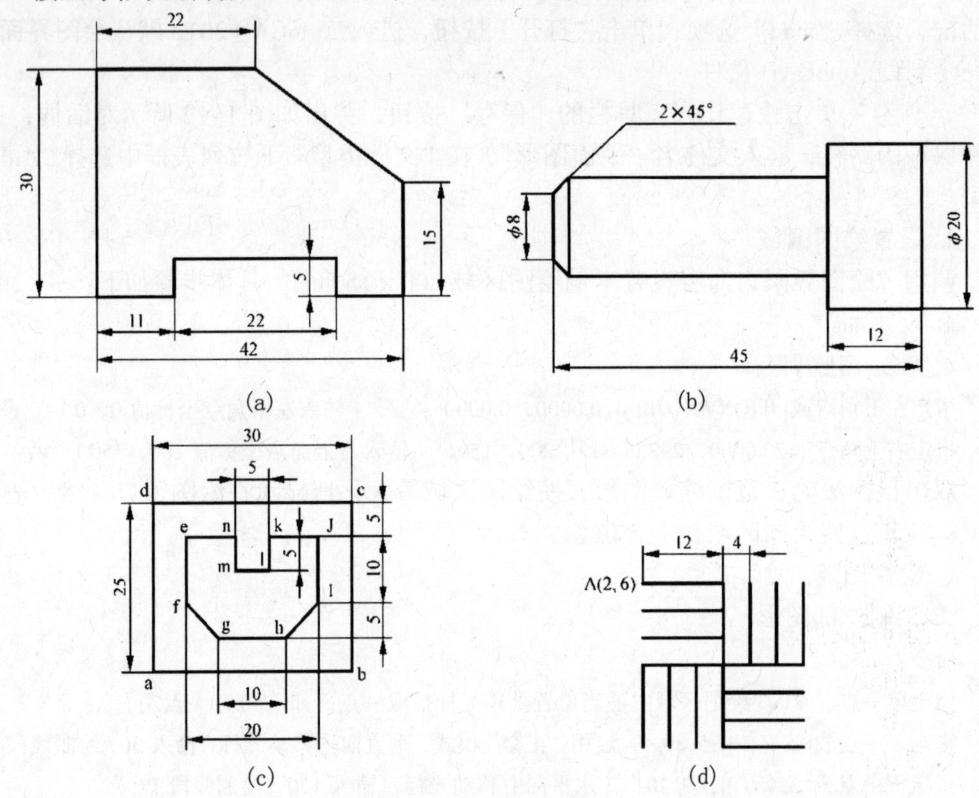

图 2-11 平面图形

第 3 章　基本绘图和编辑命令

学习要求

- 掌握基本绘图命令：点(point)、圆(Circle)、圆弧(Arc)、矩形(Rectangle)、正多边形(Polygon)。
- 掌握基本编辑命令：删除（Erase）、恢复（Oops）、重画（Redraw）、重生成（Regen）、移动（Move）、复制（Copy）、旋转（Rotate）、镜像（Mirror）、偏移(Offset)、阵列(Array)、缩放(Scale)、拉伸(Stretch)、拉长(Lengthen)、剪切(Trim)、延伸(Extend)、打断(Break)、合并(Join)、倒角(Chamfer)、圆角（Fillet）。

基本知识

3.1　基本绘图命令

3.1.1 圆（Circle）

1. 功能

绘制圆。

2. 调用方式

☆ 功能区：常用（Home）=> 绘图（Draw）=>

☆ 命令行：circle 或 c

☆ 菜　单：绘图（Draw）=> 圆（Circle）

☆ 工具栏：

3. 解释

绘制圆的方法有 6 种，如图 3-1 所示，前 5 种从命令行和功能区均可执行，最后一种只能从功能区执行。具体操作方式如下：

☆ 圆心、半径

命令：circle↙

指定圆的圆心或[三点(3P)/两点(2P)/切点、切点、半径(T)]：（输入圆心坐标值）

指定圆的半径或[直径(D)]：（输入圆的半径值）

☆ 圆心、直径

命令：c↙

指定圆心或[三点(3P)/两点(2P)/切点、切点、半径(T)]：（输入圆心坐标值）

指定圆的半径或[直径(D)] <15.0000>：d↙

指定圆的直径<35.0000>：（输入圆的直径值）

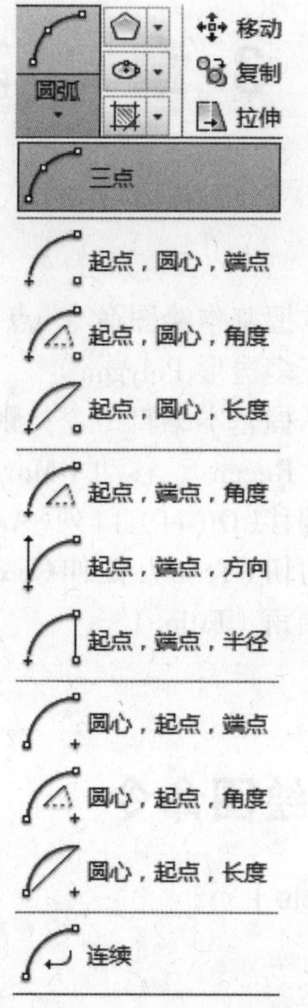

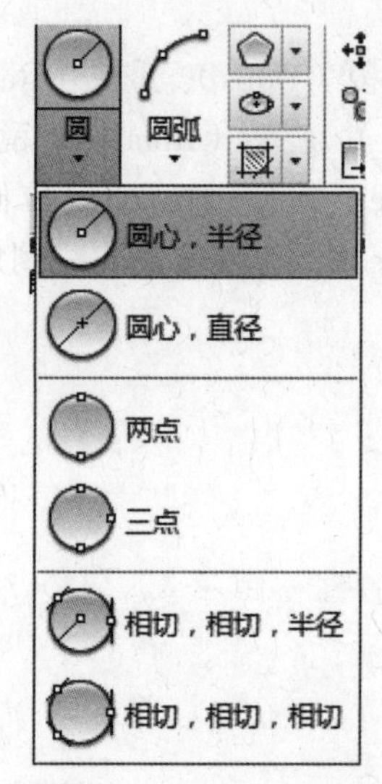

图 3–1 “圆”下拉菜单

图 3–2 “圆弧”下拉菜单

☆ 二点

命令：c↙

指定圆的圆心或[三点(3P)/两点(2P)/相切、相切、半径(T)]：（输入圆直径第一个端点坐标值）

指定圆直径的第二个端点：（输入圆直径第二个端点坐标值）

☆ 三点

命令：c↙

指定圆的圆心或[三点(3P)/两点(2P)/相切、相切、半径(T)]：（输入圆上第 1 点坐标值）

指定圆上的第二个点：（输入圆上第 2 点坐标值）

指定圆上的第三个点：（输入圆上第 3 点坐标值）

☆ 相切、相切、半径

命令：c↙

指定圆的圆心或[三点(3P)/两点(2P)/相切、相切、半径(T)]：T

指定对象与圆心第二个切点：（选择与圆相切的第一个实体）

指定对象与圆心第二个切点：（选择与圆相切的第二个实体）

指定圆的半径：（输入圆的半径值）

若输入半径值不能满足绘制圆所需条件，则会出现圆不存在提示，并退出绘圆命令。

☆ 相切、相切、相切

单击图 3-1 中相切、相切、相切选项，AutoCAD 提示如下：

命令：_circle 指定圆心或[三点(3P)/两点(2P)/相切、相切、半径(T)]:

（选择与圆相切的第一个实体，选取其靠近切点位置）

指定圆上的第二个点：_tan 到 （选择与圆相切的第二个实体，选取其靠近切点位置）

指定圆上的第三个点：_tan 到 （选择与圆相切的第三个实体，选取其靠近切点位置）

若所指定三个图形实体无法产生新圆，则会出现圆不存在的提示，并退出绘圆命令。

用“相切、相切、半径”，“相切、相切、相切”方法绘制圆，选择与圆相切的实体时，光标在实体上拾取的点应靠近切点。

3.1.2 圆弧（Arc）

1. 功能

绘制圆弧。

2. 调用方式

☆ 功能区：常用（Home）=> 绘图（Draw）=>

☆ 命令行：arc 或 a

☆ 菜　单：绘图（Draw）=> 圆弧（Arc）

☆ 工具栏：

3. 解释

绘制圆弧的方法有 11 种，如图 3-2 所示，具体操作方式如下：

☆ 三点

命令：_arc 指定圆弧的起点或[圆心(C)]: （输入圆弧起点坐标值）

指定圆弧的第二个点或[圆心(C)/端点(E)]: （输入圆弧上第二个点坐标值）

指定圆弧的端点：（输入圆弧端点坐标值）

☆ 起点、圆心、端点

命令：_arc 指定圆弧的起点或[圆心(C)]: （输入圆弧起点坐标值）

指定圆弧的第二个点或[圆心(C)/端点(E)]: _C 指定圆弧的圆心：（输入圆弧的圆心坐标值）

指定圆弧的端点或[角度(A)/弦长(L)]: （输入圆弧端点坐标值）

☆ 起点、圆心、角度

命令：_arc 指定圆弧的起点或[圆心(C)]: （输入圆弧起点坐标值）

指定圆弧的第二个点或[圆心(C)/端点(E)]: _C 指定圆弧的圆心：（输入圆弧的圆心坐标值）

指定圆弧的端点或[角度(A)/弦长(L)]: _a 指定包含角 （输入圆弧包含角度值）

☆ 起点、圆心、长度

命令：_arc 指定圆弧的起点或[圆心(C)]: （输入圆弧起点坐标值）

指定圆弧的第二个点或[圆心(C)/端点(E)]: _C 指定圆弧的圆心：（输入圆弧的圆心坐标值）

指定圆弧的端点或[角度(A)/弦长(L)]: _L 指定弦长 （输入圆弧弦长值）

☆ 起点、端点、角度

命令：_arc 指定圆弧的起点或[圆心(C)]: （输入圆弧起点坐标值）

指定圆弧的第二个点或[圆心(C)/端点(E)]: _e 指定圆弧的端点：（输入圆弧端点坐标值）

指定圆弧的圆心或[角度(A)/方向(D)/ 半径（R）]: _a 指定包含角：（输入圆弧的包含角度值）

☆ 起点、端点、方向

命令：_arc 指定圆弧的起点或[圆心(C)]: （输入圆弧起点坐标值）

指定圆弧的第二个点或[圆心(C)/端点(E)]：_e 指定圆弧的端点：（输入圆弧端点坐标值）

指定圆弧的圆心或[角度(A)/方向(D)/半径(R)]：_d 指定圆弧的起点切向：（输入圆弧起点切线方向）

☆ 起点、端点、半径

命令：_arc 指定圆弧的起点或[圆心(C)]：（输入圆弧起点坐标值）

指定圆弧的第二个点或[圆心(C)/端点(E)]：_e 指定圆弧的端点：（输入圆弧端点）

指定圆弧的圆心或[角度(A)/方向(D)/半径(R)]：_r 指定圆弧的半径：（输入圆弧的半径值）

☆ 圆心、起点、端点

命令：_arc 指定圆弧的起点或[圆心(C)]：_c 指定圆弧的圆心：（输入圆弧的圆心坐标值）

指定圆弧的起点：（输入圆弧的起点坐标值）

指定圆弧的端点或[角度(A)/弦长(L)]：（输入圆弧的端点坐标值）

☆ 圆心、起点、角度

命令：_arc 指定圆弧的起点或[圆心(C)]：_c 指定圆弧的圆心：（输入圆弧的圆心坐标值）

指定圆弧的起点：（输入圆弧的起点坐标值）

指定圆弧的端点或[角度(A)/弦长(L)]：_a 指定包含角（输入圆弧的包含角度值）

☆ 圆心、起点、长度

命令：_arc 指定圆弧的起点或[圆心(C)]：_c 指定圆弧的圆心：（输入圆弧的圆心坐标值）

指定圆弧的起点：（输入圆弧的起点坐标）

指定圆弧的端点或[角度(A)/弦长(L)]：_l 指定弦长（输入圆弧弦长的值）

☆ 连续

命令：_arc 指定圆弧的起点或[圆心(C)]：（输入圆弧起点坐标值）

指定圆弧的端点：（输入圆弧端点的坐标值）

用连续法绘圆弧时以前面一条线段或圆弧的终止点作为圆弧的起始点，以前面一条线段或圆弧的方向作为圆弧的方向来绘制圆弧，该圆弧与前面一条线段或圆弧光滑连接。

3.1.3 矩形（Rectangle）

1. 功能

绘制作为一个实体存在的矩形。

2. 调用方式

☆ 功能区：常用（Home）=> 绘图（Draw）=> => 矩形

☆ 命令行：rectangle 或 rec

☆ 菜　单：绘图（Draw）=> 矩形（Rectangle）

☆ 工具栏：

3. 解释

命令：rectangle↙

指定第一个角点或[倒角(C)/标高(E)/圆角(F)/厚度(CT)/宽度(W)]：

（输入矩形的第一个角点坐标值或选择其它选项）

指定另一个角点或[面积(A)/尺寸(D)/旋转(R)]：（输入矩形的另一个对角点坐标值或选择其它选项）

各选项说明如下：

☆ 倒角(C)：设置矩形倒角距离。选择该选项，AutoCAD 提示如下：

指定矩形的第一个倒角距离<0.0000>：（输入矩形的第一个倒角距离值）

指定矩形的第二个倒角距离<0.0000>：（输入矩形的第二个倒角距离值）

☆ 标高(E)：设置矩形立体的底面高度(绘制三维立体图形时选用)。

☆ 圆角(F)：设置矩形倒圆角半径。

☆ 厚度(T)：用于设置矩形立体的高度(绘制三维立体图形时选用)。

☆ 面积(A)：设置矩形的面积。

☆ 尺寸(D)：设置矩形的长度和宽度。选择该选项，AutoCAD 提示如下：

指定矩形的长度 <0.0000>:（输入矩形的长度）

指定矩形的宽度 <0.0000>:（输入矩形的宽度）

☆ 旋转(R)：设置矩形旋转的角度(逆时针旋转为正，顺时针旋转为负)。

3.1.4 多边形（Polygon）

1. 功能

绘制多边形。

2. 调用方式

☆ 功能区：常用（Home）=> 绘图（Draw）=> => 多边形

☆ 命令行：ploygon 或 pol

☆ 菜　单：绘图（Draw）=> 多边形（Polygon）

☆ 工具栏：

3. 解释

命令：polygon↙

输入侧面数<4>：（输入 3 和 1024 之间的数值或按 Enter 键）

指定正多边形的中心点或[边(E)]：（输入正多边形的中心点坐标值或正多边形的边长值）

输入选项[内接于圆(I)/外切于圆(C)]<I>：（选择与圆内接(I)方式或与圆外切(C)方式）

指定圆的半径：（输入内接或外切圆半径值或指定一点）

当选择与圆内接选项时，输入一点确定圆的半径，该点成为多边形的一个顶点，同时也决定了多边形的旋转角度和尺寸。

当选择与圆外接选项时，输入一点确定外接圆的半径，该点成为多边形一个边的中点，即指定了从多边形圆心到各边中点的距离，该点也决定多边形的旋转角度和尺寸。

3.2 基本编辑命令

3.2.1 删除（Erase）

1. 功能

删除选定的图形实体。

2. 调用方式

☆ 功能区：常用（Home）=> 修改（Modify）=>

☆ 命令行 ：erase 或 e

☆ 菜　单：修改（Modify）=> 删除（Erase）

☆ 工具栏：

☆ 快捷键：Delete 键（必须先选中实体后按键）

3. 解释

命令：erase↙

选择对象：（选择需要删除的实体）

选择对象：（继续选择需要删除的实体或按 Enter 键结束命令，选中的实体从作图区域中消失）

3.2.2 恢复（Oops）

1. 功能

恢复最近一次使用“删除”命令删除的实体，且只能恢复最近一次删除的实体。也能恢复最近一次用“块”命令建块时被隐去的实体。

2. 调用方式

☆ 命令行：oops

3. 解释

调用该命令，系统无提示，直接将最近一次被“删除”命令删去的实体或用“块”命令建块时隐去的实体在作图区域的原位置上显示出来。

3.2.3 重画（Redraw）

1. 功能

刷新当前画面上显示内容。

2. 调用方式

☆ 命令行：redraw 或 r

☆ 菜　单：视图（View）=> 重画（Redraw）

3. 解释

调用该命令，系统自动快速刷新当前画面上显示内容。

3.2.4 重生成（Regen）

1. 功能

通过重新计算当前画面上所有实体的坐标值来刷新画面内容。

2. 调用方式

☆ 命令行：regen 或 re

☆ 菜　单：视图（View）=> 重生成（Regen）

3. 解释

调用该命令，系统自动为图形数据库重新建立索引，重新计算所有实体的坐标值，使显示不光滑的圆、圆弧、椭圆、曲线等变得光滑。所以“重生成”命令比“重画”命令执行时间要长。

3.2.5 复制(Copy)

1. 功能

复制选定的图形实体到指定位置。

2. 调用方式

☆ 功能区：常用（Home）=>修改（Modify）=> 复制

☆ 命令行：copy 或 co

☆ 菜　单：修改（Modify）=> 复制（Copy）

☆ 工具栏：

3. 解释

命令：copy↙

选择对象：（选择需要复制的实体）

选择对象：（继续选择或按 Enter 键结束选择）

当前设置: 复制模式 = 多个

指定基点或[位移(D)/模式(O)] <位移>:（输入复制实体的基准点或位移）

指定第二个点或[阵列(A)] <使用第一个点作为位移>:（输入位移的第二点或用第一点作位移）

指定第二个点或[阵列(A)/退出(E)/放弃(U)] <退出>:

（重复上述操作，实体可被多次复制，或按 Enter 键结束命令）

各选项说明如下：

☆ 位移(D)：用于设置复制图形放置的位置，用 X,Y,Z 表示。

☆ 模式(O)：用于设置复制图形的个数，共有两种：选择单个(S)选项，只能选择复制一个，选择多个(M)选项，能复制多个。选择该选项，AutoCAD 提示如下：

输入复制模式选项 [单个(S)/多个(M)] <多个>: m↙（选择“单个(S)”选项或“多个(M)”选项）

指定基点或[位移(D)/模式(O)/多个(M)] <位移>:（输入复制实体的基准点或位移）

指定第二个点或[阵列(A)] <使用第一个点作为位移>:（输入位移的第二点或用第一点作位移）

指定第二个点或[阵列(A)] <使用第一个点作为位移>:

（重复上述操作，实体可被多次复制，或按 Enter 键结束命令）

☆ 阵列(A)：用于设置同时可以复制的个数。选择该选项，AutoCAD 提示如下：

输入要进行阵列的项目数：（输入同时复制的个数）

指定第二个点或[布满(F)]：（指定位移的第二点或选择“布满(F)”选项布满整个绘图空间）

3.2.6 镜像（Mirror）

1. 功能

对称复制选定的图形实体。

2. 调用方式

☆ 功能区：常用（Home）=> 修改（Modify）=> 镜像

☆ 命令行：mirror 或 mi

☆ 菜　单：修改（Modify）=> 镜像（Mirror）

☆ 工具栏：

3. 解释

命令：mirror↙

选择对象：（选择需要镜像复制的实体）

选择对象：（继续选择或按 Enter 键结束选择）

指定镜像线的第一点：（指定镜像对称线的第一点）

指定镜像线的第二点：（指定镜像对称线的第二点）

要删除源对象？[是(Y)/ 否(N)]<N>：（选择是否删除原有的实体对象。缺省“N”为不删除）

当镜像的对象为文字时，可以改变系统变量 Mirrtext 的值来确定文字的方向。当 Mirrtext=1 时，镜像后的文字方向发生改变，如图 3-3（a）所示。当 Mirrtext=0 时，镜像后的文字方向未发生改变，如图 3-3（b）所示。

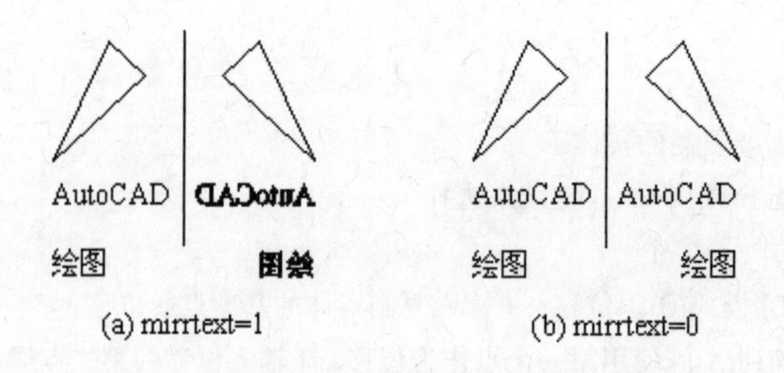

图 3-3 系统变量 Mirrtext 对文字镜像的影响

3.2.7 偏移（Offset）

1. 功能

等距离复制直线、圆、圆弧、椭圆、椭圆弧，多段线、样条曲线等选定的图形实体。

2. 调用方式

☆ 功能区：常用（Home）=> 修改（Modify）=>

☆ 命令行：offset 或 o

☆ 菜　单：修改（Modify）=> 偏移（Offset）

☆ 工具栏：

3、解释

命令：offset↙

当前设置: 删除源=否　图层=源　OFFSETGAPTYPE=0（AutoCAD 默认设置）

指定偏移距离或[通过(T)/删除(E)/图层(L)] <通过>:（输入偏移距离或选择其他选项）

选择要偏移的对象，或[退出(E)/放弃(U)] <退出>:

（选择要偏移对象，一次只能选一个偏移对象，或退出结束命令或放弃上次选择的偏移对象）

指定要偏移的那一侧上的点，或[退出(E)/多个(M)/放弃(U)] <退出>:

（指定偏移对象相对于原对象的位置或退出结束命令或放弃上次选择的偏移对象）

选择要偏移的对象，或[退出(E)/放弃(U)] <退出>:（选择不同的偏移对象，可按相同的距离偏移，直到按 Enter 键结束命令，可重复上述操作）

各选项说明如下:

☆ 通过(T): 创建通过指定点的对象。选择该选项， AutoCAD 提示如下:

选择要偏移的对象或[退出(E)/放弃(U)] <退出>: （选择对象或按 Enter 键结束选择）

指定通过点或[退出(E)/多个(M)/放弃(U)] <退出>: （指定偏移对象要通过的点或选择“多个(M)”选项连续指定偏移对象要通过的点或选择“放弃(U)” 选项放弃该操作）

☆ 删除(E)：偏移源对象后将其删除。

☆ 图层(L)：确定将偏移对象创建在当前图层上还是源对象所在的图层上。

二维多段线和样条曲线在偏移距离大于可调整的距离时将自动进行修剪。偏移的用于创建更长多段线的闭合二维多段线会导致线段间存在潜在间隔。

3.2.8 阵列（Array）

1. 功能

把选定的图形实体按矩形或环形阵列进行复制。

2. 调用方式

☆ 功能区：常用（Home）=> 修改（Modify）=> 阵列

☆ 命令行：array 或 ar

☆ 菜　单：修改（Modify）=> 阵列（Array）

☆ 工具栏：

3. 解释

阵列类型有矩形阵列、路径阵列和环形阵列 3 种，如图 3-4 所示。具体操作方式如下：

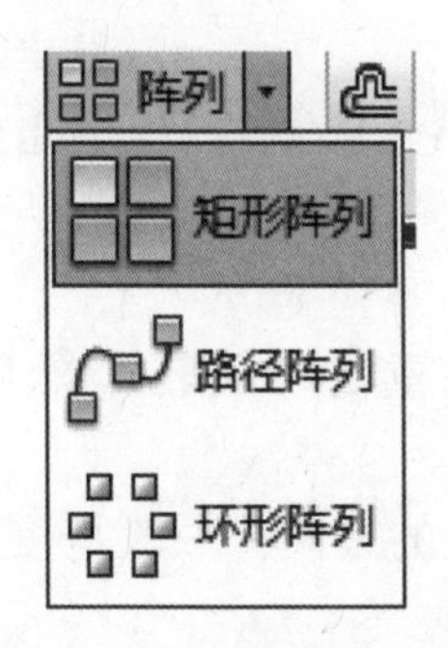

图 3-4 “阵列”下拉菜单

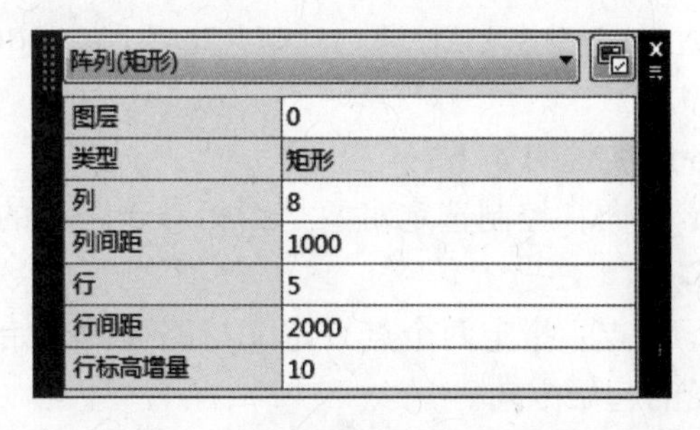

阵列(矩形)

图层	0
类型	矩形
列	8
列间距	1000
行	5
行间距	2000
行标高增量	10

图 3-5 “矩形阵列编辑”对话框

☆ 矩形阵列：将对象副本分布到行、列和标高的任意组合。

命令：arrayrect ↙

选择对象：（选择要阵列的图形实体，按 Enter 键结束选择）

类型 = 矩形　关联 = 是

为项目数指定对角点或[基点(B)/角度(A)/计数(C)] <计数>:

（输入对角点坐标确定项目数或选择其它选项）

指定对角点以间隔项目或[间距(S)] <间距>:（输入对角点坐标或指定行间距和列间距）

按 Enter 键接受或[关联(AS)/基点(B)/行(R)/列(C)/层(L)/退出(X)] <退出>:

（按 Enter 键结束命令或重新设置）

各选项说明如下：

☆ 基点(B)：指定绕中心点旋转的基准点。

☆ 关联(AS)：指定是否在阵列中创建项目作为关联阵列对象，或作为独立对象。“是”：包含单个阵列对象中的阵列项目，类似于块。可以通过编辑阵列的特性和源对象，快速传递修改。“否”：创建阵列项目作为独立对象，更改一个项目不影响其他项目。

☆ 行(R)：输入矩形阵列的行数和行间距，以及它们之间的增量标高。

☆ 列(C)：输入矩形阵列的列数。

☆ 层(L)：输入矩形阵列的层数和层间距。

双击矩形阵列的实体，弹出“矩形阵列编辑”对话框，如图 3-5 所示。其中，前两项表示所在图层和阵列类型。在列、列间距、行、行间距、行标高增量栏中，重新输入相应的数值，可以对矩形阵列的参数进行修改。

☆ 路径阵列：沿整个路径或部分路径平均分布对象副本。

命令：arraypath↙

选择对象：（选择要阵列的图形实体）

选择对象：（选择要阵列的图形实体，回车结束选择）

类型 = 路径 关联 = 是

选择路径曲线：（指定用于阵列路径的对象。选择直线、多段线、样条曲线、螺旋、圆弧、圆或椭圆）

输入沿路径的项数或[方向(O)/表达式(E)] <方向>：（指定阵列中的项目数或输入选项）

指定基点或[关键点(K)] <路径曲线的终点>：（指定基点或输入选项）

指定与路径一致的方向或[两点(2P)/法线(NOR)] <当前>：（按 Enter 键选择默认方向或选择其它选项）

指定沿路径的项目之间的距离或[定数等分(D)/总距离(T)/表达式(E)] <沿路径平均定数等分(D)>：

（指定距离或输入选项）

按 Enter 键接受或[关联(AS)/基点(B)/项目(I)/行(R)/层(L)/对齐项目(A)/Z 方向(Z)/退出(X)] <退出>：

（按 Enter 键结束命令或选择选项）

各选项说明如下：

☆ 方向：控制选定对象是否相对于路径的起始方向重定向(旋转)，然后再移动到路径的起点。

☆ 两点：指定两个点来定义与路径的起始方向一致的方向。一般是按对象对齐垂直于路径的起始方向。

☆ 表达式：使用数学公式或方程式获取值。

☆ 基点：指定阵列的基点。

☆ 关键点：对于关联阵列，在源对象上指定有效的约束点(或关键点)以用作基点。如果编辑生成的阵列的源对象，阵列的基点保持与源对象的关键点重合。

☆ 项目之间的距离：指定项目之间的距离。

☆ 定数等分：沿整个路径长度平均定数等分项目。

☆ 总距离：指定第一个和最后一个项目之间的总距离。

☆ 关联：指定是否在阵列中创建项目作为关联阵列对象，或作为独立对象。详见“矩形阵列”。

☆ 项目：编辑阵列中的项目数。如果“方法”特性设置为“测量”，则会提示您重新定义分布方法（项目之间的距离、定数等分和全部选项）。

☆ 行数：指定阵列中的行数和行间距，以及它们之间的增量标高。

☆ 层级：指定阵列中的层数和层间距。

☆ 对齐项目：指定是否对齐每个项目以与路径的方向相切。对齐相对于第一个项目的方向(方向选项)

☆ Z 方向：控制是否保持项目的原始 Z 方向或沿三维路径自然倾斜项目。不同设置产生的效果如图 3-6 所示。

☆ 环形阵列：围绕中心点或旋转轴在环形阵列中均匀分布对象副本。

命令：arraypolar↙

选择对象：（选择要阵列的图形实体，按 Enter 键结束选择)

类型 = 矩形 关联 = 是

指定阵列的中心点或[基点(B)/旋转轴(A)]：（输入环形阵列的中心点）

输入项目数或[项目间角度(A)/表达式(E)] <4>：（输入环形阵列的总项目数或项目间角度）

指定填充角度(+=逆时针、=顺时针)或[表达式(EX)] <360>:（确定填充角度）

按 Enter 键接受或[关联(AS)/基点(B)/项目(I)/项目间角度(A)/填充角度(F)/行(ROW)/层(L)/旋转项目(ROT)/退出(X)]:（按 Enter 键完成环形阵列的复制或重新设置环形阵列个参数）

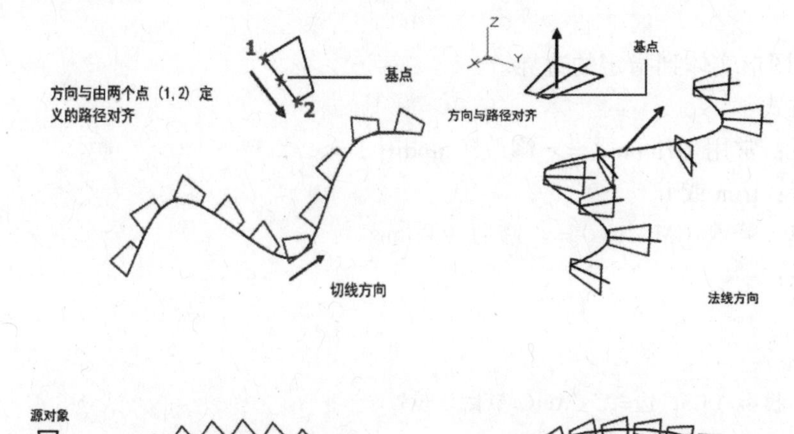

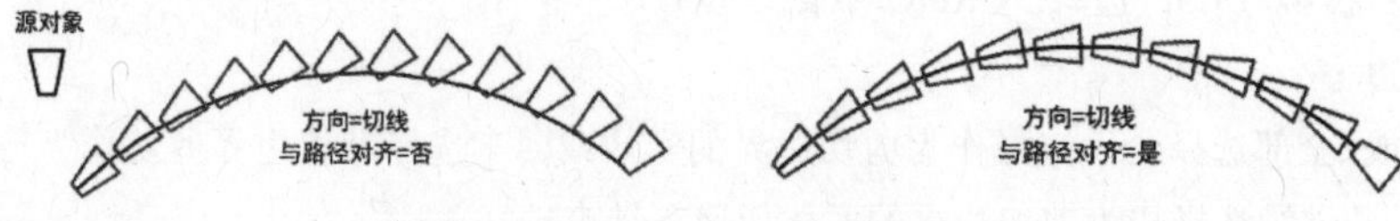

图 3–6　“路径阵列”效果图

各选项说明如下：

☆ 基点(B)：指定绕中心点旋转的基点。

☆ 旋转轴(A)：指定环形阵列的旋转轴。

☆ 表达式(E)：通过数学表达式确定项目数。

☆ 关联(AS)： 关联表示阵列后的列阵为一个整体，不关联表示阵列后的列阵为由一个一个的实体组成的集合体。

双击环形阵列的实体，弹出“环形阵列编辑”对话框，如图 3–7 所示。其中，前两项表示所在图层和阵列类型。在方向、项目、项目间的角度、填充角度和旋转项目栏中，重新输入相应的数值，可以对环形阵列的参数进行修改。

阵列(环形)

图层	0
类型	极轴
方向	逆时针
项目	8
项目间的角度	45
填充角度	360
旋转项目	是

图 3–7　“环形阵列编辑”对话框

各选项说明如下：

☆ 方向：重新确定环形阵列的方向，逆时针为正。

☆ 项目：重新确定环形阵列的项目数。

☆ 项目间的角度：重新确定环形阵列两两项目间的角度。

☆ 填充角度：重新确定环形阵列的填充角度。

☆ 旋转项目：重新确定环形阵列项目是否旋转。

3.2.9 修剪（Trim）

1. 功能

修剪选定图形实体到指定的边界。

2. 调用方式

☆ 功能区：常用（Home）=> 修改（Modify）=> 修剪 => 修剪

☆ 命令行：trim 或 tr

☆ 菜　单：修改（Modify）=> 修剪（Trim）

☆ 工具栏：

3. 解释

命令：trim↙

当前设置：投影=UCS，边=无（AutCAD 默认设置）

选择剪切边…

选择对象或<全部选择>：（选择作为剪切边界的实体或回车选择默认边界剪切作为剪切边界）

选择对象：（继续选择作为剪切边界的实体或回车结束选择）

选择对象：↙（按 Enter 键结束选择）

选择要修剪的对象，或按住 Shift 键选择要延伸的对象，或[栏选(F)/窗交(C)/投影(P)/边(E)/删除(R)/放弃(U)]：（选择剪切实体或按住 shift 键选择实体进行延伸，或选择其它选项）

选择要修剪的对象，或按住 Shift 键选择要延伸的对象，或[栏选(F)/窗交(C)/投影(P)/边(E)/删除(R)/放弃(U)]：（重复上述操作或按 Enter 键结束命令）

各选项说明如下：

☆ 栏选(F)：选择与选择栏相交的所有对象。选择栏是一系列临时线段，它们是用两个或多个栏选点指定的。 选择栏不构成闭合环。

☆ 窗交(C)：选择矩形区域(由两点确定)与之相交的对象。“TRIM”命令将沿着矩形交叉窗口从第一个点以顺时针方向选择遇到的第一个对象。

☆ 投影(P)：指定修剪对象时使用的投影方法。分为“无”、“UCS”、“视图”三个选项。其中“无”选项是指修剪与三维空间中的剪切边相交的对象。“UCS”选项指修剪不与三维空间中的剪切边相交的对象。“视图”选项指定沿当前视图方向的投影，该命令将修剪与当前视图中的边界相交的对象。

☆ 边(E)：确定对象是在另一对象的延长边处进行修剪，还是仅在三维空间中与该对象相交的对象处进行修剪。

☆ 放弃(U)：取消上一次操作。

3.2.10 延伸（Extend）

1. 功能

延伸选定图形实体到指定的边界。

2. 调用方式

☆ 功能区：常用（Home）=> 修改（Modify）=> 修剪 => 延伸

☆ 命令行：extend 或 ex

☆ 菜　单：修改（Modify）=> 延伸（Extend）

☆ 工具栏：

3. 解释

命令：extend↙

当前设置：投影=UCS，边=无 （AutCAD 默认设置）

选择边界的边…

选择对象或<全部选择>：（选择作为延伸边界的实体或回车选择默认边界作为延伸边界）

选择对象：（继续选择作为延伸边界的实体或按 Enter 键结束选择）

选择要延伸的对象，按住 shift 键选择要修剪的对象：

（选择需要延伸实体或按住 shift 键选择需要修剪实体，或选择其它选项）

选择要延伸的对象，按住 shift 键选择要修剪的对象，或[栏选(F)/窗交(C)/[投影(P)/边(E)/放弃(U)]:

（继续选择或按 Enter 键结束命令，各选项含义与“剪切”命令相同。）

3.2.11 移动（Move）

1. 功能

移动选定图形实体到指定位置。

2. 调用方式

☆ 功能区：常用（Home）=> 修改（Modify）=> 移动

☆ 命令行：move 或 m

☆ 菜　单：修改（Modify）=> 移动（Move）

☆ 工具栏：

3. 解释

命令：move↙

选择对象：（选择需要移动的实体）

选择对象：（继续选择需要移动实体或按 Enter 键结束选择）

指定基点或[位移(D)] <位移>:（指定实体移动的基准点或位移的第一点）

指定第二个点或<使用第一个点作为位移>:（指定位移的第二点，以两点间距离为移动位移量，以两点连线为移动方向；或按 Enter 键，以第一点到原点距离为移动位移量，以原点和第一点的连线为移动方向移动实体）

“移动（Move）”命令和“平移（Pan）”命令不同，“移动”命令改变实体的实际位置，而“平移”命令并不改变实体的实际位置，仅改变实体在屏幕上的显示位置，即仅产生视觉上的移动效果。

3.2.12 旋转(Rotate)

1. 功能

把选定的图形实体绕某个旋转中心旋转一指定角度。

2. 调用方式

☆ 功能区：常用（Home）=> 修改（Modify）=> 旋转

☆ 命令行：rotate 或 ro

☆ 菜　单：修改（Modify）=> 旋转（Rotate）

☆ 工具栏：

3. 解释

命令：rotate↙

UCS 当前的正角方向：ANGDIR＝逆时针　　ANGBASE=0 （AutoCAD 默认设置）

选择对象：（选择需要旋转的实体）

选择对象：（继续选择或按 Enter 键结束选择）

指定基点：（指定旋转中心）

指定旋转角，或[复制(C)/参照(R)] <0>：（输入旋转角度值）

各选项说明如下：

☆ 复制(C)：复制选定的图形实体，并旋转到指定位置。

☆ 参照(R)：选择此选项则需输入参照角和新角度两个角度值，用新角度减参数角作为旋转角度来旋转图形实体。选择该选项，AutoCAD 提示如下：

指定参照角<0>:（输入旋转参考角度值）

指定新角度或[点(P)] <0>:（输入新的角度值）

3.2.13 比例缩放（Scale）

1. 功能

按比例放大或缩小选定的图形实体。

2. 调用方式

☆ 功能区：常用（Home）=> 修改（Modify）=> 缩放

☆ 命令行：scale 或 sc

☆ 菜　单：修改（Modify）=> 缩放（Scale）

☆ 工具栏：

3. 解释

命令：scale↙

选择对象:（选择需要比例缩放的实体）

选择对象:（继续选择或按 Enter 键结束选择）

指定基点:（指定图形缩放基准点）

指定比例因子或[复制(C)/参照(R)] <3.0000>:

（输入缩放比例。比例大于 1 时，图形放大；反之，图形缩小；或者选择其它选项）

各选项说明如下：

☆ 复制(C)：创建要缩放的选定对象的副本，原对象特性不变。

☆ 参照(R)：按参照长度和指定的新长度缩放所选对象。选择该选项，AutoCAD 提示如下：

指定参照长度 <1.0000>:（输入参照长度值）

指定新的长度或[点(P)] <1.0000>:

（输入新的长度值。若新长度值大于参考长度值，图形放大；反之，图形缩小）

"比例缩放（Scale）"命令和"缩放（Zoom）"命令不同，"比例缩放"命令改变实体的实际尺寸，而"缩放"命令并不改变实体的实际尺寸，仅改变实体在屏幕上的显示大小，亦即仅产生视觉上的缩放效果。

3.2.14 拉伸（Stretch）

1. 功能

以交叉窗口或交叉多边形选择要拉伸或移动的图形实体。

2. 调用方式

☆ 功能区：常用（Home）=> 修改（Modify）=> 拉伸

☆ 命令行：stretch 或 s

☆ 菜　单：修改（Modify）=> 拉伸（Stretch）

☆ 工具栏：

3. 解释

命令：stretch↙

以交叉窗口或交叉多边形选择要拉伸的对象...

选择对象：（用交叉窗口 C 方式或交叉多边形窗口 CP 方式选择需要拉伸的实体）

选择对象：（继续选择或按 Enter 键结束选择）

指定基点或[位移(D)] <位移>：（指定基点或位移）

指定第二个点或<使用第一个点作为位移>：（指定位移的第二个点或回车以第一个点作位移）

当图形实体全部在选取窗口内时，拉伸结果只是移动整个图形实体；当图形实体不全在窗口内时，拉伸命令根据图形实体不同，拉伸结果不同。当选定图形为以下各种对象时，拉伸结果如下：

☆ 直线：窗口外的端点不动，窗口内的端点移动，直线被拉伸。

☆ 圆弧：窗口外的端点不动，窗口内的端点移动，圆弧被拉伸，但保持弦高不变。

☆ 多段线：与直径和圆弧相似，但多段线两端宽度、切线方向和曲线拟合信息都不变。

☆ 区域填充：窗口外的顶点不动，窗口内的顶点移动，图形被拉伸。

☆ 圆、文字、块等其它对象：定义点位于窗口内，则对象移动；定义点位于窗口外，则对象不动。圆的定义点为圆心；文字的定义点为字符串的基线端点；块的定义点为插入点。

3.2.15 拉长（Lengthen）

1. 功能

改变非封闭图形实体的长度或角度。

2. 调用方式

☆ 功能区：常用（Home）=> 修改（Modify）=>“修改”面板展开器 =>

☆ 命令行：lengthen 或 len

☆ 菜　单：修改（Modify）=> 拉长（Lengthen）

☆ 工具栏：

3. 解释

拉长图形长度的方法有 4 种，分别如下：

☆ 增量

命令：lengthen↙

选择对象或[增量(DE)/百分数(P)/全部(T)/动态(DY)]：DE↙

输入长度增量或[角度(A)]：（输入长度增加值，或选择角度（A）方式输入角度增量来拉长。若输入值为正，实体增加，反之缩短）

选择要修改的对象或[放弃(U)]：（选择需要拉长的实体或选择“放弃”取消上一次拉长操作）

选择要修改的对象或[放弃(U)]：（继续选择需要拉长的实体或按 Enter 键结束命令）

☆ 百分数

命令：len↙

选择对象或[增量(DE)/百分数(P)/全部(T)/动态(DY)]：P↙

输入长度百分数：（输入需要拉长的百分数值，大于 100 拉长，小于 100 缩短）

选择要修改的对象或[放弃(U)]：（选择需要拉长的实体或输入 U 取消上一次拉长操作）

选择要修改的对象或[放弃(U)]：（继续选择需要拉长的实体或按 Enter 键结束命令）

☆ 全部

命令：len↙

选择对象或[增量(DE)/百分数(P)/全部(T)/动态(DY)]：T↙

指定总长度或[角度(A)] <位移>：（输入实体的总长度值或选择角度（A）方式，输入总角度值来拉长圆弧或椭圆弧，若输入值小于实体原值则实体缩短）

选择要修改的对象或[放弃(U)]：（选择需要拉长的实体或输入 U 取消上一次拉长操作）

选择要修改的对象或[放弃(U)]：（继续选择需要拉长的实体或按 Enter 键结束命令）

☆ 动态

命令：len↙

选择对象或[增量(DE)/百分数(P)/全部(T)/动态(DY)]：DY↙

选择要修改的对象或[放弃(U)]：（选择需要拉长的实体或输入 U 取消上一次拉长操作）

指定新端点：（指定拉长实体的新端点）

选择要修改的对象或[放弃(U)]：（重复上述二步操作继续选择拉长实体或按 Enter 键结束命令）

“拉伸（Stretch）”和“拉长（Lengthen）”不同，前者改变实体的尺寸大小，不改变实体的几何拓扑关系；后者改变其长度(对圆弧为弧长，即改变其对应的圆心角)，不改变实体的几何特征属性(例如圆弧的半径和圆心等)。

3.2.16 打断（Break）

1. 功能

切断选定图形实体为两部分或部分删除图形实体。

2. 调用方式

☆ 功能区：常用（Home）=> 修改（Modify）=> “修改”面板展开器 =>

☆ 命令行：break 或 br

☆ 菜　单：修改（Modify）=> 打断（Break）

☆ 工具栏：

3. 解释

命令：break↙

选择对象：（选择需要打断的实体）

指定第二个打断点或[第一点(F)]：（指定打断的第二个点，系统自动以选择物体的点作为打断的第一个点，把两点间线条删除）

若选择“第一点(F)”选项，AutoCAD 提示如下：

指定第一个打断点：（指定打断的第一个点）

指定第二个打断点：（指定打断的第二个点，两点之间的对象被删除）

☆ 如果输入的第二个打断点不在被打断的实体上，则系统把离该点最近的实体上的点作为第二个打断点。

☆ 如果被打断的实体是圆或圆弧时，则系统按逆时针方向打断从第一点到第二点间的一段圆弧。

☆ 如果输入第二个打断点时输入@，则第二个打断点与第一个打断点重叠，则系统把选定图形实体以打断点为分界点分成两个实体，图形实体在视觉上无变化。此法不适用于圆。也可以选择“打断于”按钮，达到同样效果，AutoCAD 提示如下：

命令: break 选择对象:（选择需要打断的实体）

指定第二个打断点或[第一点(F)]: _f（AutoCAD 默认设置）

指定第一个打断点:（指定需要打断点的位置）

指定第二个打断点：@ （AutoCAD 默认设置）

3.2.17 合并（Join）

1. 功能

将直线、圆、椭圆弧和样条曲线等独立的线段合并为一个对象。如图 3-6 所示。

2. 调用方式

☆ 功能区：常用（Home）=> 修改（Modify）=>“修改”面板展开器 =>

☆ 命令行：join

☆ 菜　单：修改（Modify）=> 合并（Join）

☆ 工具栏：

3. 解释

命令：join↙

选择源对象:（选择需要合并的源实体）

选择要合并到源的直线:（选择需要合并到源的实体）

选择要合并到源的直线:（继续选择需要合并到源的实体或按 Enter 键结束选择）

合并两条或多条圆弧或椭圆弧时，将从源对象开始按逆时针方向合并。合并实例如图 3-8 所示。

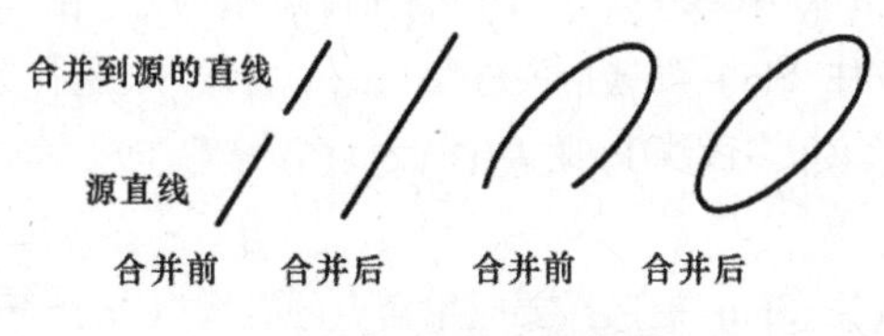

图 3-8 合并操作示意图

3.2.18 倒角（Chamfer）

1. 功能

将两条相交直线、直线段等图形实体用指定倒角距离倒直角。

2. 调用方式

☆ 功能区：常用（Home）=> 修改（Modify）=> 圆角 =>
☆ 命令行：chamfer 或 cha
☆ 菜 单：修改（Modify）=> 倒角（Chamfer）
☆ 工具栏：

3. 解释

命令：chamfer↙

（“修剪”模式）当前倒角距离 1 = 0.0000，距离 2 = 0.0000 （AutoCAD 默认设置）

选择第一条直线或[放弃(U)/多段线(P)/距离(D)/角度(A)/修剪(T)/方式(E)/多个(M)]:

（选择第一条需要倒角的直线或选择其它选项）

选择第二条直线：（选择第二条需要倒角的直线，则两条直线以当前模式和当前倒角距离倒角）

各选项说明如下：

☆ 多段线(P)：用于多段线倒角。选择需要倒角的二维多段线后，该多段线直线顶点处以当前模式和当前倒角距离倒直角。

☆ 距离(D)：用于设置当前倒角距离值。选择该选项，AutoCAD 提示如下：

指定第一个倒角距离<10.0000>：（输入第一个倒角距离值）

指定第二个倒角距离<10.0000>：（输入第二个倒角距离值，或回车使其与第一个倒角距离值相同）

☆ 角度(A)：用于设置倒角的新角度值。选择该选项，AutoCAD 提示如下：

指定第一条直线的倒角长度<10.0000>：（输入第一个倒角距离值）

指定第一条直线的倒角角度<0>：（输入第一条直线的倒角角度）

☆ 修剪(T)：设置倒角时是否修剪图线。“修剪”选项为修建图线模式，如图 3-9 所示。

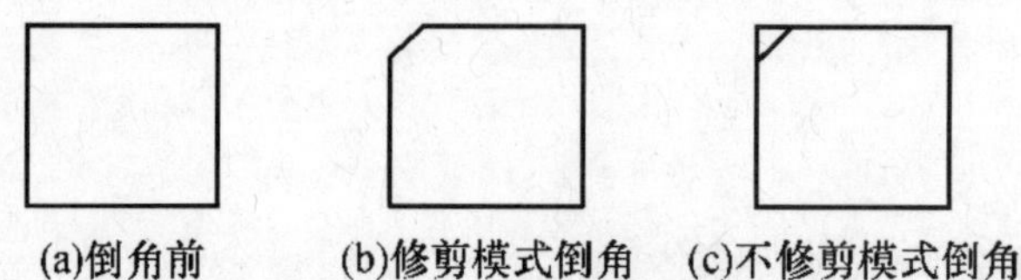

(a)倒角前　　(b)修剪模式倒角　　(c)不修剪模式倒角

图 3-9　倒角操作示意图

☆ 方法(E)：设置倒角方法。

☆ 多个(M)：为多组直线、直线段等添加倒角。选择该选项，AutoCAD 提示如下：

选择第一条直线或[放弃(U)/多段线(P)/距离(D)/角度(A)/修剪(T)/方式(E)/多个(M)]:（选择第一条直线）

选择第二条直线，或按住 Shift 键选择要应用角点的直线：（选择第二条直线）

选择第一条直线或[放弃(U)/多段线(P)/距离(D)/角度(A)/修剪(T)/方式(E)/多个(M)]:

（选择下一个倒角的第一条直线）

选择第二条直线，或按住 Shift 键选择要应用角点的直线：（选择下一个倒角的第二条直线）

选择第一条直线或[放弃(U)/多段线(P)/距离(D)/角度(A)/修剪(T)/方式(E)/多个(M)]:

（选择下一个倒角的第一条直线，或者按 ENTER 键或 ESC 键结束命令）

按住 Shift 键并选择两条直线，可以快速创建零距离倒角。如图 3-10 所示。

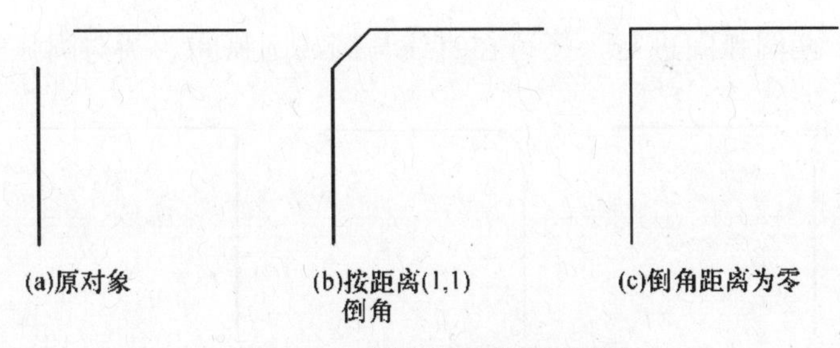

图 3-10 倒角为零操作示意图

3.2.19 圆角（Fillet）

1. 功能

将两个图形实体用指定半径的圆弧光滑连接。

2. 调用方式

☆ 功能区：常用（Home）=> 修改（Modify）=> 圆角 =>

☆ 菜　单：修改（Modify）=> 圆角（Fillet）

☆ 命令行：fillet 或 f

☆ 工具栏：

3. 解释

命令：fillet↙

当前设置：模式=修建，半径 0.0000

选择第一个对象或[多段线(P)/半径(R)/修剪(T)/多个(M)]:

（选择第一个需要倒圆角的对象或选择其它选项）

选择第二个对象：（选择第二个需要倒圆角的对象，系统自动以当前模式和当前圆角半径值在选择的两个对象间进行倒圆角）

各选项说明如下：

☆ 多段线(P)：用于多段线倒圆角。选择需要圆角的二维多段线后，该多段线以当前模式和当前圆角半径值倒圆角，如图 3-11 所示。

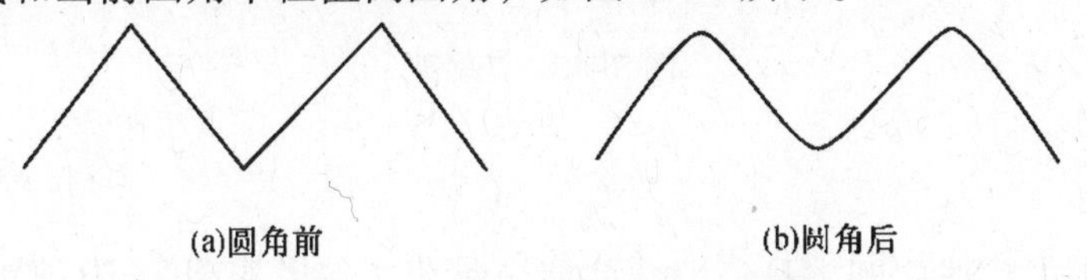

图 3-11 多段线倒圆角操作示意图

☆ 半径(R)：设置圆角半径的新值。

☆ 修剪(T)：设置修剪模式。选择该选项，AutoCAD 提示如下：

深入修剪模式选项[修剪(T)/不修剪(N)]<修剪>：（T 为修剪图线模式，N 为不修剪图线模式）

选择第一个对象或[多段线(P)/半径(R)/修剪(T)]：（选择第一个要倒圆角的对象或选择其它选项）

选择第二个对象：（选择第二个要倒圆角的对象，系统自动以当前模式和当前圆角半径值在选择的两个对象间进行倒圆角）

☆ 多个(M)：对多组直线、直线段等图形实体进行倒圆角。

按住 Shift 键并选择两条直线，可以快速创建零半径圆角。如图 3-12 所示。圆角可在两直线、两圆、两圆弧间进行，还可在直线与圆或圆弧间、圆与圆弧间进行。

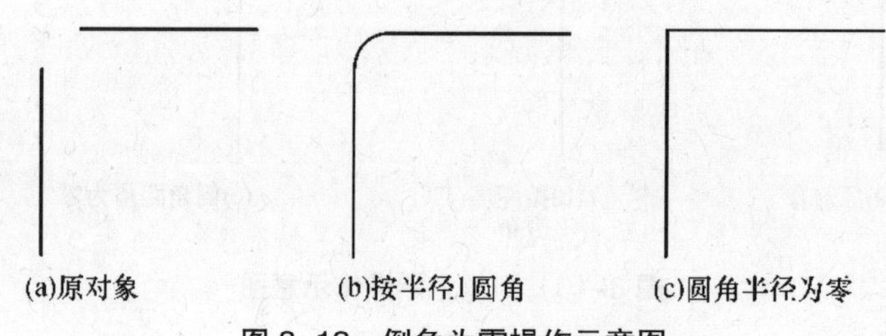

图 3-12　倒角为零操作示意图

应用实例

3.3 绘制挂轮架

3.3.1 绘制要求

以 1:1 比例绘制如图 3-13 所示挂轮架。

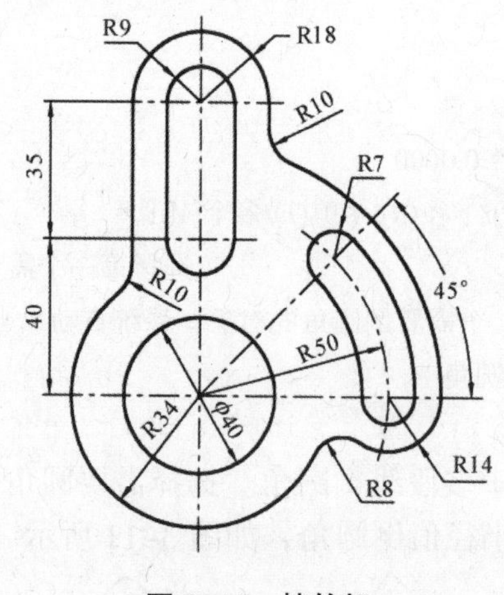

图 3-13　挂轮架

3.3.2 绘制步骤

1. 新建文件

☆ 新建：单击快速访问工具栏的“新建”按钮，弹出如图 1-10 所示“选择样板”对话框，选择“acad”选项，单击“打开”按钮，进入 AutoCAD 2012 默认绘图界面。打开一个新的 AutoCAD 文件。

☆ 保存：单击快速访问工具栏的“保存”按钮，弹出如图 1-12 所示对话框，选择文件保存的路径，键入文件名“挂轮架”，在“文件类型”下拉列表框中选择“*.dwg”类型。

2. 设置绘图区域

调用“绘图界限”命令设置本例绘图区域 210×297mm，具体步骤如下：

命令：limits↙

重新设置图形界限：

指定左下角点或[开(ON)/关(OFF)]<0.0000，0.0000>：↙（输入左下角点坐标值 0，0）

指定右上角点<420.0000，297.0000>：210，297↙（输入右上角点坐标值 210，297）

双击鼠标滚轮，范围缩放图形，使绘图区域最大化地显示在绘图窗口，然后适当转动鼠标滚轮，使绘图区域在适合位置。

3. 绘制挂轮架

☆ 绘制各定位中心线，如图 3–14 所示。

命令： line↙

指定第一点：90,70 ↙

指定下一点或[放弃(U)]：@0,150 ↙（绘出垂直中心线）

指定下一点或[放弃(U)]：↙

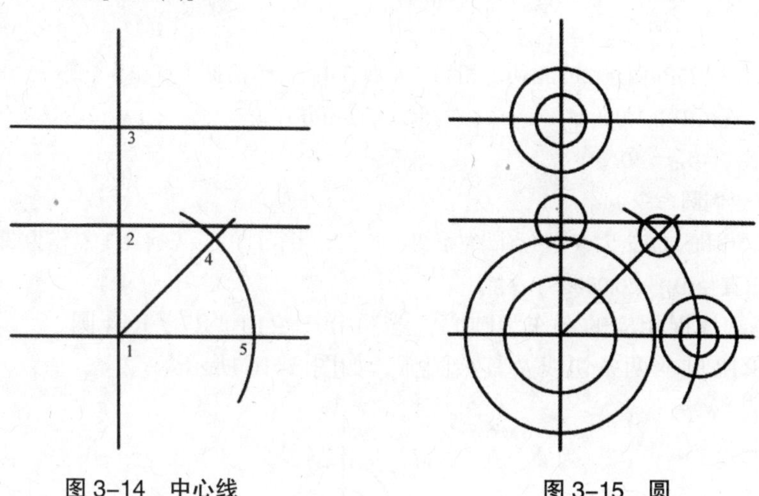

图 3–14 中心线　　图 3–15 圆

命令：↙（重复绘制直线命令）

命令： _line 指定第一点：50,110 ↙

指定下一点或[放弃(U)]：@110,0 ↙（绘出水平中心线，与垂直中心线的交点记为 1 点）

指定下一点或[放弃(U)]：↙

命令： offset↙

当前设置：删除源＝否图层＝源 OFFSETDAPTYPE=0

指定偏移距离或[通过(T)/删除(E)/图层(L)] <1.0000>：40 ↙

选择要偏移的对象或[退出(E)/放弃(U)]<退出>：（选择刚绘制的水平中心线）

指定要偏移的那一侧上的点成[退出(E)]/多个(M)/放弃(U)]<退出>：（单击选择的水平中心线上方任一点，绘出第二条水平中心线）

选择要偏移的对象或[退出(E)/放弃(U)]<退出>：↙（退出此命令）

命令：↙（重复偏移命令）

OFFSET

指定偏移距离或 [通过(T) /删除(E)/图层(L)] <40.0000>：35↙

指定偏移距离或[通过(T)/删除(E)/图层(L)] <1.0000>：40 ↙

选择要偏移的对象或[退出(E)/放弃(U)]<退出>：（选择刚绘制的第二条水平中心线）

指定要偏移的那一侧上的点成[退出(E)]/多个(M)/放弃(U)]<退出>：（单击选择的水平中心线上方

任一点，绘出第三条水平中心线）

选择要偏移的对象或[退出(E)/放弃(U)]<退出>：↙（退出此命令）

命令：line↙

指定第一点：（捕捉 1 点）

指定下一点或[放弃(U)]：@60<45

指定下一点或[放弃(U)]：↙

命令: _arc 指定圆弧的起点或[圆心(C)]:

指定圆弧的起点: @50<-30↙

指定圆弧的端点或[角度(A)/弦长(L)]: _a 指定包含角: 90↙

☆ 画出各已知圆、圆弧，如图 3–15 所示。

命令： circle↙

指定圆的圆心或[三点(3P)/两点(2P)/相切、相切、半径(T)]：（捕捉 1 点作为圆心）

指定圆的半径或[直径(D)]<1.0000>：d ↙（选择输入直径方式）

指定圆的直径<2.0000>： 40 ↙

命令：↙（重复绘制圆命令）

CIRCLE 指定圆的圆心或[三点(3P)/两点(2P)/相切、相切、半径(T)]：（捕捉 1 点作为圆心）

指定圆的半径或[直径(D)] <20.0000>：34 ↙

重复上述操作，捕捉相应的点作为圆心，绘制 R9、R18、R7、R14 圆。

☆ 绘制 R9、R18 圆的两条切线及其余圆弧，如图 3–16 所示。

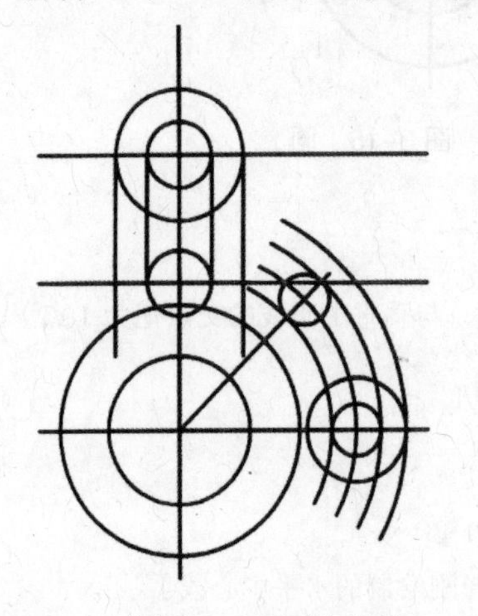

图 3-16 圆弧与切线

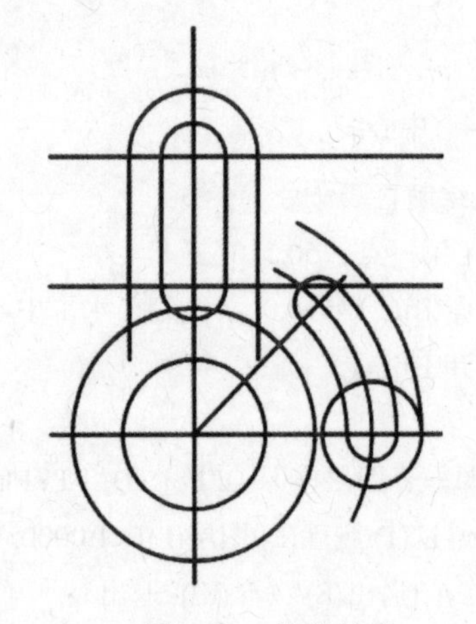

图 3-17 修剪线段

命令： line↙

指定第一点：（捕捉上面 R9 圆左边的切点）

指定下一点或[放弃(U)]：（捕捉下面 R9 圆左边的切点）

指定下一点或[放弃(U)]：↙

重复上述操作绘制 R9 圆右边的切线

命令：line↙

指定第一点：（捕捉最上面 R18 圆的左边切点）

指定第一点或[放弃(U)]：（打开正交方式，绘制长度如图 3–16 所示的直线）

指定第一点或[放弃(U)]: ↙

命令: offset ↙

指定偏移距离或[通过(T) /删除(E)/图层(L)] <通过>: 7 ↙

选择要偏移的对象或[退出(E)/放弃(U)]<退出>: （选择弧形中心线）

指定要偏移的那一侧上的点成[退出(E)]/多个(M)/放弃(U)]<退出>: （在选择的弧形中心线外侧指定一点）

选择要偏移的对象或[退出(E)/放弃(U)]<退出>: （选择弧形中心线）

指定要偏移的那一侧上的点成[退出(E)]/多个(M)/放弃(U)]<退出>: （在选择的弧形中心线内侧指定一点）

选择要偏移的对象或[退出(E)/放弃(U)]<退出>: ↙

重复上述操作绘制挂轮架最右侧的圆弧，偏移量为 14。

☆ 调用“修剪”命令，修剪多余圆弧段，如图 3-17 所示。

命令：trim↙

当前设置：投影=UCS，边=无

选择剪切边...

选择对象或<全部选择>: （选择圆 R9 的一条切线）

选择对象: （选择圆 R9 的另一条切线）

选择对象: ↙

选择要修剪的对象，按住 Shift 键选择要延伸的对象，或[栏选(F)/窗交(C)/投影(P)/边(E)/删除(R)/放弃(U)]: （选择上面 R9 圆需要剪切的部分）

选择要修剪的对象，按住 Shift 键选择要延伸的对象，或[栏选(F)/窗交(C)/投影(P)/边(E)/删除(R)/放弃(U)]: （选择下面 R9 圆需要剪切的部分）

选择要修剪的对象，按住 Shift 键选择要延伸的对象，或[栏选(F)/窗交(C)/投影(P)/边(E)/删除(R)/放弃(U)]: ↙

重复上述操作修剪弧形中心线周围的多余线段。

☆ 调用“圆角”命令绘出 R8 和两个 R10 连接弧，如图 3-18 所示。

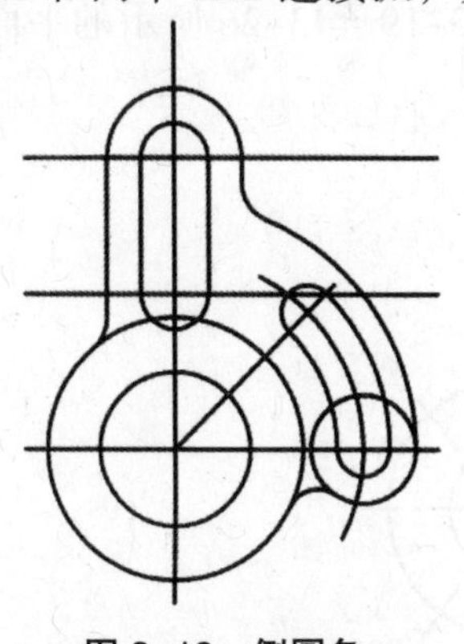

图 3-18 倒圆角

命令：fillet↙

当前模式：模式 = 修剪，半径 = 2.0000

选择第一个对象或[多段线(P)/半径(R)/修剪(T)]：r ↙

指定圆角半径 <2.0000>：8 ↙

选择第一个对象或[多段线(P)/半径(R)/修剪(T)]：（单击 R14 圆周上靠近切点处）

选择第二个对象：（单击 R34 圆周上靠近切点处）

重复上述操作绘制与 R18 右边切线和最外侧大圆弧相切的连接圆弧 R10。

☆ 修剪多余线段，调用“拉长”命令调整各中心线长度，如图 3-13 所示。

命令：trim↙

当前设置：投影=UCS，边=无

选择剪切边...

选择对象：（选择与 R14、R8、R34 圆及左边 R10 最右侧圆弧）

选择对象：↙

选择要修剪的对象，按住 Shift 键选择要延伸的对象，或[栏选(F)/窗交(C)/投影(P)/边(E)/删除(R)/放弃(U)]：（选择 R8、R14、R34 圆要剪切的部分）

选择要修剪的对象，按住 Shift 键选择要延伸的对象，或[栏选(F)/窗交(C)/投影(P)/边(E)/删除(R)/放弃(U)]：↙

命令：lengthen↙

选择对象或[增量(DE)/百分数(P)/全部(T)/动态(DY)]：dy ↙（选择动态拉长）

选择要修改的对象或[放弃(U)]：（选中垂直中心线一端）

指定新端点：（指定端点到合适位置）

选择要修改的对象或[放弃(U)]：（选中垂直中心线另一端）

指定新端点：（指定端点到合适位置）

重复上述操作将各条中心线调整到合适的长度。

4. 保存图形

习题

1.按照 1:1 的比例绘制如图 3-19 至 3-26 所示的平面图形。

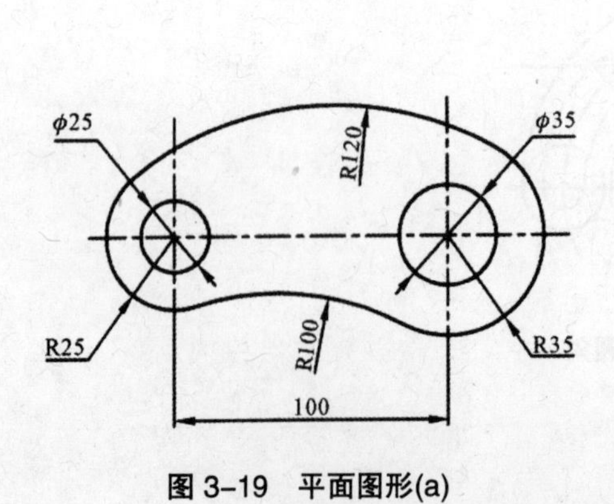

图 3-19 平面图形(a)

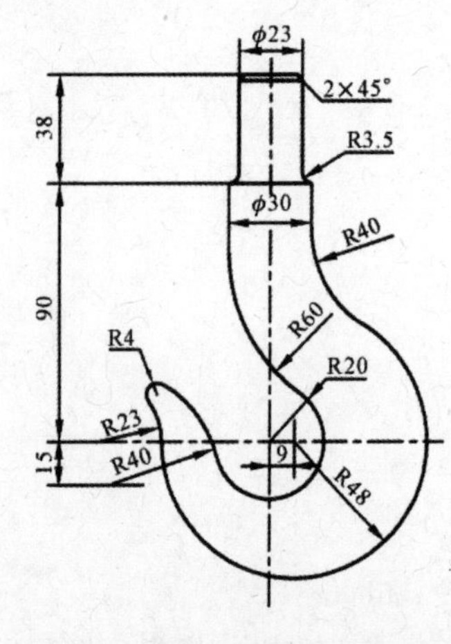

图 3-20 吊钩

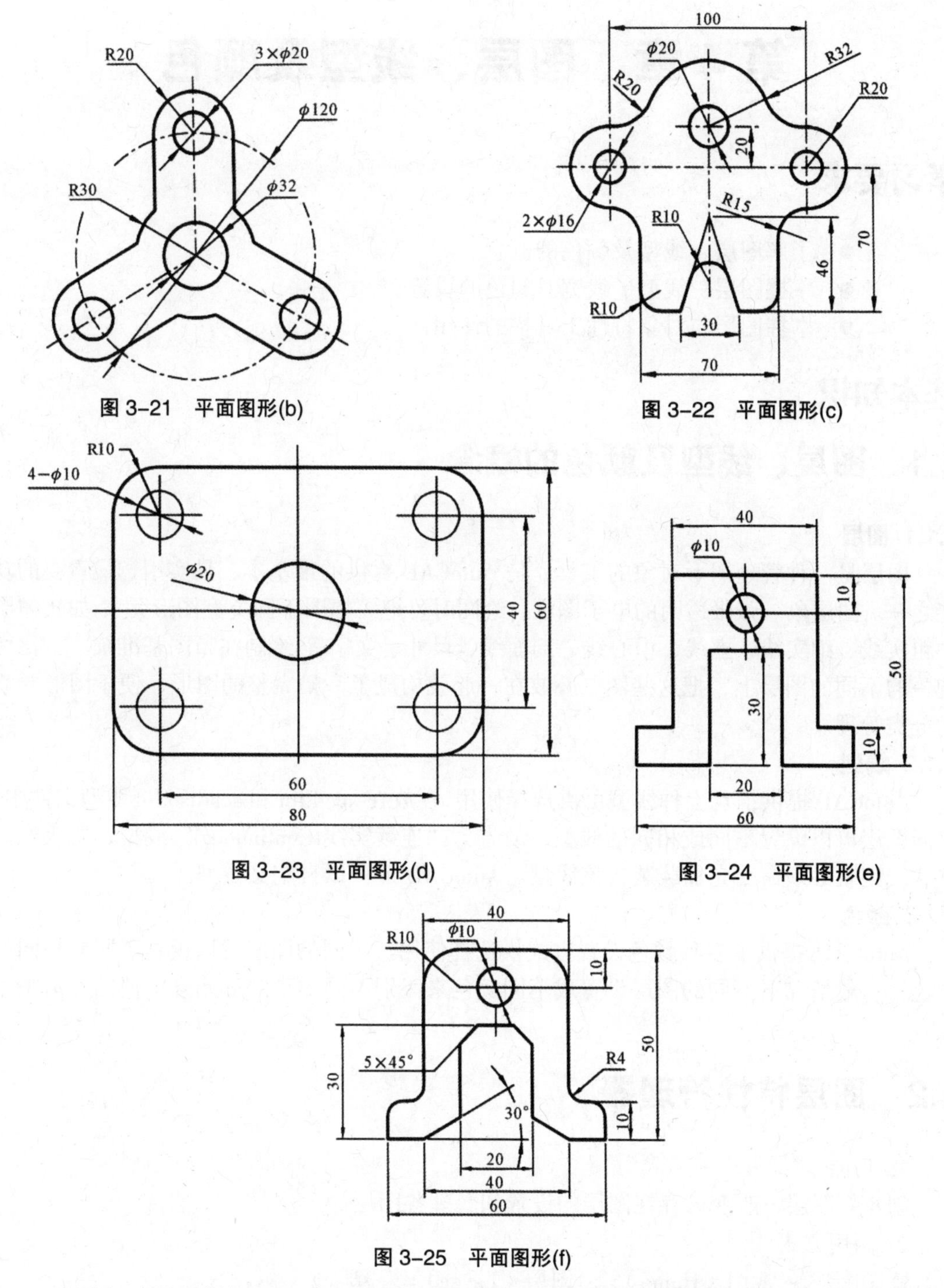

图 3-21 平面图形(b)

图 3-22 平面图形(c)

图 3-23 平面图形(d)

图 3-24 平面图形(e)

图 3-25 平面图形(f)

2. 调用“比例缩放(Scale)”命令把习题 1 所绘图形缩小和放大一倍。

3. 绘制一长为 20 的直线，分别用“拉长”和“拉伸”命令将其拉长为 30，缩短为 15。

第 4 章　图层、线型及颜色

学习要求

- 了解图层、线型及颜色的概念。
- 掌握图层、线型、线宽及颜色的设置。
- 掌握图层与对象特性工具栏的使用。

基本知识

4.1　图层、线型及颜色的概念

4.1.1 图层

图层是一种管理图形对象的工具，是 AutoCAD 提供的最基本、最实用、最重要的功能之一。图层象一张张透明的电子图纸，绘图时可把一幅图不同类型图形元素(如机械图中粗实线、细实线、虚线、中心线、剖面线、尺寸、文字等)绘制在布图基准统一、比例统一的不同的图层上，把这些图层叠放在一起就构成了一幅完整的图形，便于图形要素的分类管理。

4.1.2 线型

AutoCAD 提供了几十种线型可供选择使用，存放在 acad.lin 和 acadiso.lin 线型文件中。不同图层可以设置不同或相同的线型，缺省为“连续实线(Continuous)”线型，要改变为其它线型就必须命令先加载装入该线型。AutoCAD 还可以自定义线型。

4.1.3 颜色

AutoCAD 提供了多种颜色设置方式供选择使用。不同的图层可以设置不同或相同的颜色，一般情况下不同的图层设置成不同颜色来区别不同类型图形元素，使图形清晰可见。

4.2　图层特性管理器

1. 功能

创建新图层、改变已存在图层的设置和管理各图层。

2. 调用方式

☆ 功能区：常用（Home）=> 图层（Layer）=>

☆ 命令行：layer 或 la

☆ 菜　单：工具（ Tools）=>

　　　　格式（Format）=> 图层（Layer）

☆ 工具栏：

3. 解释

调用该命令，弹出“图层特性管理器”对话框，如图 4-1 所示。各选项说明如下：

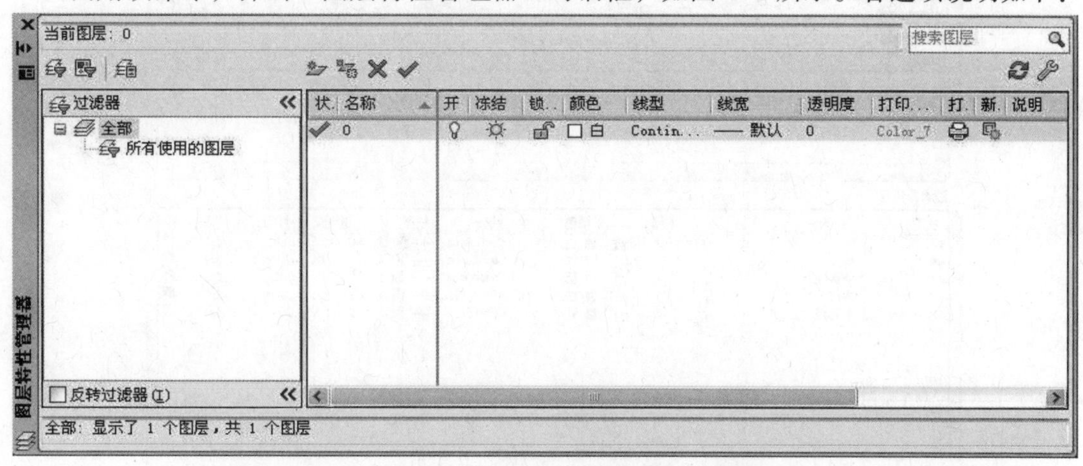

图 4-1 “图层特性管理器”对话框

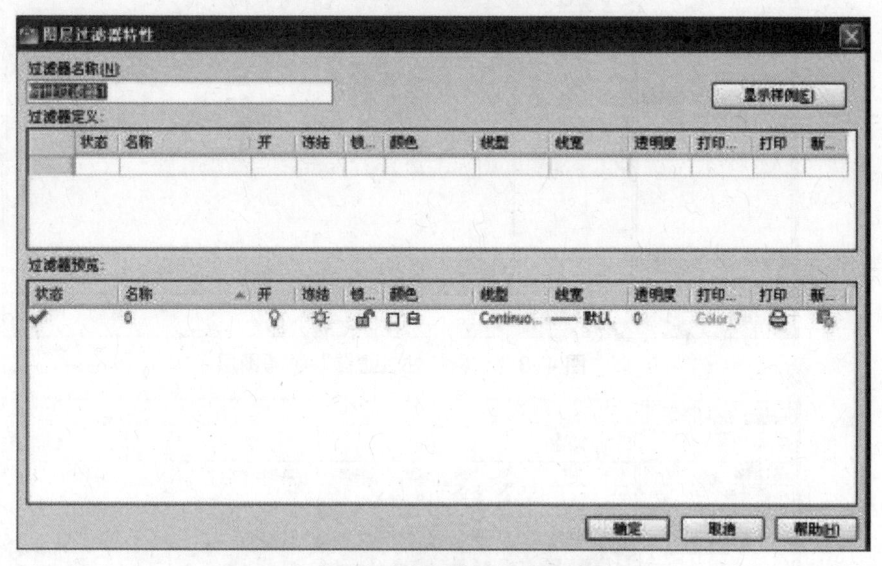

图 4-2 “图层过滤器特性”对话框

☆ “新特性过滤器”按钮：单击该按钮后，弹出“图层过滤器特性”对话框，如图 4-2 所示。用户可以根据需要自定义过滤条件，“过滤器名称”文本框中可以输入新名称，“过滤器定义”列表框中选择过滤条件，“过滤器预览”列表框中显示满足过滤条件的图层及其特性，单击“确定”按钮，返回“图层特性管理器”对话框，则相应的过滤器名称自动添加到左边的列表框中。选中该名称，在它的右边列表框中显示相应的图层及其特性，如图 4-3 所示。

☆ “新建组过滤器”按钮：单击该按钮后，则相应的新建组过滤器名称自动添加到左边的列表框中，创建一个图层过滤器，然后用户可以将所选图层拖到该文件夹中，对图层列表中的图层进行分组，以达到过滤图层的目的，其中包含用户选定并添加到该过滤器的图层。例如选中细实线和虚线层拖动到组过滤器 1 中，这样图层过滤器中包含来自图层列表的图层，如图 4-4 所示。

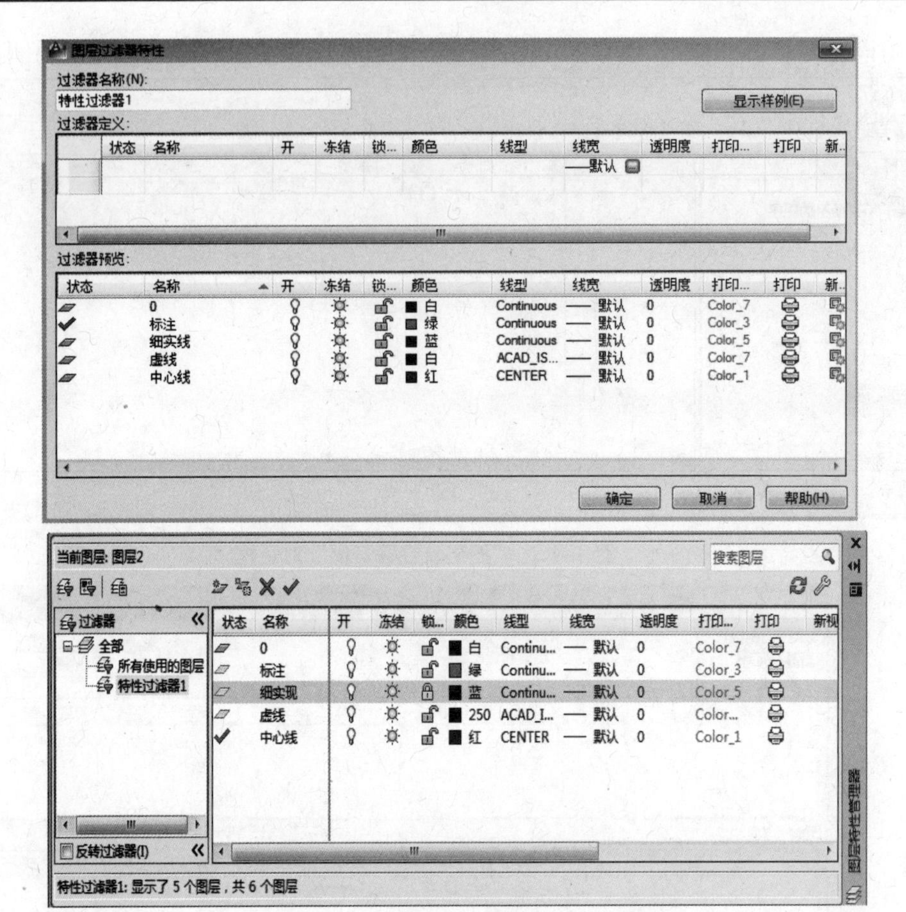

图 4-3 “新特性过滤器”过滤图层示例

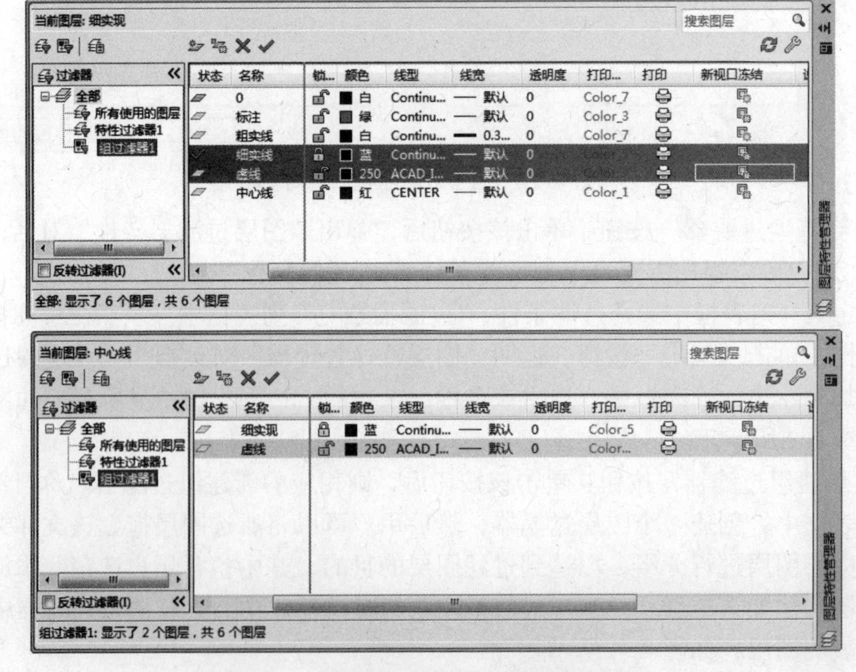

图 4-4 “新建组过滤器”过滤图层示例

☆ “图层状态管理器”按钮：单击该按钮后，弹出“图层状态管理器”对话框，如图 4–5 所示。“图层状态”列表框列出保存在图形中的命名图层状态、保存它们的空间及可选说明。单击“新建”按钮，弹出“要保存的新图层状态”对话框，从中可以输入新命名图层状态的名称和说明。“删除”按钮，删除选定的命名图层状态。单击“输入”按钮，弹出“输入图层状态”对话框，从中可以将上一次输出的图层状态(LAS)文件加载到当前图形。 输入图层状态文件可能导致创建其他图层。单击“输出”按钮，从中可以将选定的命名图层状态保存到图层状态(LAS)文件中。选择“关闭图层状态中未找到的图层”复选框，恢复命令名图层状态时，关闭未保存设置的新图层，以便图形的外观与保存命名图层状态时一样。执行图层恢复操作可恢复指定的图层状态，将恢复保存图层状态时指定的图层设置（图层状态和图层特性），未选定的图层特性设置在图形中保持不变。需要注意的是：恢复图层状态时，之前保存图层状态时的当前图层被置位当前图层，如果图层已不存在，将不会改变当前图层。

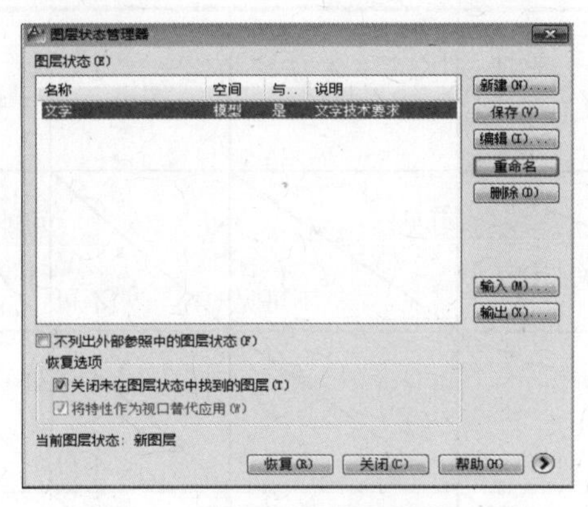

图 4–5 “图层状态管理器”对话框

☆ “新建图层”按钮：创建新图层。单击该按钮后，“图层特性”列表框将显示名为“图层 1”的新层，新层的“颜色”、“线型”、“线宽”、“打印”、“透明”等特性自动继承“0”层或选中层的特性，用户可按需要改变新层的各项设置。

☆ “在所有视口中都被冻结的新图层视口”按钮：创建新图层，然后在所有现有布局视口中将其冻结。可以在“模型”选项卡或“布局”选项卡上访问此按钮。

☆ “删除图层”按钮：删除图层。其中 0 层、定义点层、当前图层、使用过的图层、依赖外部参照的图层不能被删除。

☆ “置为当前”按钮：将选中图层设置为当前层。选中一个图层，单击该按钮，则把该图层设为当前层，并显示在当前层显示条中。当前层只有一个，不能被冻结，但可以关闭和锁定。绘制图形只能在当前层上操作。系统默认当前层为 0 层。这种方法属于常规的方法，也可将指定图层置为当前图层，具体操作：在绘图区中选取要置为当前图层的图形对象，此时在“图层”选项板中将显示该对象所对应的图层列表项，单击“将对象的图层设为当前”按钮，便可将对象的图层设置为当前图层。

☆ “图层特性”列表框：显示图层的各种特性，如图 4–1 所示。各选项说明如下：

(1) 名称：显示图层名称，不可重名。选中图层名，单击该图层名称即可输入新图层名称不可重名。0 层和依赖外部参照的层名不能被更名。

(2) 开："打开"或"关闭"图层，默认为打开状态。单击灯泡图标，可在打开和关闭功能间切换，灯泡为黄色表示图层打开；为灰色表示图层关闭。图层被关闭后，则该层的图形实体不可见，不可打印，但仍可绘制新图形，该层仍客观存在。

(3) 冻结："冻结"或"解冻"图层，缺省为解冻状态。单击太阳图标可在冻结和解冻功能间切换，当图标由太阳变成雪花时表示图层被冻结，当图标由雪花变成太阳时表示图层被解冻。冻结图层上的图形实体在屏幕上不可见，不可打印，也不被重生成。因此冻结图层可提高绘图速度，但不能冻结当前层。

(4) 锁定："锁定"或"解锁"图层，缺省为解锁状态。单击小锁图标可在锁定和解锁功能间切换，小锁锁住时表示图层被锁定；小锁打开时表示图层被解锁。锁定图层上的图形实体可见，可打印，不能用编辑命令修改，但仍可绘制新图形。

开/关、解冻/冻结及解锁/锁定的比较如表 4–1 所示。

表 4–1　开/关、解冻/冻结及解锁/锁定比较表

命令 \ 特性	可见性	编辑	打印	绘新图形
开（ON）	可见	可	可	可
关（OFF）	不可见	不可	不可	
解冻（Thaw）	可见	可	可	可
冻结（Freeze）	不可见	不可	不可	不可
解锁（Unlock）	可见	可	可	可
锁定（Lock）		不可		

(5) 颜色：显示各图层的颜色，缺省为"白色"。单击图层颜色图标或颜色名，弹出"选择颜色"对话框，如图 4–6 所示。在此对话框中单击所需颜色，再单击"确定"按钮即可改变图层的颜色。

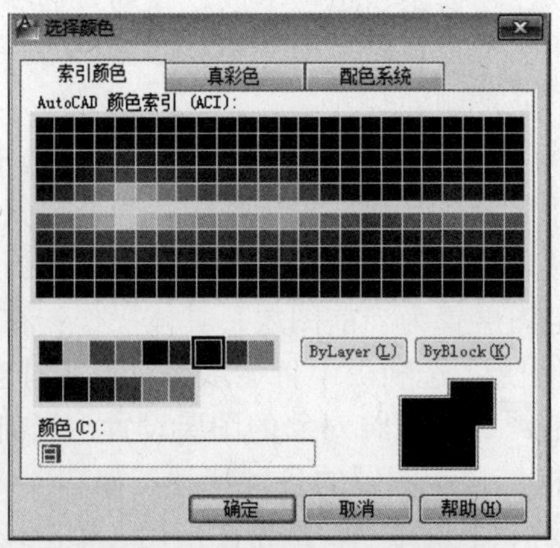

图 4–6　"选择颜色"对话框

(6) 线型：显示各图层的线型名称，缺省为连续实线。若要改变某一图层的线型，就单击该图层上的线型名称，弹出“选择线型对话框，如图 4–7 所示。在已加载的列表中选择所需线型，单击“确定”按钮即可改变图层的线型。若“选择线型”对话框中没有所需线型，则单击“加载”按钮，弹出“加载或重载线型”对话框，如图 4–8 所示。可在相应的线型文件中选择要加载的线型，单击“确定”按钮则被选中的线型就被加载并显示在“选择线型”对话框中，即可被用于改变图层线型。

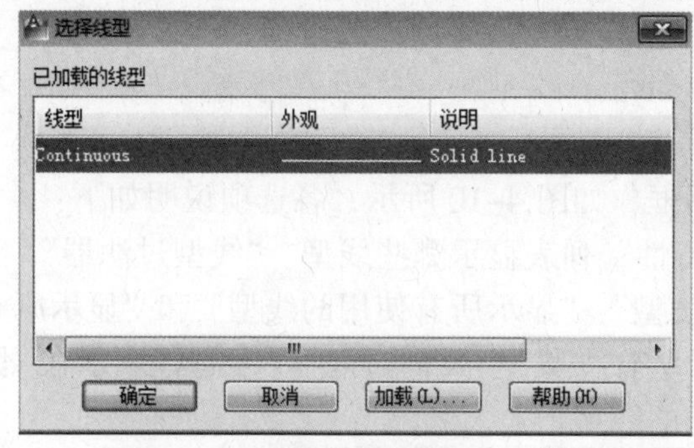

图 4–7 “选择线型”对话框

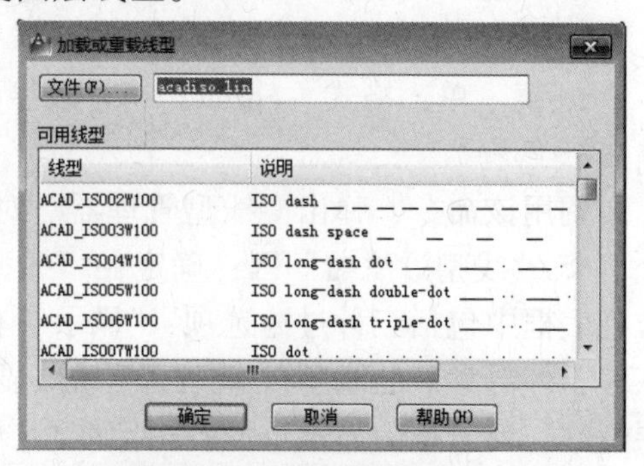

图 4–8 “加载或重载线型”对话框

(7) 线宽：显示各图层的线宽，缺省线宽为 0.25mm。单击该图层上的线宽名称，弹出“选择线宽”对话框，选择所需线宽，单击“确定”按钮，即可改变图层的线宽。

(8) 透明度：显示各图层的透明程度，缺省值为 0，表示该层完全透明，可以单击图层上的透明度名称，弹出“图层透明度”对话框，输入 0–90 之间的数值，单击“确定”按钮，即可改变图层的透明度，如图 4–9 所示。

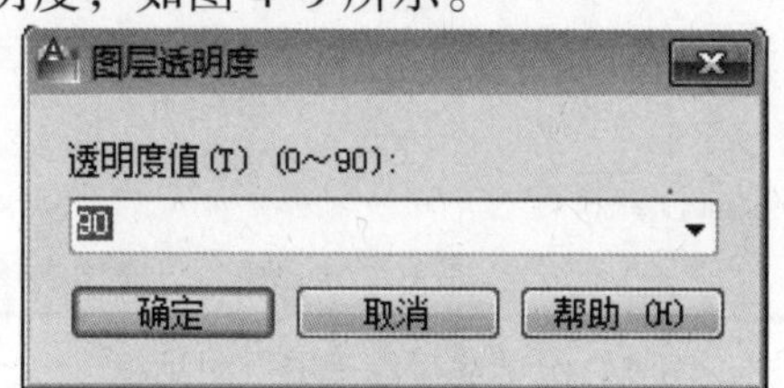

图 4–9 “加载或重载线型”对话框

(9) 打印：控制图层是否被打印，缺省为“打印”。单击该图层上的打印机图标，即可在打印和不打印功能间切换。当打印机图标为时，表示打印该图层；当打印机图标为时，表示不打印该图层。该设置对冻结或关闭图层无效。

(10) 新视口冻结：在新布局视口中冻结选定图层。例如，在所有新视口中冻结 DIMENSIONS 图层，将在所有新创建的布局视口中限制该图层上的标注显示，但不会影响现有视口中的 DIMENSIONS 图层。如果以后创建了需要标注的视口，则可以通过更改当前视口设置来替代默认设置。

◆ “反向过滤器”复选框：在“图层特性”列表框中显示过滤器指定图层以外的图层，即显示所有不满足选定图层特性过滤器中条件的图层。

◆ “图层刷新”按钮 ：单击该按钮可以刷新各图层特性。

◆ “图层设置”按钮 ：单击该按钮可以显示“图层设置”对话框，从该对话框中可以设置新图层通知设置，是否将图层过滤器更改应用于“图层”工具栏以及更改图层特性替代的背景色。

4.3 线型管理器

1. 功能

加载线型，设置当前线型，并设置线型比例和删除已加载线型等。

2. 调用方式

☆ 功能区：常用（Home）=> 特性（Properties）=> ByLayer => 其它

☆ 命令行：linetype 或 lt

☆ 菜　单：格式（Formet）=> 线型(Linetype)

3. 解释

调用该命令，弹出“线型管理器”对话框，如图 4–10 所示，各选项说明如下：

☆ “线型过滤器”区：确定在“线型特性”列表显示哪些线型。“线型过滤器”下拉列表框中包括三种过滤选项：“显示所有线型”、“显示所有使用的线型”和“显示所有依赖于外部参照的线型”，缺省选项是“显示所有线型”。“反向过滤器”复选框表示在“图层特性”列表框中显示过滤器指定线型以外的线型。

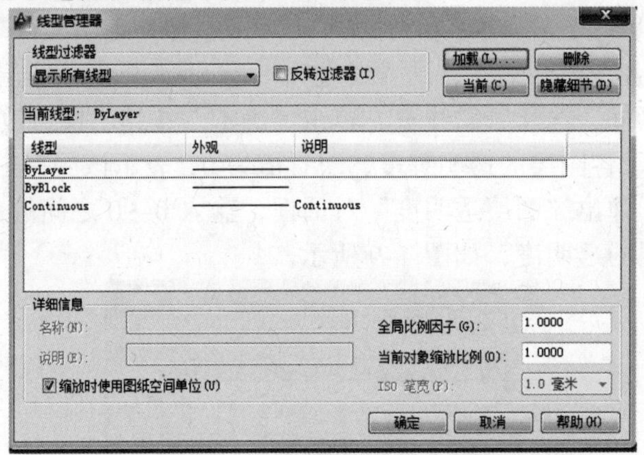

图 4–10 “线型管理器”对话框

☆ “加载”按钮：加载线型。单击该按钮，弹出“加载或重载线型”对话框，如图 4–8 所示。选中所需线型，单击“确定”按钮，则被选中的线型就被加载并显示在图 4–10 “线型管理器”对话框中。

☆ “删除”按钮：删除已加载线型。选择线型后单击该按钮，则删除该线型。连续线型、当前线型、使用过的线型、依赖外部参照的线型、图层或对象参照的线型不能被删除。

☆ “当前”按钮：将选中线型设置为当前线型，并显示在“当前线型显示条”中。默认设置是连续线型。

☆ “显示/隐藏细节”按钮：控制显示或隐藏“详细信息区”。

☆ “当前线型”显示条：显示当前线型的名称。

☆ “线型特性”列表框：显示各线型的线型“名称”、“外观”、“说明”等特性。

☆ “详细信息”区：显示选定线型的名称和说明。

(1) “缩放时使用图纸空间单位”复选框：选中该复选框，表示图纸空间和模型空间使用相同的比例因子。

(2) “全局比例因子”文本框：用于设置所有线型的全局比例。全局比例也可用系统变量“Ltscale”来设置。

(3) “当前对象缩放比例”文本框：用于设置当前对象的线型比例。该比例与全局比例因子的乘积为最终的比例因子。它们可以按比例改变线型的线段长短、点的大小、线段间隔尺寸等参数。图 4-11 所示的是不同线型比例对线型产生的影响，图 4-12 为全局比例和当前对象缩放比例之间的区别。

线型比例= 1　　　　线型比例= 2　　　　线型比例= 5

图 4-11　不同线型比例对线型产生的影响

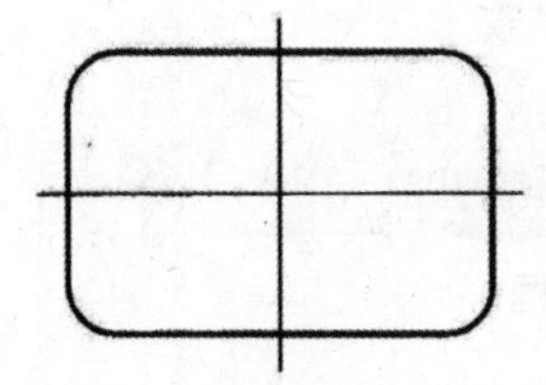

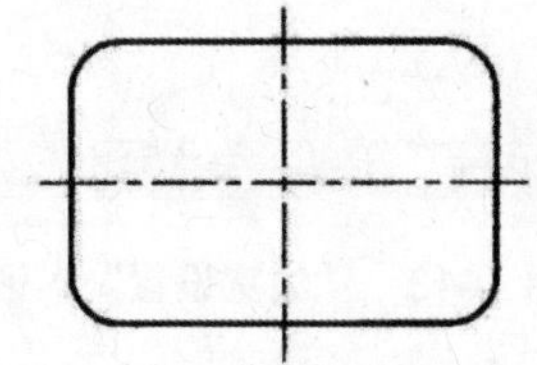

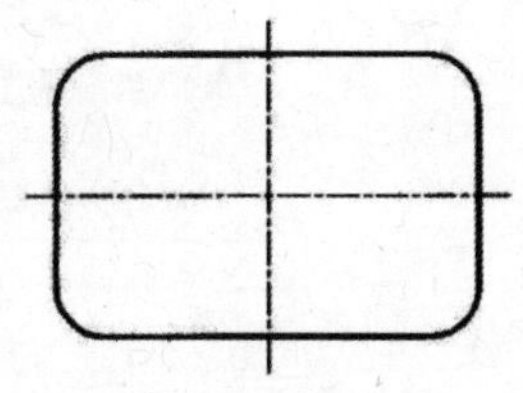

中心线全局比例因子=10　　中心线全局比例因子=1　　水平中心线缩放比例 0.5

图 4-12 全局比例和当前对象缩放比例之间的区别

4.4　线宽

1. 功能

设置图线的宽度。

2. 调用方式

☆ 功能区：常用（Home）=> 特性（Properties）=> ByLayer => 线宽设置

☆ 命令行：lweight 或 lw

☆ 菜　单：格式（Formet）=> 线宽(Lineweight)

3. 解释

调用该命令，弹出“线宽设置”对话框，如图 4-13 所示。在此对话框中可设置线宽、线宽的单位（公制或英制）、选择是否显示线宽、指定缺省线宽值（缺省为 0.25mm）、调整显示比例标尺大小等。

4.5　颜色

1. 功能

设置图层和图形实体的颜色。

2. 调用方式

☆ 功能区：常用（Home）=> 特性（Properties）=> ByLayer => 选择颜色

☆ 命令行：color 或 ddcolor 或 col

☆ 菜　单：格式（Formet）=> 颜色（Color）

3. 解释

调用该命令，弹出“选择颜色”对话框，如图 4-6 所示。提供设置图层所需的各种颜色，其中包括标准颜色、灰度、全色调色板颜色或逻辑颜色。

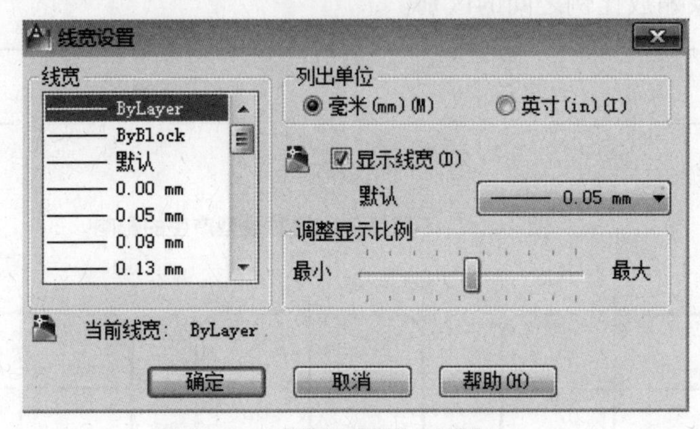

图 4-13　“线宽设置”对话框

4.6　“对象特性”面板

1. 功能

快速简便地查看或修改图形对象的图层、颜色、线型和线宽等特性，并调用和管理图层。

2. 调用方式

☆ 功能区：常用（Home）=> 特性（Properties）

3. 解释

“特性”面板如图 4-14 所示。各选项说明如下：

☆ “颜色”下拉列表框：打开“颜色”列表下拉按钮，弹出“颜色”列表框，可选中“随层”、“随块”或以加载的颜色作为当前图形实体的颜色，或选择“其它”选项加载颜色后改变当前图形的颜色。但改变“颜色”列表框中颜色不能改变该图层原来设定的颜色。

☆ “线宽”下拉列表框：单击“线宽”列表下拉按钮，弹出“线宽”列表框，选中任一选项作为当前图形实体的线宽。但改变“线宽”列表框中线宽不能改变该图层中已画实体设定的线宽。

☆ “线型”下拉列表框：单击“线型”列表下拉按钮，弹出“线型”列表框，选中“随层”、“随块”和已加载的线型作为当前图形实体的线型，或选择“其它”选项加载线型后改变当前图形实体的线型。但改变“线型”列表框中线型不能改变该图层原来设定的线型。

单击“特性”面板右下角的“特性”对话框启动器，弹出对象“特性”对话框，如图 4-15 所示。可在“常规”列表中改变当前所选择的前图形元素的颜色、图层、线型、线型比例、线宽、透明度、厚度等的特性。

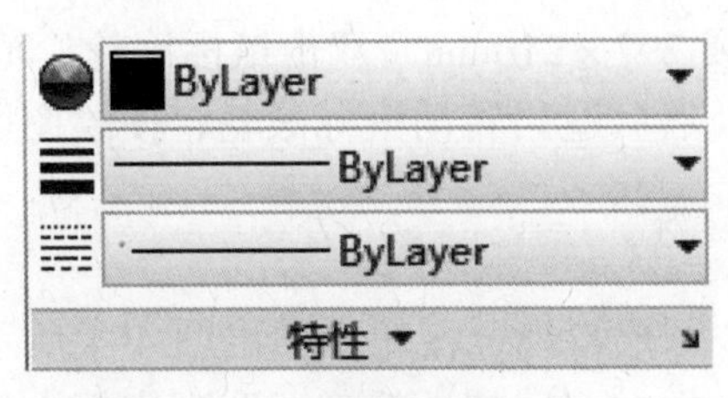

图 4-14 “特性”面板

图 4-15 “特性”对话框

应用实例

4.7 绘制视图

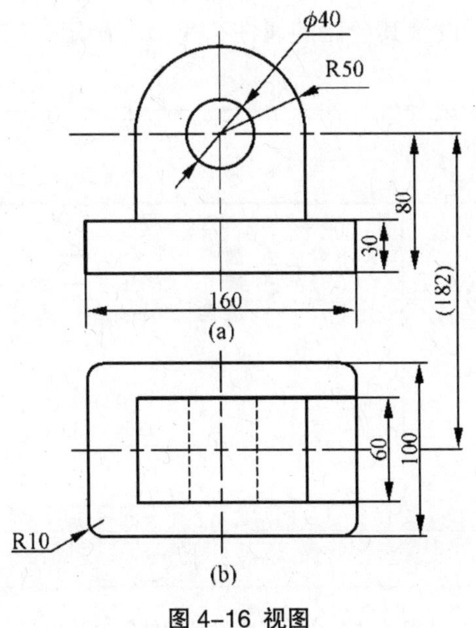

图 4-16 视图

4.7.1 绘制要求

1. 按 1:1 比例绘制如图 4-16 所示图形，并以“图 4-16.dwg”文件名保存。

2. 按表 4–2 设置图层、颜色、线型、线宽。

表 4–2　图层、颜色、线型、线宽的设置

层名	颜色	线型	线宽	用途
0 层	白色	Continuous	0.35	绘制轮廓线
中心线	红色	Center	默认	绘制中心线
虚线	蓝色	Hidden	默认	绘制虚线

4.7.2 绘制步骤

1. 新建文件

☆ 调用“新建”命令，建立尺寸为（297×210mm）的新图形文件。

☆ 调用“另存为”命令，把新建的图形文件保存为“图 4–16.dwg”。

2. 设置绘图区域

调用“绘图界限”命令设置本例绘图区域 297×210mm。双击鼠标滚轮，范围缩放图形，使绘图区域最大化地显示在绘图窗口，然后适当转动鼠标滚轮，使绘图区域在适合位置。

3. 创建图层

单击“常用”选项卡中“图层”面板上“图层特性”按钮，弹出图 4–1 所示的“图层特性管理器”对话框，单击“新建”按钮，在“图层特性管理器”列表框中列出“名称”为“图层 1”，属性继承“0 层”的图层，单击图层名称“图层 1”，把图层名改为“中心线”；再单击图层颜色图标，弹出“选择颜色”对话框，如图 4–6 所示，选择红色，单击“确定”按钮，返回“图层特性管理器”对话框；再单击图层线型名称，弹出 “线型管理器”对话框，如图 4–10 所示。单击 “加载”按钮，在“加载或重载线型”对话框中加载“CEnter”线型后，单击“确定”按钮， 返回“图层特性管理器”对话框；重复上述操作，按表 4–2 所示设置其余层的属性，单击“确定”按钮完成图层创建。结果如图 4–17 所示。

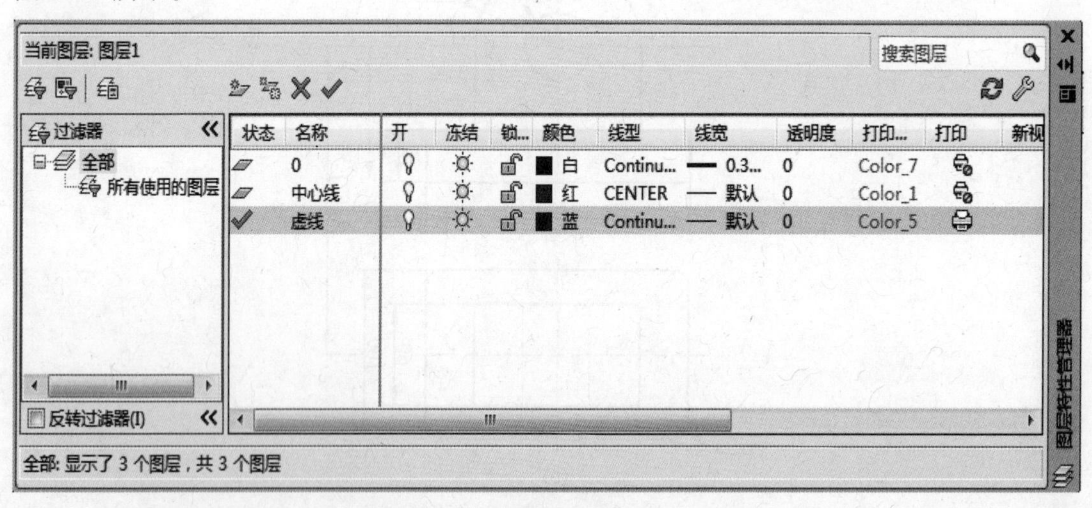

图 4–17 “图层特性管理器”对话框

4. 绘制图线

☆ 绘制中心线

(1) 把中心线层设置为当前层。

调用“图层特性管理器”对话框，选择“中心线”图层中的“状态”选项为“√”，把中心线层置为当前层。

(2) 调用“直线(Line)”命令，绘制图 4-16 中的所有中心线。其中(a)图和(b)图中的两条横点划线间距设为 182。结果如图 4-18 所示。

☆ 绘制粗实线

(1) 把 0 层设置为当前层。

(2) 调用二维绘图命令绘制图 4-17 中的粗实线，结果如图 4-19 所示。

(3) 锁定粗实线层

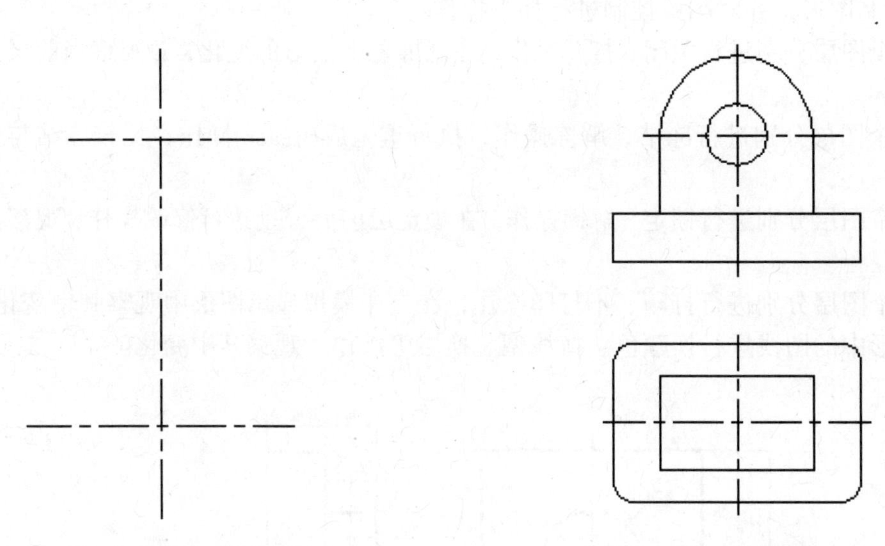

图 4-18　绘制中心线　　图 4-19　绘制视图

单击“图层”面板的“图层”下拉列表框，单击“0 层”的锁定图标，让它变成锁定状态。

☆ 绘制虚线

命令：offset↙

指定偏移距离或[通过(T)/删除(E)/图层(L)] <1.0000>：20↙

选择要偏移的对象或[退出(E)/放弃(U)]<退出>：（选择图 4-17 垂直中心线）

指定要偏移的那一侧上的点成[退出(E)]/多个(M)/放弃(U)]<退出>：（单击垂直中心线左边任一点）

选择要偏移的对象或[退出(E)/放弃(U)]<退出>：（选择图 4-17 垂直中心线）

指定要偏移的那一侧上的点成[退出(E)]/多个(M)/放弃(U)]<退出>：（单击垂直中心线右边任一点）

命令: trim↙

当前设置:投影=UCS，边=无

选择剪切边...

选择对象：（选择图 4-16 中 60 × 100 的小长方形）

选择要修剪的对象，按住 Shift 键选择要延伸的对象，或[栏选(F)/窗交(C)/投影(P)/边(E)/删除(R)/放弃(U)]:　　（选择小长方形外的偏移线段）

选择要修剪的对象，按住 Shift 键选择要延伸的对象，或[栏选(F)/窗交(C)/投影(P)/边(E)/删除(R)/放弃(U)]: ↙

☆ 改变虚线的图层

选中刚绘制的虚线，单击“图层”面板的“图层”下拉列表按钮，再单击“虚线”图层，按“Esc”键两次退出，结果如图 4-17 所示。

5. 保存文件

习题

1. 以 1：1 比例绘制图 4-20 所示图形，并按照例题中表 4-2 所示设置图层，分线型、分颜色绘制图形，并对图层控制进行如下操作：

(1) 对三个图层分别进行关闭、打开操作、注意屏幕上图形的变化，并观察当前层是否能关闭。

(2) 对三个图层分别进行冻结、解冻操作，执行重生成(Regen)操作、比较冻结与关闭层的区别。

(3) 对三个图层分别进行锁定、解锁操作，在锁定层前后分别执行修改操作，观察其中变化。

(4) 对三个图层分别进行打印、不打印操作，在打印模拟显示图形中观察其中变化。

(5) 对图形中的图线进行换颜色、换线型、换层等操作，观察其中变化。

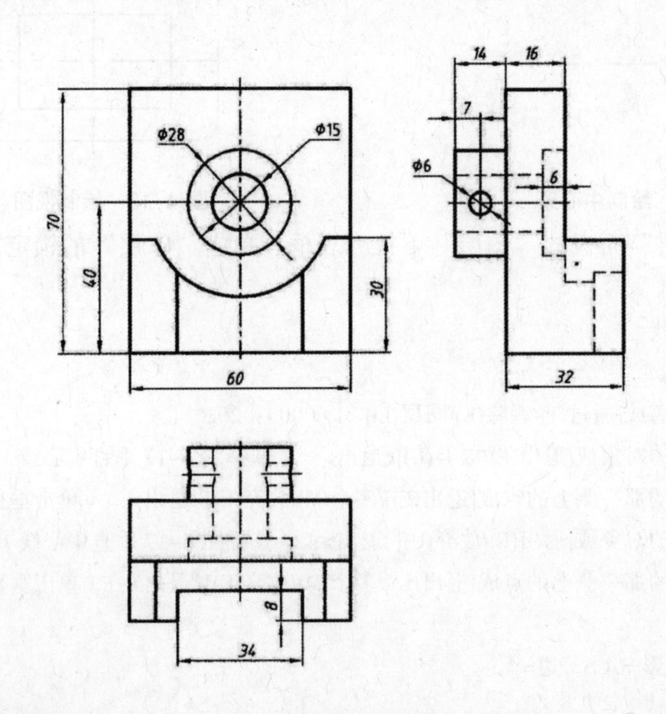

图 4-20 图层设置

2. 以 1:1 比例绘制图 4-21、22、23 所示图形，并按照例题中表 4-2 所示设置图层，分线型、分颜色绘制图形，其中未注圆角半径为 R2，螺钉倒角为 C2。

3. 把第 2 章、第 3 章的习题按不同线型分层放置，并对所绘图形进行层控制操作。

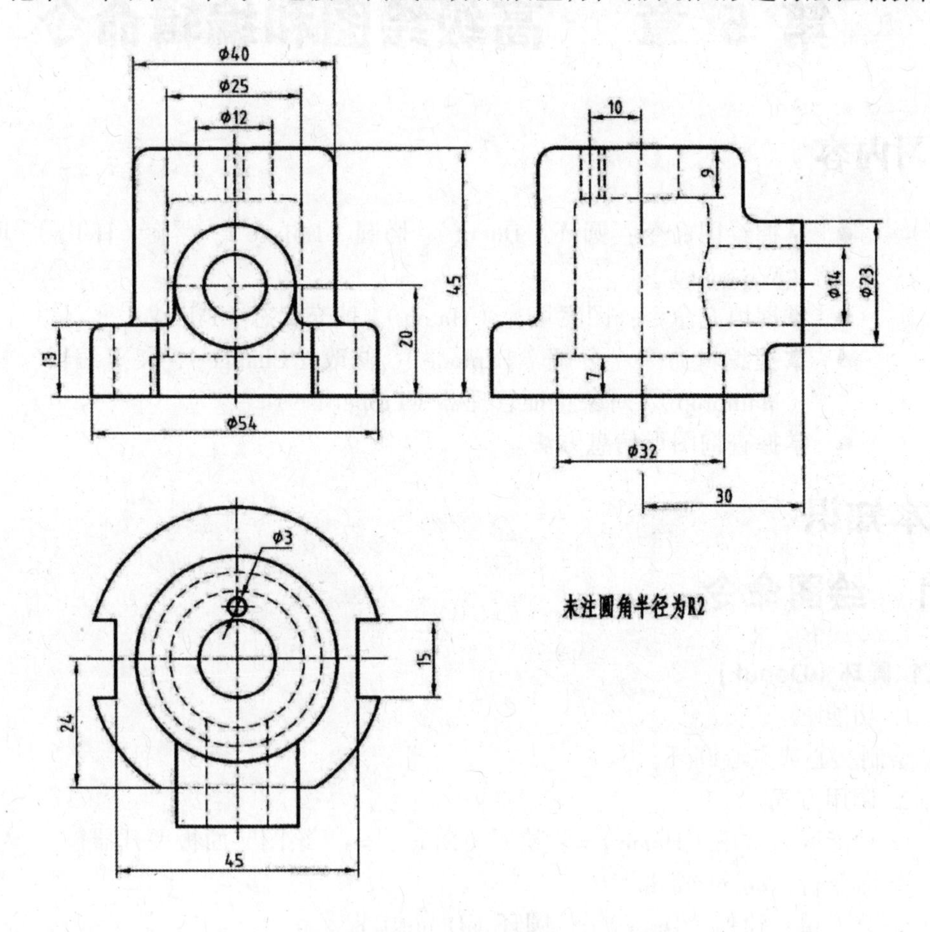

图 4-21　组合体(a)

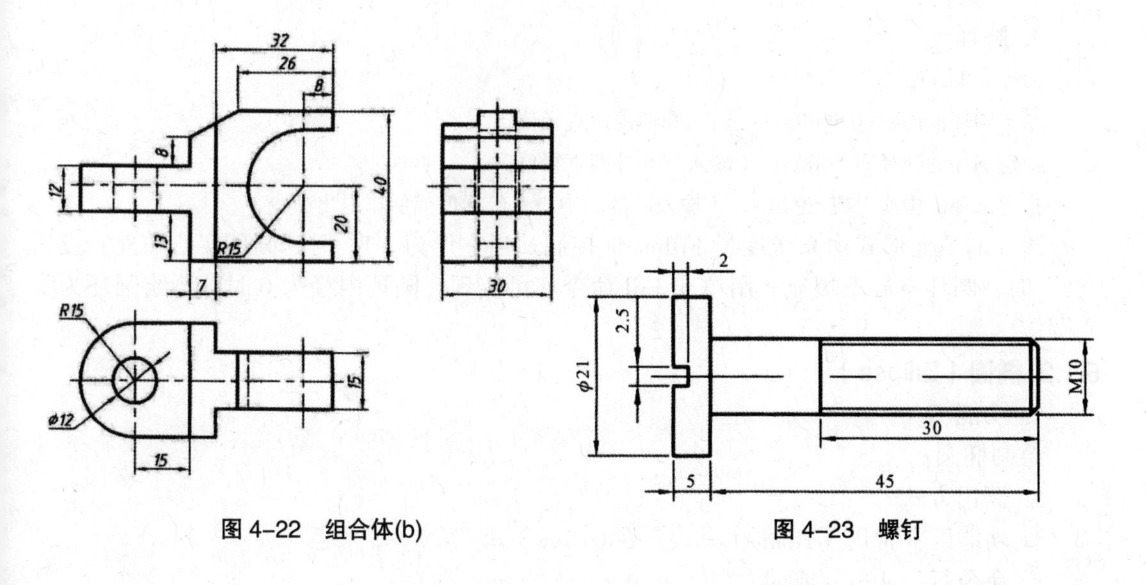

图 4-22　组合体(b)　　图 4-23　螺钉

第 5 章　高级绘图和编辑命令

学习内容

- 掌握绘图命令：圆环（Donut）、椭圆（Ellipse）、螺旋（Helix）、区域覆盖（Wipeout）。
- 掌握填充命令：图案填充（Hatch）、填充状态（Fill）。
- 掌握编辑命令：分解（Explode）、修改（Change）、夹点编辑、特性匹配（Mathprop）、对象特征管理器（Propertise）
- 掌握查询图形信息方法。

基本知识

5.1　绘图命令

5.1.1 圆环（Donut）

1. 功能

绘制实心或空心圆环。

2. 调用方式

☆ 功能区：常用（Home）=> 绘图（Draw）=>“绘图”面板展开器 =>

☆ 命令行：donut 或 do

☆ 菜　单：绘图（Draw）=> 圆环（Donut）

☆ 工具栏：

3. 解释

命令：donut↙

指定圆环的内径<0.5000>：（输入圆环内圆直径值）

指定圆环的外径<1.0000>：（输入圆环外圆直径值）

指定圆环的中心点或<退出>：（输入圆环的中心点坐标值或回车退出命令）

圆环的填充形式由系统变量 Fillmode 控制。当它设为“1”时，圆环实心填充；设为“0”时，圆环空心不填充。用填充 Fill 命令亦可实现。圆环内径为 0 时，所绘圆环为实心圆。

5.1.2 椭圆（Ellipse）

1. 功能

绘制椭圆。

2. 调用方式

☆ 功能区：常用（Home）=> 绘图（Draw）=> =>

☆ 命令行：ellipse 或 el

☆ 菜　单：绘图（Draw）=> 椭圆（Ellipse）

☆ 工具栏：

3. 解释

绘制椭圆的方法有 3 种，具体操作方式如下：

☆ 圆心

命令：ellipse↙

指定椭圆的轴端点或[圆弧(A)/中心点(C)]：C↙（选择输入中心点选项）

指定椭圆的中心点：（输入椭圆中心点坐标值）

指定轴的端点：（输入一个轴的端点坐标值，此端点到中心点即为此轴半轴长度）

指定另一条半轴长度或[旋转(R)]:（输入另一条半轴长度或旋转角度确定短轴绕长轴的旋转角度）

☆ 轴端点

命令：ellipse↙

指定椭圆的轴端点或[圆弧(A)/中心点(C)]：（输入椭圆任一轴的起点坐标值例如图 5-8 中的 3 点）

指定轴的另一个端点：（输入该轴的终点坐标值，确定此轴长度）

指定另一条半轴长度或[旋转(R)]：（输入另一条轴的半轴长度值，或捕捉一点，以此点到第一个轴的中点距离作为另一条半轴长度值，例如图 5-1 中的 3 点）

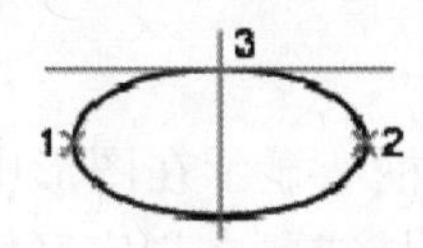

通过轴端点定义椭圆

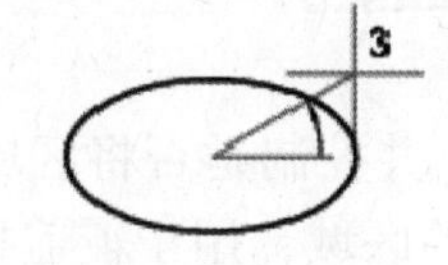

通过旋转定义椭圆

图 5-1　椭圆绘制示意图

☆ 椭圆弧

命令：ellipse↙

指定椭圆的轴端点或[圆弧(A)/中心点(C)]: _a

指定椭圆弧的轴端点或[中心点(C)]：（输入椭圆弧轴起始点坐标值或中心点）

指定轴的另一个端点：（输入椭圆弧短轴终点坐标值，确定此轴长度）

指定另一条半轴长度或[旋转(R)]：（输入椭圆长轴终点坐标值，确定此轴长度）

指定起点角度或[参数(P)]：（输入椭圆弧起始角度值或参数）

指定端点角度或[参数(P)/包含角度(I)]:（输入椭圆弧的终止角度值或参数或椭圆弧的包含角度值）

5.1.3 螺旋（Helix）

1. 功能

创建二维螺旋或三维弹簧。

2. 调用方式

☆ 功能区：常用（Home）=>绘图（Draw）=>“绘图”面板展开器 =>

☆ 命令行：Helix

☆ 菜　单：绘图（Draw）=>螺旋（Helix）

☆ 工具栏：

3. 解释

命令：Helix↙

圈数 = 3.0000　　扭曲=CCW：（系统默认值）

指定底面的中心点：定点

指定底面半径或[直径(D)] <1.0000>：（指定半径、输入 D 指定直径或按 Enter 键指定默认半径值）

指定顶面半径或[直径(D)] <2>：（指定半径、输入 D 指定直径或按 Enter 键指定默认半径值）

指定螺旋高度或[轴端点(A)/圈数(T)/圈高(H)/扭曲(W)] <1.0000>：（指定螺旋高度或输入其它选项）

各选项说明如下：

☆ 轴端点(A)：指定螺旋轴的端点位置。轴端点可以位于三维空间的任意位置。轴端点定义了螺旋的长度和方向。

☆ 圈数(T)：指定螺旋的圈（旋转）数。螺旋的圈数不能超过 500。最初，圈数的默认值为 3。执行绘图任务时，圈数的默认值始终是先前输入的圈数值。

☆ 圈高(H)：指定螺旋内一个完整圈的高度。当指定圈高值时，螺旋中的圈数将相应地自动更新。如果已指定螺旋的圈数，则不需要输入圈高值。

☆ 扭曲(W)：指定以顺时针(CW)方向还是逆时针方向(CCW)绘制螺旋。默认值是逆时针。

5.1.4 区域覆盖（Wipeout）

1. 功能

创建区域覆盖对象，并控制是否将区域覆盖框架显示在图形中。区域覆盖是在现有的对象上生成一个空白的区域，用于覆盖指定区域或要在指定区域内添加注释。该区域与区域覆盖边框进行绑定，可打开此区域进行编辑，也可以关闭此区域进行打印操作。

2. 调用方式

☆ 功能区：常用（Home）=>绘图（Draw）=>“绘图”面板展开器 =>

☆ 命令行：Wipeout

☆ 菜　单：绘图（Draw）=> 区域覆盖（Wipeout）

☆ 工具栏：

3. 解释

命令：Wipeout↙

指定第一点或[边框(F)/多段线(P)] <多段线>：（指定第一个点或选择其它选项）

指定下一点：（指定区域覆盖对象多边形的下一个点）

指定下一点或[放弃(U)]：（指定下一个点或放弃上一个点）

指定下一点或[闭合(C)/放弃(U)]：（指定下一个点或按 Enter 健结束命令）

各选项说明如下：

☆ 边框(F)：确定是否显示所有区域覆盖对象的边。

☆ 多段线(P)：根据选定的多段线确定区域覆盖对象的多边形边界。

5.2 图案填充

5.2.1 创建图案填充（Hatch）

1. 功能

使用填充图案、实体填充或渐变填充来填充封闭区域或选定对象

2. 调用方式

☆ 功能区：常用（Home）=> 绘图（Draw）=>

图案填充创建（Hatch）

☆ 命令行：bhatch 或 bh

☆ 菜　单：绘图（Draw）=> 图案填充（Hatch）

☆ 工具栏：

3. 解释

调用该命令，弹出“图案填充创建”选项卡，如图 5-2 所示。各选项说明如下：

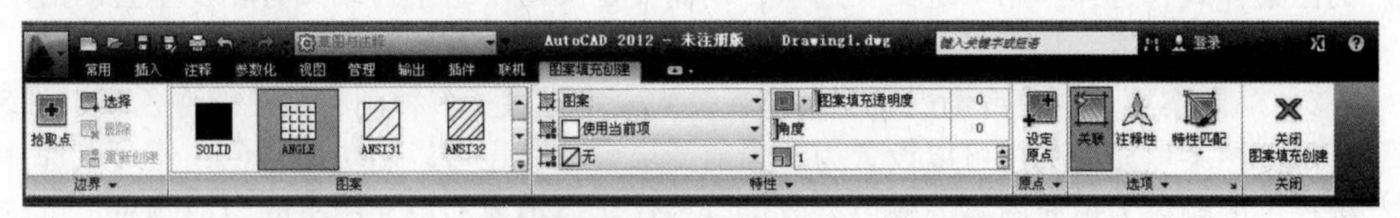

图 5-2　“图案填充创建”选项卡

☆ “边界”面板

选择填充区域的边界，也可以通过对边界的删除或重新的创建等操作，来直接改变区域填充的效果。常用选项说明如下：

(1) 拾取点：单击该按钮，可在要填充的区域内任意指定一点，系统则高亮显示该填充边界，可连续拾取内部点填充图案。如果在拾取点周围不能形成封闭边界，则会显示错误提示信息。

(2) 选择边界对象 选择：单击该按钮，可以通过选取填充区域的边界线来确定填充区域。该区域仅为鼠标点选的封闭区域，未被点选的边界不在填充区域内。该方式与拾取点选取边界的区别在于：选取边界时各边界线必须首尾相连。若选择文字作为填充边界，则效果如图 5-3 所示。

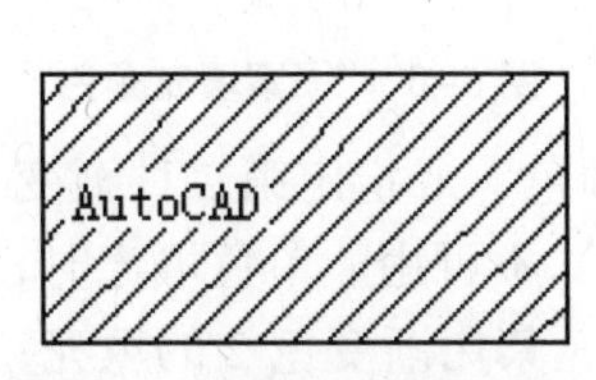

图 5-3　填充有文字的区域

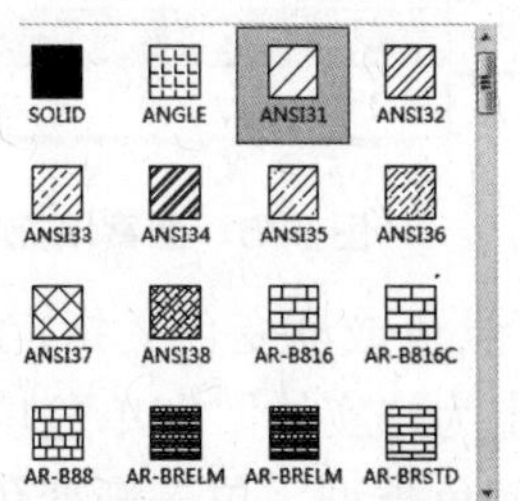

图 5-4　定义图案

(3) 删除边界对象 删除：删除边界是重新定义边界的一种形式。单击该按钮，可以取消系统自动选取或用户选取的边界，从而形成新的填充区域。

用上述方式可以创建边界外，用户还可以单独定义边界。在功能区单击“常用（Home）”选项卡中“绘图（Draw）”面板上的“图案填充”下拉列表框中的“边界”按钮，弹

出“边界创建”对话框，然后设置边界保留形式，并单击“拾取点”按钮重新选取图案边界。

☆ “图案”面板

设置图案填充的图案形式。单击右边的上拉按钮，即可在打开的下拉列表中选择相应的图案，如图 5-4 所示。

☆ “特性”面板

设置图案填充的方式、图案填充的填充角度、比例、图案间距以及图案填充的颜色等参数。各选项的说明如下：

(1) 图案填充类型：该下拉列表包括 4 个选项，如图 5-5 所示。选择“实体”选项，则填充图案为实体图案；选择“渐变色”选项，可以设置渐变色的图案填充，包括单色填充和双色填充，单色填充是指从较深着色到较浅色调平滑过渡的单色填充，双色填充是指在两种颜色之间平滑过渡的双色渐变填充；选择“图案”选项，可以使用系统提供的图案样式；选择“用户定义”选项，则需要定义由一组平行线或者相互垂直的两组平行线组成的图案。

(2) 图案填充颜色或渐变色：在该下拉列表中提供了多种图案填充的颜色，如图 5-6 所示。图案填充的颜色可以设置为随当前图层颜色，也可以随块的颜色，还可以选择系统提供的颜色为填充图案的颜色。既可以替代实体填充和填充图案的当前颜色，可以指定两种渐变色中的第一种颜色。

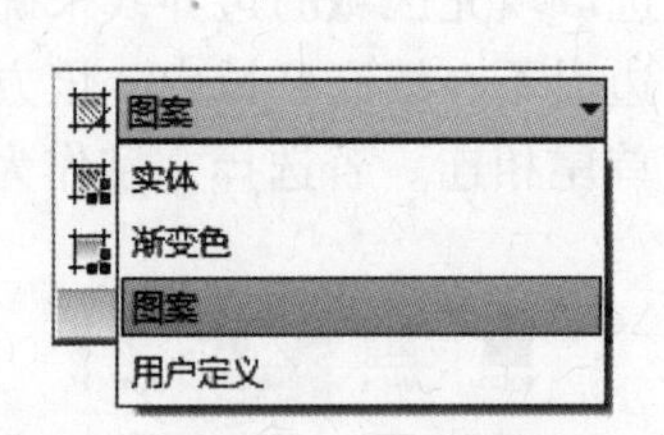

图 5-5 图案填充类型

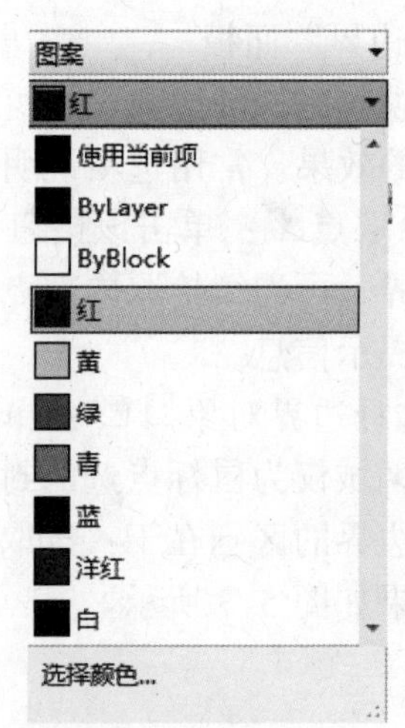

图 5-6 “图案填充颜色”下拉列表框

(3) 背景色或渐变色：指定填充图案背景的颜色，或指定第二种渐变色。“图案填充类型”设定为“实体”和单色填充时，“渐变色 2”不可用。单色填充时，只需要设置渐变色 1 的颜色类型，单击渐变色 2 左边的按钮，禁用渐变色 2 的填充；双色填充时，需要分别设置渐变色 1 和渐变色 2 的颜色类型。

(4) 透明度：设定新图案填充或填充的透明度，替代当前对象的透明度。选择“使用当前值”可使用当前对象的透明度设置。可以用参数 Hptransparency 设定新图案填充的默认透明度。有效值包括“使用当前值”（或“.”）、“ByLayer”、“ByBlock”以及介于 0 和 90 之间的整数值。值越大，图案填充越透明。

(5) 图案填充角度：指定图案填充或填充的角度。有效值为 0 到 359。

(6) 填充比例：放大或缩小预定义或自定义填充图案。只有将“图案填充类型”设定为“图案”，此选项才可用。

☆ “原点”选项板：该选项板用于设置填充图案生成的起始位置。因为许多图案填充时，需要对齐填充边界上的某一个点。默认情况下，所有图案填充原点都对应于当前的 UCS 原点。单击“设定原点”按钮，可以从绘图区域选取某一点作为图案填充原点。该选项板中各按钮的解释如下：

(1) 左下：将图案填充原点设定在图案填充边界矩形范围的左下角。

(2) 右下：将图案填充原点设定在图案填充边界矩形范围的右下角。

(3) 左上：将图案填充原点设定在图案填充边界矩形范围的左上角。

(4) 右上：将图案填充原点设定在图案填充边界矩形范围的右上角。

(5) 中心：将图案填充原点设定在图案填充边界矩形范围的中心。

(6) 使用当前原点：将默认使用当前 UCS 的原点（0,0）作为图案填充的原点。

(7) 存储为默认原点：可以将指定的点存储为默认的图案填充原点。

选择不同图案填充原点产生的效果如图 5-7 所示。

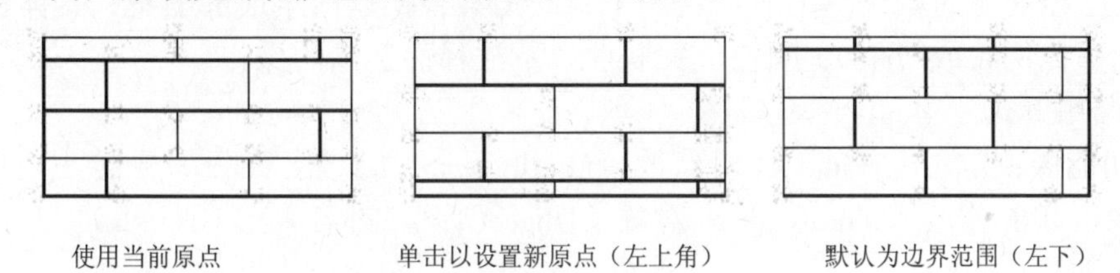

图 5-7 选择不同图案填充原点产生的效果

☆ “选项”面板：设置图案填充的一些附属功能，它的设置间接影响图案填充的效果。各选项说明如下：

(1) 关联：单击该按钮，修改图案或边界时，系统随之更新图案和填充。

(2) 注释性：单击该按钮，可以将图案填充定义为注释对象。此特性会自动完成缩放注释过程，从而使注释能够以正确的大小在图纸上打印或显示。

(3) 特性匹配：单击该按钮，可以将每个现有图案填充或填充对象的特性应用到其它图案填充或填充对象上。

(4) 允许的间隙：设定将对象用作图案填充边界时可以忽略的最大间隙。默认值为 0，此值指定对象必须封闭区域而没有间隙。移动切片或按图形单位输入一个值（0 到 5000），以设定将对象用作图案填充边界时可以忽略的最大间隙。任何小于等于指定值的间隙都将被忽略，并将边界视为封闭。

(5) 创建独立的图案填充：当指定了几个单独的闭合边界时，是创建单个图案填充对象，还是创建多个图案填充对象。

(6) 孤岛：该选项用于利用孤岛操作可避免在填充图案时，覆盖一些主要的文件注释或标记等属性。在其下拉列表中提供了 3 种孤岛显示方式，如图 5-8 所示。

◆ 普通孤岛检测：从外部边界向内填充。如果遇到内部孤岛，填充将关闭，直到遇到孤岛中的另一个孤岛。

◆ 外部孤岛检测：从外部边界向内填充。此选项仅填充指定的区域，不会影响内部孤岛。

◆ 忽略孤岛检测：忽略所有内部的对象，填充图案时将通过这些对象。

◆ 无孤岛检测：关闭孤岛检测。

☆“图案填充创建”面板：关闭选项卡，退出图案填充命令。

图 5–8 “孤岛”下拉列表框

5.2.2 编辑图案填充（Hatchedit）

1. 功能

修改已经创建的填充图案或指定一个新的图案替换以前生成的图案，具体包括对图案的样式、比例（或间距）、颜色、关联性以及注释性选项的操作。

2. 调用方式

☆ 功能区：常用（Home）=> 修改（Modify）=>“修改”面板展开器 =>

☆ 菜　单：修改（Modify）=> 对象（Obgect）=> 图案填充（Hatch）

3. 解释

调用该命令，弹出“图案填充编辑”对话框，包括图案填充和渐变色两个选项卡，如图 5–9 和图 5–10 所示。在该对话框中不仅可以修改图案、比例、旋转角度和关联特性等设置，还可以修改、删除及重新创建边界。除绘图次序以外，其它各项编辑情况与前面说明相同。

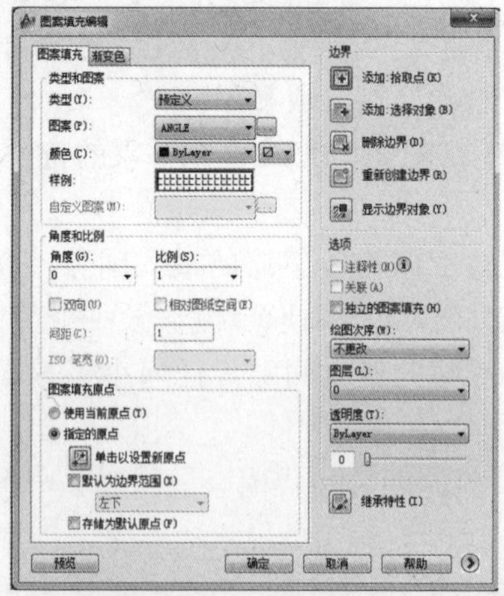

图 5–9 “图案填充”对话框“图案填充”选项卡

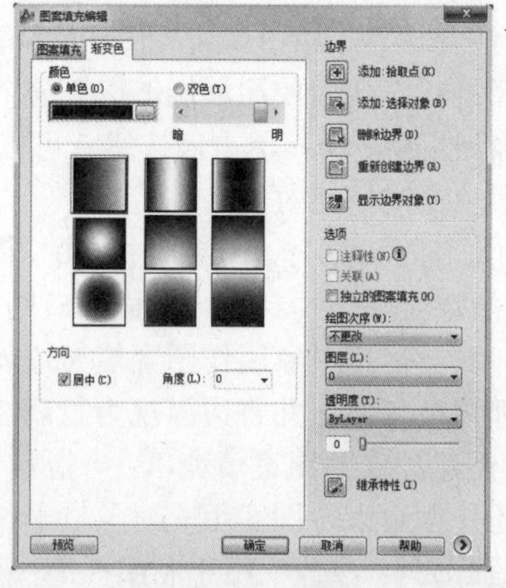

图 5–10 “图案填充”对话框“渐变色”选项卡

“绘图次序”下拉列表框主要为图案填充或渐变色填充指定绘图次序。图案填充放置有三种选项，分别为“不更改”、“前置”和“后置”。表示图案填充可以放置在所有其它对象之后，所有其它对象之前、图案填充边界之后或图案填充边界之前，可以通过系统变量 Hpdraworder 改变。

5.2.3 填充状态（Fill）

1. 功能

对用多段线、圆环、轨迹线、实多边形等命令绘制的实体进行填充设置，来控制图案填充的可见性。

2. 调用方式

☆ 命令行：fill

3. 解释

调用该命令，AutoCAD 提示选择填充状态模式，开(ON)为填充模式，关(OFF)为不填充模式。命令结束后，填充模式已为当前所设模式，但画面上无反应，需执行“重生成”命令刷新，或重新打开此图形文件。

5.3 编辑命令

5.3.1 分解（Explode）

1. 功能

分解作为一个图形实体的块、图案填充、多段线、多线、尺寸标注等对象，使之成为若干个独立的实体。

2. 调用方式

☆ 功能区：常用（Home）=> 修改（Modify）=>

☆ 命令行：explode

☆ 菜　单：修改（Modify）=>分解（Explode）

☆ 工具栏：

3. 解释

调用该命令，选择需要分解的图形实体，直到按 Enter 键结束命令，选择实体被分解成若干独立实体。

5.3.2 修改（Change）

1. 功能

修改现有图形对象的点位置或特性。

2. 调用方式

☆ 命令行：change

3. 解释

命令：change ↙

选择对象:（选择要修改的对象,除了线宽为零的直线外,所选对象必须与当前 UCS 坐标系平行。）

选择对象：（继续选择修改的对象或按 Enter 键结束选择）

指定修改点或[特性(P)]:

各选项说明如下：

☆ 指定修改点：对选定对象进行修改，修改的结果取决于选定对象。选择直线：如果未打开“正交”模式，将距离修改点最近的选定直线的端点移动到新点； 如果打开“正交”模式，将修改选定的直线以使它们平行于 X 或 Y 轴，而不是将它们的端点移动到指定位置标。选择圆：修改圆半径。如果选择多个圆，将依次为下一个圆重复显示提示。选择文字：修改文字位置或其它特性。选择属性定义：修改不属于块的属性的文字和文字特性。选择块：修改块的位置或旋转。

☆ 特性(P)：选择要修改特性。选择该选项，AutoCAD 提示如下：

输入要修改的特性[颜色(C)/标高(E)/图层(LA)/线型(LT)/线型比例(S)/线宽(LW)/厚度(T)]:

（输入修改特性的名称）

其中“颜色（C）”、“图层（LA）”、“线型（LT）”、“线型比例（S）”、“线宽（LW）”选项分别修改图形对象的颜色、图层、线型、线型比例、线宽。“标高（E）”选项用于修改二维对象的 Z 向标高，“厚度（T）”选项用于修改二维对象的 Z 向厚度。

5.3.3 夹点快速编辑方式

1. 夹点的概念

夹点是图形实体上的一些特征点。用户在激活夹点功能的状态下，无需输入相应的命令，即可对图形实体进行快速“复制”、“移动”、“旋转”、“拉伸”、“缩放”和“镜像”等操作。

使用夹点编辑的方法是，在夹点功能激活和待机状态下，直接选取图形实体，图形实体上会出现一个或若干个小方框显示的夹点，然后再进行相应的编辑操作。不同图形实体夹点数量和位置不同。常见图形实体夹点位置如图 5-11 所示。

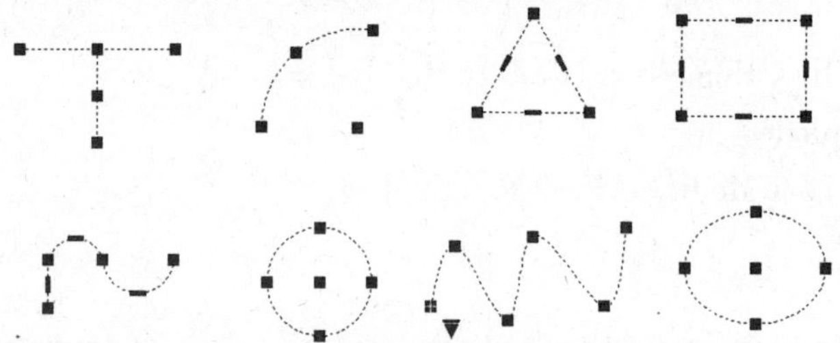

图 5-11 常见图形实体夹点位置图

夹点状态可分为热态和冷态两种。只有在夹点处于热态状态下，才能对图形实体进行夹点编辑。当选取某个实体后，实体上显示若干个小方框即代表冷夹点状态，缺省时小方框颜色为蓝色。再用鼠标单击任一夹点，小方框变为实心框，缺省为红色实心框，即代表热夹点状态。要产生多个热夹点可按住 Shift 键，逐个选取冷夹点方框即可。完成夹点编辑后，实体上的热夹点又回复到冷夹点状态。要关闭夹点显示可连按 ESC 键两次。圆的夹点的冷、热两种状态，如图 5-12 所示。

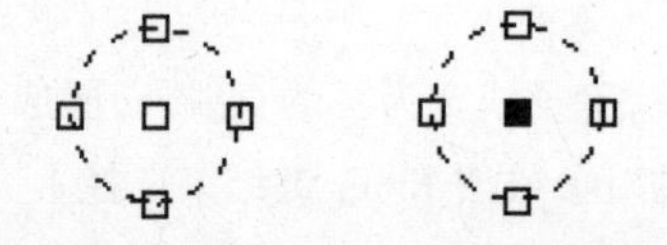

图 5-12 夹点的冷、热两种状态

2. 夹点设置

选择“工具”菜单“选项”选项，弹出“选项”对话框，单击“选择集”选项卡，如图 1-16 所示。各选项说明如下：

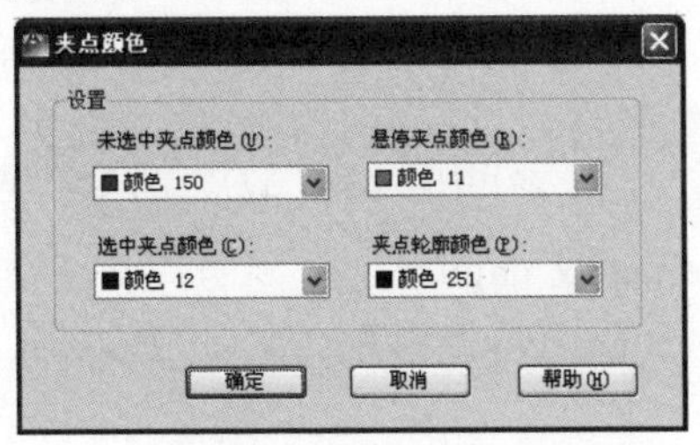

图 5-13 “夹点颜色”对话框

☆“夹点尺寸”标尺：设置夹点方框的大小，拖动滑块左右移动即可。

☆“夹点颜色”按钮：单击该按钮，弹出“夹点颜色对话框”，如图 5-13 所示。可分别设置冷、热夹点小方框的颜色。

☆“显示夹点”复选框：控制夹点在选定对象上的显示。选中为显示，不选则不显示。

☆“在块中显示夹点”复选框：设置组成块的图形实体上的夹点是否显示。选中则显示块中所有图形实体的夹点和块的插入点，不选就只显示块的插入点。

☆“显示夹点提示”复选框：控制光标悬停在支持夹点提示的自定义对象的夹点上时，是否显示夹点提示。

☆“显示动态夹点菜单”复选框：控制光标悬停在多功能夹点上时动态菜单的显示。

☆“允许按 Ctrl 键循环改变编辑方式行为”复选框：设置使用夹点循环改变编辑的方法。

☆“对组显示单个夹点”复选框：显示对象组的单个夹点。

☆“对组显示边界框”复选框：控制围绕编组对象的范围是否显示边界框。

☆“选择对象时限制显示的夹点数”复选框：选择集包括的对象多于指定数量时，不显示夹点。有效值的范围从 1 到 32,767。默认设置是 100。

3. 夹点编辑操作

当所选图形实体处于热夹点状态时，AutoCAD 提示如下：

拉伸

指定拉伸点或[基点(B)/ 复制(C)/ 放弃(u)/ 退出(X)]:

这是夹点编辑中的“拉伸”模式。在夹点编辑共有五种模式：“拉伸”、“移动”、“旋转”、“缩放”和“镜像”。可通过以下三种操作方法在这五种模式自切换：

☆ 按 Enter 键或空格键，五种编辑模式重复切换显示。

☆ 输入各编辑模式命令的前两个英文字母，即可切换到相应编辑模式。“拉伸（St）”、“移动（Mo）”、“旋转（Ro）”、“缩放（Sc）”、“镜像（Mi）”。

☆ 在热夹点状态下单击鼠标右键弹出夹点编辑模式的快捷菜单，选取所需模式也可切换到所需编辑模式。五种夹点编辑模式具体操作参照 3.2 节。

5.3.4 特性匹配（Matchprop 或 Painter）

1. 功能

把某一图形实体的特性，如颜色、图层、线型、线型比例，线宽、厚度、打印模式、标注样式、文字样式和图案填充等特征复制到其它图形实体上，相当于 word 中的格式刷。

2. 调用方式

☆ 功能区：常用（Home）=> 剪贴板（Clipboard）=>

☆ 命令行：matchprop 或 ma 或 painter

☆ 菜　单：修改（Modify）=> 特性匹配（MatchProperties）

☆ 工具栏：

3. 解释

命令：matchprop↙

选择源对象：　（选择作为特性匹配的源对象）

当前活动设置：颜色 图层 线型 线型比例 线宽 厚度 打印样式 文字 标注 填充图案 多段线 视口 表格　材质　阴影显示　多重引线

选择目标对象或[设置(S)]:　（选择特性匹配的目标对象或选择“设置（S）”选项）

选择目标对象或[设置(S)]:　（继续选择目标对象或回车结束命令）

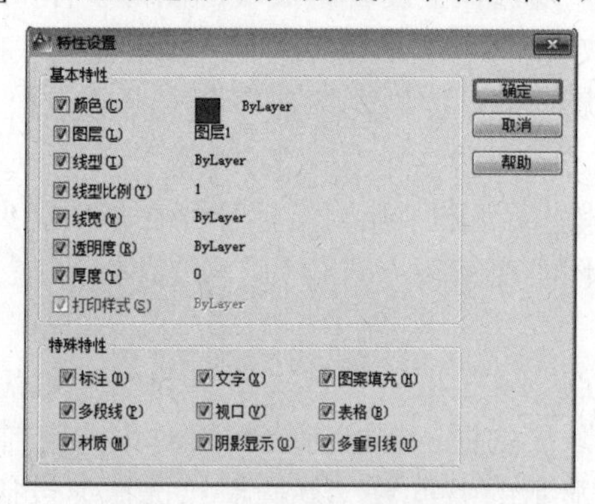

图 5-14 “特性设置”对话框

点击“快速访问”工具栏上“特性”按钮右侧展开器（向下箭头），弹出自定义快速访问工具栏下拉菜单，可以从该菜单中把“特性匹配”命令自定义到“快速访问”工具栏以单击快速调用该命令。该命令中选择“设置（S）”选项后弹出“特征设置”对话框，如图 5-14 所示，用户可以根据需要修改设置特性匹配内容。缺省为全部特性都匹配。

5.3.5 对象特性管理器（Properties Ddmodify 或 Ddchprop）

1. 功能

对象特性集合的表格式窗口，打开后可以使编辑图形实体各特征的操作更加方便直观，编辑修改即改即现。

2. 调用方式

☆ 快速访问工具栏：

☆ 功能区：常用（Home）=> 特性（Properties）=>“特性”对话框启动器

☆ 命令行：properties 或 ddmodify 或 ddchprop 或 ch

☆ 菜　单：修改（Modify）=> 特性（Properties）

工具（Tools）=> 选项板（Palettes） => 特性（Properties）

☆ 快捷菜单：选择实体后，单击鼠标右键选中“特性”（Properties）选项。

☆ 工具栏：

3. 解释

调用该命令，弹出“特性”对话框，“特性”窗口显示内容取决于用户选择的实体。对单个实体，不同实体类型的特性窗口显示的内容是不同的，如图 5–15 中（a）所示；对于组合实体，特性窗口只显示基本特性，如图 5–15 中（b）所示。在“特性”对话框中用户可按需要修改选中实体的特性。

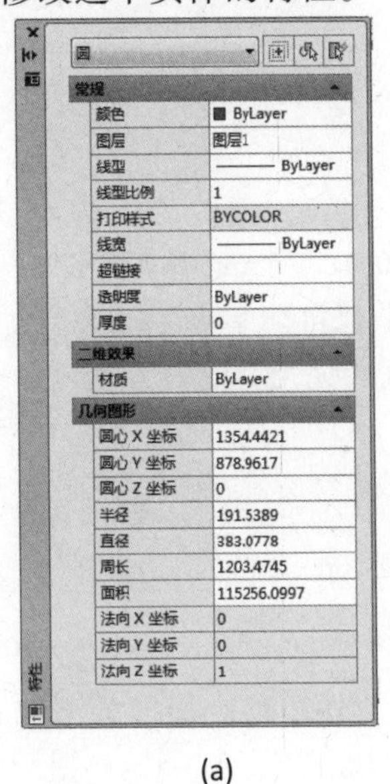

(a)

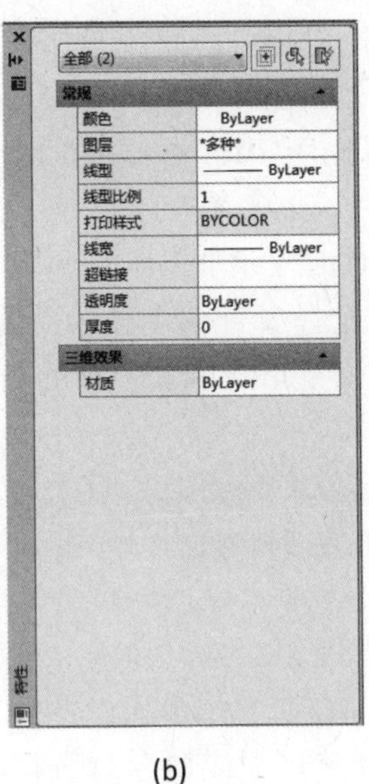

(b)

图 5–15 部分图形实体的“特性”对话框

5.4 查询图形信息

图形信息是间接表达图形组成的一种方式。它不仅可以反映图形的组成元素，也可以直接反映各图形的尺寸参数、图形元素之间的位置，以及由图形元素组成区域的面积、周长等特性。

5.4.1 测量工具

1. 功能

可测量两点间的距离、圆或圆弧的半径、角度、面积和体积。具体按钮如图 5–18 所示

2. 调用方式

☆ 功能区：常用（Home）=> 实用工具(Tools）=>

☆ 命令行：measuregeom

☆ 菜　单：工具（Tools）=> 查询（Inquiry）=> 距离（Distance）/半径（radius）/角度（angle）/面积（Area）/体积（Volume）

☆ 工具栏：

3. 解释

命令：measuregeom↙

输入选项 [距离(D)/半径(R)/角度(A)/面积(AR)/体积(V)] <距离>:（输入查询的选项）

指定第一点:（指定查询的第一点）

指定第二个点或[多个点(M)]:（指定查询的第二点，或选择多个来查询多个距离）

输入选项[距离(D)/半径(R)/角度(A)/面积(AR)/体积(V)/退出(X)] <距离>:（重新选择查询内容或退出）

各选项说明如下：

☆ 距离(D)： 指定两点后，系统自动给出此两点距离及上面各项测量值。选择该选项或直接输入命令"dist"，AutoCAD 提示如下：

指定第一点：（指定查询的第一点）

指定第二点或[多个点(M)]:（指定查询的第二点）

距离＝136.0147，XY 平面中的倾角＝17，与 XY 平面的夹角＝0 （AutoCAD 提示）

X 增量＝130.0000，Y 增量＝40.0000，Z 增量＝0.0000 （AutoCAD 提示）

☆ 半径(R)：选择要查询半径的圆或圆弧，系统自动给出半径和直径。

☆ 角度(A)：测量指定圆弧、圆的角度和两直线夹角。选择该选项，AutoCAD 提示如下：

选择圆弧、圆、直线或<指定顶点>:（按 Enter 键或选择圆弧或圆或直线）

指定顶点：（指定两直线的组成角度的顶点）

指定角的第一个端点:（指定角的一个端点）

指定角的第二个端点:（指定角的另一个端点）

☆ 面积(AR)：查询封闭多边形的面积和周长，还可将查出的面积加入总面积或从总面积中减去。选择该选项或命令行直接输入命令"area"，AutoCAD 提示如下 ：

指定第一角点或[对象(O)/加(A)/减(S)]:（指定第一点或选择其他选项）

指定下一角点或按 ENTER 键全选：（指定下一个角点或按 Enter 键全选）

指定下一角点或按 ENTER 键全选：（继续指定下一个角点或按 Enter 键结束命令）

面积＝7000.0000 周长＝340.0000 （AutoCAD 提示）

各选项说明如下：

(1) 对象(O)：查询圆、椭圆、多段线、正多边形等的面积和周长。对于非封闭多边形多段线，系统指定在首末两点间连线闭合。计算其面积、周长将这条连线计算在内。

(2) 加(A)：把选定对象的面积加入到已计算的总面积中。

(3) 减(S)：把选定对象的面积从总面积中减去。

☆ 体积（V）：测量对象或定义区域的体积。选择该选项，AutoCAD 提示如下：

指定第一个角点或[对象(O)/加体积(A)/减去体积(S)/退出(X)] <对象(O)>:

（指定第一个角点或选择其它选项）

指定下一个点或[圆弧(A)/长度(L)/放弃(U)]:（指定下一点或其它选择）

指定下一个点或[圆弧(A)/长度(L)/放弃(U)]:（指定下一点或其它选择）

指定下一个点或[圆弧(A)/长度(L)/放弃(U)/总计(T)] <总计>:（指定下一点或按 Enter 键结束选择）

指定高度:（输入对象高度）

体积 = 17553.8643 （AutoCAD 提示）

各选项说明如下：

(1) 对象(O)：测量对象或定义区域的体积可以选择三维实体或二维对象。如果通过指定点来定义对象，则必须至少指定三个点才能定义多边形。所有点必须位于与当前 UCS 的 XY 平面平行的平面上。如果未闭合多边形，则将计算面积，就如同输入的第一个点和最后一个点之间存在一条直线。

(2) 加(A)：把选定对象的体积加入到已计算的总体积中。

(3) 减(S)：把选定对象的体积从总体积中减去。

按 F2 键可打开文本窗口显示查询信息。可以在使用“距离”、“面积”和“体积”选项时选择多段线。

5.4.2 查询点坐标（ID）

1. 功能

查询点的坐标值。

2. 调用方式

☆ 功能区：常用（Home）=> 实用工具（Tools）=>“实用工具”面板展开器 =>

☆ 命令行：id

☆ 菜　单：工具（Tools）=> 查询（Inquiry）=> 点坐标（ID Point）

☆ 工具栏：

3. 解释

调用该命令，AutoCAD 提示选择查询点。指定查询点后，AutoCAD 提示该点坐标值。按 F2 键可打开文本窗口显示查询信息。

5.4.3 列表显示（List）

1. 功能

在文本窗口显示单个图形实体的信息。

2. 调用方式

☆ 功能区：常用（Home）=> 实用工具（Tools）=>“实用工具”面板展开器 =>

☆ 命令行：list

☆ 菜　单：工具（Tools）=> 查询（Inquiry）=>列表显示（List）

☆ 工具栏：

3. 解释

调用该命令，选择要查询并列表显示信息的对象或按 Enter 键，弹出“AutoCAD 文本窗口”，如图 5-16 所示。此窗口内显示所选对象的信息。按 F2 键可关闭文本窗口。

5.4.4 状态显示（Status）

1. 功能

在文本窗口显示全图的图形范围、绘图功能、磁盘空间利用等信息。

2. 调用方式

☆ 命令行：status

☆ 菜　单：工具（Tools）=>查询（Inquiry）=>状态（Status）

3. 解释

调用该命令，弹出如图 5-17 所示的“AutoCAD 文本窗口”。按 F2 键可关闭文本窗口。

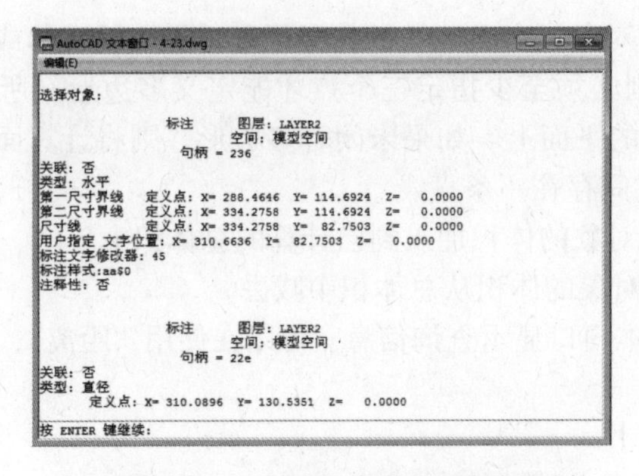

图 5-16 “列表”命令显示查询信息

```
AutoCAD 文本窗口 - Drawing1.dwg
编辑(E)
命令: <栅格 关>
命令: STATUS
170 个对象在Drawing1.dwg中
放弃文件大小:        135 KB
模型空间图形界限     X:     0.0000   Y:     0.0000  (关)  (世界)
                     X:   420.0000   Y:   297.0000
模型空间使用         X:   -50.0000   Y:   -50.0000 **超过
                     X:    50.0000   Y:    50.0000
显示范围             X: -385.9615   Y: -802.9046
                     X:   444.8098   Y:    -6.1528
插入基点             X: -100.0000   Y:     0.0000   Z: -150.0000
捕捉分辨率           X:    10.0000   Y:    10.0000
栅格间距             X:    10.0000   Y:    10.0000

当前空间:            模型空间
当前布局:            Model
当前图层:            0
当前颜色:            BYLAYER -- 7 (白)
当前线型:            BYLAYER -- "Continuous"
当前材质:            BYLAYER -- "Global"
当前线宽:            BYLAYER
当前标高:          100.0000  厚度:     0.0000
按 ENTER 键继续:
```

图 5-17 “状态”命令显示查询信息

5.4.5 时间显示（time）

1. 功能

在文本窗口显示绘制图形的日期和时间统计信息。可用于查看图形文件的创建日期和创建该文件所消耗的总时间。

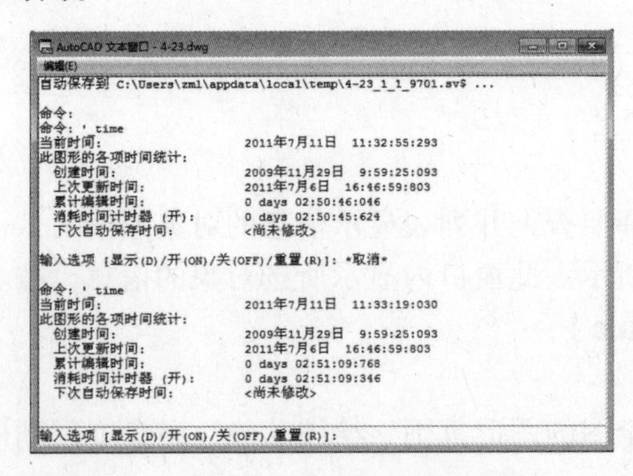

图 5-18 “时间”命令显示查询信息

2. 调用方式

☆ 命令行：time

☆ 菜　单：工具（Tools）=> 查询（Inquiry）=> 时间（time）

3. 解释

调用该命令，显示如图 5-18 所示的“AutoCAD 文本窗口”。按 F2 键可关闭文本窗口。

应用实例

5.5 绘制断面图

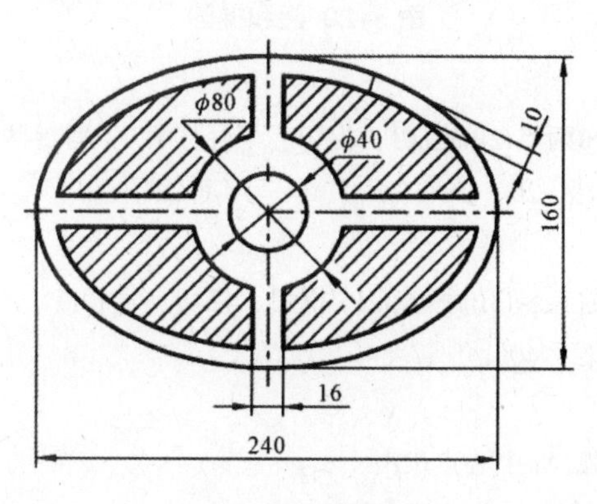

图 5-19　断面图

5.5.1 绘制要求

1. 按 1:1 比例绘制如图 5-19 所示剖面图。

2. 按表 5-1 设置图层，作图时各图元按不同用途置于相应图层中。

表 5-1　图层设置表

层名	颜色	线型	线宽	用途
0	白色	Continuous	0.35 毫米	绘轮廓线
中心线	红色	CEnter	默认设置	绘中心线
剖面线	蓝色	Continuous	默认设置	绘剖面线

5.5.2 绘制步骤

1. 新建文件

单击快速访问工具栏的“新建”按钮，建立尺寸为（297 × 210mm）的新图形文件。

单击快速访问工具栏的“保存”按钮，把图形文件保存为“断面图.dwg”。

2. 设置图层

单击“常用”选项卡中“图层”面板的“图层特性”按钮，弹出图 4-1 所示的“图层特性管理器”对话框，按照表 5-1 所示设置层名，颜色，线型，线宽等。

3. 绘制图形

☆ 单击：单击“常用”选项卡中“图层”面板上的“图层”下拉列表框，选择“中心线”层为当前层。调用“直线”命令在已建立的 A4 图纸空间绘制水平和垂直方向中心线。将“0”层设为当前层，单击状态栏“正交”按钮，打开“正交”模式，绘制出图 5-20 所示的圆和椭圆。

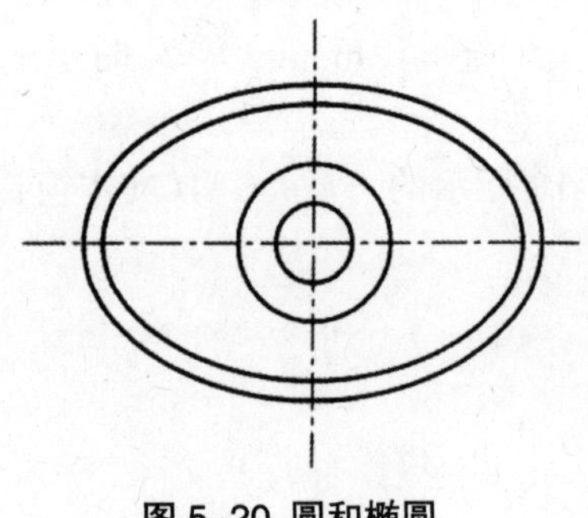

图 5-20 圆和椭圆

命令： circle↙

指定圆的圆心或[三点(3P)/两点(2P)/相切、相切、半径(T)]：（捕捉两中心线交点）

指定圆的半径或[直径(D)]： 20 ↙

命令： ↙

CIRCLE 指定圆的圆心或[三点(3P)/两点(2P)/相切、相切、半径(T)]： （捕捉两中心线交点）

指定圆的半径或[直径(D)]： 40 ↙

命令： ellipse↙

指定椭圆的轴端点或[圆弧(A)/中心点(C)]： c ↙

指定椭圆的中心点： （捕捉两中心线交点）

指定轴的端点： 120 ↙（向右或左移动光标，然后输入 120）

指定另一条半轴长度或 [旋转(R)]： 80 ↙（向上或下移动光标，然后输入 80）

命令： offset↙

指定偏移距离或[通过(T)/删除(E)/图层(L)]： 10 ↙

选择要偏移的对象或[退出(E)/放弃(U)]<退出>： （选择所绘制椭圆）

指定要偏移的那一侧上的点成[退出(E)]/多个(M)/放弃(U)]<退出>： （单击椭圆内任一点）

选择要偏移的对象或[退出(E)/放弃(U)]<退出>： ↙

☆ 绘制圆与椭圆间的水平线和垂直线，如图 5-21 所示。

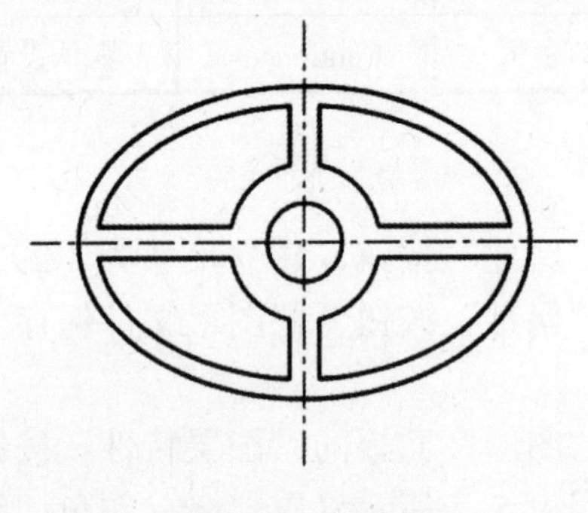

图 5-21 轮廓图

命令：offset↙

指定偏移距离或[通过(T)/删除(E)/图层(L)]<10.0000>： 8↙

选择要偏移的对象或[退出(E)/放弃(U)]<退出>： （选中水平中心线）

指定要偏移的那一侧上的点成[退出(E)]/多个(M)/放弃(U)]<退出>：（单击水平中心线上方任一点）

选择要偏移的对象或[退出(E)/放弃(U)]<退出>： （选中水平中心线）

指定要偏移的那一侧上的点成[退出(E)]/多个(M)/放弃(U)]<退出>： （单击水平中心线下方任一点）

选择要偏移的对象或[退出(E)/放弃(U)]<退出>： （选中垂直中心线）

指定要偏移的那一侧上的点成[退出(E)]/多个(M)/放弃(U)]<退出>：（单击垂直中心线左方任一点）

选择要偏移的对象或[退出(E)/放弃(U)]<退出>： （选中垂直中心线）

指定要偏移的那一侧上的点成[退出(E)]/多个(M)/放弃(U)]<退出>：（单击垂直中心线右方任一点）

选择要偏移的对象或[退出(E)/放弃(U)]<退出>： ↙

☆ 选中偏移复制所得四条直线，单击“常用”选项卡“图层”面板“图层特性”按钮在“图层特性管理器”下拉列表框中选择“0”层，将偏移复制所得四条直线所在图层从“中心线”层换到“0”层。

命令： trim↙

当前设置：投影=UCS，边=无

选择剪切边...

选择对象： 找到 1 个 （选中图 5-20 中小椭圆）

选择对象： 找到 1 个，总计 2 个（选中图 5-20 中 Ø80 圆）

选择对象： ↙ （结束剪切边界选择）

选择要修剪的对象，按住 Shift 键选择要延伸的对象，或[栏选(F)/窗交(C)/投影(P)/边(E)/删除(R)/放弃(U)]：

（依次选择偏移复制所得水平线和垂直线在椭圆外和 Ø80 圆内的部分）

选择要修剪的对象，按住 Shift 键选择要延伸的对象，或[栏选(F)/窗交(C)/投影(P)/边(E)/删除(R)/放弃(U)]： ↙

重复调用“修剪”命令，剪切掉椭圆，圆的多余部分。

4. 填充图案

单击“绘图”面板的图案填充图标，弹出图 5-2 所示“图案填充创建”选项卡，各选项设置如下：

单击“拾取点”按钮，在要填充剖面线的四个封闭区域内连续拾取四点，确定填充的区域。在“图案”面板中选择图案类型为“ANSI31”，在“特性”面板中选择“填充类型”为“图案填充”，“填充角度”为“0”，“比例”为“40”，其它选项为默然设置，然后按 Enter 键或关闭对话框完成剖面线的填充。填充结果如图 5-19 所示。如果剖面线太密，可增大比例设置值，剖面线太疏，可减小比例设置值。

☆ 使用夹点编辑方式调整各中心线长度，所获图形与图 5-19 一致。

用光标直接选中水平中心线，水平中心线变成虚线，且出现三个小方框显示的夹点，此时夹点处于冷态。用光标选取水平中心线左边的夹点，夹点的颜色发生变化，此时夹点处于热态。将该夹点向正右方移动到距离大椭圆 2mm 左右。用光标选取水平中心线右边的夹点，将该夹点向正左方移动到距离大椭圆 2mm 左右。重复对水平中心线的操作，将垂直中心线调整到合适的长度。

5. 保存

5.6 绘制阀盖

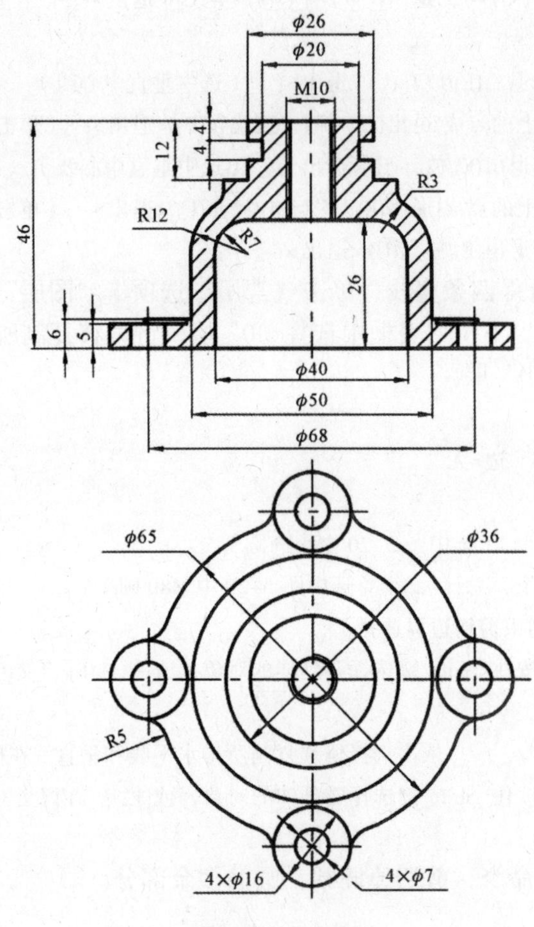

图 5–22 阀盖

5.6.1 绘制要求

1. 按 1:1 比例绘制如图 5–22 所示阀盖。
2. 按表 5–2 设置图层，作图时各图元按不同用途置于相应图层中。

表 5–2 图层设置

层名	颜色	线型	线宽	用途
0	白色	Continuous	0.35 毫米	绘轮廓线
中心线	红色	Center	默认设置	绘中心线
细线	兰色	Continuous	默认设置	绘细线、剖面线

5.6.2 绘制步骤

1. 新建文件

单击快速访问工具栏的“新建”按钮，建立尺寸为（210 × 297mm）的新图形文件。单击快速访问工具栏的“保存”按钮，把图形文件保存为“阀盖.dwg”。

2. 设置作图区域

调用“绘图界限”命令设置绘图区域为 210 × 297mm。

3. 设置图层

单击“常用”选项卡中“图层”面板的“图层特性”按钮，弹出图 4-1 所示“图层特性管理器”对话框，按照表 4-1 所示设置层名，颜色，线型，线宽等。

4. 绘制阀盖

☆ 单击“常用”选项卡中“图层”面板的“图层”下拉列表框，选择“中心线”层，把“中心线”层设为当前层。调用“直线”命令和“偏移复制”命令在上面建立的 A4 图纸空间画好水平、垂直方向中心线。然后将“0”层设为当前层，开始绘图。如图 5-23 所示。

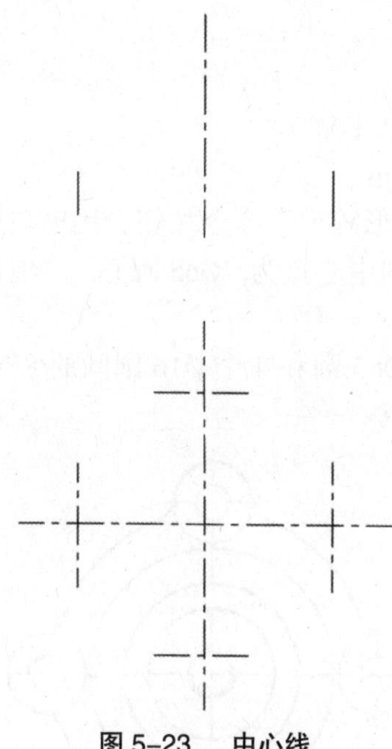

图 5-23 中心线

☆ 调用“Circle”命令绘制阀盖的俯视图中的圆。绘出图形如 5-24 所示。

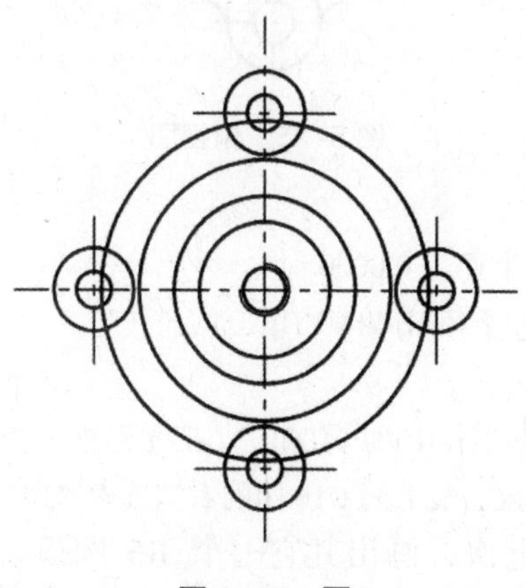

图 5-24 圆

命令： circle↙

指定圆的圆心或[三点(3P)/两点(2P)/相切、相切、半径(T)]： （捕捉圆心）

指定圆的半径或[直径(D)]： d↙

指定圆的直径： 8.5↙ （内螺纹的小径）

命令： ↙

CIRCLE 指定圆的圆心或[三点(3P)/两点(2P)/相切、相切、半径(T)]：（捕捉圆心）

指定圆的半径或[直径(D)] <4.2500>： d ↙

指定圆的直径<8.5000>： 10 ↙ （内螺纹的大径）

重复调用“circle”命令，绘制圆 Ø20、Ø26、Ø36、Ø50、Ø68 和最上方的 Ø7 和 Ø16。

命令：regenall↙（调用全部重生成命令使圆变得光滑）

正在重生成模型。

命令：break↙

选择对象：（打断 Ø8.5 圆为 3/4 圆弧）

指定第二个打断点或[第一点(F)]：

单击“修改”面板中“环形阵列”命令按钮，用窗口选择方式选择圆 Ø7 和 Ø16 两个圆及其中心线，设置捕捉阵列中心点为“Ø65 圆心”，“项目总数”为“4”，“填充角度”为“360”。

☆ 调用“圆角”命令绘出 Ø65 圆和 4 个 Ø16 圆间的 8 个圆弧 R5，并剪切多余部分。绘制结果如图 5-25。

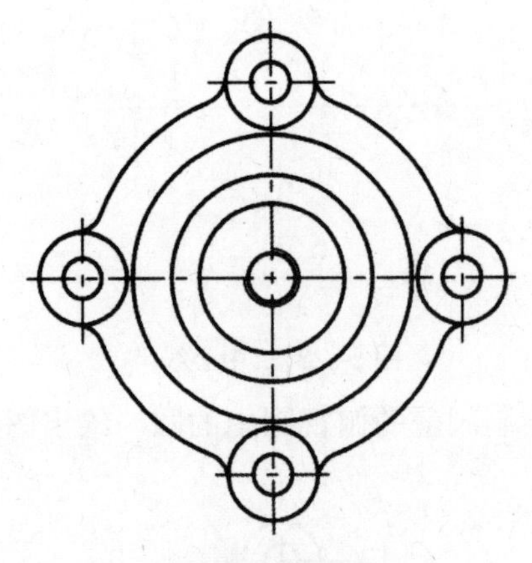

图 5-25 俯视图

命令： fillet↙

当前模式： 模式 = 修剪，半径 = 0.0000

选择第一个对象或[多段线(P)/半径(R)/修剪(T)]： r ↙

指定圆角半径 <0.0000>： 5 ↙

选择第一个对象或[多段线(P)/半径(R)/修剪(T)]：（把光标放在 Ø65 圆右下端选中 Ø65）

选择第二个对象：（把光标放在最下面 Ø16 圆的右端选中 Ø16）

重复调用“圆角”命令七次，画出其它七个 R5 圆弧。然后调用“修建”命令剪切多余弧段。

命令： trim↙

当前设置：投影=UCS，边=无

选择剪切边...

选择对象：（依次选择圆角所得 8 个 R5 圆弧）

选择对象：↙

选择要修剪的对象，按住 Shift 键选择要延伸的对象，或[栏选(F)/窗交(C)/投影(P)/边(E)/删除(R)/放弃(U)]:

（依次选择 Ø65 圆要剪切的部分）

选择要修剪的对象，按住 Shift 键选择要延伸的对象，或[栏选(F)/窗交(C)/投影(P)/边(E)/删除(R)/放弃(U)]：↙

俯视图绘制完毕，调用“拉长”命令调整中心线到合适长度。下面绘制主视图。

☆ 调用“偏移”、“复制”命令绘制水平线，垂直线。调用“剪切”命令剪切各水平线，垂直线。绘制结果如图 5-26 所示。

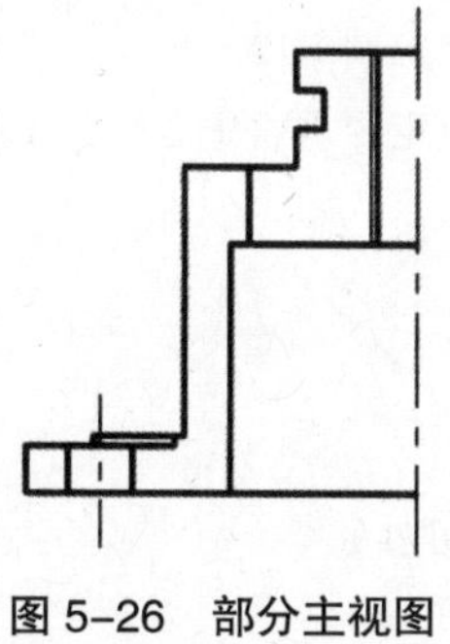

图 5-26 部分主视图

命令： offset↙

指定偏移距离或[通过(T)/删除(E)/图层(L)] <10.0000>： 100↙

选择要偏移的对象或[退出(E)/放弃(U)]<退出>：（选中俯视图水平中心线）

指定要偏移的那一侧上的点成[退出(E)]/多个(M)/放弃(U)]<退出>：（选中俯视图水平中心线上方）

选择要偏移的对象或[退出(E)/放弃(U)]<退出>：↙

将主视图中各中心线从“中心线”层换到“0”层。调用“偏移”命令复制各水平线和垂直线后，再将孔的轴线、对称中心线换到中心线层，把螺纹大径从 0 层换到细线层。调用“修剪”命令修剪各水平线、垂直线。

最后因主视图左右两孔高为 6 的部分由俯视图 Ø65 圆和 Ø16 圆的连接圆弧 R5 决定，故从俯视图 R5 结束处引线，剪切 ø16 孔处相关线段。绘图过程中，可调用“缩放”、“平移”、“重生成”命令更新屏幕显示。

☆ 绘制主视图中的圆弧，并剪切多余线段。绘制结果如图 5-27 所示。

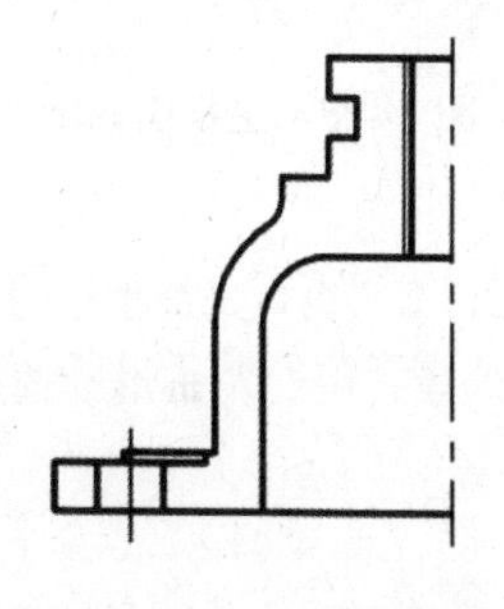

图 5-27 主视图半轮廓

命令： fillet↙

当前模式： 模式 = 修剪，半径 = 5.0000

选择第一个对象或[多段线(P)/半径(R)/修剪(T)]： r ↙

指定圆角半径 <5.0000>：7↙

选择第一个对象或[多段线(P)/半径(R)/修剪(T)]： （选择 Ø40 的母线）

选择第二个对象：（选择距离主视图最低水平线为 26 的线段）

命令：_circle 指定圆的圆心或[三点(3P)/两点(2P)/相切、相切、半径(T)]： （捕捉圆角 R7 的中心）

指定圆的半径或[直径(D)] <8.0000>：12 ↙

命令： ↙

命令：CIRCLE 指定圆的圆心或[三点(3P)/两点(2P)/相切、相切、半径(T)]： t ↙

指定对象与圆的第一个切点： （指定圆 R12）

指定对象与圆的第二个切点： （指定距垂直中心线为 18 的垂直线）

指定圆的半径 <12.0000>：3 ↙

命令：_trim

当前设置：投影=UCS，边=无

选择剪切边...

选择对象： （选择圆弧 R12 处剪切边）

选择对象： ↙

选择要修剪的对象，按住 Shift 键选择要延伸的对象，或[投影(P)/边(E)/放弃(U)]：

（选择修剪线段要修剪的部分）

选择要修剪的对象，按住 Shift 键选择要延伸的对象，或[投影(P)/边(E)/放弃(U)]： ↙

如有部分线段剪切不掉，可调用“删除”命令将其删除。调用“拉长”命令调整中心线成合适的长度。如中心线的短划、长划比不合适，可重新设置全局比例因子来调整。

☆ 镜像主视图中上面所绘制图形。绘制结果如图 5–28 所示。

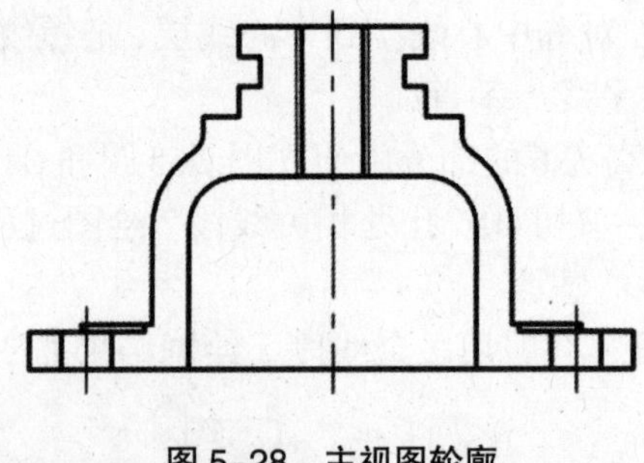

图 5–28 主视图轮廓

命令： mirror↙

选择对象： 指定对角点： 找到 24 个（窗口选择主视图中所有线段）

选择对象： m ↙（如有没有选中线段，用键入 m 继续选择）

选择对象： ↙

选择 1 个总计 25 个

选择对象： ↙

指定镜像线的第一点： <对象捕捉 开>指定镜像线的第二点：(捕捉垂直中心线的两端)
是否删除源对象？[是(Y)/否(N)] <N>： ↙

5. 填充主视图

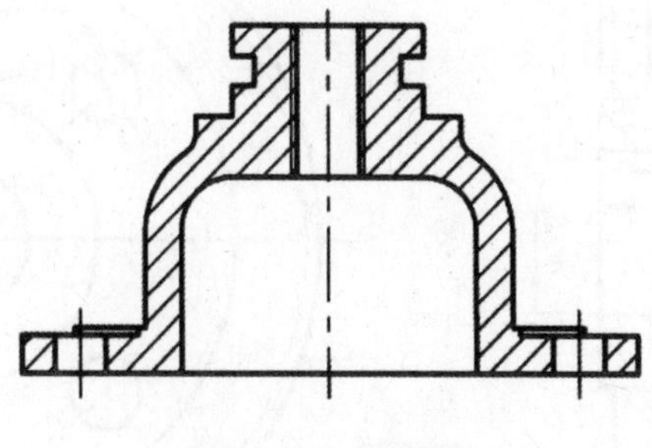

图 5-29 主视图

单击“图案填充创建”按钮，弹出如图 5-2 所示“图案填充创建”选项卡，设置如下选项：单击“拾取点”按钮，在要填充的图形区域内内部依次拾取点，“填充类型”为“图案填充”，“图案类型”设为“ANSI31”，“角度”设置为“0”，“比例”为“10”，关闭对话框绘制出剖面线，如图 5-29 所示。如果剖面线太密，可增大比例设置值，剖面线太疏，可减小比例设置值。

6. 保存

习题

1. 绘制图 5-30 所示玩具鸟，图 5-31 所示卫星。

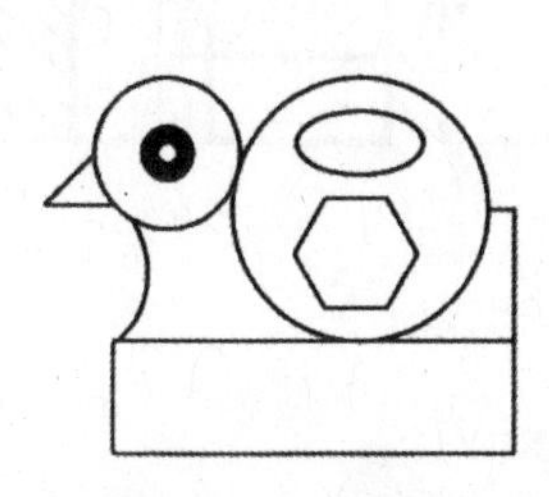

图 5-30 玩具鸟

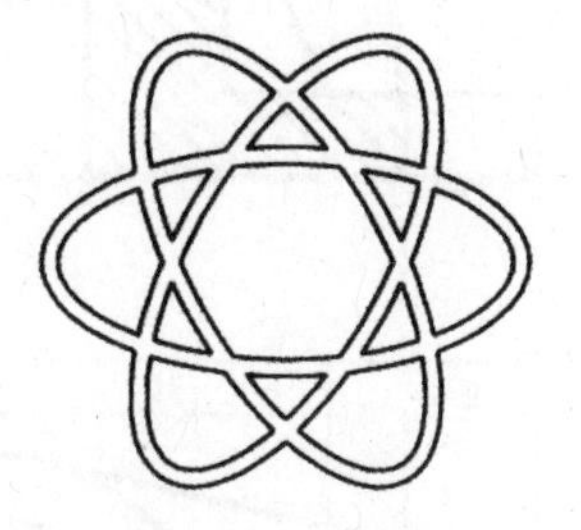

图 5-31 卫星

2. 绘制图 5-32 所示小屋,填充相应的图案。

图 5-32 小屋

3. 按 1:1 比例绘制如图 5-33、34、35 所示组合体三视图。

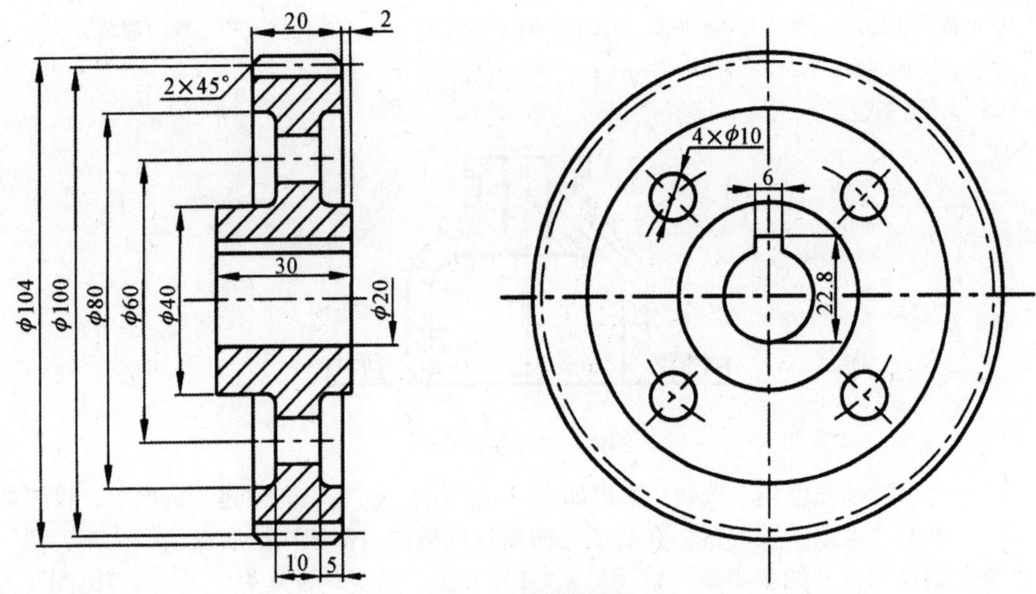

图 5-33 齿轮零件图

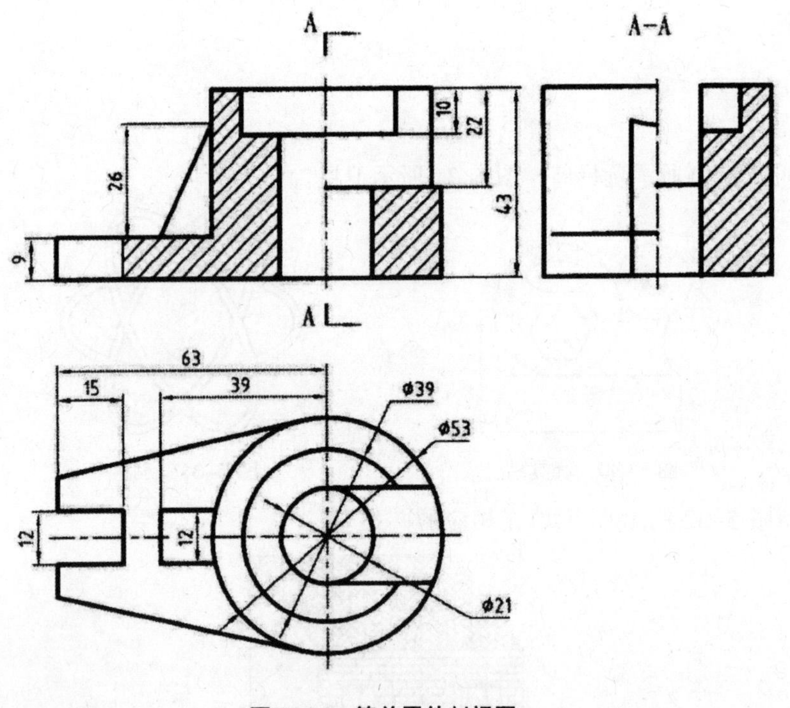

图 5-34 简单零件剖视图

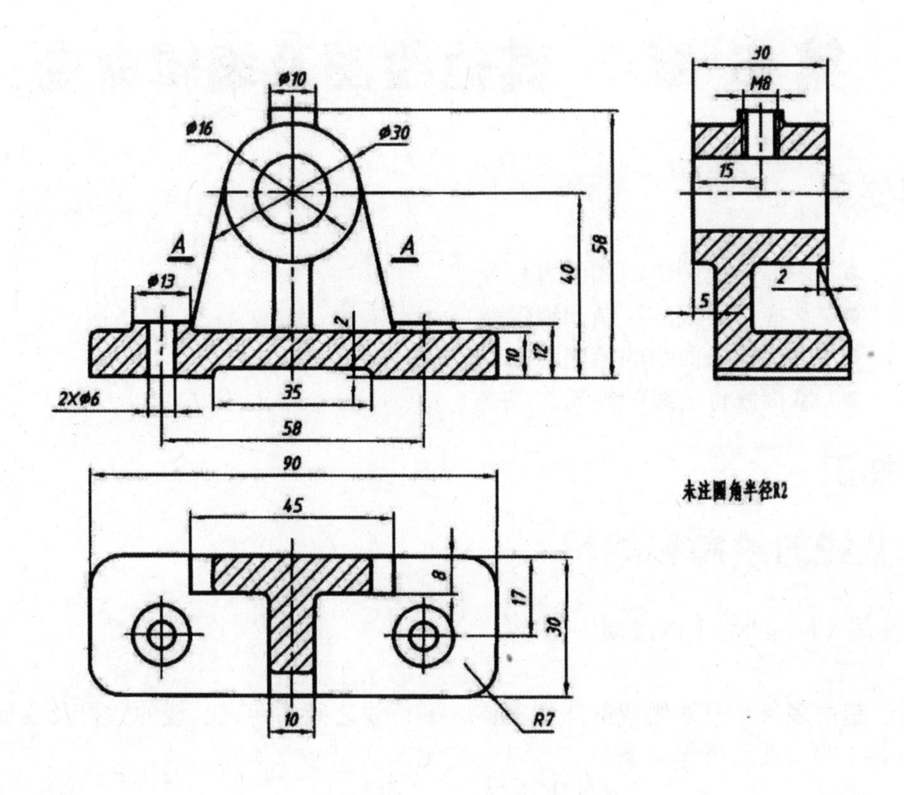
φ10
φ16
φ30
A
A
φ13
2
40
58
10
12
2Xφ6
35
58
90
45
8
17
30
10
R7
30
M8
15
2
5
未注圆角半径R2

图 5-35　组合体

第 6 章　其他绘图及编辑命令

学习要求

- 掌握多线的绘制和编辑命令。
- 掌握多段线的绘制和编辑命令。
- 掌握样条曲线的绘制和编辑命令。
- 掌握修订云线的绘制。

基本知识

6.1 多线的绘制和编辑

6.1.1 多线（Multiline）的绘制

1. 功能

可绘制由多条平行线组成的图形实体，平行线之间的距离、线的数目及线型都可调整，图 6-1 为多线元素示意图。

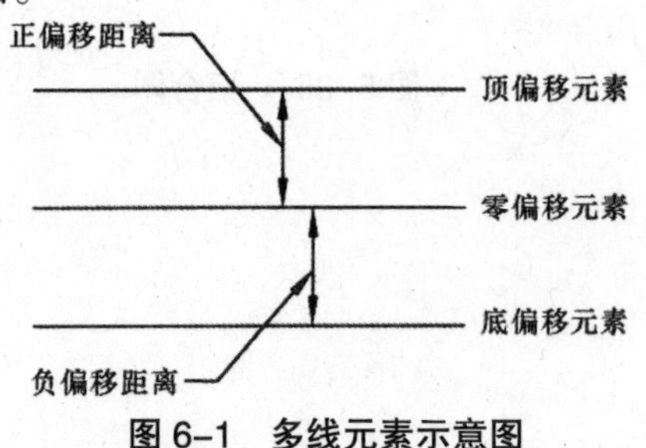

图 6-1　多线元素示意图

2. 调用方式

☆ 命令行：mline 或 ml

☆ 菜　单：绘图（Draw）=> 多线（Multiline）

☆ 工具栏：

3. 解释

命令：mline↙

当前设置：对正= 上，比例=20.00，样式=STANDARD　（系统默认设置）

指定起点或[对正(J)/比例(S)/样式(ST)]：（输入起始点坐标值或选择其它选项）

其它各选项说明如下：

☆ 对正(Justification)：指定多线的对正方式（确定光标所在的偏移元素），包括“零偏移（Zero Offset）”，“上偏移（Top Offset）”，“下偏移（Botton Offset）”3 种方式。

☆ 比例(Scale)：指定绘制多线上、下偏移之间的宽度相对于多线定义的上、下偏移之间宽度的比例因子，但该比例不影响多线的线型比例。

☆ 样式(Style)：选择已设置的多线样式。

6.1.2 多线样式（Multiline Styles）

1. 功能

定义各种多线样式，并设置其特性。

2. 调用方式

☆ 命令行：mlstyle

☆ 菜　单：格式（Format）=> 多线样式（Multiline Styles）

3. 解释

调用该命令，弹出“多线样式”对话框，如图 6-2 所示。各选项说明如下：

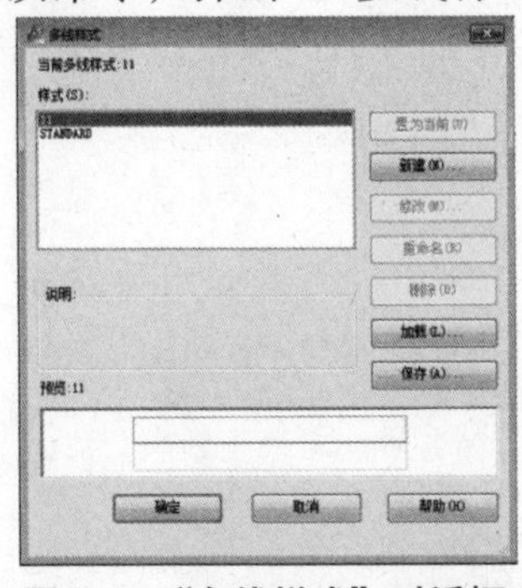

图 6-2 “多线样式”对话框

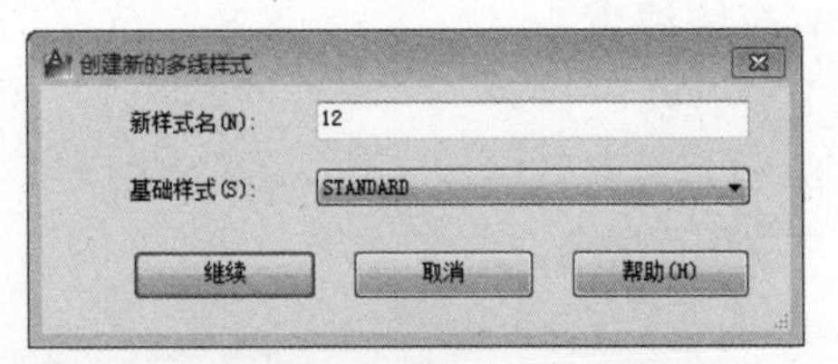

图 6-3 “创建新的多线样式”对话框

☆ “新建”按钮：单击新建按钮，弹出“创建新的多线样式”对话框，如图 6-3 所示。“新样式名”文本框中输入用户自定义的新样式名，再按“继续”按钮，弹出“新建多线样式”对话框，如图 6-4 所示。各选项说明如下：

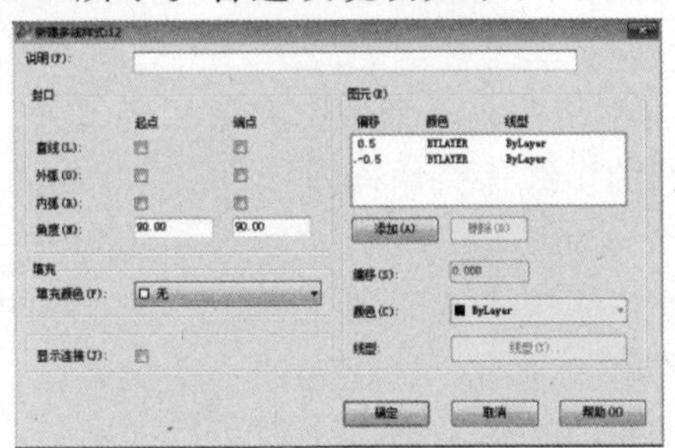

图 6-4“新建多线样式”对话框

(1) “元素”区：“元素”列表框显示当前多线样式中多线的“线数”、“偏移距离”、“颜色”和“线型”等属性。“添加”按钮用于增加多线的数目，“删除”按钮用于删除指定的在“元素”列表框中的线成员。“偏移”文本框设置在“元素”列表框中的线成员之间的偏移距离。“颜色”下拉列表框用于设置“元素”列表框中的线成员的颜色。“线型”按钮改变在“元素”列表框中的线成员的线型。

(2) “封口”区：用于控制多线起点和终点处的样式，样式包括“直线”、“外弧”、“内弧”三种形式。“角度”选项控制多线末端的倾斜角。

(3) “显示连接”复选框：设置是否在多线的拐角处显示连接线。

(4) “填充区”：设置是否填充多线区域及设置填充颜色。

(5) “说明”文本框：附加说明当前多线样式。

☆ “当前”按钮：设置当前使用的多线样式。选中图 6-2“多线样式”对话框左边样式列表框多线样式名，再单击“当前”按钮，可从中选取已定义的多线样式作为当前样式。

☆ “修改”按钮：修改已建立的多线样式特性。单击“修改”按钮，弹出“新建多线样式”对话框，如图 6-4 所示。修改相应的多线样式特性，按“确定”按钮，返回图 6-2 所示对话框。

☆ “重命名”按钮：修改当前多线样式的名称。

☆ “加载”按钮：从“acad.mln”多线库文件中加载已定义的多线文件（*.mln）。

☆ “保存”按钮：把定义的多线样式存入“acad.mln”文件中。

☆ “添加”按钮：把“名称”文本框中新的多线样式加入到“当前”下拉列表框中，使该样式成为当前样式。

☆ “预览”区：在预览区显示当前多线样式的图型。

6.1.3 多线编辑

1. 功能

编辑多线对象。

2. 调用方式

☆ 命令行：mledit

☆ 菜　单：修改（Modify）=> 对象（Object）=> 多线（Multiline）

3. 解释

调用该命令，弹出如图 6-5 所示“多线编辑工具”对话框，其中列出了 12 种编辑功能。编辑多线时，先单击要编辑形式的按钮，然后选择要编辑的多线实体，对话框各选项说明如下：

☆ 十字闭合：两条多线相交形成一个封闭的十字交叉口，编辑时先选的多线在交点处被后选的多线断开，后选的多线保持原样。

☆ 十字打开：两条多线相交形成一个开放的十字交叉口，编辑时先选的多线在交点处全部断开，后选多线的外边线被先选的多线断开，其内部的线保持原样。

☆ 十字合并：两条多线相交形成一个汇合的十字交叉口，两条多线的外边直线在交点处断开，其内部的线保持原样。

☆ T 型闭合：两条多线相交形成一个封闭的 T 型交叉口，编辑时先选的多线在交点处全部断开，后选的多线保持原样。

☆ T 型打开：两条多线相交形成一个开放的 T 型交叉口，编辑时先选的多线在交点处全部断开，后选多线的外边线被断开，其内部的线保持原样。

☆ T 型合并：两条多线相交形成一个汇合的 T 型交叉口，两条多线的外边线在交点处断开，其内部的线保持原样。

☆ 角点结合：由两条多线相交形成一个角连接。

☆ 添加顶点：给多线添加的一个顶点

☆ 删除顶点：删除多线的一个顶点。

☆ 单个剪切：断开多线中的一条线。

☆ 全部剪切：断开多线。

☆ 全部接合：把断开的多线连接起来。

图 6-5 “多线编辑工具”对话框

6.2 多段线的绘制和编辑

6.2.1 多段线（Pline）的绘制

1. 功能

绘制有一定宽度或宽度有变化的、由多段直线段或者圆弧段所组成的图形实体。

2. 调用方式

☆ 功能区：常用（Home）=> 绘图（Draw）=>

☆ 命令行：pline 或 pl

☆ 菜　单：绘图（Draw）=> 多段线（Polyline）

☆ 工具栏：

3. 解释

命令：pline↙

指定起点：（输入起始点的坐标值）

当前线宽为 0.0000　（系统默认设置）

指定下一个点或[圆弧(A)/半宽(H)/长度(L)/放弃(U)/宽度(W)]:

（输入多段线下一端点的坐标值或选择其它选项）

各选项说明如下：

☆ 半宽(H)：设置多段线起点和终点线宽的一半值。

☆ 宽度(W)：设置多段线起点和终点的线宽值。

☆ 放弃(U)：取消此次操作。

☆ 长度(L)：根据指定的长度绘制直线段，前段为直线段，则绘制与前段直线同方向的线段，若前段为圆弧则所绘制直线段在圆弧段终止点与圆弧相切。

☆ 圆弧(A)：绘制多段线圆弧，选择该选项，AutoCAD 提示如下：

☆ 指定圆弧的端点或[角度(A)/圆心(CE)/闭合(CL)/方向(D)/半宽(H)/直线(L)/半径(R)/第二个点(S)/放弃(U)/宽度(W)]：（输入圆弧的端点坐标值或选择其它选项）

各选项说明如下：

(1) 角度(A)：根据圆弧对应的圆心角来绘制圆弧段，若输入正的角度值，按逆时针方向画圆弧，否则，按顺时针方向画圆弧。

(2) 圆心(CE)：根据圆弧的圆心位置来绘制圆弧段。

(3) 闭合(CL)：绘制当前点和多段线起始点之间的一段弧，从而封闭多段线并结束命令。

(4) 方向(D)：重新指定圆弧切线方向，

(5) 直线(L)：将多段线命令由绘制圆弧方式切换到绘制直线的方式。

(6) 半径(R)：根据半径绘制圆弧。需要输入圆弧半径、端点或角度。

(7) 第二个点(S)：根据 3 点绘制圆弧。

图 6-6 所示的是用 Pline 命令绘制的图形。

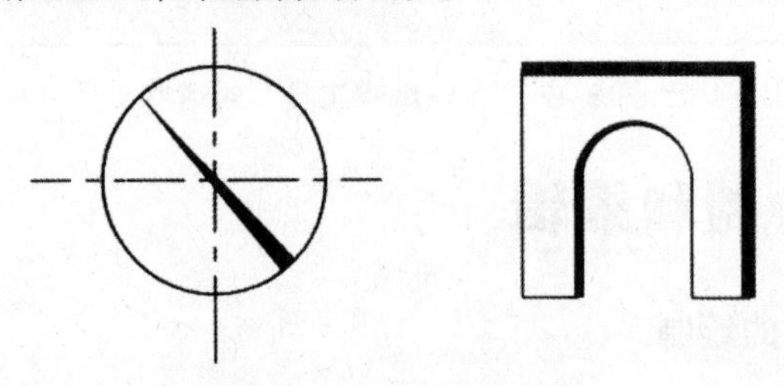

图 6-6 多段线图形示例

6.2.2 多段线编辑(Pedit)

1. 功能

改变多段线线宽、曲线拟合、pline 合并和顶点编辑等操作。

2. 调用方式

☆ 功能区：常用（Home）=> 修改（Modify）=>“修改”面板展开器 =>

☆ 命令行 ：pedit

☆ 菜 单：修改（Modify）=> 对象（Object）=> 多段线（Pline）

3. 解释

命令：pedit↙

选择多段线[多条(M)]： （选择多段线或输入 M 连续选择多段线）

☆ 如果选择直段线，AutoCAD 提示如下：

选择的对象不是多段线

是否将其转换为多段线？<Y>（系统默认设置为 Y，则转换，设置为 N，则不转换）

☆ 如果选择一条多段线，AutoCAD 提示如下：

输入选项[闭合(C)/合并(J)/宽度(W)/拟合(F)/样条曲线(S)/非曲线化(D)/线型生成(L)/放弃(U)]：

（选择选项）

☆ 如果选择多条多段线(M)，AutoCAD 提示如下：

输入选项[闭合(C) /打开(O) /合并(J)/宽度(W)/拟合(F)/样条曲线(S)/非曲线化(D)/线型生成(L)/放弃(U)]:（选择选项）

各选项说明如下：

☆ 闭合(C)：封闭被选的多段线，自动的以最后一段的绘图样式（直线或圆弧）连接多段线的起点和端点。

☆ 打开(O)：使封闭的多段线成为开放的多段线。

☆ 合并(J)：将直线段、圆弧或多段线连接到选中的非闭合多段线上。

☆ 宽度(W)：重新设置所选多段线的宽度。

☆ 拟合(F)：采用双圆弧曲线拟合多段线的拐角。

☆ 样条曲线(S)：生成由多段线的各顶点作为控制点的样条曲线。

☆ 非曲线化(D)：删除执行“拟合”和“样条曲线”选项时插入的额外顶点，拉直多段线中的所有线段，并保留其顶点的切线信息。

☆ 线型生成(L)：设置非连续线型多段线在各定点处的绘制方式。设为 OFF，在转角处采用连续线绘制，设为“ON”，则以全长绘制线型。如图 6-7 所示。

☆ 放弃(U)：取消上一次编辑操作。

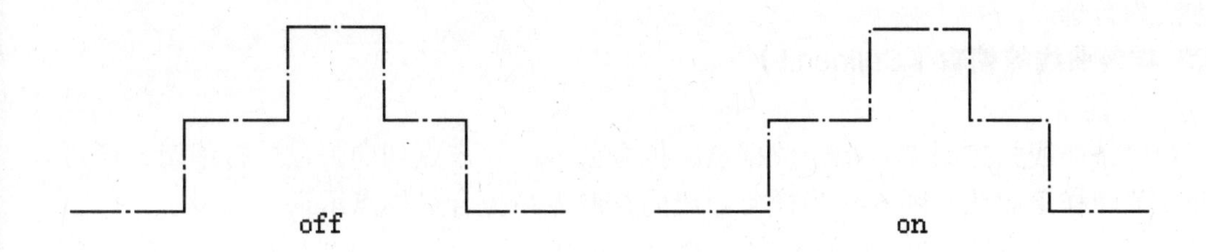

图 6-7 线型生成设置结果示意

6.3 样条曲线的绘制和编辑

6.3.1 样条曲线（Spline）的绘制

1. 功能

绘制二维和三维经过或靠近一组拟合点或由控制框的顶点定义的平滑曲线。

2. 调用方式

☆ 功能区：常用（Home）=> 绘图（Draw）=>“绘图”面板展开器 =>

☆ 命令行 ：spline 或 spl

☆ 菜 单：绘图（Draw）=> 样条曲线（Spline）=> 拟合点/控制点

☆ 工具栏 ：

3. 解释

命令: spline↙

当前设置: 方式=拟合 节点=弦

指定第一个点或[方式(M)/节点(K)/对象(O)]: （输入样条曲线起始点坐标值或选择其它选项）

输入下一个点或[起点切向(T)/公差(L)]:（输入样条曲线下一点坐标值或选择其它选项）

输入下一个点或[端点相切(T)/公差(L)/放弃(U)]:（输入样条曲线下一点坐标值或选择其它选项）

输入下一个点或[端点相切(T)/公差(L)/放弃(U)/闭合(C)]:

（输入样条曲线下一点坐标值或选择其它选项或按 Enter 键结束）

各选项说明如下：

☆ 方式(M)：输入样条曲线的创建方式，即拟合(F)或控制点(CV)]

☆ 节点(K)：用来确定样条曲线中连续拟合点之间如何过渡。(输入节点参数化 [弦(C)/平方根(S)/统一(U)]

☆ 起点切向(T)：指定起点相切的方向。

☆ 端点相切(T)：指定在样条曲线终点的相切条件。

☆ 对象(0)：将多段线编辑得到的二次或三次拟合样条曲线转换为等价的样条曲线。

☆ 公差(L)：设置实际样条曲线与输入的控制点之间所允许偏移距离的最大值。

☆ 放弃(U)：删除最后一个指定点。

☆ 闭合(C)：闭合样条曲线。

注：选择功能区中的选项：使用拟合点绘制样条曲线，选择功能区中的选项：使用拟合控制点绘制样条曲线，如果要创建与三维曲面 NURBS 配合使用的几何图形，这种方法为首选。

6.3.2 样条曲线的编辑（Splinedit）

1. 功能

对样条曲线的控制点，拟合数据点、拟合公差。始末点切向矢量进行编辑，还可以打开或关闭样条曲线。图 6-8 为样条曲线的控制点与拟合数据点示意

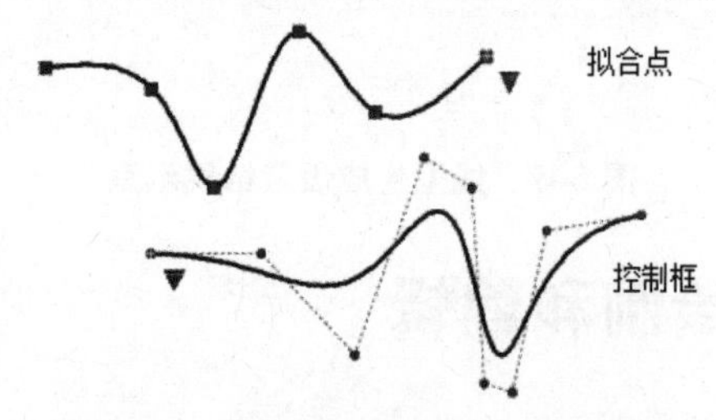

图 6-8 样条曲线的拟合点与控制框

2. 调用方式

☆ 功能区：常用（Home）=> 修改（Modify）=> “修改”面板展开器 =>

☆ 命令行：splinedit

☆ 菜　单：修改（Modify）=> 对象（Object）=> 样条曲线（Spline）

3. 解释

命令：splinedit↙

选择样条曲线：（选择需要编辑的实体）

输入选项[闭合(C)/合并(J)/拟合数据(F)/编辑顶点(E)/转换为多段线(P)/反转(R)/放弃(U)/退出(X)]:

各选项说明如下：

☆ 闭合(C)：封闭样条曲线。如果样条曲线闭合，则提示为“打开”。

☆ 合并(J)：将多条样条曲线合并为一条。

☆ 选择拟合数据(F)项，AutoCAD 提示如下：

[添加(A) /闭合(C) /删除(D)/扭折(K) /移动(M)/清理(P) /切线(T)/公差(L)/退出(X)]:

各选项说明如下：

(1) 添加(A)：添加新的拟合或控制点，它改变样条曲线形状。

(2) 闭合(C)：封闭样条曲线。如果样条曲线闭合，则提示为“打开”。

(3) 删除(D)：删除控制点集中的一些控制点。

(4) 扭折(K)：在样条曲线上的指定位置添加节点和拟合点，这不会保持在该点的相切或曲率连续性。

(5) 移动(M)：移动控制点集中点的位置。

(6) 清理(P)：删除所有拟合数据。

(7) 切线(T)：修改始末点切向方向。

(8) 公差(L)：重新设置拟合公差的值。

(9) 退出(X)：退出当前操作，返回到上一级提示项或结束样条曲线编辑。

☆ 编辑顶点(E)：编辑样条曲线上的当前控制点。选择该选项，AutoCAD 提示如下：

[添加(A) /删除(D) /提高阶数(E) /移动(M)/权值(W)/退出(X)]:

各选项说明如下：

(1) 提高阶数(E)：设置生成的样条曲线的多项式阶数。使用此选项可以创建 1 阶（线性）2 阶（二次）、3 阶（三次）直到最高 10 阶的样条曲线。

(2) 权值(W)：更改指定控制点的权值，输入新权值，重新计算样条曲线。权值越大，样条曲线越接近控制点。其它选项同上面的解释。

☆ 转换为多段线(P)：将样条曲线转化为多段线。

☆ 反转(R)：使样条方向相反，始末点交换。

☆ 放弃(U)：取消上一次编辑操作。

☆ 退出(X)：退出当前操作，返回到上一级提示项或结束样条曲线编辑。

6.4 点的绘制

6.4.1 点样式（Point Style）

1. 功能

设置点的图案、大小和显示方式。

2. 调用方式

☆ 功能区：常用（Home）=> 实用工具（Tools）=> “实用工具”面板展开器 => 点样式...

☆ 命令行：ddptype

☆ 菜　单：（Format）=> 点样式（Point Style）

3. 解释

调用该命令，弹出“点样式”对话框，如图 6-9 所示。图中列出了 20 种点的图案样式，单击其中任一种图案，即选取该图案作为点样式。点的大小由“点大小”文本框中百分比数值确定，并由“相对于屏幕设置尺寸”或“用绝对单位设置尺寸”两个单选按钮确定具体大小。PDMODE 和 PDSIZE 系统变量也可控制点样式和点大小。PDMODE 系统变量值与点样式对照表如图 6-10 所示。

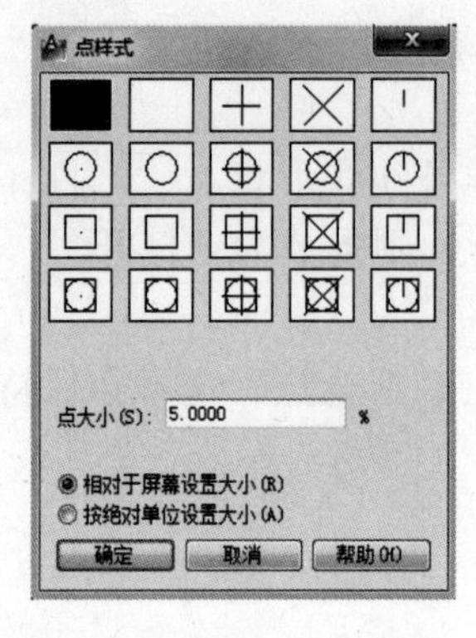

图 6-9 "点样式"对话框

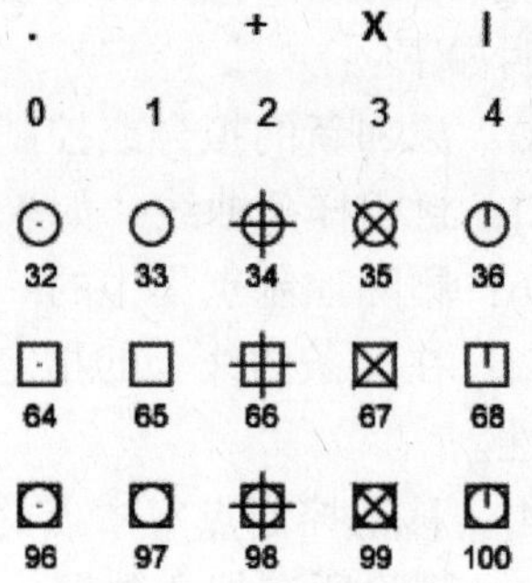

图 6-10 PDMODE 变量值与点样式对照表

6.4.2 点（Point）

1. 功能

绘制不同类型和大小的点。

2. 调用方式

☆ 功能区：常用（Home）=> 绘图（Draw）=>"绘图"面板展开器 =>

☆ 命令行：point 或 po

☆ 菜　单：绘图（Draw）=> 点（Point）=> 单点（Single Point）或多点（Multipoint）

☆ 工具栏：

3. 解释

命令：point↙

当前点模式：PDMODE=0　PDSIZE=0.0000（系统默认设置）

指定点：（指定一点的位置）

单点形式只能绘制一个点。多点形式可连续绘制多个点，按 Entrer 键不能结束命令，只能按键盘左上方 ESC 键结束命令。

6.4.3 定数等分（Divide）

1. 功能

在指定对象上，给定等分点的数目画等分点或在等分点的位置上插入块。

2. 调用方式

☆ 功能区：常用（Home）=> 绘图（Draw）=>"绘图"面板展开器 =>

☆ 命令行：divide 或 div

☆ 菜　单：绘图（Draw）=>点（Point）=> 定数等分（Divide）

3. 解释

命令：divide↙

选择要定数等分的对象：（选择需要等分的对象）

输入线段数目或[块(B)]：（输入等分的数目或 B）

选择对象可以是直线、圆、圆弧、多段线等，但不能是填充图案、尺寸标注、块、文本等。缺省为输入等分的数目，输入等分的数目后，在等分点处有一个点的标记，缺省状态下点的标记是一个小圆点，不易看清，这时可以调用“点样式”对话框重新选择点样式。若输入“B”，则表示在等分点处插入块，系统提示：“输入要插入的块名”，插入已经定义过的块名，图块的插入方法将在 8.2 节介绍。

6.4.4 定距等分（Measure）

1. 功能

在指定对象上，按给定线段的长度用点在分点处做标记或插入块。

2. 调用方式

☆ 功能区：常用（Home）=> 绘图（Draw）=>“绘图”面板展开器 =>

☆ 命令行：measure 或 me

☆ 菜　单：绘图（Draw）=>点（Point）=> 定距等分（Measure）

3. 解释

命令：measure↙

选择要定距等分的对象：（选择对象）

指定线段长度或[块(B)]：（输入每一段线段长度或 B）

测量的起始点是从靠近选择点的端点开始。

6.5 修订云线（Revcloud）

1. 功能

创建由连续圆弧组成的多段线以构成云线形。

2. 调用方式

☆ 功能区：常用（Home）=> 绘图（Draw）=>“绘图”面板展开器 =>

☆ 命令行：revcloud

☆ 菜　单：绘图（Draw）=> 修订云线（Revcloud）

☆ 工具栏：

3. 解释

命令：revcloud↙

最小弧长: 15　最大弧长: 15　样式: 普通

指定起点或[弧长(A)/对象(O)/样式(S)] <对象>:（输入起始点的坐标值或选择其他选项）

沿云线路径引导十字光标...（通过拖动绘制修订云线并按 Enter 键）

反转方向[是(Y)/否(N)] <否>:（选择组成多段线连续圆弧的方向）

各选项说明如下：

☆ 弧长(A)：设置弧长新的最大和最小弧长。选择该选项，AutoCAD 提示如下：

指定最小弧长<1>:（输入最小弧长值，并按 Enter 键）

指定最大弧长<2>:（输入最大弧长值，并按 Enter 键）

☆ 对象(O)：把其他类型的图形转换为修订云线。选择该选项，AutoCAD 提示如下：

选择对象:（选择需要转换为修订云线的圆、椭圆、多段线或样条曲线）

反转方向[是(Y)/否(N)]<否>:（要反转圆弧的方向，在命令行上输入 y 并按 Enter 键）

修订云线完成（按 ENTER 键将选定对象转换为修订云线）

☆ 样式(S)：设置修订云线样式。选择该选项，AutoCAD 提示如下：

选择圆弧样式[普通(N)/手绘(C)] <普通>：（选择普通(N)或手绘(C) 圆弧样式）

圆弧样式 = 手绘（显示选择的圆弧样式）

修订云线弧长可以设置默认的最小值和最大值。设置弧长的最大值不能超过最小值的三倍。绘制修订云线时，可以使用拾取点选择较短的弧线段来更改圆弧的大小，也可以通过调整拾取点来编辑修订云线的单个弧长和弦长。可以从头开始创建修订云线，也可以将对象（例如圆、椭圆、多段线或样条曲线）转换为修订云线。将其它图形对象转换为修订云线时，如果“DELOBJ”设置为“1”（默认值），原始对象将被删除。

应用实例

6.6 绘制花盆及花架图

图 6–11 花盆及花架

6.6.1 绘制要求

1. 按 1:1 比例绘制如图 6–11 所示花盆及花架。
2. 按表 6–1 设置图层，作图时各图元按不同用途置于相应图层中。

表 6–1 图层设置

层名	颜色	线型	线宽	用途
0	默认	Continuous	默认	绘制花盆
叶子	绿色	Continuous	默认	绘制叶子
花	紫色	Continuous	默认	绘制花
花架	246	Continuous	0.35	绘制花架

6.6.2 绘制步骤

1. 新建文件

☆ 单击快速访问工具栏的“新建”按钮，建立尺寸为(148 × 210mm)的新图形文件。

☆ 单击快速访问工具栏的“保存”按钮，把图形文件保存为“花盆.dwg”。

2. 设置图层

单击“常用”选项卡中“图层”面板上的“图层特性”按钮，弹出图 4–1 所示的“图层特性管理器”对话框。按表 6–1 所示设置层名，颜色，线型，线宽等。

3. 绘制花盆

打开“图层特性管理器”对话框，将“0”层置为当前层。

命令：pline↙

指定起点：（输入起点的坐标值）

指定下一个点或[圆弧(A)/半宽(H)/长度(L)/放弃(U)/宽度(W)]：W↙

指定起点宽度<0.0000>：3↙

指定端点宽度<3.0000>：↙

指定下一个点或[圆弧(A)/半宽(H)/长度(L)/ 放弃(U)/宽度(W)]：@80,0↙

指定下一个点或[圆弧(A)/半宽(H)/长度(L)/放弃(U)/宽度(W)]：@20,30↙

指定下一个点或[圆弧(A)/半宽(H)/长度 L)/放弃 U)/宽度(W)]：@–120,0↙

指定下一个点或[圆弧(A)/半宽(H)/长度 L)/放弃 U)/宽度(W)]：C↙

绘制结果如图 6–12 所示。

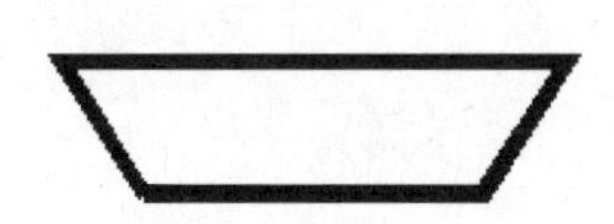

图 6–12　绘制花盘

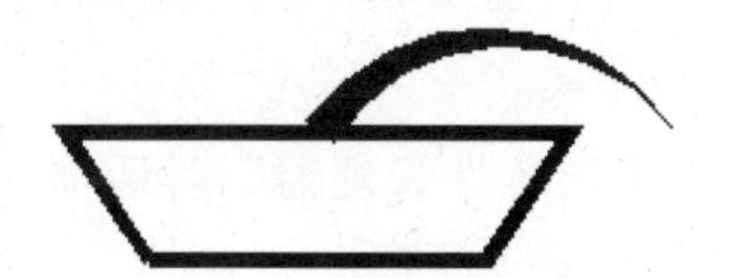

图 6–13　绘制第一片叶子

4. 绘制叶子和花茎

打开“图层特性管理器”对话框，将“叶子”层置为当前层。

命令：pline↙

指定起点：（捕捉图 6–10 花盆上框线的中点）

指定下一个点或[圆弧(A)/半宽(H)/长度(L)/ 放弃(U)/宽度(W)]：A↙

指定圆弧的端点或[角度(A)/圆心(CE)/方向(D)/半宽(H)/直线(L)/半径(R)/第二个点(S)/放弃(U)/宽度(W)]：W↙

指定起点宽度<3.0000>：8↙

指定端点宽度<8.0000>：0↙

指定圆弧的端点或[角度(A)/圆心(CE)/方向(D)/半宽(H)/直线(L)/半径(R)/第二个点(S)/放弃(U)/宽度(W)]：S↙

指定圆弧上的第二个点：（适当位置单击）

指定圆弧的端点：（适当位置单击）

指定圆弧的端点或[角度(A)/圆心(CE)/方向(D)/半宽(H)/直线(L)/半径(R)/第二个点(S)/放弃(U)/宽度(W)]：↙

绘制结果如图 6–13 所示。利用上述方法，完成其他叶子的绘制，然后设置多段线起点和端点线宽为 3，绘制花茎。绘制结果如图 6–14 所示。

5. 绘制花

打开“图层特性管理器”对话框，将“花”层置为当前层。

命令：donut↙

指定圆环的内径<0.5000>：0↙

指定圆环的外径<1.0000>：10↙

指定圆环的中心点或<退出>:（单击适当位置，确定实心圆的圆心）

重复上一步骤，绘制其它圆环，或调用“复制”命令得出其它圆环，绘制结果如图 6–15 所示。

图 6–14 绘制花茎和叶子

图 6–15 绘制花

6. 绘制花架

打开“图层特性管理器”对话框，将“花架”层置为当前层。

☆ 设置“多线样式”

调用“mlstyle”命令，弹出图 6–2 所示对话框，单击“元素特性”按钮，弹出图 6–3 所示对话框，各选项设置如下：

“偏移”：上偏移“0.5”，下偏移“–0.5”；“ 颜色”：随层；“线型”：随层。选中“显示连接”选项框，“封口”区“直线”：选中起点，端点，“角度”：设置“90° ”，填充：选择“开”，颜色随层。

命令：mline↙

当前设置：对正=上，比例=8.00，样式=STANDARD

指定起点或[对正(J)/比例(S)/样式(ST)]：J↙

输入对正类型[上(T)/无(Z)/下(B)]：Z↙

当前设置：对正=无，比例=8.00，样式= STANDARD

指定起点或[对正(J)/比例(S)/样式(ST)]：S↙

输入多线比例<8.00>：↙

指定起点或[对正(J)/比例(S)/样式(ST)]：（适合位置单击）

指定下一点：@0,100↙

指定下一点或[放弃(U)]：@120,0↙

指定下一点或[闭合(C)/放弃(U)]：@0,–100↙

指定下一点或[闭合(C)/放弃(U)]：↙

绘制结果如图 6-16 所示，调用“Mline”命令重复上面的步骤，绘制出如图 6-11 所示其余二条多线段，绘制结果如图 6-17 所示。

☆ 调用“move”命令，把花架移动到花盆下面，绘制结果如图 6-11 所示。

7. 保存

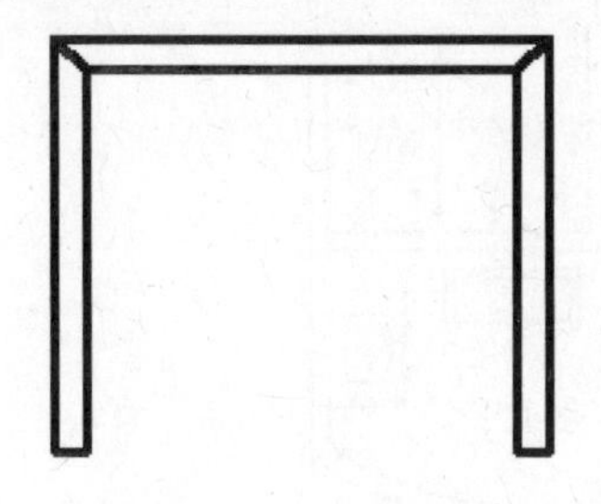

图 6-16 花架 1

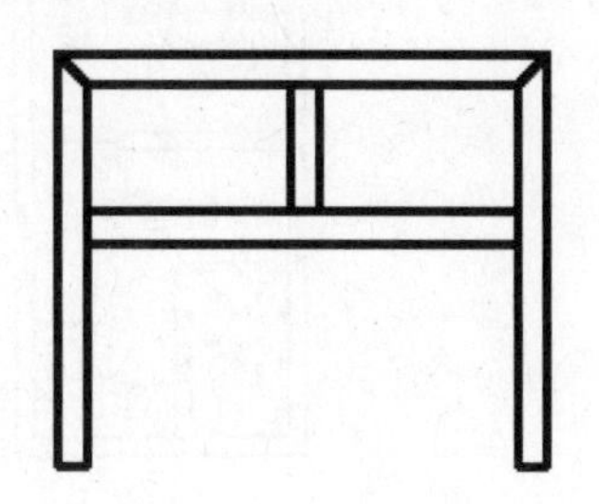

图 6-17 花架 2

习题

1. 按照图 6-18 所示花朵图形绘制，花与叶子设在不同的图层。
2. 按照图 6-19、20 所示选用“样条曲线”命令，绘制彩旗、墙纸。

图 6-18 花朵图

图 6-19 彩旗

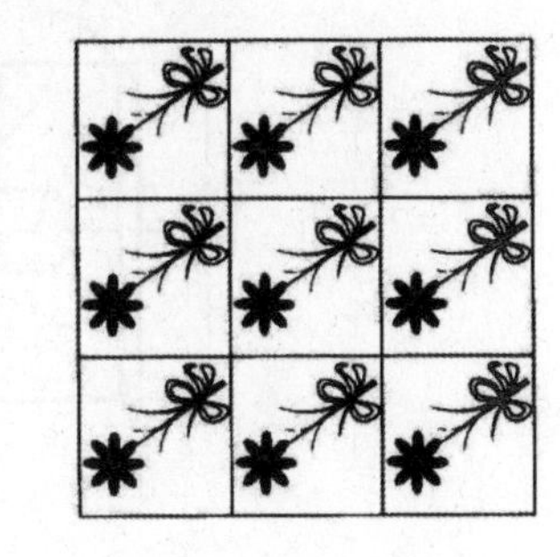

图 6-20 墙纸

3. 用多线命令绘制图 6-21 所示图形，并用多线编辑命令编辑，结果如图 6-22 所示。

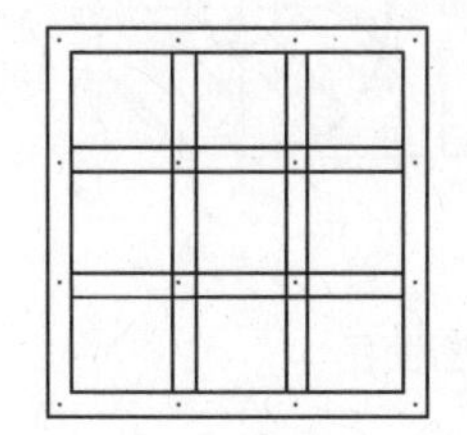

图 6-21 用“多线”绘制的图

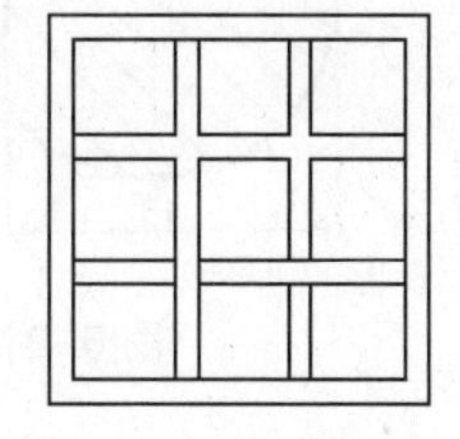

图 6-22 用“多线编辑”后的图

4. 用多线命令和其它绘图和编辑命令绘制如图 6-23 所示房屋布置图。

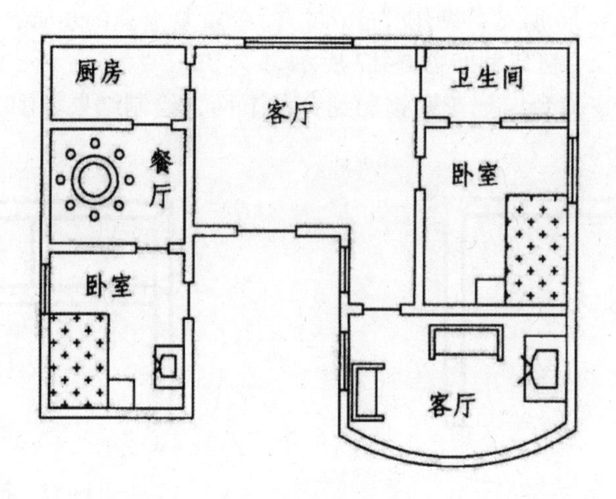

图 6-23 房屋布置

5. 用绘图命令和编辑命令绘制如图 6-24 所示轴视图及其断面图，其中波浪线和剖切线用多段线绘制。

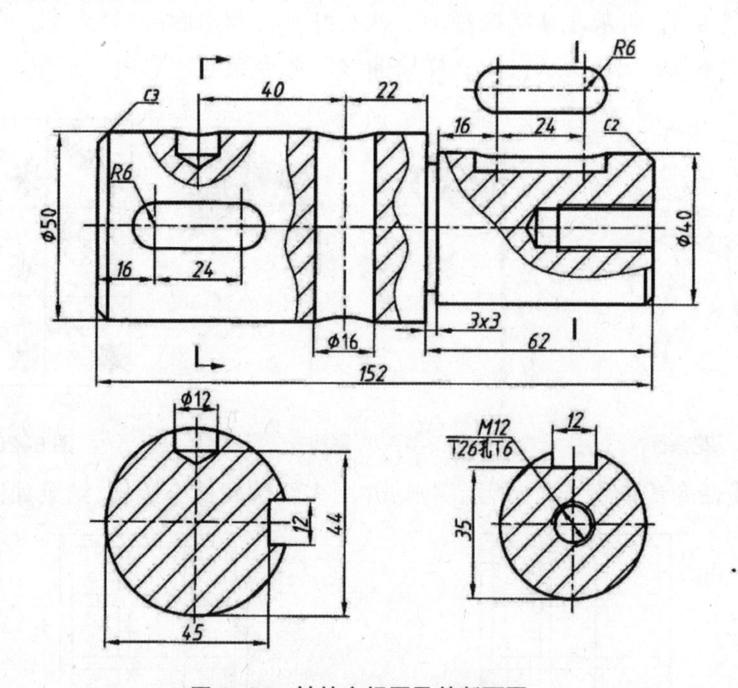

图 6-24 轴的主视图及其断面图

第 7 章　文字和表格

学习要求

- 掌握文字样式设置、文字书写、文字编辑。
- 掌握表格样式设置、表格创建、表格编辑。

基本知识

在一张完整的工程图中，必定包含文字，比如规格说明、图形注释、标题栏等。AutoCAD 2012 提供了强大的文字处理功能，“注释”选项卡中的“文字”面板提供全面操作。在每幅图形中可以采用不同的文字字体、高宽比及放置方式等，并能进行拼写检查、查找文字等操作。同时使用 Windows 提供的西文字体和标准汉字，使工程图中的文字清晰、美观。

7.1 文字样式（Text Style）

1. 功能

建立或修改文字样式。

2. 调用方式

☆ 功能区：常用（Home）=> 注释（Text）=>“注释”面板展开器 =>

注释（Annotation）=> 文字（Text）=>“文字样式”对话框启动器

☆ 命令行：style 或 st

☆ 菜　单：格式（Format）=> 文字样式（Style）

☆ 工具栏：

3. 解释

调用该命令，弹出“文字样式”对话框，如图 7-1 所示。各选项说明如下：

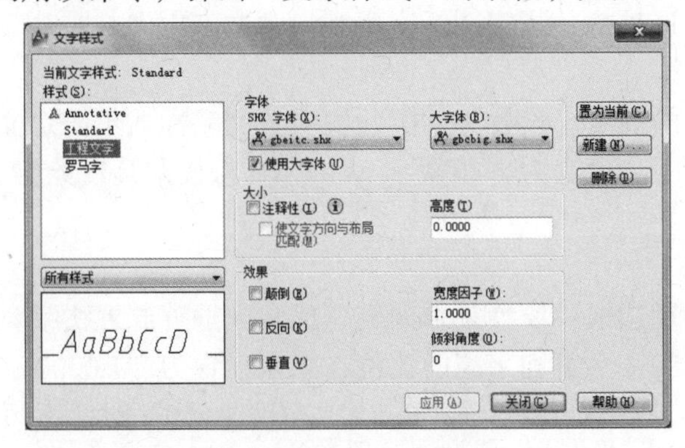

图 7-1　“文字样式”对话框

图 7-2　“新建文字样式”对话框

☆ “样式名”区

(1)“样式名”列表框：显示当前图形的文字样式名，样式前有图标的是注释性文字样式，用于对图形加以注释。在列表框中的某一样式上右击鼠标可以将其置为当前、重命名或删除。

(2)“显示样式”下拉列表框：设置“样式名”，列表框显示所有样式或正在使用的样式。

(3)“预览”框：显示选中文字样式的效果。

(4)“置为当前”按钮：将“样式名”下拉列表框中选中的样式置为当前样式。当前文字样式是默认情况下，输入文字时所采用的文字样式。默认的当前样式是“Standard”。

(5)“新建”按钮：创建新的文字样式。单击该按钮弹出“新建文字样式”对话框，如图 7-2 所示。在“样式名”文本框中输入新的样式名，样式名可由字母、数字和特殊字符组成，最多可达 31 个字符。单击“确定”按钮，“样式名”下拉列表框中显示出新创建的文字样式名。

(6)“删除”按钮：删除“样式名”下拉列表框中指定的文字样式。但不能删除系统提供的“standard”样式。

☆ “字体”区

(1)“字体名或 SHX 字体”下拉列表框：列出系统提供的所有字体类型的名称，用户可从中选择需要的字体。带有双“T”标志的字体是 Windows 系统注册的“TrueType”字体，其他字体是 AutoCAD 自己的编译形字体*.shx，其中“gbeitc.shx”是斜体西文，“gbenor.shx”是直体西文，两者都是符合国标的常用字体文件。字体名称前面有字符@的字体是逆时针旋转 90^0的字体，可竖行书写文字。

(2)“字体样式或大字体”下拉列表框：默认是常规。当在“字体名”下拉列表框中选了一种后缀为.shx 的字体时，并选择“使用大字体”选项框时，则此选项的名称变为大字体。它只对后缀为.shx 的字体有效。大字体是指专为亚洲国家设计的文字字体，其中“gbebig.shx”是符合国标的常用工程汉字字体文件，该字体文件还包含一些常用的特殊符号。使用时将其和“gbeitc.shx”或“gbenor.shx”配合使用。

☆ “大小”区

(1)“注释性”选项框：指定该文字样式为**错误!超链接引用无效。**。

(2)“使文字方向与布局匹配”选项框：指定图纸空间视口中文字方向与布局方向匹配。

(3)“高度”文本框：设置文字的高度。设置为“0”，说明该文字样式不固定文字的高度，在命令行提示中输入字体高度；设置为“非 0”，AutoCAD 将按此高度绘制文字。一般设置为“0”。

☆ “效果”区

(1)“颠倒”、“反向”、“垂直”复选框：设置是否颠倒、反向、垂直放置文字。

(2)“宽度比例”复选框：设置文字字宽和字高的比例，默认设置为“1.0000”。

(3)“倾斜角度”复选框：设置文字的倾斜角度，0~85^0。角度为“0”时，不倾斜；为“正”时，向右倾斜，为“负”时，向左倾斜。

相关设置结束后，必须单击右下角的“应用”按钮，新的文字样式才创建成功。对于多行文字，只有“垂直”、“宽度因子”、“倾斜角度”三个选项才影响其外观。

7.2 绘制文字

7.2.1 单行文字（Dtext）

1. 功能

绘制一行或多行文字，每行文字都是独立对象，可重新定位、调整格式或进行其他修改。

2. 调用方式

☆ 功能区：常用（Favorite）=> 注释（Annotation）=> 文字 => 单行文字

注释（Annotation）=> 文字（Text）=> 文字 => 单行文字

☆ 命令行：dtext 或 dt

☆ 菜　单：绘图（Draw）=> 文字（Text）=> 单行文字（Single Line Text）

3. 解释

命令：dtext↙

当前文字样式： Standard　当前文字高度：2.5000　注释性：否（系统默认设置）

指定文字的起点或 <对正(J)/样式(S)>：（输入文字起点坐标值或选择其它选项）

指定高度< 2.5000 >：（输入文字的高度值）

指定文字的旋转角度<0 >：（输入文字的旋转角度,0~360^{0}）

此时在绘图区域指定文字的起点处出现文字输入光标，直接输入所需文字，按 Enter 键一次文字换行，连续按 Enter 键二次或按 ESC 键一次结束命令。各选项说明如下：

☆ 对正(J)：设置文字对齐方式，即指定文字起点在该行文字的位置。

☆ 样式(S)：指定“文字样式”下拉列表框中某一文字样式作为当前样式。

7.2.2 特殊文字符号

实际设计时，除了输入一般文字外，还需要输入一些特殊字符，如“±”、“Φ”等符号，这些符号不能通过标准键盘直接输入，必须输入特定的控制符来产生，如表 7–1 所示。

表 7–1 特殊文字符号

控制符	含义	输入实例	输出结果
%%d	度（°）	45%%d	45°
%%p	正负公差（±）	%%p0.01	± 0.01
%%c	直径（Ø）	%%c23.5	Ø23.5
%%o	上划线	%%o237	$\overline{237}$
%%u	下划线	%%uABC	$\underline{\text{ABC}}$

7.2.3 多行文字(Mtext)

1. 功能

创建复杂的文字说明,由任意数目的文字行组成,所有的文字构成一个单独的实体。用户也可以从其他文件输入或粘贴文字，也可以指定字间距，设置多行文字中单个字符或某一部分文字的属性，如字体、高度、倾斜角度等。

2. 调用方式

☆ 功能区：常用（Favorite）=> 注释（Annotation）=> => 多行文字

注释（Annotation）=> 文字（Text）=> => 多行文字

☆ 命令行：mtext 或 mt

☆ 菜　单：文字（Text）=> 多行文字（Multiline Text）

☆ 工具栏：

3. 解释

命令：mtext↙

当前文字样式："standard"　当前文字高度：2.5　注释性：否（系统默认设置）

指定第一角点：（输入多行文字矩形区域的第一个角点坐标值，如 150,150）

指定对角点或[高度(H)/对正(J)/行距(L)/旋转(R)/样式(S)/宽度(W)/栏(C)]:

（输入多行文字放置区域的另外一个角点坐标值，如 210,200，或设置文字高度、样式等）

各选项说明如下：

☆ 高度(H)：设置多行文字放置区域的高度。

☆ 对正(J)：设置文字对齐方式，即指定文字起点在该行文字的位置。

☆ 行距(L)：设置多行文字行与行之间的距离。

☆ 旋转(R)：设置多行文字放置区域的相对于水平向右方向的旋转角度。

☆ 样式(S)：指定"文字样式"下拉列表框中某一文字样式作为当前样式。

☆ 宽度(W)：设置多行文字放置区域的宽度。

☆ 栏(C)：设置多行文字放置区域的分栏数。

选择相关选项，完成相应设置后，系统弹出"文字编辑器"选项卡和"文字编辑器"编辑框，如图 7-3、7-4 所示。

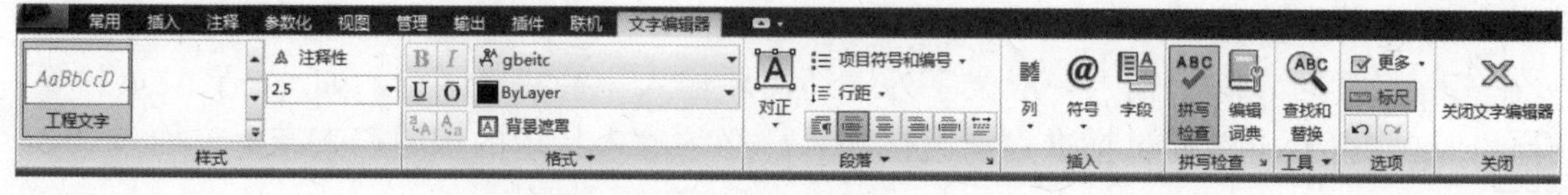

图 7-3　"文字编辑器"选项卡

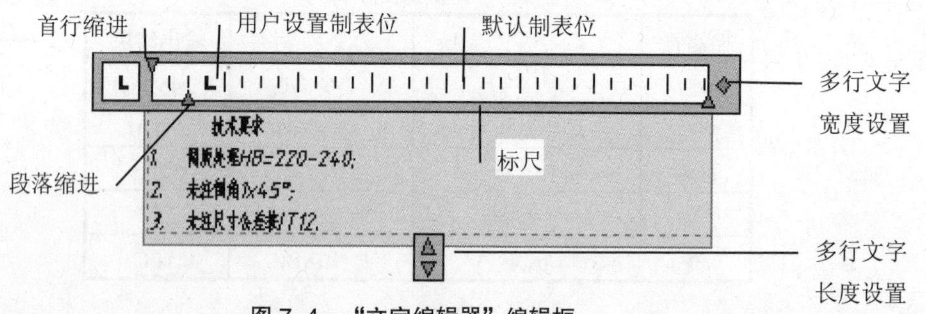

图 7-4　"文字编辑器"编辑框

"文字编辑器"选项卡可以输入或粘贴其他文件中的文字、设置制表符、调整段落和行距与对齐以及创建和修改列，可以选择多行文字中的各个字符对其进行编辑。编辑时先选中需要编辑的对象，再从"文字编辑器"选项卡选择相应选项。"文字编辑器"编辑框显示了顶部带有标尺的边框，可以创建多行文字中的缩进和制表位、正确对齐表格、编号列表的文字、查看文字与图形的准确关系。命令行中各选项功能都可通过“文字编辑器”选项卡中对应选项实现。“文字编辑器”图框中输入文字如果溢出前面定义的边框，将用虚线来表示定义的宽度和长度。默认设置，“文字编辑器”图框是透明的，输入文字时可以看到背景。

7.2.4 “文字编辑器”选项卡

控制多行文字对象的文字样式和选定文字的字符格式等。各选项说明如下：

☆ “样式”区：“样式”下拉列表框列出当前图形内已定义的所有文字样式，单击选择所需文字样式为当前样式，该样式将亮显。“注释性”按钮确定文字性质。“字高”下拉列表框可选择已有的字高，或输入新值。

☆ “格式”区：“粗体”、“斜体”、“下划线”、“上划线”按钮、“字体”下拉列表框、“字体颜色”下拉列表框的功能和操作与文字处理软件 Word 相同。“背景遮罩”按钮用于在复杂图形中突出文字（单击后），可设置为与图形背景相同的颜色或其他颜色。点击“格式”右侧的面板展开器会出现“倾斜角度”列表框，设置文字的倾斜角度，取值范围为-85^0~85^0，角度为正，文字向右倾斜，角度为负，向左倾斜；“追踪”列表框增大或减小选定字符之间的空间，常规设置是 1.0000，大于 1.0 增大间距，小于 1.0 减小间距；“宽度因子”列表框扩展或收缩选定字符，常规设置是 1.0000，小于 1.0 压缩文字，大于 1.0 扩大文字；选中文字中间包含“/”、“^”或“#”符号时，单击“堆叠”按钮，可用不同格式来表示分数。

☆ “段落”区：“对正”下拉菜单设置多行文字对象的对正方式。“项目符号和编号”下拉菜单设置使用项目符号创建列表。“行距”下拉菜单设置段落行距。“默认”、“左对齐”、“居中对齐”、“右对齐”“对正”、“分散对齐”按钮设置文字左右边界的对正和对齐，默认设置是“左上”。点击“格式” 面板展开器会出现“合并段落”按钮，可将选定的段落合并为一段并用空格替换每段的回车。点击“格式”对话框启动器会弹出“段落”对话框，对多行文字段落做进一步设置。

☆ “插入”区：“列”下拉菜单设置多行文字是否分栏。“列”设置多行文字是否分栏。“符号”下拉菜单包含了一些特殊文字符号，可选定后插入。“字段”按钮被点击后显示“字段”对话框，可以从中选择“打印日期”等字段插入当前文字中。

☆ “拼写检查”区：“?”选择所需字体。“编辑字典”更改用于检查任何拼写错误的的词典。点击“拼写检查”对话框启动器会弹出“拼写检查设置”对话框，设置用于在图形中检查拼写错误的文字选项。

☆ “工具”区：“查找和替换”按钮主要用于搜索或者替换指定的字符串。单击“工具”右侧面板展开器会出现“输入文字”按钮和“自动大写”按钮，“输入文字”按钮可以显示“选择文件”对话框，选择任意 TXT 或 RTF 格式文件，输入文字保留原有字符格式和样式特性，也可在编辑器中编辑并设置其格式，输入文字文件必须小于 32 KB。“自动大写”按钮将所有新建文字和输入的文字转换为大写，自动大写不影响已有的文字。选中文字并单击鼠标右键，在弹出的下拉菜单中选择“改变大小写”选项，可更改现有文字大小写。

☆ “选项”区：“更多”下拉菜单有“字符集”下拉菜单显示代码菜单，可将选定代码应用到输入文字中；“删除格式”按钮将选定文字的字符属性重置为当前文字样式，并将颜色重置为多行文字对象的颜色；“编辑器设置”下拉菜单设置“不透明背景”、显示“文字格式”工具栏等。“标尺”按钮设置在“文字编辑器”图框顶部是否显示标尺；“放弃”按钮放弃最近一次在“文字编辑器”中的操作；“恢复”按钮恢复最近一次放弃操作。

☆ “关闭”区：“关闭文字编辑器”按钮关闭文字编辑器，回到前一个工作界面。

7.3 编辑文字

修改图形中文字的内容、比例、对齐方式、样式、颜色、方位等。

7.3.1 文字内容编辑（Ddedit）

1. 功能

修改文字内容。

2. 调用方式

☆ 命令行：ddedit

☆ 菜　单：修改（Modify）=> 对象（Object）=> 文字（Text）=> 编辑（Edit）

3. 解释

命令：ddedit↙

选择注释对象或[放弃(u)]：（选择需要编辑的对象，弹出如图 7-5 或 7-3 所示对话框，进行编辑）

选择注释对象或[放弃(u)]：(重复上述操作或回车结束操作或放弃此操作)

图 7-5 “单行文字输入编辑”对话框

7.3.2 文字对正（Justifytext）

1. 功能

修改文字对正的方式。

2. 调用方式

☆ 功能区：注释（Annotation）=> 文字（Text）=> “文字”面板展开器 => 对正

☆ 命令行：justftext

☆ 菜　单：修改（Modify）=> 对象（Object）=> 文字（Text）=> 对正（Justiftext）

3. 解释

命令：justifytext↙

选择对象：（选择需要编辑的对象）

选择对象：（重复上述操作或按 Enter 键结束选择）

[左对齐(L)/对齐(A)/布满(F)/居中(C)/中间(M)/右对齐(R)/左上(TL)/中上(TC)/右上(R)/左中(ML)/正中(MC)/右中(MR)/左下(BL)/中下(BC)/右下(BR)]　<左对齐>：（选择合适的对正方式）

7.3.3 修改文字特性（Properties）

1. 功能

修改文字特性。

2. 调用方式

☆ 快速访问区：

☆ 命令行：properties

☆ 菜　单：修改（Modify）=> 特性（Properties）

☆ 工具栏：

3. 解释

调用该命令，弹出 “特性”对话框，单击“选择对象”按钮，选中需要编辑的对象，单击右键，回到“特性”对话框，可在对话框中改变文字的颜色、图层、线型、内容、样式、对正模式、旋转角度等特性。

或先选中需要编辑的对象，然后单击鼠标右键，选择“特性”选项，弹出“特性”对话框，在该对话框中设置相关选项。

7.4 表格样式

1. 功能

设置当前表格样式，以及创建、修改和删除表格样式。

2. 调用方式

☆ 功能区：常用（Home）=> 注释（Annotation）=> =>
　　　　　常用（Home）=> 注释（Annotation）=>“注释”面板展开器 =>
　　　　　注释（Annotation）=>表格（Table）=>“表格样式”对话框启动器

☆ 命令行：tablestyle

☆ 菜　单：格式（Format）=>表格样式（Tablestyle）

☆ 工具栏：

3. 解释

调用该命令，弹出“表格样式”对话框，如图 7-6 所示。各选项说明如下：

☆ “样式(S)”列表框：显示表格样式列表。在列表框中的某一样式上右击鼠标可以将其置为当前、重命名或删除。

☆ “列出”下拉列表框：设置 “样式”列表框显示样式是所有样式或正在使用的样式。

☆ “预览”框：显示选中表格样式的效果。

☆ “置为当前”按钮：将“样式名”下拉列表框中选中的样式置为当前样式。当前表格字样式是默认情况下，插入表格时所采用的文字样式。默认当前样式是“Standard”。

☆ “修改”按钮：修改“样式”列表框中指定的表格样式，弹出对话框如图 7-7 所示。

☆ “删除”按钮：修改“样式”列表框中指定的表格样式，但不能删除系统提供的“standard”样式和图中已经使用的样式。

☆ “新建”按钮：创建新的表格样式。单击该按钮弹出“新建表格样式”对话框，如图 7-8 所示。在“新样式名”文本框中输入新的样式名，由字母、数字和特殊字符组成，最多可达 31 个字符。单击“继续”按钮，弹出“新建表格样式”对话框，如图 7-9

所示。

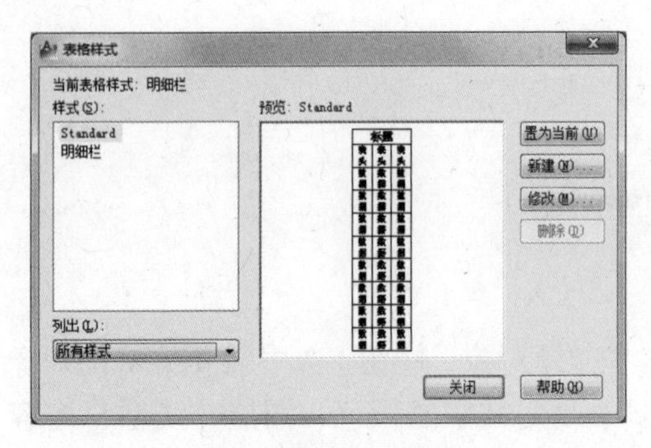

图 7–6 “表格样式”对话框

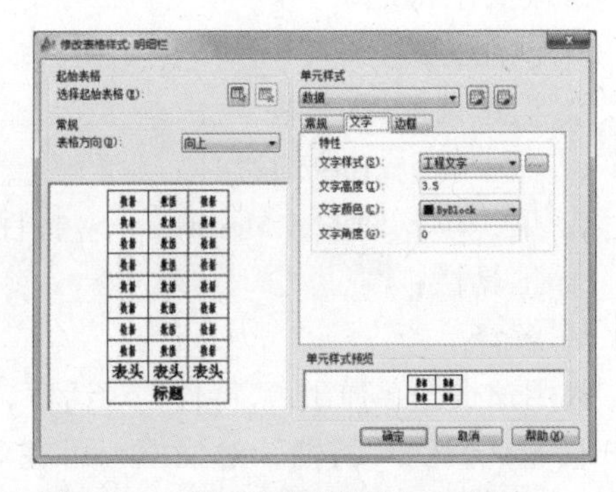

图 7–7 “修改表格样式”对话框

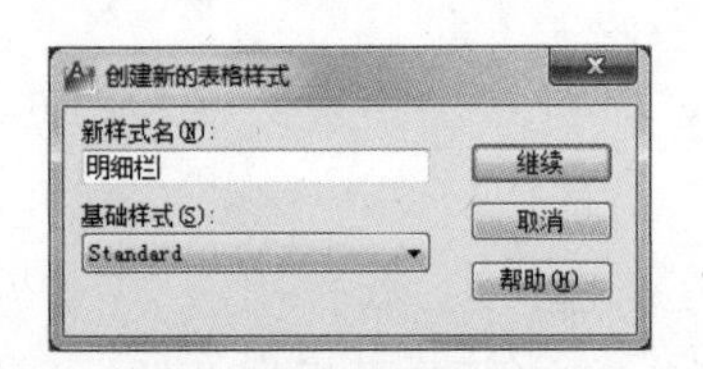

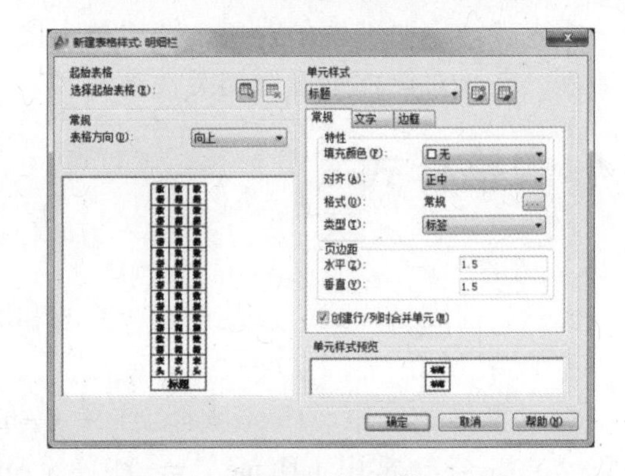

图 7–8 “创建新的表格样式”对话框

图 7–9 “新建表格样式”对话框

(1)“起始表格”区：指定一个图形中表格作为样例来设置此表格样式的格式。选择表格后，可以指定要从该表格复制到表格样式的结构和内容。单击“删除表格”按钮，可以将表格从当前指定的表格样式中删除。

(2)“常规”区：设置表格方向。“向下”将创建由上而下读取的表格，“向上”将创建由下而上读取的表格。

(3)“预览”区：显示当前表格样式设置效果。

(4)“单元样式”区：定义新的单元样式或修改现有单元样式。

“单元样式”下拉列表框中有“标题”、“表头”、“数据”、“创建单元样式”、“管理单元样式”5 个选项，对应显示“常规”、“文字”、“边框”选项卡设置。“单元样式”下拉列表框右侧“创建单元样式”按钮可以启动“创建新单元样式”对话框，设置新的“标题”、“表头”、“数据”。“管理单元样式”按钮可以启动“管理单元样式”对话框，新建、删除、重命名“标题”、“表头”、“数据”。

“常规”选项卡中“特性”区包含“填充颜色”、“对齐”、“格式”、“类型”四个选项，“填充颜色”选项对表格中数据单元格的背景颜色进行填充，“对齐”选项设置文字在单元格中的位置，“格式”选项为表格中“数据”设置格式。“类型”选项把单元样式指定为“标签”或“数据”。“页边距”区控制单元边框和单元内容之间的间距，默认设置为 0.06（英制）或 1.5（公制）。“创建行/列时合并单元”选项框将使用当前单元样式创建的所有新行或新列合并为一个单元，可以使用此选项在表格的顶部创建标题行。

“文字”选项卡“特性”区分别包含“文字样式”、“文字高度”、“文字颜色”、“文字角度”四个选项，分别设置文字的样式、高度、颜色、文字倾斜角度，其中文字倾斜角度范围为-359^0~ $+359^0$，默认为 0。

“边框”选项卡“特性”区包含“线宽”、“线型”、“颜色”下拉列表框，分别设置表格边框的宽度、线型、颜色。“双线”选项将表格边界显示为双线。“间距”文本框确定双线边界的间距，默认为“1.125”。单击特性区下面的边界按钮，即可将线宽、线型、颜色等设置应用于指定边界。

“单元样式预览”框显示当前表格样式设置效果的样例。

7.5 创建表格对象

1. 功能

生成一个张空白表格，双击表格内任意单元可自动打开文字编辑器，在其内输入文字，按 Tab 键可以在相邻单元间移动。表格的宽度、高度等均可修改。

2. 调用方式

☆ 功能区：常用（Home）=> 注释（Annotation）=>

注释（Annotation）=> 表格（Table）=>

☆ 命令行：table

☆ 菜　单：绘图（Draw）=> 表格（Table）

☆ 工具栏：

3. 解释

调用该命令，弹出“插入表格”对话框，如图 7–10 所示。各选项说明如下：

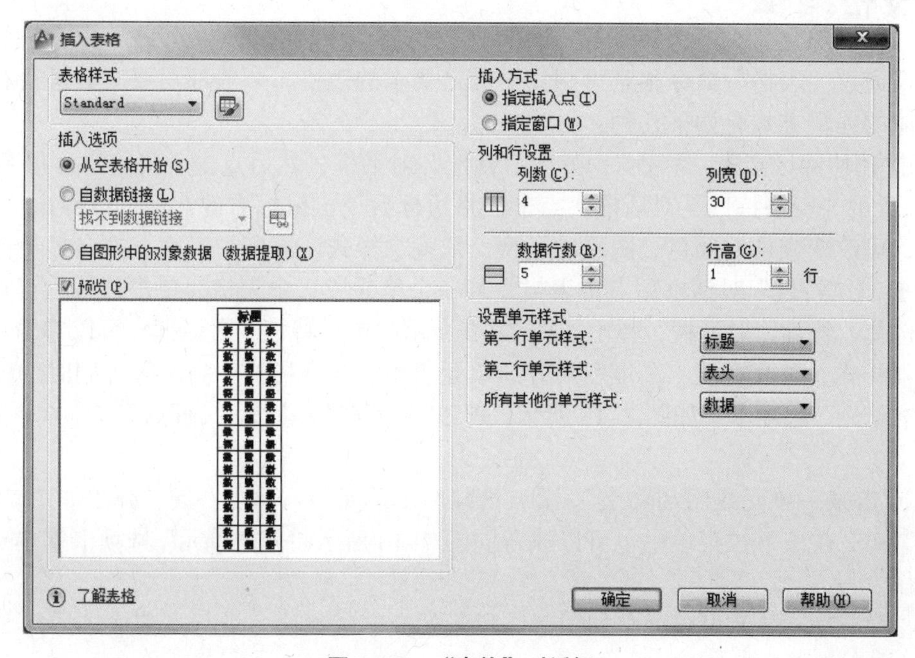

图 7–10　“表格”对话框

☆“表格样式”区：设置表格的外观。“表格样式名称”下拉框：选定该表格使用的表格样式， 默认样式为“Standard”。“启用表格样式”按钮：显示“表格样式”对话框，如图 7-6 所示，选择、新建、修改、删除表格样式。

☆“插入选项”区：指定插入表格的方式。选择“从空表格开始”选项，创建可以手动填充数据的空表格。选择“自数据链接”选项，获取从外部电子表格（如 Excel）中创建的数据表格，启动数据连接管理器，可创建新的 Excel 数据链接。选择“自图形中的对象数据”单选按钮，启动“数据提取”向导，从图形中提取数据。

☆ “表格样式预览”框：显示当前表格样式的样例。

☆“插入方式”区：选择“指定插入点”选项，指定表格位置。如果表格的方向设置为由下而上，则插入点位于表格的左上角。选择“指定窗口”选项，指定表格的大小和位置。 选定此选项时，行数、列数、列宽和行高取决于窗口的大小以及列和行设置。

☆“列和行设置”区：设置列和行的数目和大小。“列数”用于输入表格列数。“列宽”用于指定列的宽度。选定“指定窗口”选项并指定列数时，列宽由表格的宽度控制。最小列宽为一个字符。“数据行”用于指定行数，选定“指定窗口”选项并指定行高时，行数由表格的高度控制。带有标题行和表头行的表格样式最少应有三行。“行高”按照文字行高指定表格的行高，默认设置中行高为 1 行，即最小行高一个字符。文字行高由文字高度和单元边距确定，这两项均在表格样式中设置。 选定“指定窗口”选项并指定行数时，行高由表格高度控制。

☆“设置单元样式”区：对于那些不包含起始表格的表格样式，指定新表格中行的单元格式。

☆“了解表格”按钮：单击可以打开帮助表格，查看表格相关选项。

7.6 表格编辑

仅仅通过“表格”命令很难得到完全满足要求的表格，一般都需要对其进行相关编辑，具体的编辑方式有如下几种：

☆ 快速访问区点击“特性”，弹出“特性”对话框，然后点击表格边框，可弹出如图 7-11 所示“表格特性”对话框。点击表格边框后单击鼠标右键，也可以弹出“特性”对话框，可改变表格的颜色、图层、线型、线宽、样式、高度、宽度、方向等特性。

☆ 打开“特性”对话框后点击表格中某一个单元或选中表格后单击鼠标右键后下拉菜单中选择“特性”对话框，弹出如图 7-12 所示“单元特性”对话框，可以编辑单元样式、行列样式、单元宽度、高度、对齐、单元边距、文字样式、高度等，同时选项卡变为“表格单元”选项卡，如图 7-13 所示，可以对表格进行插入、删除行列等各种编辑操作。

☆ 点击某一单元或用 Shift 键一次点击某两个单元后，单击右键，弹出如图 7-14 所示下拉菜单，在该下拉菜单中也可以执行同图 7-13 所示“表格单元”选项卡基本一样的编辑操作。

☆ 双击某一单元可以弹出如图 7-3 所示的文字编辑区，进行文字输入操作。

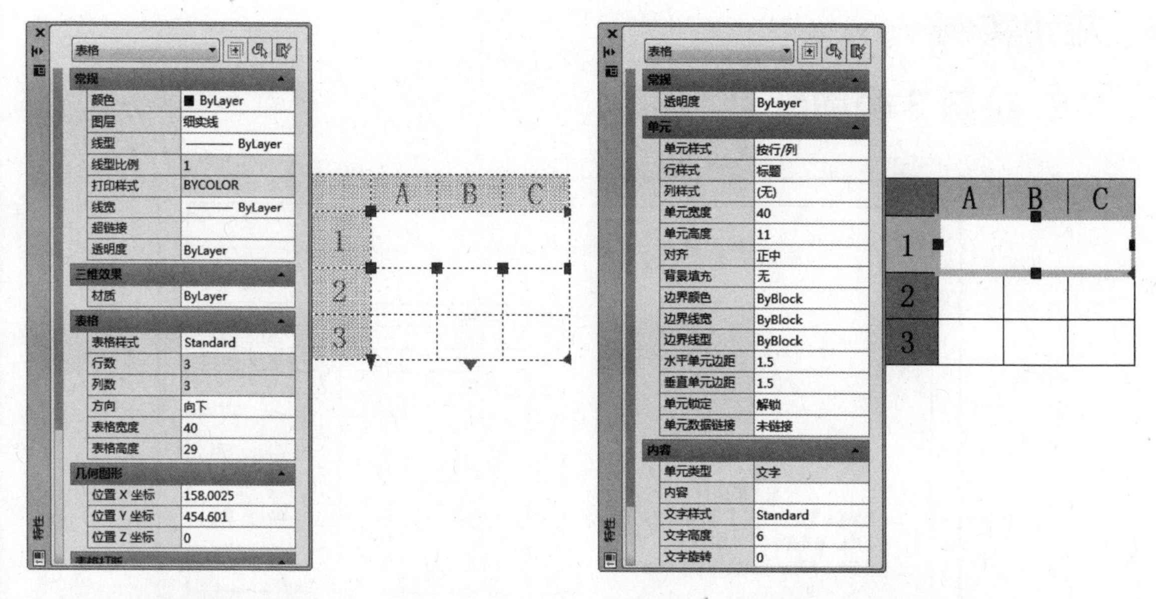

图 7-11 “表格特性”菜单　　图 7-12 “单元特性”菜单

☆“注释”选项卡的“表格”面板中“表格样式”下拉框下方“数据连接”、“从源下载”、“上载到源”、“提取数据”四个按钮，通过它们可以实现显示数据连接管理器，将表格链接至 Microsoft Excel（XLS、XLSX 或 CSV）文件中的数据，对图形中的表格与外部数据文件之间链接的数据进行更新，将对象特性、块属性和图形信息输出到数据提取表或外部文件等。

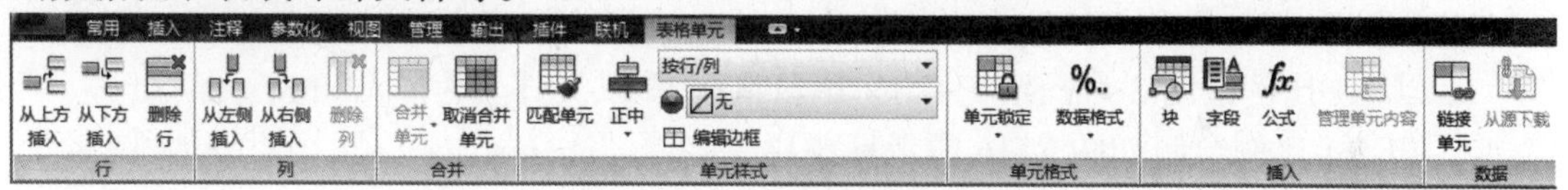

图 7-13 “表格单元”选项卡

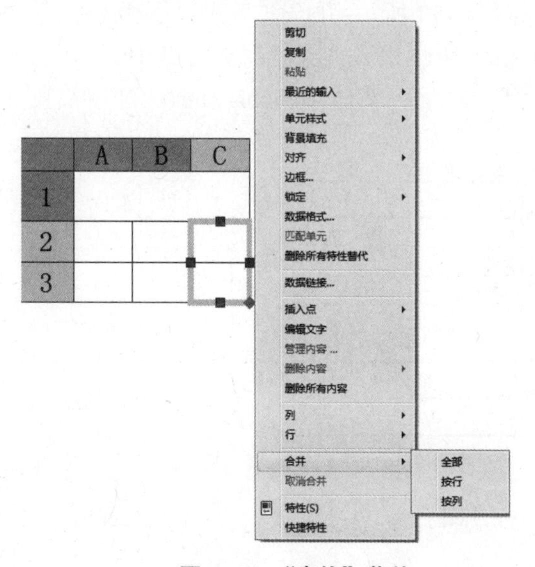

图 7-14 “表格”菜单

应用实例

7.7 绘制 3 号图纸

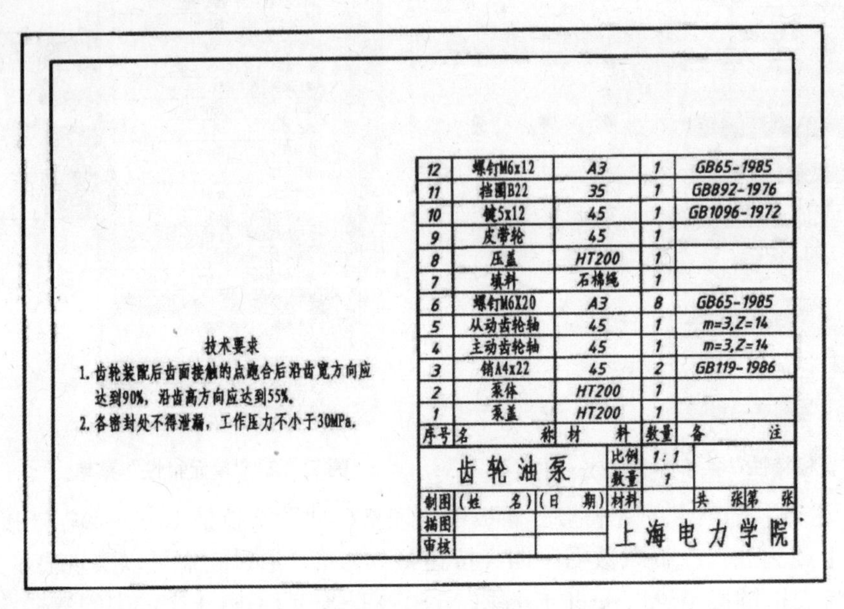

图 7-15　　3 号图纸

7.7.1 绘制要求

按要求绘制图 7-15 所示图纸。

1. 以 1:1 比例绘制 3 号图纸（420 × 297mm），并以文件名为“A3.dwg”保存。

2. 以 1:1 比例绘制如图 7-16 所示标题栏，字体“gbcbig.shx”、正中对齐，“图名”和“单位名”文字高度为“10”、其余字体文字高度为“5”。

3. 以 1:1 比例绘制如图 7-17 所示明细栏，字体“gbcbig.shx”、正中对齐、文字高度 5。

4. 以 1:1 比例绘制如图 7-15 所示“技术要求”，其中“技术要求”：字体“gbcbig.shx”、居中、文字高度“5”，其余文字：字体“gbcbig.shx”、文字高度“3.5”。

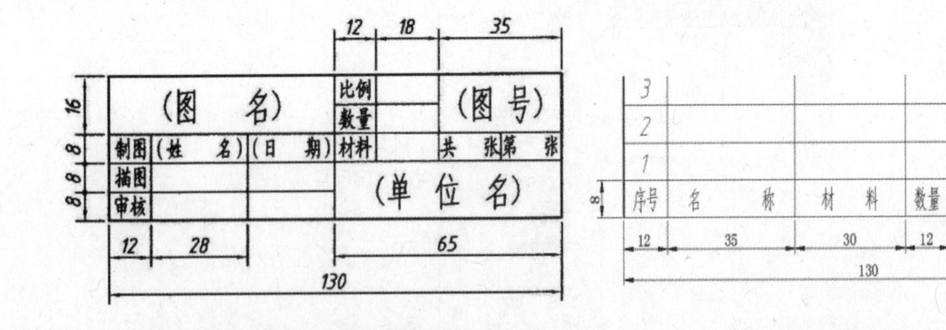

图 7-16　标题栏　　　　图 7-17　明细栏

7.7.2 绘制步骤

1. 绘制图纸边框

☆ 新建文件，进入 AutoCAD 2012 默认绘图界面。

☆ 调用“另存为”命令，选择文件保存的路径，输入文件名“A3.dwg”。

☆ 新建粗实线和细实线图层，粗实线线宽为“0.35”、 细实线线宽为“0.25”。

☆ 设置“粗实线”层为当前层，调用“rectangle”命令或“mline”命令绘制 420 ×297mm 图纸边框，其中内框与外框之间的距离为 10mm。

2. 设置文字样式

打开“文字样式”对话框，单击“新建”按钮，弹出“新建文字样式”对话框，在“样式名”文本框中出现默认样式名“样式 1”，输入“工程文字”为新建文字样式名，单击“确定”按钮。在“字体名”下拉列表框中选择“gbeitc.shx”字体，单击“使用大字体”单选框，在“字体样式”下拉列表框中选择“gbcbig.shx”字体，其余设置不变。将“工程文字”置为当前样式，单击“关闭”按钮。

3. 绘制标题栏

☆ 打开“插入表格”对话框，单击，弹出 “表格样式”对话框，如图 7–6 所示。单击“新建”按钮，弹出“创建新的表格样式”对话框，如图 7–8 所示。在“新样式名”文本框中输入“标题栏”，单击“继续”按钮，弹出“新建表格样式”对话框，如图 7–9 所示。具体设置是：“表格方向”选择“向下”、“单元样式”选择“数据”、“对齐”选择“正中”、“页边距”为“0”、“文字样式”选择“工程文字”、“文字高度”为“5”、外边框线宽为“0.35”，其他选项不变，单击“确定”按钮，返回“表格样式” 对话框，点击“置为当前”按钮，单击“关闭”按钮。

☆ 系统返回“插入表格”对话框，具体设置是：“插入选项”选择“从空表格开始”、“插入方式”选择“指定插入点”、“列数”设置为“7”、“列宽”设置为“12”、“行数”设置为“5”、“行高”设置为“1”行、“第一行单元样式”设置为“数据”、 其他选项不变，然后单击“确定”按钮，返回绘图窗口，在适合位置点击鼠标左键，结果如图 7–18 所示。

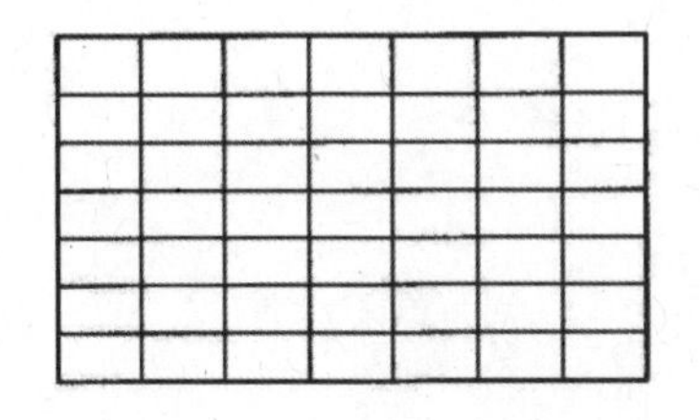

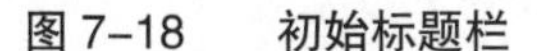

图 7–18　初始标题栏

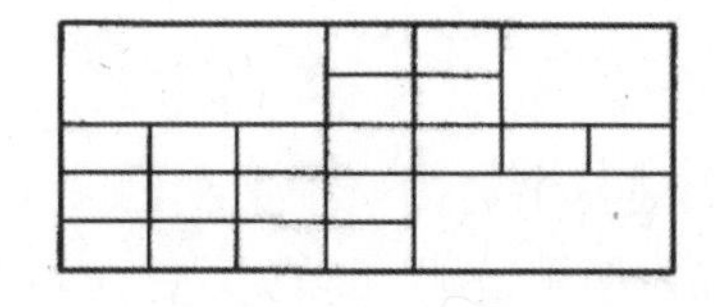

图 7–19　空白标题栏

☆ 用 shift 键+鼠标左键选择上面 2 行 7 列共 14 个单元，同时弹出“表格单元”选项卡如图 7–13 所示，从中选择“行=>删除”，标题栏变为 5 行 7 列。选择左上角 2 行 3 列共 6 个单元，在“表格单元”选项卡中选择“合并=>全部”，6 个单元合并成一个单元。同样对右上角 4（2x2）个和右下角 6 个（2x3）执行合并操作，所得表格如图 7–19 所示。

☆ 点击表格边框后点击快速访问区“特性”按钮，弹出 “表格特性”菜单，如图 7–11 所示，设置表格高度“40”、宽度“130”。用 shift 键+鼠标左键选择左下角第 1 列 3 个单元，“特性”菜单变为如图 7–12 所示，设置单元宽度“12”，并检查单元高度、对齐、单元边距等是否为理想设置。如果有不适合处，及时更改。对其余单元进行前述操作得到除文字外均满足要求的标题栏。

☆ 双击相应单元，打开文字编辑器，按要求输入文字。

☆ 以标题栏右下角点为基点，调用“移动”命令，将标题栏移动到正确位置。

4. 绘制明细栏

☆ 新建一个样式名为“明细栏”的表格样式，具体设置是：表格方向为“向上”、单元样式为“数据”、对齐为“正中”、页边距为“0”、文字样式为“工程文字”、“文字高度”为 5、左边框线宽为“0.35”，其他选项不变，单击“确定”按钮，返回“表格样式”对话框，点击“置为当前”按钮，单击“关闭”按钮。

☆ 系统返回“插入表格”对话框，具体设置是：插入选项“从空表格开始”、插入方式“指定窗口”、列数“5”、数据行数“11”、行高“1”行、第一、二行单元样式“数据”、所有其他行单元样式“数据”、 其他选项不变，然后单击“确定” 按钮，返回绘图窗口，光标处自动带一个表格，依次点击绘图窗口合适位置作为标题栏的左上角和右上角，一个 13 行 5 列的表格绘制在指定位置处。

☆ 按 shift 键选择左侧第 1 列，“特性”菜单变为如图 7–12 所示，设置单元高度“8”、单元宽度“12”、并检查、对齐、单元边距等是否为理想设置。对其余单元以列为单位进行前述操作得到除文字外均满足要求的明细栏。

☆ 双击相应单元，打开文字编辑器，按要求依次输入文字。

5. 绘制技术要求

调用“mtext”命令，在标题栏左侧适当位置处设置一个适当大小的矩形区域，弹出如图 7–3 所示“文字编辑器”选项卡，设样式为“工程文字”、字体为“gbeitc.shx”，在多行文字矩形输入区域中输入如图 7–15 所示文字。其中“技术要求”文字高度 5、在“段落”选项卡中选择居中，其余文字：文字高度“3.5”，在“段落”选项卡中选择“左对齐”、“以数字标记”项目符号和编号。最后可以根据需要适当调整制表位，结果如图 7–15 所示。

习题

1. 创建一个名为“中文”的文字样式，字高 5mm，字体名为“宋体”。

2. 输入 Ø30、30° 、ØZ6H7、 ± Z、$\overline{}$ ABC、abc、25^{7}文字。

3. 以 1:1 比例绘制如图 7–4 所示“技术要求”，其中“技术要求” 字高为“5”，字体为“gbcbig.shx”、颜色为“红色”、文字对齐方式“居中对齐”。其余文字字高 3.5、字体为“gbcbig.shx”，颜色为“蓝色”、文字对齐方式“左对齐”，设置数字项目编号。

4. 利用多行文字编辑器创建如图 7–20 所示分数及公差形式文字。

$$\frac{b^2-4ac}{4a} \quad \phi 200^{H7}/_{f8} \quad 150^{+0.021}_{-0.009} \quad \phi 180\frac{Z9}{h8} \quad 45 \pm 0.015$$

图 7–20 分数及公差形式文字

5. 以 1:1 比例绘制 4 号图纸（297 × 210mm），并以文件名为“A4.dwg”保存，标题栏和明细栏如图 7–16、7–17 所示。

第 8 章　图块及设计工具

学习要求

- 掌握简单块的创建、插入、编辑方法。
- 掌握属性块的创建、插入、编辑方法。
- 熟悉动态块的创建、插入、编辑方法。
- 熟悉设计工具的使用。

基本知识

图块是由一个或多个图形实体组成的集合，作为一个图形实体存在。多个图形实体以图块的形式存在，具有节省绘图时间和存储空间以及便于重复使用和图形修改等优点，大大提高了绘图效率。“常用”选项卡中的“块”面板可以提供基本操作，“插入”选项卡中的“块”和“块定义”面板可以提供全面操作。

8.1　创建简单块（Block）

1. 功能

建立供当前图形使用的图块。

2. 调用方式

☆ 功能区：常用（Home）=> 块（Block）=> 创建

插入（Insert）=> 块定义（Block Defination）=> 创建

☆ 命令行：block 或 bmake 或 b

☆ 菜　单：绘制（Draw）=> 块（Block） => 创建（Make）

☆ 工具栏：

3. 解释

调用该命令，弹出“块定义”对话框，如图 8-1 所示。各选项说明如下：

☆ “名称”下拉列表框：输入或选择图块名称。

☆ “基点”区：指定图块的基点，即插入图块的参考点。选择“在屏幕上指定”选项，系统将在关闭对话框时提示用户指定基点。单击“拾取点”按钮，对话框消失，在绘图区域选定基点，原对话框重新出现。“x，y，z”三个文本框将显示选择基点坐标，也可在文本框中直接输入基点坐标值，默认基点为（0,0,0）。一般选择“拾取点”选项。

☆ “对象”区：指定构成图块的图形实体。选择“在屏幕上指定”选项，在关闭对话框时提示用户选择对象。单击“选择对象”按钮，对话框消失，AutoCAD 提示：“选择对象”，结束选择对象后原对话框重新出现。单击选择对象右边按钮，弹出“快速选择”对话框，定义选择集。三个单选按钮中“保留”可在建块后保留构成块的原图形实体，

“转换为块”可在建块后将构成块的图形实体转换成图块保留在图形中。“删除”可将其从图形中删除。

☆ “方式”区：“注释性”复选框指定块为注释性，“使块方向与布局匹配”复选框指定在图纸空间视口中块参照的方向与布局的方向匹配，如果未选择“注释性”选项，则该选项不可用。“按统一比例缩放”复选框指定插入块时块参照是否按统一比例缩放设置，即 x，y，z 方向的缩放比例因子相同。“允许分解”复选框指定块参照是否可以被分解。

图 8-1　“块定义”对话框

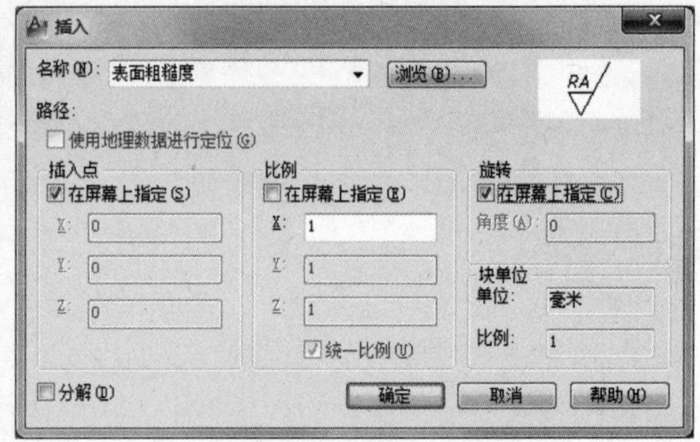

图 8-2　“插入”对话框

☆ “设置”区：指定块的设置。“块单位”下拉列表框：用来设置图块的单位，缺省为毫米。“超链接”按钮将超链接添加到图形中，以传到特定文件或网站。

☆ “说明”文本框：用来输入与图块有关的说明信息。

☆ “在块编辑器中打开”复选框：选中该选项框后，单击“确定”，进入动态块编辑区。

8.2　插入块（Insert）

1. 功能

在当前图形中插入已建立的图块，改变插入图块的比例和旋转角度等。

2. 调用方式

☆ 功能区：常用（Home）=> 块（Block）=>

插入（Insert）=> 块（Bolck）=>

☆ 命令行：insert 或 ddinsert 或 i

☆ 菜　单：插入（Insert）=> 块（Bolck）

☆ 工具栏：

3. 解释

调用该命令，弹出“插入”对话框，如图 8-2 所示。各选项说明如下：

☆ “名称”下拉列表框：选择要插入的块名称。

☆ “浏览”按钮：单击该按钮，弹出“选择图形文件”对话框，从中选择要插入的块文件或其它文件。当插入*.dwg 文件后，当前图形会自动生成一个图块。“路径”显示块的路径。选择“使用地理数据进行定位”复选框后仅在当前图形和附着图形均包含地理数据时才可用。

☆ “插入点”区：设置插入点坐标值。选中“在屏幕上指定”复选框后在屏幕上指定点，也可直接在 x，y，z 文本框中输入插入点坐标值。

☆ “缩放比例”区：设置插入块的缩放比例，默认设置为“1”，选中“在屏幕上指定”复选框后可在屏幕上指定，也可直接在“x，y，z”文本框中输入比例因子，x，y，z 的比例因子可以不同，也可选中“统一比例”复选框使各比例因子相同。

☆ “旋转”区：设置插入块的旋转角度，默认设置为“0”，选中“在屏幕上指定”复选框后可在屏幕上指定，也可直接在“角度”文本框中输入旋转角度。

☆ “分解”复选框：设置插入块时是否把块分解成若干个独立的图形实体。

☆ “块单位”区：设置块的单位，同时设置单位比例因子。

设置好该对话框后，单击“确定”按钮，十字光标的中心点处出现一个相应的图块且跟随光标移动，命令行出现插入基点、比例、旋转角度等提示，按需要选择相应选项完成相关设置后，即可插入一个图块或文件。

4. 图块图形实体图层、对象特性设置对图块插入后其图层、对象特性的影响

☆ 当构成图块的图形实体处于“0”层，且线型和颜色设置为“随层”时，则插入到当前层的图块具有随层的特性，即图块的线型和颜色与插入时所在层的线型和颜色相同。

☆ 当构成图块的图形实体处于任一层，且线型和颜色设置为“随块”时，则这些实体在它们被插入前没有确定的线型和颜色，只暂用白色（或黑色）实线显示。在它们被插入后，如果当前图形中有同名层，则图块中实体的线型和颜色均采用同名层的线型和颜色。如果当前图形中没有同名层，则图块中实体的线型和颜色采用插入所在层的线型和颜色。

☆ 当构成图块的图形实体线型和颜色未设置在“随块”的非“0”层、“随层”或“随块”的“0”层上，则不论插入到哪一层，此图块总是保持建立图块时图形实体的线型和颜色。

8.3 建立属性块

8.3.1 定义属性（Attdef 或 Ddattdef）

1. 功能

建立块的文本信息，使插入属性块时可以方便快捷地输入文本信息。定义属性模式、属性标记、属性提示、属性值、插入点和属性的文字设置。

2. 调用方式

☆ 功能区：常用（Home）=> 块（Block）=> “块”面板展开器 =>

插入（Insert）=> 块定义（Block Defination）=>

☆ 命令行：attdef 或 ddattdef 或 att

☆ 菜　单：绘图（Draw）=> 块（Bolck）=> 定义属性（Define Attributes…）

3. 解释

调用该命令，弹出“属性定义”对话框，如图 8-3 所示。各选项说明如下：

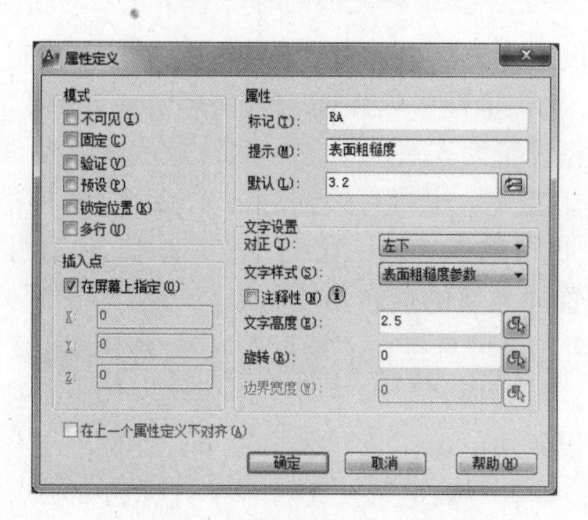

图 8-3 “属性定义”对话框

☆ “模式”区：设置属性块的模式。“不可见”复选框设置不显示或不打印该属性。“固定”复选框设置插入图块时，该属性为固定值，不提示输入信息值。“验证”复选框设置插入图块时提示属性值是否正确。如错误可重新输入。“预设”复选框设置插入图块时系统不再提示输入属性值，而是自动填写缺省值。“锁定位置”复选框设置锁定块参照中属性的位置。解锁后，属性可以相对于使用夹点编辑的块的其他部分移动，并且可以调整多行文字属性的大小。“多行”复选框设置属性值可以包含多行文字，可以指定属性的边界宽度。

☆ “属性”区：用来设置属性的值。“标记”文本框标识图形中每次出现的属性，可以输入任何字符组合（空格除外）作为属性标记。小写字母会自动转换为大写字母。“提示”文本框指定在插入包含该属性定义的块时显示的提示。“默认”文本框输入属性的缺省值。

☆ “插入点”区：指定属性的插入基点。选择“在屏幕上指定”复选框可在绘图区指定取插入点，也可在“x，y，z”文本框中直接输入插入点坐标值。

☆ “文字”面板：设置属性文字的对正、样式、高度和旋转样式。其中各选项含义与第八章相关内容处相同。

☆ “在上一个属性定义下对齐”复选框：设置后续属性的文字样式与上一个属性的文字样式完全相同，且与上一个属性对齐放置。

单击“确定”按钮，则可完成定义一个属性的操作。定义多个属性重复以上操作即可。

8.3.2 创建属性块简单步骤

属性块由图形实体和属性两部分组成。用户若要建立属性块，需要三个步骤：

☆ 绘制组成块的图形实体。

☆ 定义块的属性。

☆ 选择图块实体和属性作为对象建立图块，即为属性块。

8.3.3 插入属性块

插入属性块的操作与 8.2 节中插入图块命令相同。命令行出现插入基点、比例、旋转角度等提示后有一个输入属性值提示，输入需要的属性值后，即可插入一个属性块。

8.4 建立动态块

8.4.1 块编辑器（Bedit）

1. 功能

通过自定义夹点或特性来操作、更改动态块中的几何图形。可以根据需要在位调整块，而不用搜索另一个块以插入或重定义现有的块。

2. 调用方式

☆ 功能区：常用（Home）=> 块（Block）=> 编辑

插入（Insert）=> 块定义（Block Defination）=> 编辑

☆ 命令行：bedit

☆ 菜　单：工具（Tools）=> 块编辑器(Bedit)

☆ 工具栏：

3. 解释

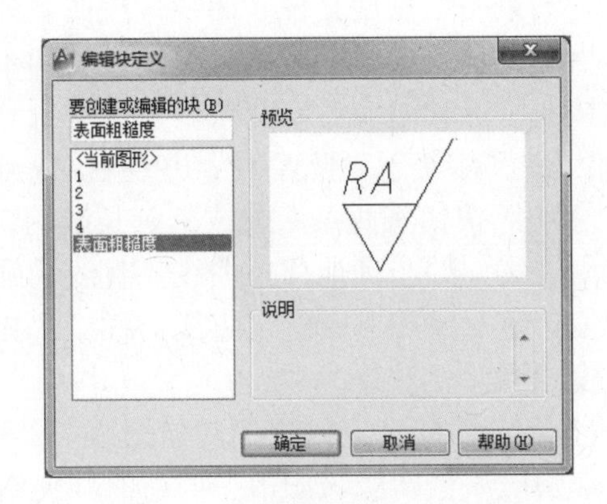

图 8–4 “编辑块定义”对话框

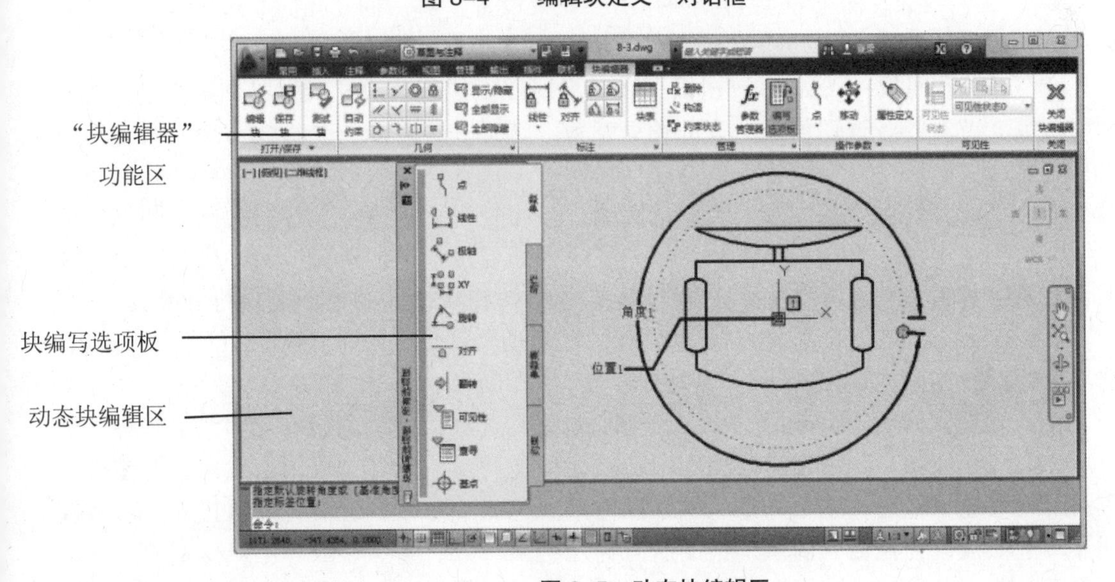

图 8–5 动态块编辑区

调用该命令，弹出“编辑块定义”对话框，如图 8–4 所示。从“名称”列表中选择要在块编辑器中编辑的图块，其名称将显示在“要创建或编辑的块”文本框中，也可直接在其中输入新块名称。选择“<当前图形>”选项，则当前图形将在块编辑器中打开。“预览”框显示选定块定义的预览，如显示闪电图标，说明是动态块。“说明”区显示块编辑器中指定的块定义说明。单击“确定”按钮后，进入动态块编辑区，其中包括“块编辑器”选项卡、“块编写“选项板，如图 8-5 所示。各选项说明如下：

“块编辑器”选项卡：创建动态块以及设置可见性状态等，各选项功能说明如下：

(1)“打开/保存”面板：单击“编辑块”按钮弹出图 8-4 所示“编辑块定义”对话框，在块编辑器中打开定义。“保存块”按钮保存当前块定义。“测试块”按钮在块编辑器内显示一个窗口，以测试动态块。“将块另存为”按钮输入一个新名称保存当前块定义的副本。

(2)“几何”面板

◆ “自动约束”按钮：根据对象相对方向将多个几何约束应用于对象的选择集。

◆ “约束”区：提供用于将几何约束和约束参数应用于对象的工具。“重合”按钮约束两个点使其重合，或者约束一个点使其位于曲线（或曲线的延长线）上。“共线”按钮使两条或多条直线段沿同一直线方向。“同心”按钮将两个圆弧、圆或椭圆约束到同一个中心点。“固定”按钮将点和曲线锁定在位。“平行”、“垂直”按钮使选定的直线位于彼此平行、垂直的位置。“水平”、“竖直”按钮使直线或点位于与当前坐标系的 X 轴、Y 轴平行的位置。“相切”按钮将两条曲线或其延长线约束为保持彼此相切。“平滑”按钮将样条曲线约束为连续，并与其他样条曲线、直线、圆弧或多段线保持二阶几何连续性。“对称”按钮使选定对象相对于选定直线对称。“相等”按钮将选定圆弧和圆的半径相同，或直线长度相同。

◆ “显示/隐藏”按钮显示或隐藏选定对象的几何约束。“全部显示”按钮显示图形中的所有几何约束。“全部隐藏”按钮隐藏图形中的所有几何约束。

◆ “几何约束”对话框启动器：弹出“约束设置”对话框“几何”选项卡，设置约束。

(3)“标注”面板：“线性”按钮根据尺寸界线原点位置及尺寸线位置创建水平或竖直约束参数。“对齐”按钮创建对齐的约束参数。选择一个点和一个直线对象，对齐约束可控制直线上的某个点与最接近的点之间的距离。选择两个直线对象，这两条直线将被设为平行，对齐约束可控制它们之间的距离。“半径”、“直径”按钮为圆、圆弧或多段线圆弧创建半径、直径约束参数。“角度”按钮通过拾取两条直线、多段线线段或圆弧创建角度约束参数，与角度标注类似。“转换”按钮将标注约束转换为约束参数。“块表”显示对话框定义块的变量。“标注”对话框启动器弹出“约束设置”对话框 “标注”选项卡，设置约束。

(4)“管理”面板：“删除约束”按钮从对象的选择集中删除所有几何约束和标注约束。“构造几何图形”按钮将几何图形转换为构造几何图形。“块约束状态”按钮打开或关闭约束显示状态，基于约束级别控制对象着色。“参数管理器”按钮打开“参数管理器”选项板，它包括当前图形中的所有标注约束参数、参照参数和用户变量。“编写选项板”按钮显示“块编写”选项板。这些选项板提供了向“动态块定义”中添加参数和动作的工具。“块编辑器设置”对话框启动器弹出“块编辑器设置”对话框，管理块编辑器的设置。

(5)“操作参数”面板

◆ “参数”区：用于定义块参照的自定义特性。“点”定义块参照的自定义 X 和 Y 特性，类似于一个坐标标注。“线性”定义两个关键点之间的距离，类似于对齐标注。“极轴”定义两个关键点的距离和角度。“XY”定义距块定义基点的 X 和 Y 距离。“旋转”定义块参照的角度。“翻转”设置绕投影线镜像对象或整个块参照。“对齐”设置围绕某个点旋转块参照以便与图形中的其他对象对齐。“可见性”定义对象的显示性。“查寻”由查寻表确定用户参数。“基点”为动态块参照相对于该块中的几何图形定义一个可更改的基点。

◆ “动作”区：定义了在图形中操作块参照的自定义特性时，动态块参照的几何图形将如何移动或变化。动作类型取决于选定的参数类型，触发相关动作按钮会有相应动作。其中“移动”指对象选择集将移动。“拉伸”指其将拉伸或移动。移动、拉伸动作可以与点参数、线性参数、极轴参数或 XY 参数相关联。“极轴拉伸”指其将拉伸或移动。极轴拉伸动作仅与极轴参数相关联。“缩放”、“旋转”指其将相对于定义的基点进行缩放、旋转。“缩放”、“旋转”动作仅与线性、极轴或 XY 参数相关联。“翻转”指其将绕翻转参数的投影线进行翻转。翻转动作仅与翻转参数相关联。“阵列”指其将排成阵列。阵列动作可以与线性、极轴或 XY 参数相关联。“查寻”指其将绕翻转参数的投影线进行翻转。翻转动作仅可以与翻转参数相关联。“块编辑”选项板中有“动作”选项卡与之对应。

◆ “属性定义”按钮：显示“属性定义”对话框，从中可以定义模式、属性标记、提示、值、插入点和属性的文字选项。

◆ “显示/隐藏所有操作”按钮显示或隐藏块编辑器中参数对象的所有动作栏。

(6)“可见性”面板

◆ “可见性状态”按钮创建、设置或删除动态块中的可见性状态。“可见性模式”按钮控制当前可见性状态下可见的对象在块编辑器中变暗或隐藏。“使可见/使不可见”选项使对象在当前或所有可见性状态下均可见或不可见。“块可见性状态”按钮指定显示在块编辑器中的当前可见性状态。

(7)“关闭”面板：关闭块编辑器，并提示用户是保存还是放弃对当前块定义所做修改。

☆ “块编写“选项板

“块编写”选项板包含“参数”、“动作”、“参数集”、“约束”选项卡，提供用于向“块编辑器”中的“动态块定义”中添加参数的工具，如图 8-5 所示。其中“参数”、“动作”、“约束”选项卡各选项功能已在“块编辑器”选项卡中说明，“参数集”选项卡用于在“块编辑器”中向“动态块定义”中添加一个参数和至少一个动作的工具。将参数集添加到动态块中时，动作将自动与参数相关联，双击黄色警示图标，然后按照命令行上的提示将动作与几何图形选择集相关联，各选项功能说明如下：

(1) 点移动：添加与该点参数相关联的移动动作。

(2) 线性移动：添加与该线性参数的端点相关联的移动动作。

(3) 线性拉伸、线性阵列：添加与该线性参数相关联的拉伸、阵列动作。

(4) 线性移动配对、线性拉伸配对：添加两个移动、拉伸动作，一个与基点相关联，另一个与线性参数的端点相关联。

(5) 极轴移动、极轴拉伸、环形阵列：添加与极轴参数相关联的移动、拉伸、阵列动作。

(6) 极轴移动配对、极轴拉伸配对：添加两个移动、拉伸动作，一个与基点相关联，另一个与极轴参数的端点相关联。

(7) XY 移动：添加与 XY 参数的端点相关联的移动动作。

(8) XY 移动配对：添加两个移动动作，一个与基点相关联，另一个与 XY 参数的端点相关联。

(9) XY 移动方格集、XY 拉伸方格集：添加四个移动、拉伸动作，分别与 XY 参数上的四个关键点相关联。

(10) XY 阵列方格集：添加与该 XY 参数相关联的阵列动作。

(11) 旋转集、翻转集：添加与该旋转参数相关联的旋转、翻转动作。

(12) 可见性集：添加一个可见性参数并允许定义可见性状态。无需添加与可见性参数相关联的动作。

(13) 查寻集：添加与该查寻参数相关联的查寻动作。

8.4.2 创建动态块简单步骤

动态块是包含可变量的块，比块多了一些参数和动作，从而具有灵活性和智能性。用户要建立动态块，需要四个步骤：

☆ 绘制组成块的图形实体。

☆ 添加参数。

☆ 添加动作。

☆ 定义动态块的操作方式。

8.4.3 插入动态块

插入动态的操作与 8.2 节中插入图块命令相同。插入动态块后，选中该块，其四周有表示相关基点、参数、动作设置的夹点，鼠标选中这些夹点，可以执行相应的动作操作。

8.5 编辑块

8.5.1 编辑简单块

作为一个整体的图块可以进行复制、移动、删除、比例缩放等操作，但无法对其中的任一部分进行直接编辑。针对图块的编辑方式为：

1. 调用“explode”命令，选中需修改的图块，使图块分解成若干独立实体。用相关编辑命令修改构成图块的图形、属性等。如果图块不能分解，则重新绘制图块、定义属性等，生成图块实体。

2. 打开“块定义”对话框，在“块名称”下拉框中选择原有图块名称，重新选择对象、基点、方式等。单击“确定”按钮，弹出“块-重新定义块”对话框，选择“重新定义块”，原有图形中的所有图块自动更新成新图块。

8.5.2 编辑属性块（Eattedit）

1. 功能

编辑属性值和属性特征。

2．调用方式

☆ 功能区：常用（Home）=> 块（Block）=> => 单个

☆ 命令行：eattedit

☆ 菜　单：修改（Modify）=> 对象（Object）=> 属性（Attribute）=> 单个（Single）

☆ 工具栏：单个

3．解释

调用该命令，弹出“增强属性编辑器”对话框，如图 8–6 所示。各选项说明如下：

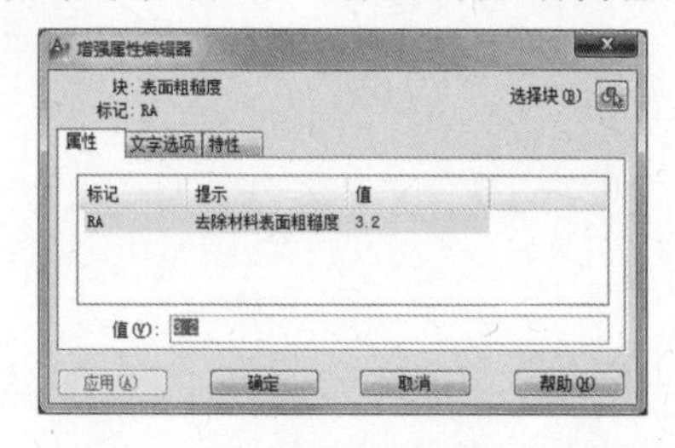

图 8–6 “增加属性编辑器”对话框

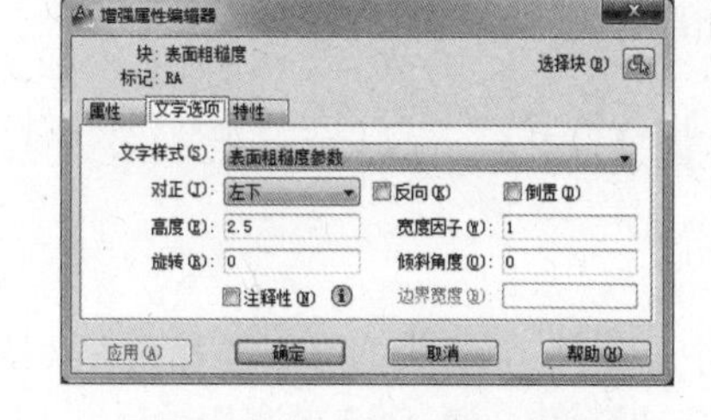

图 8–7 “文字选项”选项卡

☆ “选择块”按钮：单击该按钮，在绘图区选择要编辑的属性块后，返回“增强属性编辑器”对话框。

☆ “属性”选项卡：列出了各个属性的标记、提示和值的内容，如图 8–6 所示。在“值”文本框中列出当前属性值，可输入修改的新值。

☆ “文字选项”选项卡：对属性文字的样式、高度、旋转角度、对正方式、宽度比例、倾斜角度和反向、颠倒方式进行编辑修改，如图 8–7 所示。

☆ “特性”选项卡：对属性块所在图层、线型、颜色、线宽及打印样式进行编辑修改。

属性块中的每个属性被定义为图块前，都是独立的对象，所以在属性被定义为图块前，可以直接双击属性对其进行标记、提示、默认项修改。双击属性块中属性，也可编辑属性块。

8.5.3 编辑动态块（Ddatte 或 Attedit）

使用块编辑器编辑、更正和保存块定义。可以更正动作参数中的错误，当出现参数未与动作关联、动作未与参数或选择集关联等情况时，会显示黄色警告图标。要更正这些错误，请将光标悬停在黄色警告图标上，直至工具提示显示该问题的说明。然后双击约束并按提示操作。

8.6 插入外部参照（Xattach）

外部参照是在一个图形文件中对一个或几个外部图形的应用。它与块的区别是：块是永久性插入到当前图形中，而外部参照只是与当前图形建立一种联系，随外部图形的变化而变化，外部参照能有效地减少文件大小和绘图时间。外部参照作为一个对象不能被分解。

1．功能

将光栅图像、DWG、DWF、PDF、DGN 等文件插入到当前图形中。

2. 调用方式

☆ 功能区：插入（Insert）=> 参照（Reference）=>

☆ 命令行：attach

☆ 菜　单：插入（Insert）=> 外部参照（External Reference）

3. 解释

调用该命令，弹出“选择参照文件”对话框，从中在相应路径选择相应类型的文件，插入图形。然后可以调用“剪切”等命令编辑图形。可以从“插入”选项卡“参照”面板中调用相关命令。

8.7 设计中心

1. 功能

设计中心是一个集管理、查看和重复利用图形的多功能高效工具。可以共享 AutoCAD 图形中的设计资源，便于相互调用。

2. 调用方式

☆ 功能区：视图（View）=> 选项板（Palettes）=>

☆ 命令行：adcenter

☆ 菜　单：工具（Tool）=> 选项板（Palettes）=> 设计中心（Design Center）

☆ 工具栏：

☆ 快捷键：Ctrl+2

3. 解释

调用该命令，弹出“设计中心窗口”，如图 8-8 所示。说明如下：

☆　设计中心窗口组成

单击设计中心左侧标题栏上“自动隐藏”按钮，可以收缩、展开设计中心还可以将设计中心向左、向右拖动。

设计中心窗口由左、右两个框及工具栏组成，其左边区域为树状视图框，以树状结构列表形式显示系统内的所有资源，其操作方法与 Windows 资源管理器的操作方法类似。其右边区域为内容显示框。显示当文件夹列表选中项的内容，内容可以是文件夹、图形文件、图形文件中的命名对象，如文字样式、标注样式、表格样式、光栅图象、填充图案、图块等。

“文件夹”选项卡显示计算机或网络驱动器中文件和文件夹的层次结构。“打开的图形”选项卡显示在当前环境中打开的所有图形，包括最小化的图形。“历史记录”选项卡显示用户最近访问过的的文件。在一个文件上单击右键可以显示此文件信息或删除此文件。

工具栏位于窗口上边，可以加载、搜索、收藏文件，可以显示或隐藏树状图，确定在内容显示框内显示内容的格式。

☆　设计中心的使用

使用设计中心可以打开、浏览、查看、复制图形文件和属性。

(1) 浏览打开图形文件

在设计中心的树状文件夹列表中浏览到所需文件，内容显示框中可以显示该图形的一些内部资源，包括样式、块、图层、外部参照、文字样式、线型等内容，以及其预览图和文字说明。

单击需要打开的图形文件，并按住鼠标左键将其拖动到 AutoCAD 主窗口中除绘图区域之外的任何地方，然后松开鼠标左键即可。

(2) 向图形添加内容

在内容显示框单击打开图形文件的样式、图层、块等，并按住鼠标左键将其拖动到 AutoCAD 主窗口中的绘图区域，然后松开鼠标左键即可向当前图形中添加块、标注样式、文字样式、表格样式、布局、图层、线型、图案填充、外部参照和光栅图像等。

用复制粘贴的方法也添加内容。首先打开需要复制内容的图形文件，然后在设计中心的内容显示框中，选择要复制的内容，再用鼠标右键单击所选内容，从打开的快捷菜单中选择“复制”选项，再单击打开图形的主窗口工具栏中的“粘贴”按钮，或选择右键菜单中的“粘贴”选项，所选内容就被复制到当前图形中了。

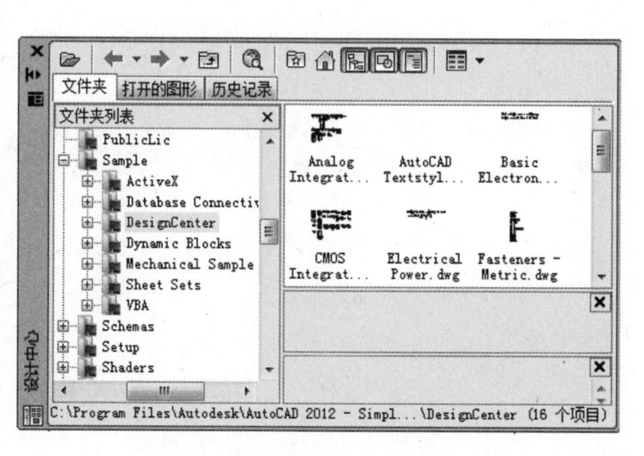

图 8-8 “设计中心”窗口

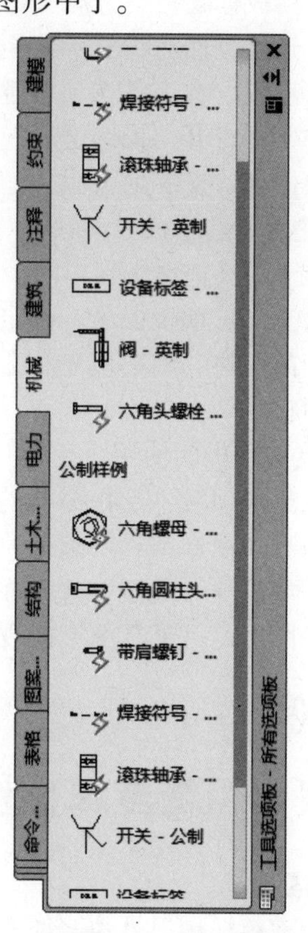

图 8-9 “工具选项板”窗口

8.8 工具选项板

1. 功能

方便组织、放置和共享图块、图案填充和常用命令，提高绘图效率。

2. 调用方式

☆ 功能区：视图（View）=> 选项板（Palettes）=>

☆ 命令行：toolpalettes

☆ 菜 单：工具（Tool）=> 选项板（Palettes）=> 工具选项板（Tool Palettes）

☆ 工具栏：

☆ 快捷键：Ctrl+3

3.解释

调用该命令，弹出“设计中心窗口”，如图 8-9 所示。说明如下：

☆ 工具选项板的显示

在工具选项板窗口有多个专业选项板。例如机械选项板中包括有公制或英制的螺钉、焊接符号、螺母、轴承等标准机械图形中的块。工具选项板的打开和隐藏方法与设计中心的相同。单击鼠标左键按住标题栏，可以拖动工具选项板至所需位置。

工具选项板标题栏下方有一个“特性”按钮，单击该按钮，在打开的快捷菜单中选择“大小”选项，然后将光标移至标题栏边缘，出现双向箭头，按住鼠标左键拖动即可缩放工具选项板。在工具选项板空白处单击鼠标右键，在打开的快捷菜单中选择“视图选项”命令，即打开“视图选项”对话框，选择有关选项，拖动滑块就可以调整视图显示的样式及图标、文字的大小。

☆ 新建工具选项板

光标位于工具选项板窗口时，单击鼠标右键，弹出快捷菜单，选择“新建选项板”选项，并为工具选项板命名。确定后，工具选项板中就增加了一个新的选项板。用户可将自己常用的图块、图案填充和命令等拖动到新建选项板，例如，将设计中心内容拖动到工具选项板。

☆ 工具选项板的使用

打开工具选项板，选择需要的内容，只要按住鼠标左键将其图标拖动到绘图区，命令行提示中有多项选项可供选择。对于插入到图形中的图块，可单击夹点选择定位、方向、参数。如打开“机械”选项板，将“六角圆柱头立柱”、“六角螺母”拖至绘图区，然后单击两图形，可见其图上出现若干夹点，单击夹点可以进行相应操作。

应用实例

8.9 表面粗糙度属性块

8.9.1 绘制要求

绘制表面粗糙度属性块，如图 8-10 所示，其中表面粗糙度参数 RA 为属性。以不同的插入点、旋转角度、属性插入如图 8-11 所示四个属性块。

8.9.2 绘制步骤

1. 新建文件

调用“新建”命令，建立尺寸为（297×210mm）的新图形文件。

调用“另存为”命令，把新建的图形文件保存为“表面粗糙度.dwg”。

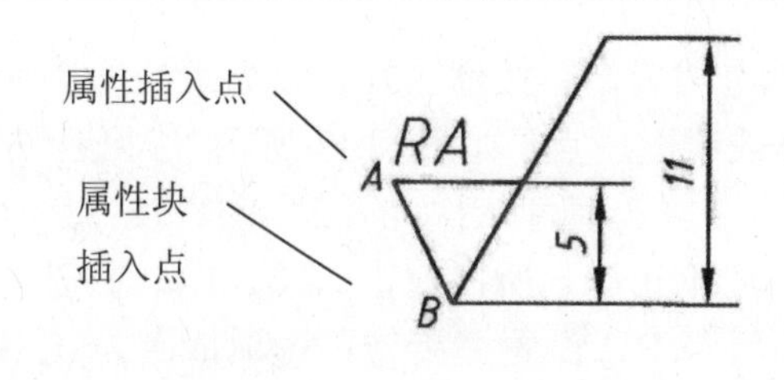

图 8-10 表面粗糙度属性块

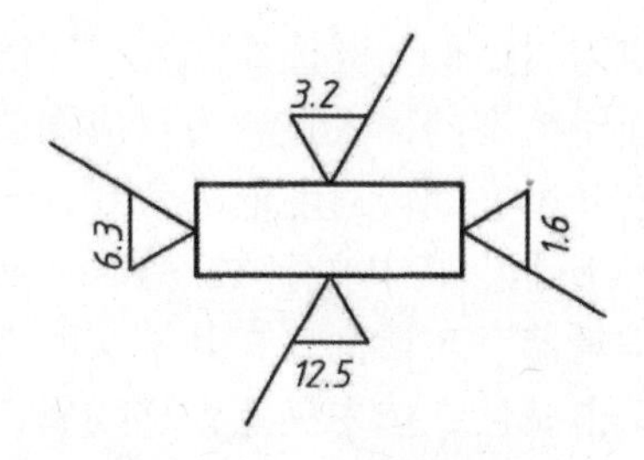

图 8-11 4 个表面粗糙度

2. 绘制表面粗糙度

☆ 新建图层："粗实线"层的线型为"Continuous"、线宽"0.5"；"表面粗糙度"层的"线型"为"Continuous"、"线宽"的"0.35"；"细实线"层的"线型"为"Continuous"、"线宽"为"0.25"。

☆ 调用"line"命令在"表面粗糙度"层绘制一条适当长度的水平辅助线。调用"offset"或"copy"命令得到另外两条平行线。点击状态栏"极轴追踪"按钮启动极轴追踪，然后单击右键选择弹出下拉菜单中"设置"选项，在"极轴追踪"选项卡中设置增量角为"60"。调用"line"命令绘制表面粗糙度符号，如图 8-12 所示。调用"erase"命令删除三条水平辅助线。

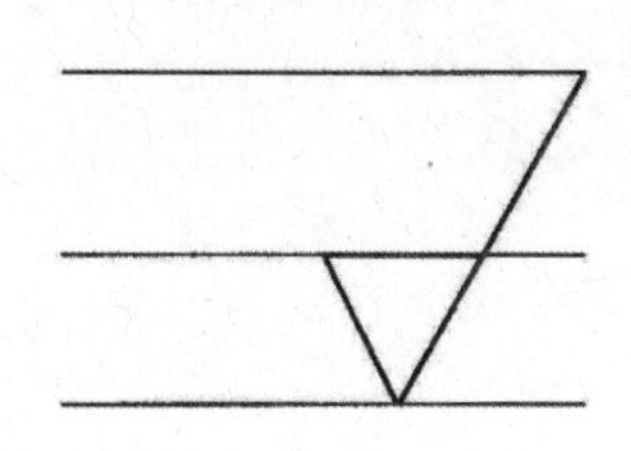

图 8-12 辅助线和图形

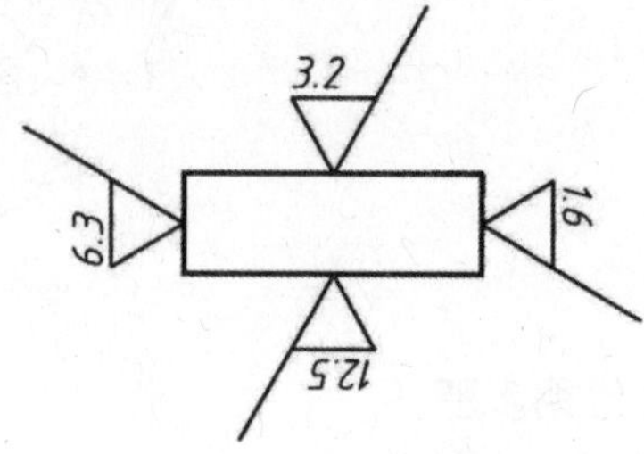

图 8-13 4 个属性块

3. 定义属性

将"细实线"层置为当前，打开图 8-3 所示"属性定义"对话框，其中"属性"区"标记"文本框中输入"RA"，"提示"文本框中输入"表面粗糙度"，"值"文本框中输入"3.2"作为属性默认值；"文字设置"区中"对正"为"左下"、"文字样式"为"表面粗糙度参数"，字体为"gbeitc.shx"、"高度"设为"2.5"，"插入点"区选择"在屏幕上指定"，单击"确定"按钮，进入绘图正中，光标拾取图 8-10 中 A 点为粗糙度符号左上角，完成"表面粗糙度"属性的定义。

4. 定义属性块

打开图 8-1"块定义"对话框，输入"表面粗糙度"作为块名，单击"拾取点"按扭，进入绘图正中，光标拾取图 8-10 中 B 点选作为属性块插入基点，选择属性和图形作为块对象，其余选项为默认设置，单击"确定"按钮，建立图 8-10 所示属性块。

5. 插入属性块

将"粗实线"层置为当前，调用"Rectangle"命令绘制一个适当大小矩形，启用"对象捕捉"，选择"中点"或"端点"、"对象追踪"等。打开图 8-2 所示"插入"对话框，在"图块名称"下拉框中选择"表面粗糙度"、"插入点"和"旋转"区选择"在屏幕上指定”、“比例”区选择“统一比例 1”，单击“确定”按钮，在适合位置插入图块。四个表面粗糙度的插入点均为对应图线的中点或线上一点，如图 8-11 所示。从正上方表面粗糙度开始，旋转角度依次为 0^0、90^0、180^0、270^0，属性依次为 3.2、6.3、12.5、1.6，如图 8-13 所示。其中文字 12.5 和 1.6 的默认角度不正确，所以双击 12.5、1.6，打开“增强属性编辑器”对话框，在其“文字选项”选项卡中，设置“旋转”选项依次为 0、90，然后单击属性，选中夹点，移动属性到理想位置，结果如图 8-10 所示。

8.10 办公桌椅动态块

8.10.1 绘制要求

绘制办公桌椅，如图 8-14 所示，其中椅子为动态块，有“旋转”、“移动”动作。

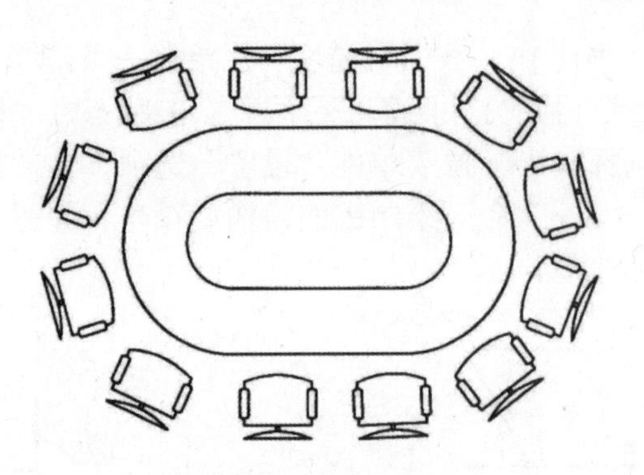

图 8-14 办公桌椅

8.10.2 绘图步骤

1. 新建文件

新建一名为“office.dwg”的图形文件。

2. 绘制平面图形

☆ 调用“pline”命令绘制桌子，桌子长宽约 4500 × 2500。

☆ 调用“line”、“circle”、“trim”等绘制一把椅子，椅子长宽约 800 × 750。

3. 建立内部块

打开图 8-1“块定义”对话框，“名称”下拉列表框中输入“office”，单击“拾取点”按钮，进入绘图区，指定椅子中心处一点为插入基点，返回“块定义”对话框，单击“选择对象”按钮，进入绘图区，选择图 8-14 中椅子，按“Enter”键，返回“块定义”对话框，其余选项为默认设置，然后选中“在块编辑器中打开”单选框，单击“确定”按钮，进入动态块编辑区，如图 8-5 所示。

4. 加载参数

在“块编写”选项板“参数”选项卡上选择“点参数”，单击图形中椅子中间位置向其添加点参数。点参数将追踪 X 和 Y 坐标值。然后在合适位置确定点参数的默认选项卡是“位置”。结束如图 8-15 所示。

选择“旋转参数”，AutoCAD 提示如下：

命令: _BParameter 旋转

指定基点或 [名称(N)/选项卡(L)/链(C)/说明(D)/选项板(P)/值集(V)]:（单击图 8–14 方块标记位置）

指定参数半径:（确定旋转半径，如 600）

指定默认旋转角度或 [基准角度(B)] <0>:（按 Enter 键结束选择或直接点击鼠标或输入角度值，如 300）

请注意参数夹点附近的警告图标，此图标表示该参数没有关联任何动作。

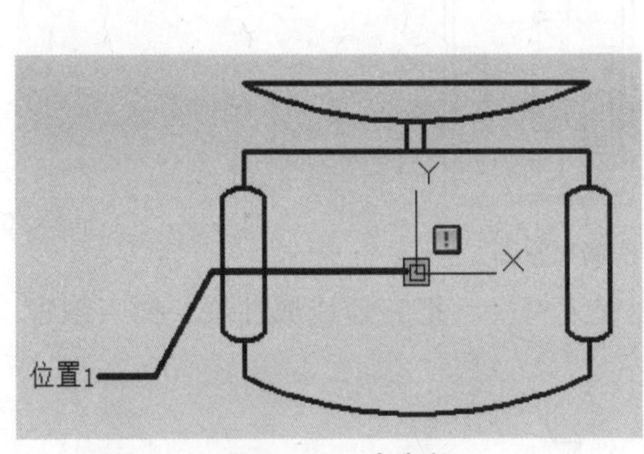

图 8–15　点参数

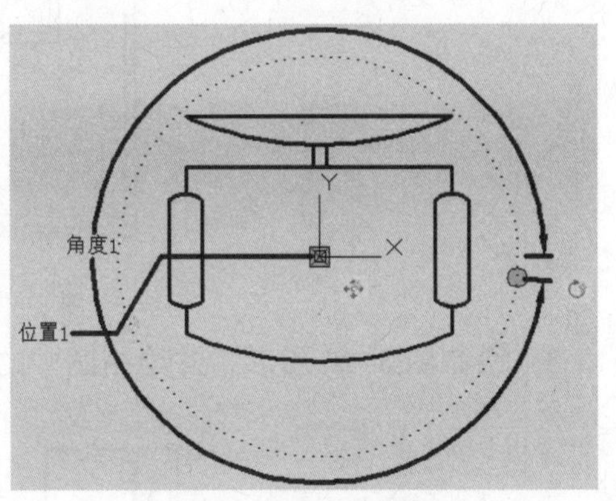

图 8–16　办公桌椅

5. 在参数中添加动作

在“块编写”选项板“动作”选项卡上，选择“移动动作”。选择椅子上的点参数，选择椅子，然后在椅子附近单击鼠标左键以放置该动作，这样将移动动作关联到了点参数。动作显示为闪电图标，它在块定义中的位置不会影响块参照的功能。

在“块编写”选项板“动作”选项卡上，选择“旋转动作”。选择椅子上的旋转参数，选择椅子，然后单击以放置该动作，这样将旋转动作关联到了旋转参数。动作显示为闪电图标，它在块定义中的位置不会影响块参照的功能。结果如图 8–16 所示。

单击“块编辑器”选项卡“保存块定义”按钮，然后关闭块编辑器。

6. 移动、旋转椅子

在适当位置依次插入所有椅子，每把椅子图形上出现一个圆形标记和一个方形标记，单击方形标记，使它变成“热键”，移动椅子到需要的位置。单击圆形标记，旋转椅子到需要的位置，直到所有椅子均执行完上述操作。结果如图 8–14 所示。

习题

1. 绘制如图 8–17 所示的男孩头像，将其定义为“BOY”简单图块，然后以不同的插入点、比例及旋转角度插入图块，形成不同大小和胖瘦的男孩头群像图，如图 8–18 所示。

图 8–17 男孩头像

图 8–18 男孩头像群

2. 绘制如图 8–19 所示房间布置图，把沙发、椅子、门等建成简单块，并插入绘制好的房间中。

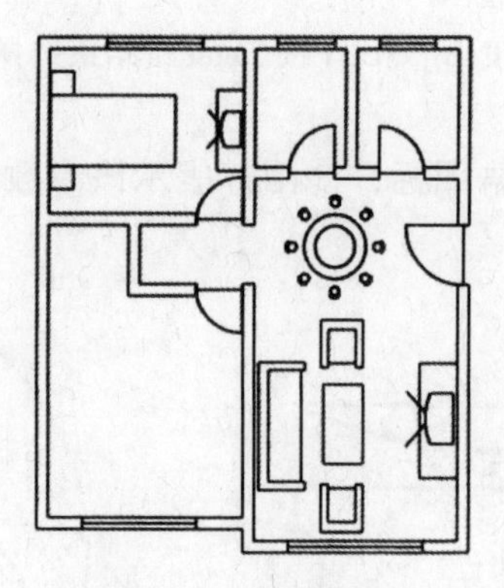

图 8–19 房间布置图

3. 绘制图 8–20 图形，并绘制图中的粗糙度符号，把它建成属性块，插入图中。

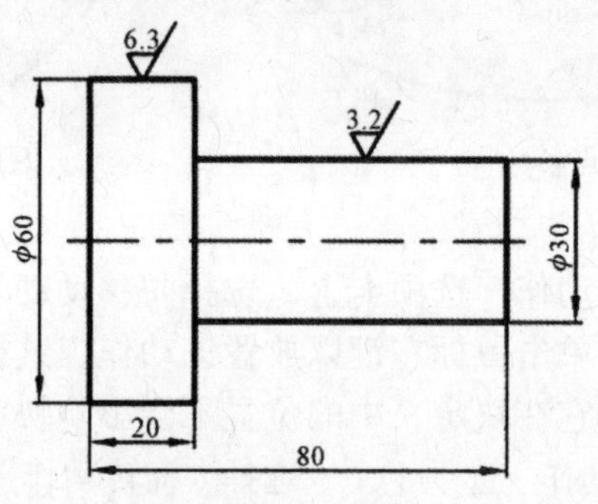

图 8–20 小轴

4. 绘制图 8–21 左边图形，并把它建成属性块，结果如 8–21 右图所示。

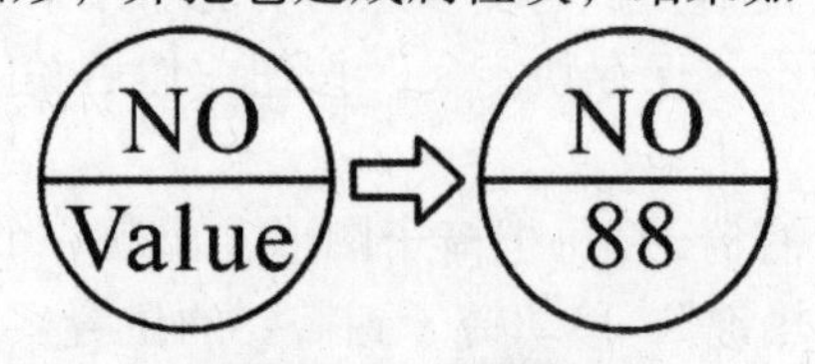

图 8–21 号码牌

5. 定义如图 8-22、8-23 所示的属性块，其中姓名名称和电话号码为两个属性。

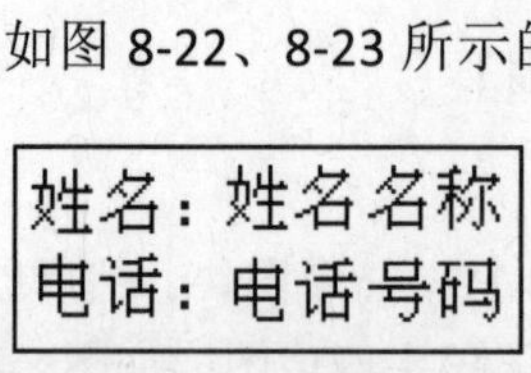

姓名：姓名名称
电话：电话号码

图 8–22 姓名电话卡

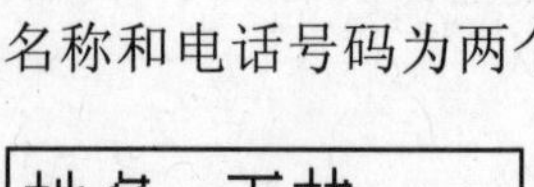

姓名：王林
电话：65430410

图 8–23 默认值姓名电话卡

6. 用设计中心把第 7 章中文字样式添加到一新建图形中。

7. 将 8.9 节中的表面粗糙度添加到工具选项板。

第 9 章 尺寸标注

学习要求

- 掌握尺寸标注构成、样式设置、标注方法。
- 掌握多重引线标注构成、样式设置、标注方法。
- 掌握尺寸标注的编辑。

基本知识

尺寸标注是工程图样的重要组成部分。AutoCAD 2012 提供了完善的尺寸标注功能，使标注、编辑尺寸的更为方便。“常用”选项卡中有“注释”面板提供基本操作，“注释”选项卡中有“标注”和“引线”面板提供全面操作。用户标注图形时，应遵守以下规则：

☆ 为尺寸标注建立一个独立图层，使之与图形中其它信息区分开，便于进行各种操作。

☆ 为尺寸标注中的文本建立特定的文字样式，以便区别于其它文字说明。

☆ 启动对象捕捉，快速、准确地定位到用户所要求进行标注的点上，不产生偏差。

9.1 尺寸标注构成

尺寸标注由尺寸线、尺寸界线、尺寸文字、箭头四个部分构成，如图 9–1 所示。

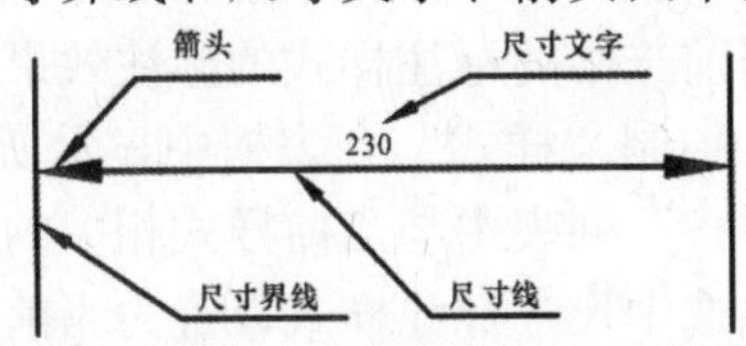

图 9–1 尺寸标注构成

☆ 尺寸线：细直线段或细弧线段表示、尺寸文字可以置于它的上方或断开处。

☆ 尺寸界线：尺寸线的两端，垂直于尺寸线的细直线。

☆ 尺寸文字：置于尺寸线的上方或断开处，它主要包括：基本尺寸、公差标注（上偏差、下偏差）、尺寸的前缀或后缀等，基本尺寸值可由系统自动测得。

☆ 箭头：位于尺寸线的两端，用于指明尺寸线的起点和终点，可自行定义箭头样式。

它们以块的形式出现，系统将它们作为一个整体来处理。所有尺寸与标注样式关联，通过调整尺寸样式，就能调整与该样式关联的尺寸标注。

9.2 尺寸标注样式

1. 功能

设置各种尺寸标注样式。

2. 调用方式

☆ 功能区：常用（Home）=> 注释（Annotation）=>“注释”面板展开器 =>
注释（Annotation）=> 标注（Dimension）=>“标注样式”对话框启动器

☆ 命令行：dimstyle 或 ddim

☆ 菜　单：格式（Format）=> 标注样式（Dimension Style）
标注（Dimension）=> 标注样式（Dimension Style）

☆ 工具栏：

3. 解释

调用该命令，弹出“标注样式管理器”对话框，如图 9-2 所示。各选项说明如下：

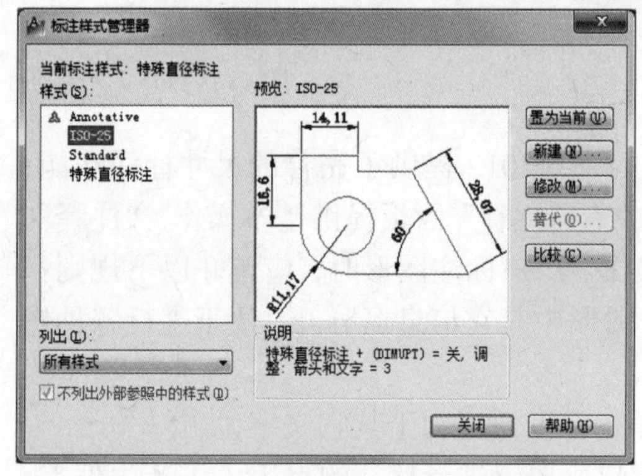

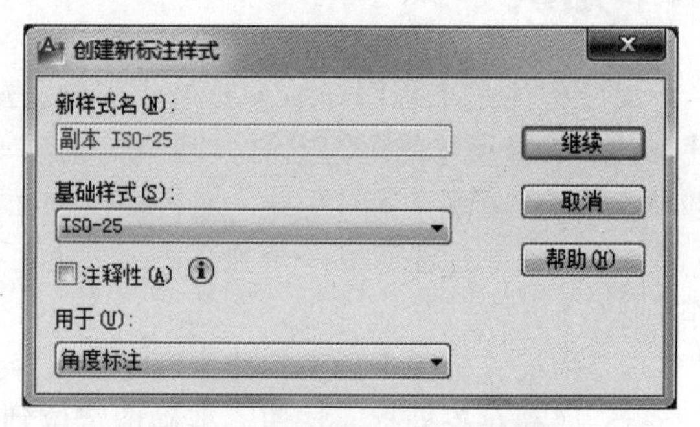

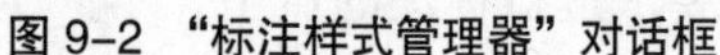
图 9-2 “标注样式管理器”对话框　　　9-3 “创建新标注样式”对话框

☆ “样式”列表框：显示国际标准尺寸标注样式 “ISO-25”、“Standard”及用户自定义样式名,亮显当前样式。图表指示的样式名是注释性标注。在某一样式名上右击鼠标可以将其置为当前、重命名或删除。不能删除当前样式或当前图形已使用的样式。

☆ “预览”窗口：显示当前选中的标注样式的标注效果。

☆ “列出”下拉列表框：控制“样式”列表框中显示所有样式或正在使用的样式。

☆ “说明”区：说明“样式”列表中与当前样式相关的选定样式。

☆ “置为当前”按钮：将选中尺寸标注样式设置为当前标注样式。

☆ “新建”按钮：命名新标注样式、设置其基础样式和指示应用新样式的标注类型。单击“新建”按钮，弹出“创建新标注样式”对话框，如图 9-3 所示。在“新样式名”文本框中输入新样式名，在“基础样式”下拉列表框中选择一种基础样式，新样式仅修改那些与基础特性不同的特性。“注释性”选项框指定标注样式为**错误!超链接引用无效。**。在“用于”下拉列表框中选择标注的尺寸类型，如线性标注，生成基于基础样式的子样式，不需输入该样式，名称。单击“继续”按钮，弹出“新建标注样式”对话框，如图 9-4 所示。该对话框包括“线”、“符号和箭头”、“文字”、“调整”、“主单位”、“换算单位”、“公差”七个选项卡。

☆ “修改”按钮：修改已有标注样式的设置。单击该按钮，弹出“修改标注样式”对话框，其内容和“新建标注样式”对话框内容相同。

☆ “替代”按钮：设置当前标注样式的替代样式，即不改变已经采用原有样式标注的尺寸，只影响以后标注尺寸的样式。单击该按钮，弹出“替代当前样式”对话框，其内容和“新建标注样式”对话框内容相同。

☆ “比较”按钮：比较两标注样式特性，快速找出不同标注样式在参数设置上的区别。

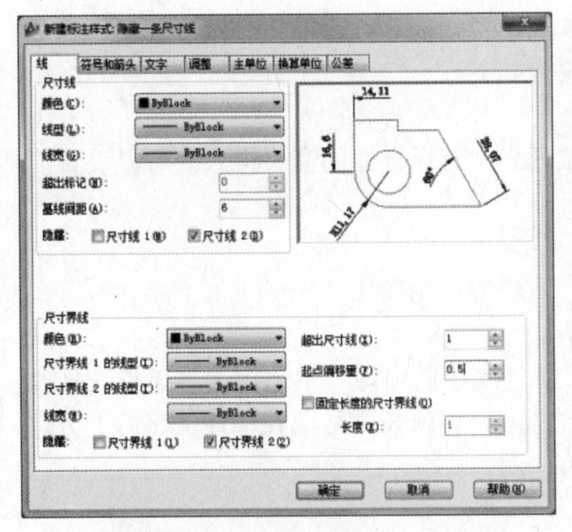

图 9–4 “新建标注样式”对话框

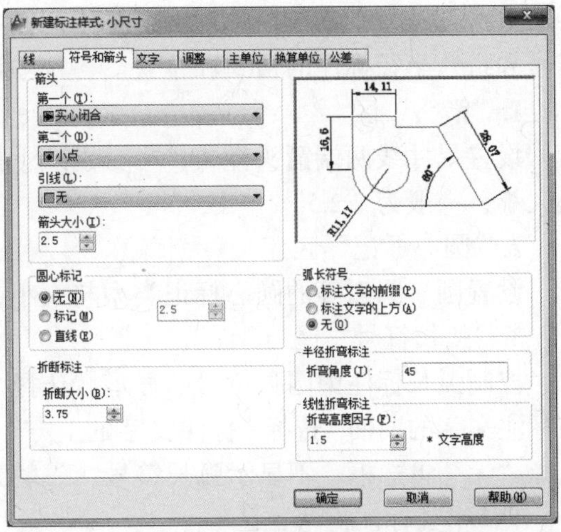

图 9–5 “符号和箭头”选项卡对话框

9.2.1 “线”选项卡

单击“线”选项卡，弹出图 9–4 所示对话框，设定尺寸线、尺寸界线的格式和特性。各选项说明如下：

1. “尺寸线”区

☆ “颜色”下拉列表框：显示并设置尺寸线的颜色。单击右边的下拉列表框按钮，可选择标准颜色。或者选择“选择颜色”选项（列表底部），弹出“选择颜色”对话框，从中选择颜色、输入颜色名或颜色号。默认为“ByBlock”。

☆ “线型”下拉列表框：设置尺寸线的线型。单击右边的下拉列表框按钮，可选择“ByBlock”、“Bylayer”、“Continuous”选项，或选择“其它”选项，在“选择线型”对话框中进行选择设置。默认为“ByBlock”。

☆ “线宽”下拉列表框：设置尺寸线的线宽。默认为“ByBlock”。

☆ “超出标记”列表框：指定当箭头使用倾斜、建筑标记、积分和无标记时尺寸线超过尺寸界线的距离。一般为“0”。

☆ “基线间距”列表框：使用“基线尺寸标注”时两相邻尺寸线间的距离。一般为“6”。

☆ “隐藏”区：包括“尺寸线 1”、“尺寸线 2”二个复选框。选中后隐藏相应的尺寸线。

2. “尺寸界线”区

☆ 尺寸界线的“颜色”、“线宽”、“线型”、“隐藏”选项功能同尺寸线。

☆ “超出尺寸线”列表框：指尺寸界线超出尺寸线的距离。一般为“1”。

☆ “起点偏移量”列表框：指尺寸界线与被标注实体之间的距离。一般为“0.5”。

☆ “固定长度的尺寸界线”复选框：设置尺寸界线从尺寸线开始到标注原点的总长度。

3.“预览”窗口

显示当前设置下的标注效果。

9.2.2“符号和箭头”选项卡

单击“符号和箭头”选项卡，弹出图 9–5 所示对话框，设定箭头、圆心标记、弧长符号和折弯半径标注的格式和位置。各选项说明如下：

1.“箭头”区

设置尺寸线两端箭头样式，可分别从下拉列表中选择合适的箭头样式。可以设置箭头大小，一般为“2.5”。

2.“圆心标记”区

设置圆、圆弧等的圆心标记类型与大小，一般为“无”。

3.“弧长符号”区

控制弧长标注中圆弧符号的显示。选择“标注文字的前缀”单选框，将弧长符号放在标注文字的前面。选择“标注文字的上方”单选框，将弧长符号放在标注文字的上方。选择“无”单选框，不显示弧长符号，一般为“无”。

4.“半径标注折弯”区

控制折弯（Z 字型）半径标注的显示。折弯半径标注通常在中心点位于页面外部时创建。其中“折弯角度”文本框用于设置连接半径标注的尺寸界线和尺寸线的横向直线的角度。

9.2.3“文字”选项卡

单击“文字”选项卡，弹出图 9–6 所示对话框，设定标注文字的格式、放置和对齐。各选项说明如下：

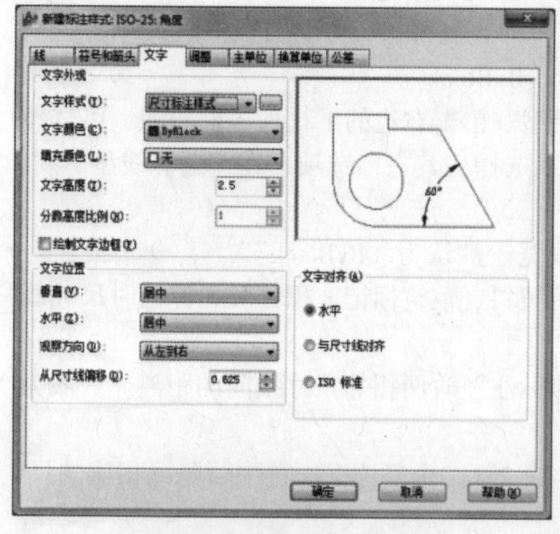

图 9–6 “文字”选项卡对话框

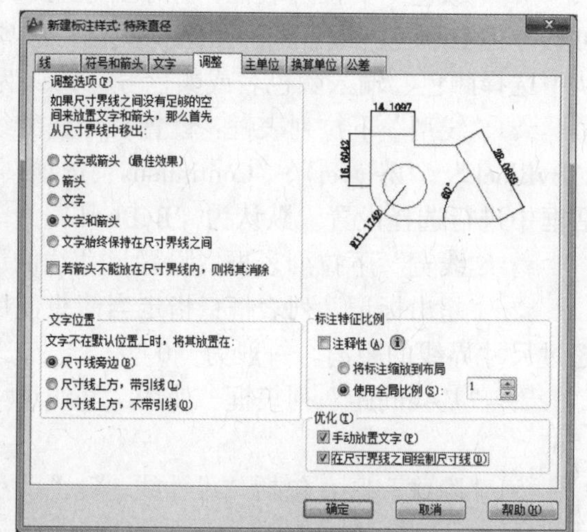

图 9–7 “调整”选项卡对话框

1.“文字外观”区

控制标注文字的格式和大小。该区包括“文字样式”、“文字颜色”、“填充颜色”、“分数高度比例”、“文字高度”、“绘制文字边框”六个选项，“文字样式”列表框中列出了各文字样式的名称，可从中选择需要的文字样式，也可单击“文字样式”右边按钮设置所需“文字样式”，详见第 7 章。“文字高度”、“文字颜色”下拉列表框用于设置尺寸文字的高度、颜色。“分数高度比例”下拉列表框用于设置相对于标注文字的分数比例。仅在“主单位”选项卡上选择“分数”作为“单位格式”时可选，一般为 0.7，标注分数高度为此处输入值乘以文字高度。选择“绘制文字边距”复选框将在标注文字周围绘制一个边框。“填充颜色”下拉列表框设置标注中文字背景的颜色。

2．“文字位置”区

“垂直”下拉列表框控制标注文字与尺寸线之间的位置，“水平”下拉列表框控制标注文字与尺寸界线之间的位置，“从尺寸线偏移”列表框确定标注文字与尺寸线之间的距离，一般为“0.5”。

3．“文字对齐”区

控制标注文字放置位置。“水平”单选框表示标注文字始终水平放置，“与尺寸线对齐”单选框表示标注文字始终与尺寸线垂直。“ISO 标准”单选框表示按国际标准进行标注，即文字在尺寸界线内时，与尺寸线对齐；文字在尺寸界线外时，文字水平放置。

9.2.4 “调整”选项卡

单击“调整”选项卡，弹出图 9–7 所示对话框，控制标注文字、箭头、尺寸线和引线的放置。各选项说明如下：

1．“调整选项”区

控制基于尺寸界线之间可用空间的文字和箭头的位置。如果有足够大的空间，文字和箭头都将放在尺寸界线内。否则，将按照“调整”选项放置文字和箭头。默认为“文字或箭头取最佳效果”。

☆ 文字或箭头（最佳效果）：按最佳布局将文字或箭头移动到尺寸界线外部。当尺寸界线间的距离足够放置文字和箭头时，文字和箭头都放在尺寸界线内。否则，将按照最佳效果移动文字或箭头；当尺寸界线间的距离仅够容纳文字时，文字放在尺寸界线内，箭头放在尺寸界线外；当尺寸界线间的距离仅够容纳箭头时，箭头放在尺寸界线内，文字放在尺寸界线外；当尺寸界线间的距离既不够放文字又不够放箭头时，文字和箭头都放在尺寸界线外。具体标注时，按照上面次序依次选择。

☆ 箭头：先将箭头移动到尺寸界线外部，然后移动文字。当尺寸界线间的距离足够放置文字和箭头时，文字和箭头都放在尺寸界线内。当尺寸界线间距离仅够放下箭头时，将箭头放在尺寸界线内，而文字放在尺寸界线外。当尺寸界线间距离不足以放下箭头时，文字和箭头都放在尺寸界线外。具体标注时，按照上面次序依次选择。

☆ 文字：先将文字移动到尺寸界线外部，然后移动箭头。当尺寸界线间的距离足够放置文字和箭头时，文字和箭头都放在尺寸界线内。当尺寸界线间的距离仅能容纳文字时，将文字放在尺寸界线内，而箭头放在尺寸界线外。当尺寸界线间距离不足以放下文字时，文字和箭头都放在尺寸界线外。

☆ 文字和箭头：当尺寸界线间距离不足以放下文字和箭头时，文字和箭头都将移动到尺寸界线外。

☆ 文字始终保持在尺寸界线之间：始终将文字放在尺寸界线之间。

☆ 若不能放在尺寸界线内，则隐藏箭头：如果尺寸界线内空间足够时，隐藏箭头。

2．“文字位置”区

设置标注文字从默认位置（由标注样式定义的位置）移动时标注文字的位置。当文字不在默认位置（尺寸线的中间位置）时，共有三种放置的位置可供选择。

☆ 尺寸线旁边：只要移动标注文字尺寸线就会随之移动。

☆ 尺寸线上方，加引线：移动文字时尺寸线不会移动。如果将文字从尺寸线上移开，将创建一条连接文字和尺寸线的引线。当文字非常靠近尺寸线时，将省略引线。

☆ 尺寸线上方，不加引线：移动文字时尺寸线不会移动。远离尺寸线的文字不与带引线的尺寸线相连。

3. “标注特征比例”区

设定全局标注比例值或图纸空间比例。“注释性”选项指定标注为注释性。“将标注缩放到布局”选项根据当前模型空间视口和图纸空间之间的比例设置比例因子。“使用全局比例” 选项为所有标注样式设置设定一个统一比例，该比例控制尺寸线、尺寸界线、文字高度、箭头大小和偏移量等标注特征。该缩放比例并不更改标注的测量值。

4. “优化”区

提供“标注时手动放置文字”和“在尺寸界限之间绘制尺寸线”两种放置尺寸文字方式。

9.2.5 “主单位”选项卡

单击“主单位”选项卡，弹出图 9–8 所示对话框，设定主标注单位的格式和精度，并设定标注文字的前缀和后缀。各选项说明如下：

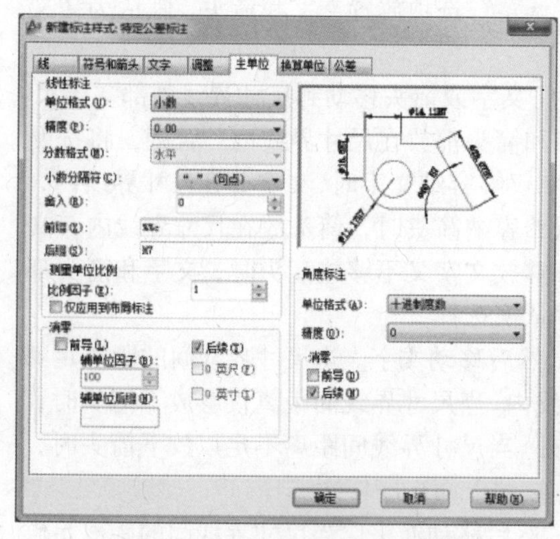

图 9–8 “主单位”选项卡对话框

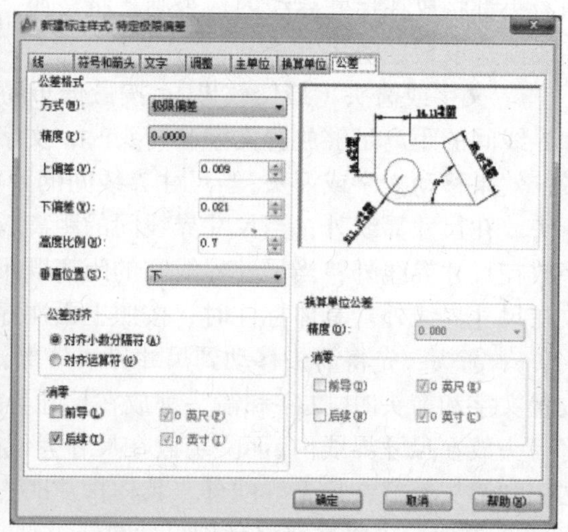

图 9–9 “公差”选项卡对话框

1. “线性标注”区

☆ 单位格式：设置尺寸长度的单位，默认为“小数”。

☆ 精度：设置尺寸数字的精确度（即小数点保留几位），默认为“0.00”。

☆ 小数分隔符：设置尺寸数字的整数部分与小数部分的分隔符，一般为“.（句点）”。

☆ 舍入：设置基本尺寸值的舍入规则。

☆ 前缀、后缀：在尺寸文本的前、后添加前缀、后缀。

2. “测量单位比例”区

☆ 比例因子：设置尺寸测量值与实际值之比，该比例因子值不适用于角度值、舍入值或正负公差值中。

☆ 仅应用到布局标注：控制是否将比例因子应用到布局的标注中。

3.“消零”区

设置是否输出前导零和后续零以及零英尺和零英寸部分。“前导”不输出所有十进制标注中的前导零，如 0.5000 变成 .5000。“后续”不输出所有十进制标注的后续零。

4.“角度标注”区

该区包括“单位格式”、“精度”、“消零”三个选项，各选项含义和设置同“线性标注”。

9.2.6 “换算单位”选项卡

该选项卡用于设置换算单位的格式、精度、尺寸数字的前、后缀等内容。通过设置“换算单位乘数”值，并按照设置的“精度”、“舍入精度”，计算出换算单位值。换算单位值等于主单位值乘以换算单位乘数值。

在“位置”栏中，选择“主值后”选项，换算单位值放置在尺寸线上面，尺寸测量值的后面。选择“主值下”选项，换算单位值放置在尺寸线下面。一般不选择显示换算单位。

9.2.7 “公差”选项卡

单击“公差”选项卡，弹出图 9-9 所示对话框，指定标注文字中公差的显示及格式。各选项说明如下：

1.“公差格式”区

☆ 方式：设置公差的表示方式。在右边的下拉列表框中，可选择“无”、“对称”、“极限偏差”、“极限尺寸”、“基本尺寸”五种公差方式。

☆ 精度：设置公差值的精度，缺省为“0.00”，一般为“0.0000”。

☆ 上偏差、下偏值：设置尺寸的上、下偏差值和对称公差值。“上偏差”输入值前自动加“+”，“下偏差”输入值前自动加“–”，如果“下偏差”为正，则在数值前输入“–”。

☆ 高度比例：设置公差值字高与尺寸测量值字高之比，一般为“0.7”。

☆ 垂直位置：设置对称公差和极限公差文字与尺寸文字的相对位置。

☆ 换算单位公差：设置换算公差单位的公差样式。

2.“公差对齐”区

控制上偏差值和下偏差值的对齐。“对齐小数分隔符”通过值的小数分割符堆叠值。“对齐运算符”通过值的运算符堆叠值。

其余区域和选项含义同上。

9.3 尺寸标注方法

创建好需要的标注样式后，开始标注尺寸。

9.3.1 线性尺寸标注（Dimlinear）

1. 功能

标注直线或两点间的距离，但只能标注水平尺寸和垂直尺寸。

2. 调用方式

☆ 功能区：常用（Home）=> 注释（Annotation）=> =>
注释（Annotation）=> 标注（Dimension）=> =>
☆ 命令行： dimlinear
☆ 菜　单： 标注（Dimension）=> 线性(Linear)
☆ 工具栏：
3. 解释

命令：dimlinear↙
指定第一个尺寸界线原点或<选择对象>：（指定被标注对象的起始点位置，或回车选择被标注对象）
指定第二条尺寸界线原点：（指定被标注对象的终点位置）
指定尺寸线位置或[多行文字(M)/文字(T)/角度(A)/水平(H)/垂直(V)/旋转(R)]：（指定放置位置或选项）

各选项说明如下：

☆ 多行文字(M)：在“文字编辑器”中输入、编辑需标注的尺寸文字。
☆ 文字(T)：按单行文字方式输入、编辑需标注的尺寸文字。
☆ 角度(A)：设置标注文字的倾斜角。逆时针为正值，顺时针为负值。
☆ 水平(H)：指定尺寸线水平标注。
☆ 垂直(V)：指定尺寸线垂直标注。
☆ 旋转(R)：设置尺寸标注总体的倾斜角度。

9.3.2 对齐尺寸标注（Dimaligned）

1. 功能

标注直线或两点间实际距离，尺寸线平行于尺寸界线原点连成的直线。

2. 调用方式

☆ 功能区：常用（Home）=> 注释（Annotation）=> => 对齐
注释（Annotation）=> 标注（Dimension）=> => 对齐
☆ 命令行：dimaligned
☆ 菜　单：标注（Dimension）=> 对齐(Aligned)
☆ 工具栏：对齐

3. 解释

对齐标注的 AutoCAD 提示中各选项含义和操作步骤与“线性标注”相同。

9.3.3 角度尺寸标注（Dimangular）

1. 功能

标注圆弧的圆心角、两条相交直线的夹角或三点构成的夹角等，如图 9-10 所示。

2. 调用方式

☆ 功能区：常用（Home）=> 注释（Annotation）=> => 角度
注释（Annotation）=> 标注（Dimension）=> => 角度
☆ 命令行：dimangular
☆ 菜　单：标注（Dimension）=> 角度（Angular）
☆ 工具栏：角度

3. 解释

命令：dimangular↙

选择圆弧、圆、直线或<指定顶点>:(选择需要标注对象)

☆ 选择圆弧，标注圆弧的圆心角，AutoCAD 提示如下：

指定标注弧线位置或[多行文字(M)/文字(T)/角度(A)/象限点(Q)]: （指定标注尺寸线位置，或改变文本内容和角度，“象限点(Q)”选项指定标注应锁定到的象限）

☆ 选择圆，标注圆上两点的圆心角，AutoCAD 提示如下：

指定角的第二个端点:（该点可在圆上，也可不在圆上，但其顶点是圆心，后续提示同前）

☆ 选择直线，标注两条相交直线的夹角。

☆ 标注三点构成的夹角时，AutoCAD 提示如下：

选择圆弧、圆、直线或 <指定顶点>:↙

指定角的顶点: （指定第一个端点的位置）

指定角的第一个端点: （指定第二个端点的位置）

指定角的第二个端点: （指定第三个端点的位置，后续提示同前）

标注样式不同，可以标注出的标注形式不同，最常见的是图 9-10 中最左侧的标注形式。

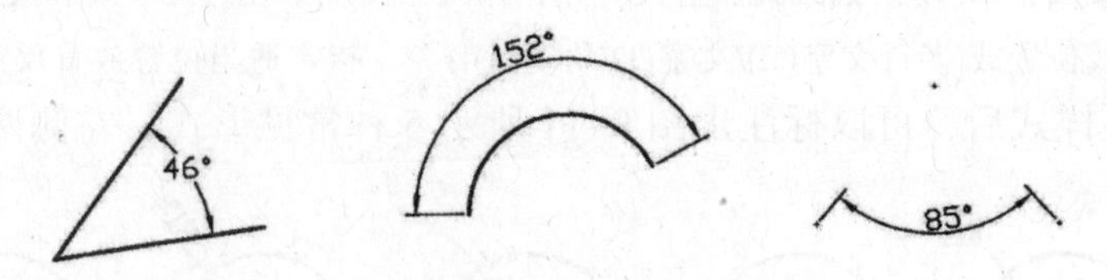

图 9-10 角度尺寸标注示意

9.3.4 弧长尺寸标注(Dimarc)

1. 功能

标注圆弧的弧长。

2. 调用方式

☆ 功能区：常用（Home）=> 注释（Annotation）=> =>

注释（Annotation）=> 标注（Dimension）=> =>

☆ 命令行：dimarc

☆ 菜 单：标注（Dimension）=> 圆弧（Arc）

☆ 工具栏：

3. 解释

命令：dimarc↙

选择弧线段或多段线弧线段: (选择需要标注对象)

指定弧长标注位置或[多行文字(M) /文字(T)/角度(A)/部分(P)/引线(L)]:（指定放置位置或选择选项）

各选项说明如下：

☆ “多行文字(M)”、“文字(T)”、“角度(A)”选项的含义及操作方式同 9.3.1 节。

☆ 部分(P)：对一段弧线的部分或全部弧长进行尺寸线标注。选择该选项，AutoCAD 提示如下：

指定圆弧长度标注的第一个点:（指定被标注对象的起始点位置）

指定圆弧长度标注的第二个点:（指定被标注对象的终点位置，后续提示同前）

☆ 引线(L)：添加引线对象。仅当圆弧大于 90 度时才会显示此选项。引线是按径向绘制的，指向所标注圆弧的圆心。默认状态为无引线。

9.3.5 半径尺寸标注(Dimarc)

1. 功能

标注圆弧或圆的半径，默认半径符号“R”，如图 9-11 所示。

2. 调用方式

☆ 功能区：常用（Home）=> 注释（Annotation）=> => 半径
　　　　　注释（Annotation）=> 标注（Dimension）=> => 半径

☆ 命令行：dimradius

☆ 菜　单：标注（Dimension）=> 半径（Radius）

☆ 工具栏：半径

3. 解释

命令：dimradius↙

选择圆弧或圆：　（单击圆或圆弧上任一点，作图区出现半径的尺寸线和尺寸文字）

指定尺寸线位置或[多行文字(M)/文字(T)/角度(A)]:　（指定适当位置放置尺或选择选项）

设置标注样式后，可以标注出图 9-11 所示 5 种常见形式，左侧两种形式最常见。

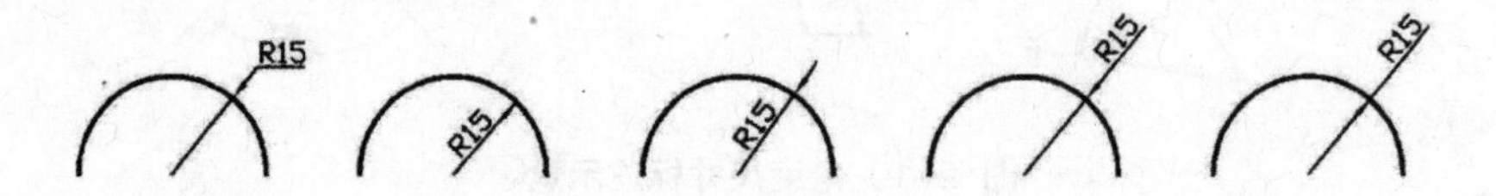

图 9-11　半径尺寸标注示意

9.3.6　直径尺寸标注（Dimdiameter）

1. 功能

标注圆或圆弧的直径，默认直径符号为“Ø”，如图 9-12 所示。

2. 调用方式

☆ 功能区：常用（Home）=> 注释（Annotation）=> => 直径
　　　　　注释（Annotation）=> 标注（Dimension）=> => 直径

☆ 命令行：dimdiameter

☆ 菜　单：标注（Dimension）=>直径(Diameter)

☆ 工具栏：直径

3. 解释

直径尺寸标注的 AutoCAD 提示中各选项含义和操作步骤与“半径尺寸标注”相同，但圆出现的尺寸线为直径样式，文本中出现“Ø”符号。设置标注样式后，可以标注出如图 9-12 所示 4 种常见标注形式，最常见的是图 9-12 中最左侧两种标注形式。

9.3.7 坐标尺寸标注（Dimordinate）

1. 功能

标注实体相对原点的 X 坐标值和 Y 坐标值。

2. 调用方式

☆ 功能区：常用（Home）=> 注释（Annotation）=> => 坐标

注释（Annotation）=> 标注（Dimension）=> => 坐标

☆ 命令行：dimordinate

☆ 菜　单：标注（Dimension）=> 坐标（Ordinate）

☆ 工具栏：坐标

3. 解释

命令：dimordinate↙

指定点坐标：（指定需要标注的点）

指定引线端点或[X 坐标(X)/Y 坐标(Y)/多行文字(M)/文字(T)/角度(A)]：（指定引线的端点位置。“X 坐标”、“Y 坐标”选项标注指定点的 X 或 Y 坐标。“角度”选项确定标注文字的旋转角度）

9.3.8 折弯尺寸标注(Dimjogged)

1. 功能

标注圆心位于图形边界之外的圆弧或圆半径。如图 9-13 所示。

2. 调用方式

☆ 功能区：常用（Home）=> 注释（Annotation）=> => 折弯

注释（Annotation）=> 标注（Dimension）=> =>折弯

☆ 命令行：dimjogged

☆ 菜　单：标注（Dimension）=> 折弯（jogged）

☆ 工具栏：折弯

3. 解释

命令：dimjogged ↙

选择圆弧或圆：（单击圆或圆弧上任一点）

指定中心位置替代：（指定折弯半径标注的新中心点，以用于替代圆弧或圆的实际中心点。）

标注文字 = 277.25(圆弧半径)

指定尺寸线位置或 [多行文字(M)/文字(T)/角度(A)]：（指定适当位置放置尺寸或选择选项）

指定折弯位置：（指定折弯点）

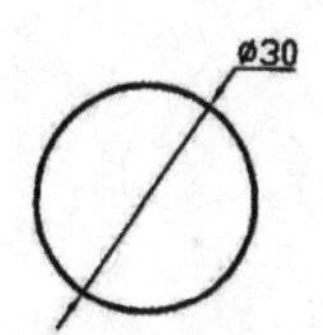

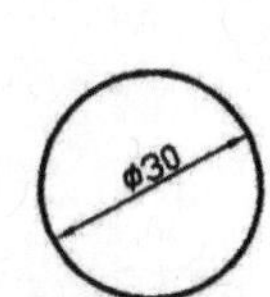

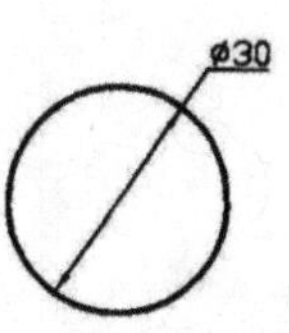

图 9-12 直径尺寸标注示意

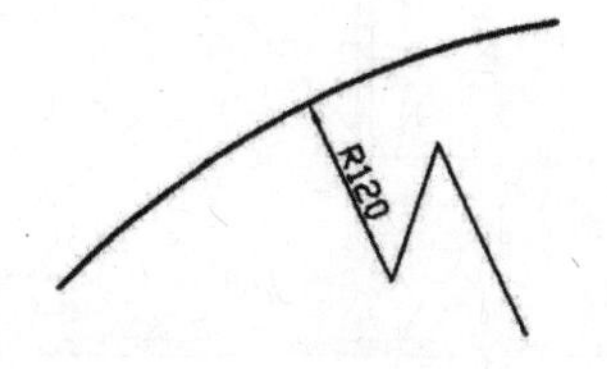

图 9-13 折弯尺寸标注示意

9.4 引线标注

9.4.1 引线标注构成

引线标注由箭头、引线、基线（引线与标注文字间的线）、多行文字或块四个部分构成，如图 9-14 所示。其中箭头的形式、引线外观、文字属性及图块形状等由引线样式控制。

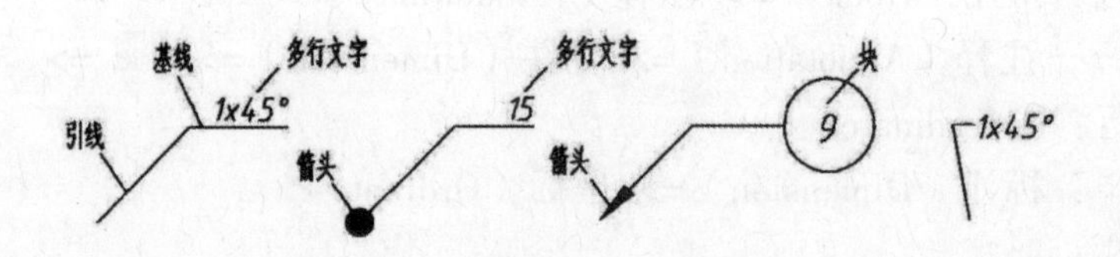

图 9-14 引线标注构成

9.4.2 多重引线标注样式（MLeaderstyle）

1. 功能

创建和修改可用于创建多重引线对象的样式。

2. 调用方式

☆ 功能区：常用（Home）=> 注释（Annotation）=>“注释”面板展开器 =>
注释（Annotation）=> 引线（leader）=>“引线”对话框启动器

☆ 命令行：mleaderstyle

☆ 工具栏：

3. 解释

调用该命令，弹出“多重引线样式管理器”对话框，如图 9-15 所示。其各选项的含义同图 9-2 所示“标注样式管理器”对话框类似。单击“新建”按钮后，弹出“创建新多重引线样式”对话框，在“新样式名”文本框中输入新样式名，在“基础样式”下拉列表框中选择一种基础样式，单击“继续”按钮，弹出“修改标注样式”对话框，如图 9-16 所示。

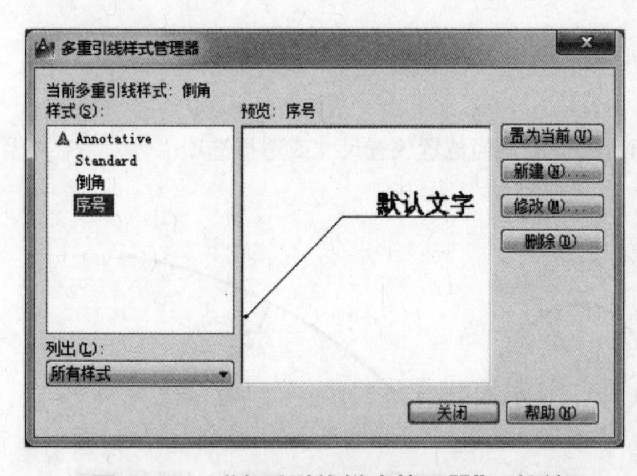

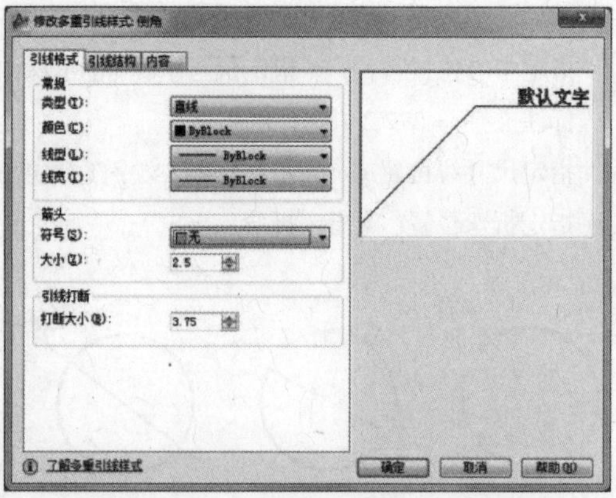

图 9-15 “多重引线样式管理器”对话框

图 9-16 “修改多重引线样式”对话框

☆ “引线格式”选项卡：控制多重引线的引线和箭头的格式，如图 9-16 所示。

(1) “常规”区：控制箭头的基本设置。“类型”确定引线类型，可以选择直线、样条曲线或无引线，一般为“直线”。其余选项含义同上。

(2) “箭头”区：控制多重引线箭头的外观。“符号”设置多重引线的箭头符号，常用选项有箭头、无、小圆点。“大小”设置箭头的大小，一般为“2.5”。

(3) “引线打断”区：控制将折断标注添加到多重引线时使用的设置。

☆ “引线结构”选项卡：控制多重引线引线点数量、基线尺寸和比例，如图 9–17 所示。

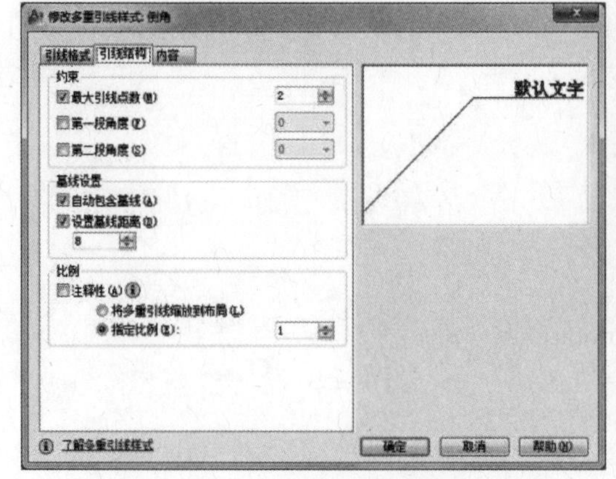

图 9–17 “引线结构”选项卡对话框

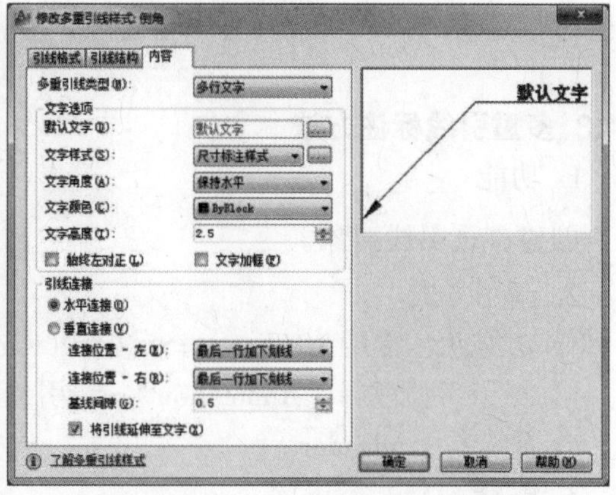

图 9–18 “内容”选项卡对话框

(1) “约束”区：控制多重引线的约束。“最大引线点数”指定引线的最大线段端点数。“第一段角度”、“第二段角度”分别指定引线中的第一条线、第二条线的角度

(2) “基线设置”区：控制多重引线的基线设置。“自动包含基线”复选框将水平基线附着到多重引线内容。“设置基线距离”复选框确定多重引线基线的固定距离。

(3) “比例”区：控制多重引线的缩放。“注释性”指定多重引线为注释性。单击信息图标以了解有关注释性对象的详细信息。“将多重引线缩放到布局”单选框根据模型空间视口和图纸空间视口中的缩放比例确定多重引线的比例因子。“指定缩放比例”列表框指定多重引线的缩放比例。当多重引线不为注释性时，这两个选项可用。

☆ “内容”选项卡：控制附着到多重引线的内容类型，如图 9–18 所示。

(1) “多重引线类型”区：确定多重引线是包含文字还是包含块。选项为“多行文字”，则有下面“文字选项”区和“引线连接”区。

(2) “文字选项”区：控制多重引线文字的外观。“默认文字”设定多重引线内容的默认文字，单击“...”按钮启动多行文字在位编辑器。 “始终左对齐”指定多重引线文字始终左对齐。“文字边框”使用文本框对多重引线文字内容加框，通过修改基线间距设置，控制文字和边框之间的分离。其余选项含义同上。

(3) “引线连接”区：控制多重引线的引线连接设置。引线可以水平或垂直连接。

“水平连接”水平附着将引线插入到文字内容的左侧或右侧，水平附着包括文字和引线之间的基线。“连接位置–左”控制文字位于引线右侧时基线连接到多重引线文字的方式。“连接位置–右”控制文字位于引线左侧时基线连接到多重引线文字的方式。

“垂直连接”将引线插入到文字内容的顶部或底部。垂直连接不包括文字和引线之间的基线。“连接位置–上”将引线连接到文字内容的中上部。“连接位置–下”将引线连接到文字内容的底部。单击下拉菜单可以在引线连接和文字内容之间插入上划线或下划线。

“基线间隙”指定基线和多重引线文字之间的距离。“将引线延伸到文字”将基线延伸到附着引线的文字行边缘（而不是多行文本框的边缘）处的端点。多行文本框的长度

由文字的最长一行的长度而不是边框的长度来确定。

如果“多重引线类型”区选项为“块”，则选项区控制多重引线对象中块内容的特性。“源块”指定用于多重引线内容的块。“附着”指定将块附着到多重引线对象的方式，可以通过指定块的插入点或圆心来附着块。“比例”指定插入时块的比例。其他选项含义同前。

9.4.3 多重引线标注方法

1. 功能

创建多重引线对象。

2. 调用方式

☆ 功能区：常用（Home）=> 注释（Annotation）=> 引线 => 引线

注释（Annotation）=> 引线（leader）=> 引线 => 引线

☆ 命令行：mleader

3. 解释

多重引线可创建为箭头优先、引线基线优先或内容优先。

☆ 引线箭头优先：指定多重引线对象箭头的位置，为默认设置。

命令：mleader↙

指定引线箭头的位置或[引线基线优先(L)/内容优先(C)/选项(O)] <选项>:（指定引线的箭头位置）

指定引线基线的位置：（设置新的多重引线对象的引线基线位置，接着弹出“文字编辑器”，输入多行文字，结束文字输入后，退出“文字编辑器”，同时命令结束。）

☆ 引线基线优先：指定多重引线对象的基线的位置。

命令：mleader↙

指定引线箭头的位置或[引线基线优先(L)/内容优先(C)/选项(O)] <引线基线优先>: l↙

指定引线基线的位置或[引线箭头优先(H)/内容优先(C)/选项(O)] <内容优先>:（指定引线的基线位置）

指定引线箭头的位置:（设置新的多重引线对象的引线箭头位置，后续操作同前）

☆ 内容优先：指定与多重引线对象相关联的文字或块的位置。

命令：mleader↙

指定引线基线的位置或[引线箭头优先(H)/内容优先(C)/选项(O)] <内容优先>: c↙

指定块的插入点或[引线箭头优先(H)/引线基线优先(L)/选项(O)] <选项>:（指定块插入的位置，如果“多重引线样式”对话框中“内容”选项卡中内容是多行文字，则提示为多行文字的矩形框的角点位置。）

输入属性值

输入标记编号<TAGNUMBER>:（输入图块中属性内容）

指定引线箭头的位置:（指定引线的箭头位置）

☆ 选项：指定用于放置多重引线对象的选项。

命令：mleader↙

指定引线基线的位置或[引线箭头优先(H)/内容优先(C)/选项(O)] <内容优先>: ↙（或 o↙）

输入选项 [引线类型(L)/引线基线(A)/内容类型(C)/最大节点数(M)/第一个角度(F)/第二个角度(S)/退

出选项(X)] <退出选项>:（“引线类型”指定直线、样条曲线或无引线，“引线基线” 更改水平基线的距离，“内容类型”指定要用于多重引线的内容类型，“最大节点数”指定新引线的最大点数，“第一个角度”约束新引线中的第一个点的角度，“第二个角度”约束新引线中的第二个角度，上述选项设置后必须执行“退出选项”以进行下一步操作）

指定引线基线的位置或[引线箭头优先(H)/内容优先(C)/选项(O)] <选项>: （指定引线的基线位置）

指定引线箭头的位置:（设置新的多重引线对象的引线箭头位置，后续操作同前）

9.5 其他尺寸标注方法

9.5.1 基线尺寸标注（Dimbaseline）

1. 功能

标注以同一个基准位置为起始位置的多个对象。使用该命令前必须先选择基准，然后用“基线尺寸标注”标注其余尺寸。

2. 调用方式

☆ 功能区：注释（Annotation）=> 标注（Dimension）=> 基线

☆ 命令行：dimbaseline

☆ 菜　单：标注（Dimension）=> 基线（Baseline）

☆ 工具栏：

3. 解释

命令：dimbaseline↙

指定第二条尺寸界限原点或[放弃(U)/选择(S)]<选择>:（指定被标注对象的端点位置，或选择基准）

在此提示下直接指定第二条尺寸界线原点，即第二个尺寸标注的终点，则标注该尺寸，然后重复出现上述提示。选择“选择(S)”选项或按 Enter 键，则出现“选择基准标注”提示。基准标注决定基线标注的第一个尺寸标注，且选择基准标注的拾取框靠近基准标准那一条尺寸界线，则该尺寸界线为共同的尺寸界线。相邻两尺寸线之间的距离可以通过“标注样式管理器”调整。

9.5.2 连续尺寸标注（Dimcontinue）

1. 功能

以选定的第一个尺寸标注的终点作为第二个尺寸标注的起点对多个对象进行标注。

2. 调用方式

☆ 功能区：注释（Annotation）=> 标注（Dimension）=> 连续

☆ 命令行：dimcontinue

☆ 菜　单：标注（Dimension）=> 连续（Continue）

☆ 工具栏：连续

3. 解释

该命令标注的方法和各选项的含义同“基线尺寸标注”。只是基线尺寸标注中所有尺寸公用第一条尺寸线，连续尺寸标注中相邻两尺寸的第二条尺寸界线和第一条尺寸界线重合，所用尺寸线在同一条线上。

9.5.3 快速标注（Qdim）

1. 功能

从选定对象快速创建多个同类型的尺寸或编辑已标注的线性尺寸。

2. 调用方式

☆ 功能区：注释（Annotation）=> 标注（Dimension）=>

☆ 命令行：qdim

☆ 菜　单：标注（Dimension）=> 快速（Qdim）

☆ 工具栏：

3. 解释

命令：qdim↙

关联标注优先级 = 端点

选择要标注的几何图形：　（选择多个需要标注实体）

指定尺寸线位置或[连续(C)/并列(S)/基线(B)/坐标(O)/半径(R)/直径(D)/基准点(P)/编辑(E)/设置(T)]<连续>：（指定尺寸线位置、选择各种标注的方式，基准点为基线标注和坐标标注设定新的基准点。或编辑标注、“设置”为指定尺寸界线原点设置默认对象捕捉。）

9.5.4 形位公差标注（Tolerance）

1. 功能

标注公差，指定形位公差类型和公差值。

2. 调用方式

☆ 功能区：注释（Annotation）=> 标注（Dimension）=>“标注”面板展开器 =>

☆ 命令行：tolerance

☆ 菜　单：标注（Dimension）=> 公差（Tolerance）

☆ 工具栏：

3. 解释

调用该命令，弹出“形位公差”对话框，如图 9-19 所示。各选项说明如下：

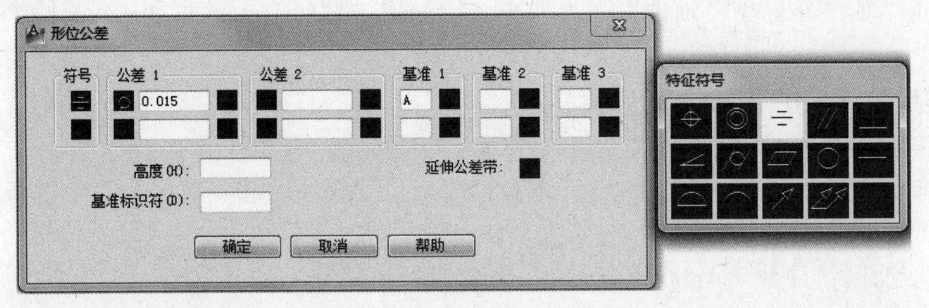

图 9-19 “形位公差”对话框

☆ 符号：设置形位公差类型符号，单击符号下面的黑色框，弹出“符号”对话框，从中选择需要的形位公差符号。

☆ 公差 1、公差 2：设置公差值与包容条件，在相应的白色文本框中输入公差值，单击文本框前的黑色框，可在文本前添加上直径“Ø”符号。文本框后的黑色框为包容条件。

☆ 基准 1、基准 2、基准 3：设置公差基准和相应的包容条件。

☆ 高度(H)：设置投影公差带值。

☆ 延伸公差带：是否在投影公差带值后添加上投影公差带符号。

☆ 基准标识符(D)：设置基准的标识符。

9.5.5 圆心标记（Center Mark）

1. 功能

找出圆及圆弧的圆心，并加上圆心标记。

2. 调用方式

☆ 功能区：注释（Annotation）=> 标注（Dimension）=>“标注”面板展开器 =>

☆ 命令行：dimcenter

☆ 菜　单：标注（Dimension）=> 圆心标记（Center Mark）

☆ 工具栏：

3. 解释

调用该命令，选择需要标注的圆弧或圆，自动添加圆心标记。

9.6 编辑尺寸标注

9.6.1 标注打断

1. 功能

调整线性标注或角度标注之间的间距。

2. 调用方式

☆ 功能区：注释（Annotation）=> 标注（Dimension）=>

☆ 命令行：dimbreak

☆ 菜　单：标注（Dimension）=> 标注打断（Dimension Break）

☆ 工具栏：

3. 解释

命令：dimbreak↙

选择要添加/删除折断的标注或[多个(M)]：（选择尺寸标注或输入选项 M 同时选择多个尺寸标注）

选择要折断标注的对象或[自动(A)/手动(M)/删除(R)] <自动>:（选择同尺寸标注相交对象，“自动”将折断标注放置在与选定标注相交的对象的所有交点处。“删除”从选定的标注中删除所有折断标注。“手动”手动放置折断标注。为折断位置指定标注或尺寸界线上的两点。如果修改标注或相交对象，则不会更新使用此选项创建的任何折断标注。使用此选项，一次仅可以放置一个手动折断标注。）

选择要折断标注的对象：↙（按 Enter 键结束选择或继续选择同尺寸标注相交对象）

9.6.2 调整间距

1. 功能

在标注和尺寸界线与其他对象的相交处打断或恢复标注和尺寸界线并加上圆心标记。

2. 调用方式

☆ 功能区：注释（Annotation）=> 标注（Dimension） =>

☆ 命令行：dimspace

☆ 菜　单：标注（Dimension）=> 标注间距（Dimension Space）

☆ 工具栏：

3. 解释

命令：dimspace↙

选择基准标注：（选择位置不同的标注）

选择要产生间距的标注:找到 1 个（选择需要调整距离的标注）

选择要产生间距的标注：↙（按 Enter 键结束选择或继续选择需要调整距离的标注）

输入值或 [自动(A)] <自动>: 8↙（输入距离值）

9.6.3 检验

1. 功能

添加或删除与选定标注关联的检验信息。

2. 调用方式

☆ 功能区：注释（Annotation）=> 标注（Dimension）=>

☆ 命令行：diminspect

☆ 菜　单：标注（Dimension）=> 检验（Inspect）

☆ 工具栏：

3. 解释

调用该命令，弹出“检验标注”对话框，其中“选择标注”选择添加或删除检验标注的尺寸标注，“形状”控制围绕检验标注的标签、标注值和检验率绘制的边框的形状，“标签/检验率”为检验标注指定标签文字和检验率。

9.6.4 更新标注

1. 功能

用当前标注样式更新标注对象。

2. 调用方式

☆ 功能区：注释（Annotation）=> 标注（Dimension）=>

☆ 命令行：-dimstyle

☆ 菜　单：标注（Dimension）=> 更新（Update）

☆ 工具栏：

3. 解释

命令：dimstyle↙

当前标注样式：特定极限偏差　　注释性：否

输入标注样式选项[注释性(AN)/保存(S)/恢复(R)/状态(ST)/变量(V)/应用(A)/?] <恢复>:　apply↙

选择对象：找到 1 个↙（继续选择需要更新的标注或按 Enter 键结束选择）

各选项说明如下：

☆ 注释性(AN)：创建**错误!超链接引用无效。**标注样式。

☆ 保存(S)：将标注系统变量的当前设置保存到标注样式。

☆ 恢复(R)：将标注系统变量设置恢复为选定标注样式的设置。

☆ 状态(ST)：显示所有标注系统变量的当前值。

☆ 变量(V)：列出某个标注样式或选定标注的标注系统变量设置，但不修改当前设置。

☆ 应用(A)：将当前尺寸标注系统变量设置应用到选定标注对象，永久替代应用于这些对象的任何现有标注样式。

9.6.5 折弯标注

1. 功能

在线性标注或对齐标注中添加或删除折弯线。标注中的折弯线表示所标注的对象中的折断。标注值表示实际距离，而不是图形中测量的距离。

2. 调用方式

☆ 功能区：注释（Annotation）=> 标注（Dimension）=>

☆ 命令行：dimjogline

☆ 菜　单：标注（Dimension）=> 折弯线性（Jog Line）

☆ 工具栏：

3. 解释

命令: dimjogline↙

选择要添加折弯的标注或 [删除(R)]: （选择要添加或删除折弯标注的线性标注或对齐标注）

选择要添加折弯的标注或 [删除(R)]: ↙（按 Enter 键结束选择或继续选择同尺寸标注相交对象）

指定折弯位置: （按 Enter 键可在标注文字与第一条尺寸界线之间的中点处放置折弯，或在基于标注文字位置的尺寸线的中点处放置折弯）

9.6.6 重新关联

1. 功能

将选定的标注关联或重新关联至对象或对象上的点。

2. 调用方式

☆ 功能区：注释（Annotation）=> 标注（Dimension）=>“标注”面板展开器 =>

☆ 命令行：dimreassociate

☆ 菜　单：标注（Dimension）=> 重新关联标注（Reassociate Dimension）

☆ 工具栏：

3. 解释

命令: dimreassociate↙

选择要重新关联的标注 ...

选择对象或 [解除关联(D)]: 找到 1 个（选择需重新关联的标注对象，或选择选项“D”解除关联标注。）

选择对象或 [解除关联(D)]: ↙（继续选择尺寸标注对象或按 Enter 键结束选择）

关联可以让尺寸标注位置、数值等随被标注的图形一起变化。针对不同标注类型，AutoCAD 会提示输入相应的对象捕捉位置或对象。

9.6.7 倾斜标注

1. 功能

修改已标注对象的文本内容及放置方式等。

2. 调用方式

☆ 功能区：注释（Annotation）=> 标注（Dimension）=>“标注”面板展开器 =>

☆ 命令行：dimedit

☆ 菜　单：标注（Dimension）=> 倾斜（Oblique）

☆ 工具栏：

3. 解释

命令：dimedit↙

输入标注编辑类型[默认(H)/新建(N)/旋转(R)/倾斜(O)] <默认>：（输入选项或回车选择默认设置）

各选项说明如下：

☆ 默认(H)：以系统默认的方式修改已有标注。

☆ 新建(N)：使用“文字编辑器”修改标注的文字。用尖括号(< >)表示生成的测量值。给生成的测量值添加前缀或后缀，请在尖括号前后输入前缀或后缀。要编辑或替换生成的测量值，请删除尖括号，输入新的标注文字。

☆ 旋转(R)：修改标注文字的旋转角度，输入“0”将标注文字按缺省方向放置。

☆ 倾斜(O)：调整线性标注尺寸界线的倾斜角度。将创建线性标注，其尺寸界线与尺寸线方向垂直。当尺寸界线与图形的其他部件冲突时“倾斜”选项将很有用处。

9.6.8 编辑标注文字

1. 功能

修改已标注对象的文字位置。

2. 命令行

☆ 功能区：注释（Annotation）=> 标注（Dimension）=>“标注”面板展开器 =>

☆ 命令行：dimtedit

☆ 菜 单：标注（Dimension）=> 对齐文字（Align Dimension）

☆ 工具栏：

3. 解释

命令：dimtedit↙

选择标注：（选择被修改的文字）

指定标注文字的新位置或[左(L)/右(R)/中心(C)/默认(H)/角度(A)]：（选择各种设置文字的方法）

各选项说明如下：

☆ 左(L)、右(N)、中心(C)：沿尺寸线左对正、右对正、中间标注文字。这些选项只适用于线性、半径和直径标注。

☆ 默认(H)：将标注文字移回默认位置。

☆ 角度(A)：修改标注文字的角度。文字的中心并没有改变。如果移动了文字或重生成了标注，由文字角度设置的方向将保持不变。输入零度角将使标注文字以默认方向放置。文字角度从 UCS 的 X 轴进行测量。

9.6.9 替代标注文字

1. 功能

选定或清除选定标注对象的替代，使其标注样式为定义的设置。

2. 命令行

☆ 功能区：注释（Annotation）=> 标注（Dimension）=>“标注”面板展开器 =>

☆ 命令行：dimoverride

☆ 菜 单：标注（Dimension）=> 替代（dimoverride）

☆ 工具栏：

3. 解释

调用该命令，AutoCAD 提示输入要替代的标注变量名或清除选定标注对象的所有替代值，将标注对象返回到其标注样式所定义的设置。

9.7 编辑多重引线标注

9.7.1 添加/删除引线标注

1. 功能

将引线添加至多重引线对象，或从多重引线对象中删除引线。

2. 调用方式

☆ 功能区：注释（Annotation）=> 标注（Dimension）=>

常用（Home）=> 注释（Annotation）=> 引线 =>

☆ 命令行：mleaderedit

☆ 菜 单：修改（Modify）=>对象（Object）=> 多重引线 => 添加/删除引线

3. 解释

命令：mleaderedit↙

指定引线箭头的位置或 [删除引线(R)]:（“添加引线”将引线添加至选定的多重引线对象。根据光标的位置，新引线将添加到选定多重引线的左侧或右侧。“删除引线”从选定的多重引线对象中删除引线。）

9.7.2 对齐引线标注

1. 功能

对齐并间隔排列选定的多重引线对象。

2. 调用方式

☆ 功能区：注释（Annotation）=> 标注（Dimension）=>

☆ 命令行：mleaderalign

☆ 菜 单： 修改（Modify）=> 对象（Object）=>多重引线（Mleader）=> 对齐引线（Align）

3. 解释

命令：mleaderalign↙

选择多重引线: 找到 1 个（选择需要调整位置的多重引线）

选择多重引线: ↙（按 Enter 键结束选择或继续选择需要调整位置的多重引线）

当前模式: 使用当前间距（默认的基线间距）

选择要对齐到的多重引线或[选项(O)]: O ↙ （指定其他多重引线要与之对齐的多重引线）

输入选项[分布(D)/使引线线段平行(P)/指定间距(S)/使用当前间距(U)] <使用当前间距>:

各选项说明如下：

☆ 分布(D)：将内容在两个选定的点之间均匀隔开。

☆ 使引线线段平行(P)：使选定多重引线中最后的引线线段平行。

☆ 指定间距(S): 指定选定的多重引线内容范围之间的间距。

☆ 使用当前间距(U)：使用多重引线内容之间的当前间距。

9.7.3 合并引线标注

1. 功能

将包含块的选定多重引线整理到行或列中，并通过单引线显示结果。

2. 调用方式

☆ 功能区：注释（Annotation）=> 标注（Dimension）=>

☆ 命令行：mleadercollect

☆ 菜　单：修改（Modify=> 对象（Object）=> 多重引线（Mleader）=> 合并引线（Collect）

3. 解释

命令：mleadercollect↙

选择多重引线：找到 1 个（选择需要调整位置的多重引线，最后回车结束选择）

已过滤 1 个

指定收集的多重引线位置或 [垂直(V)/水平(H)/缠绕(W)]：（放置多重引线集合的点在集合左上角）

各选项说明如下：

☆ 垂直(V)：将多重引线集合放置在一列或多列中。

☆ 水平(H)：将多重引线集合放置在一行或多行中。

☆ 缠绕(W)：指定缠绕的多重引线集合的宽度和每行中块的最大数目。

应用实例

9.8 平面图形尺寸标注

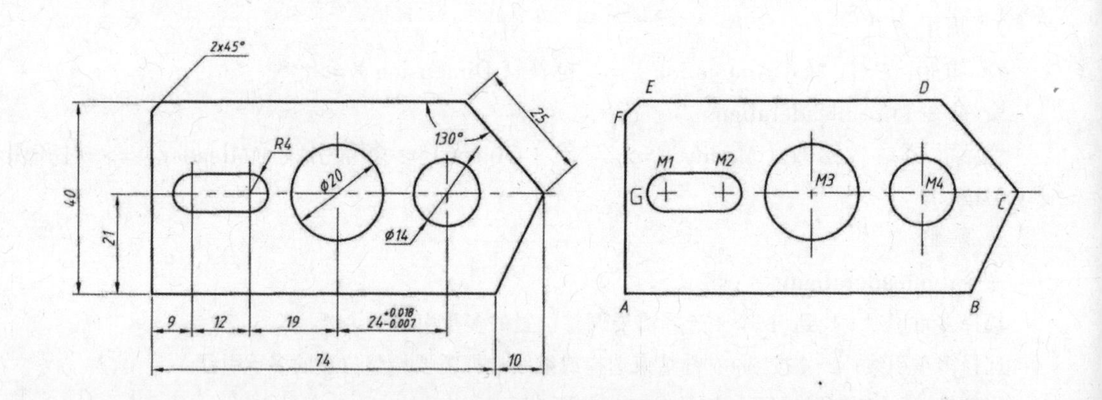

图 9-20 平面图形尺寸标注

9.8.1 标注要求

按照图 9-20 所示，标注平面图形的尺寸。

9.8.2 标注步骤

1. 新建文件

新建绘图区域为 148×210mm 的图形文件，保存为“标注.dwg”。

2. 绘制图形

☆新建图层:“点划线”图层,“线型”为“center”、“线宽”为“0.25”;“粗实线”图层,“线型”为 Continuous、“线宽”为“0.5”;“尺寸标注”层,线型为“continuous”、线宽为“0.25”。

☆设置“点划线”层为当前层,调用“line”、“copy”、“offset”命令,结合对象捕捉等绘制相关点划线。设置“粗实线”层为当前层,调用“line”、“circle”、“chamfer”命令,结合对象捕捉等绘制图形。

3. 相关设置

☆单击“常用”选项卡中的“注释”面板展开器上的按钮,弹出“文字样式管理器”对话框,建立应用于尺寸标注的文字样式:文字样式名称为“工程文字”、字体为“gbitec.shx”,其他为默认设置。

☆右击状态工具栏中“对象捕捉”按钮,在“对象捕捉”对话框中,单击“全部选择”按钮选择全部对象捕捉模式,启动对象捕捉辅助功能。

☆在“常用”选项卡中的“图层”面板上单击“图层”下拉框选中“尺寸标注”图层,使“尺寸标注”图层置为当前。

4. 标注线性尺寸

☆创建线性标注样式

单击“常用”选项卡中“注释”面板展开器上的按钮,弹出“标注样式管理器”对话框,单击“新建”按钮,选择“ISO-25”标准样式为基础样式,新建标注样式“线性尺寸”, 选择“线”选项卡,设置“基线间距”为“6”;选择“文字”选项卡,设置“文字样式”为“工程文字”、“文字高度”为“2.5”;选择“主单位”选项卡,设置“精度”为“0”;其余均为默认设置,单击“确定”按钮。并将该样式置为当前。

☆线性标注图 9-20 中 AM_1 水平距离

命令: dimlinear↙

指定第一条尺寸界线原点或<选择对象>: (捕捉图 9-20“A”点)

指定第二条尺寸界线原点: (捕捉图 9-20“M_1”点)

指定尺寸线位置或[多行文字(M)/文字(T)/角度(A)/水平(H)/垂直(V)/旋转(R)]: (指定合适位置)

标注文字=9

☆连续标注图 9-20 中 M_1M_2、M_2M_3 水平距离

命令: dimcontinue↙

指定第二条尺寸界线原点或[放弃(U)/选择(S)]<选择>: (捕捉图 9-20“M_2”点)

标注文字 =12

指定第二条尺寸界线原点或[放弃(U)/选择(S)]<选择>: (捕捉图 9-20“M_3”点)

标注文字 =19

指定第二条尺寸界线原点或[放弃(U)/选择(S)]<选择>: ↙

选择连续标注: ↙

☆快速标注图 9-20 中线段 AB、BC

命令: qdim↙

选择要标注的几何图形: (选取图 9-20“AB”线段)

选择要标注的几何图形：（选取图 9–20“BC”线段）

选择要标注的几何图形：↙

指定尺寸线位置或[连续(C)/并列(S)/基线(B)/坐标(O)/半径(R)/直径(D)/基准点(P)/编辑(E)] <连续>:

（指定合适位置放置）

☆ 对齐标注图 9–20 中线段 CD

命令: dimaligned↙

指定第一条尺寸界线原点或<选择对象>:（捕捉图 9–20“C”点）

指定第二条尺寸界线原点：（捕捉图 9–20“D”点）

指定尺寸线位置或[多行文字(M)/文字(T)/角度(A)/水平(H)/垂直(V)/旋转(R)]:（指定合适位置）

标注文字=25

☆ 基线标注图 9–20 中 AG、AE 点间竖直距离

首先调用“线性标注”命令，依次捕捉标注“A”和“G”点作为尺寸界线的原点，标注 AG 两点间的竖直距离 21。接着调用“基线标注”命令，具体操作如下:

命令: dimbaseline↙

指定第二条尺寸界线原点或[放弃(U)/选择(S)]<选择>:（捕捉图 9–20“E”点）

标注文字=40

指定第二条尺寸界线原点或[放弃(U)/选择(S)]<选择>: ↙

5. 标注图 9–20 中 EF 倒角

☆ 创建“倒角”多重引线标注样式

单击“常用”选项卡中“注释”面板展开器上的按钮，弹出“多重引线样式管理器”对话框，单击“新建”按钮，选择“standard”为基础样式，新建标注样式“倒角”，选择“引线格式”选项卡，设置“箭头符号”为“无”、“箭头大小”为“2.5”；选择“引线结构”选项卡，设置“第一段角度”为“45”、“基线距离”为“2”；选择“内容”选项卡，设置“多重引线类型”为“多行文字”、“文字样式”为“工程文字”、“文字高度”为“2.5”、“连接位置–左”和“连接位置–右”为“最后一行加下划线”，其余均为默认设置，单击“确定”按钮。并将该样式置为当前。

☆ 标注该倒角

命令：mleader↙

指定引线箭头的位置或[引线基线优先(L)/内容优先(C)/选项(O)] <选项>:（捕捉图 9–20“E”点）

指定引线基线的位置：（在同 ED 直线距离约为 10 处点击一点，在“文字编辑器”编辑框中输入 2×45^{0} 结束文字输入后，退出“文字编辑器”选项卡，同时命令结束。）

6. 标注图 9–20 中大圆 M_3

☆ 创建“圆内直径”标注样式

单击“常用”选项卡中“注释”面板展开器上的按钮，弹出“标注样式管理器”对话框，单击“新建”按钮，选择“线性尺寸”样式为基础样式，新建标注样式“圆内直径”，选择“文字”选项卡，设置“文字样式”为“工程文字”、“文字高度”为“2.5”；选择“调整”选项卡，设置“调整选项”为“文字和箭头”、“优化”为“手动放置位置”，其余均为缺省设置，单击“确定”按钮。并将该样式置为当前。

☆ 标注该圆

命令: dimdiameter↙

选择圆弧或圆: （选取图 9-20 大圆）

标注文字 =20

指定尺寸线位置或[多行文字(M)/文字(T)/角度(A)]: （指定合适位置放置）

7. 标注图 9-20 中大圆 M_4、圆弧 M_1 或 M_2

☆ 创建“圆外标注”标注样式

重复上述标注样式操作，其余设置同“圆内直径”标注样式，只改变“文字”选项卡中“文字对齐”为“水平”。

☆ 标注两个圆：调用“直径标注”命令，捕捉图 9-20 中大圆 M_4 在合适位置放置尺寸线，则系统自动标注直径 Ø14。调用“半径标注”命令，捕捉图 9-20 中小圆 M_2 在合适位置放置尺寸线，则系统自动标注半径 R7。

8. 标注图 9-20 中角度

☆ 创建“角度”标注样式

重复上述标注样式操作，其余设置同“圆外标注”标注样式，只改变“文字”选项卡中的“文字位置”中的“垂直”选项为“置中”。

☆ 标注该角度

命令: dimangular↙

选择圆弧、圆、直线或 <指定顶点>: （选取图 9-20“DE”线段）

选择第二条直线: （选取图 9-20“CD”线段）

指定标注弧线位置或[多行文字(M)/文字(T)/角度(A)]: （指定合适位置放置）

标注文字 =130

9. 标注图 9-20 中线段 M_3M_4

☆ 替代标注样式“公差”

单击“常用”选项卡“注释”面板展开器按钮，弹出“标注样式管理器”对话框，选择“线性尺寸”样式为基础样式，单击“替代”按钮，选择“公差”选项卡，设置“方式”为“极限偏差”、“精度”为“0.0000”、“上偏差”为“0.007”、“下偏差”为“0.018”、“高度比例”为“0.7”、为其余均缺省设置，单击“确定”按钮。并将该样式置为当前。

☆ 标注该尺寸：调用“线性标注”命令，依次捕捉图 9-20“M3”点和“M_4”点作为尺寸界线的原点，在合适位置放置尺寸 24，则系统自动标注该公差尺寸。

10. 保存

调用“break”命令打断穿过尺寸数字的点划线，启用夹点操作调整点划线的长度，绘制结果如图 9-20 所示。

9.9 轴承座尺寸标注

9.9.1 标注要求

按照图 9-21 所示，标注轴承座尺寸，图中未注圆角半径为 R2。

9.9.2 标注步骤

1. 新建文件

新建绘图区域为 148×210mm 的图形文件，保存为“轴承座.dwg”

2. 绘制图形

☆ 新建图层：“点划线”图层，“线型”为“center”、“线宽”为“0.25”；“粗实线”图层，“线型”为 Continuous、“线宽”为“0.5”；“细实线”图层，“线型”为 Continuous、“线宽”为“0.25”；“尺寸标注”层，线型为“continuous”、线宽为“0.25”。

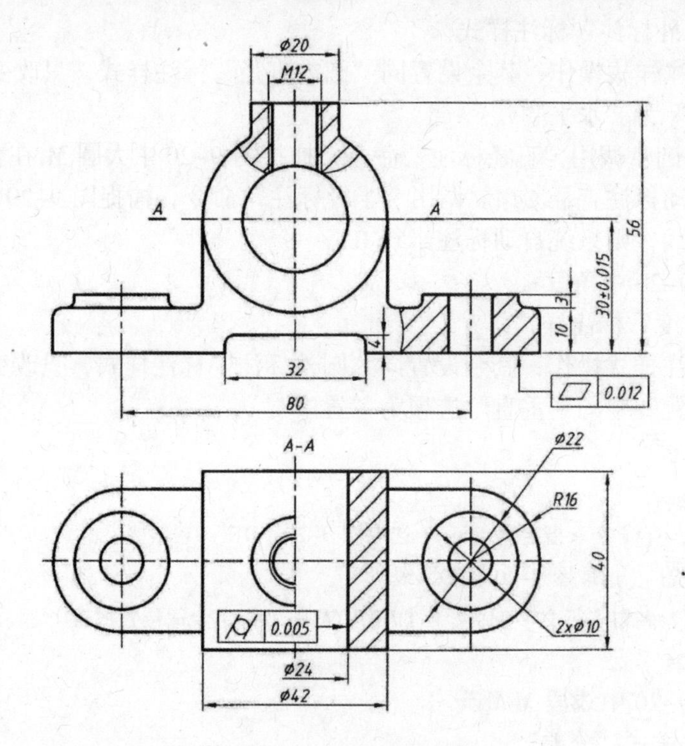

图 9-21 轴承座尺寸标注

☆ 设置“点划线”层为当前层，调用“line”、“copy”、“offset”命令，结合对象捕捉等绘制相关点划线。设置“粗实线”层为当前层，调用“line”、“circle”、“mirror”“spline”、“fillet”、“hatch”等命令，结合对象捕捉、对象追踪等绘制图形。

3. 相关设置

☆ 单击“常用”选项卡中“注释”面板展开器上的按钮，弹出“文字样式管理器”对话框，建立应用于尺寸标注的文字样式：文字样式名称为“工程文字”、字体为“gbitec.shx”，其他为默认设置。

☆ 右击状态工具栏中“对象捕捉”按钮，在“对象捕捉”对话框中，单击“全部选择”按钮选择全部对象捕捉模式，启动对象捕捉辅助功能。

☆ 单击“常用”选项卡中“图层”面板上的“图层”下拉框选中“尺寸标注”图层，使“尺寸标注”图层置为当前。

4. 标注线性尺寸 32、78、4、12、3、30、56

☆ 创建线性标注样式

单击“常用”选项卡中“注释”面板展开器上的按钮，弹出“标注样式管理器”对话框，单击“新建”按钮，选择“ISO-25”标准样式为基础样式，新建标注样式“线性尺寸”，选择“线”选项卡，设置“基线间距”为“6”；选择“文字”选项卡，设置“文字样式”为“工程文字”、“文字高度”为“2.5”；选择“主单位”选项卡，设置“精度”为“0”；其余均为默认设置，单击“确定”按钮。并将该样式置为当前。

☆ 单击“注释”选项卡“标注”面板“线性标注”按钮标注图 9–21 主视图中水平尺寸 32、78。

☆ 单击“线性标注”按钮标注图 9–21 主视图竖直尺寸 4、12。

☆ 单击“连续标注”按钮标注图 9–21 主视图竖直尺寸 3（12 的上方）。

☆ 单击“基线标注”按钮，选择尺寸 12 下面的尺寸界线作为标注图 9–21 主视图竖直尺寸 3（12 的上方）。

命令: dimbaseline↙

指定第二条尺寸界线原点或[放弃(U)/选择(S)]<选择>：↙

选择基准标注：（选择尺寸 12 下面的尺寸界线作为基线）

定第二条尺寸界线原点或[放弃(U)/选择(S)]<选择>：（选择主视图圆孔圆心水平对称中心线右侧端点）

标注文字=30

指定第二条尺寸界线原点或[放弃(U)/选择(S)]<选择>：（对象捕捉主视图轴承座上顶面右侧端点）

标注文字=56

☆ 单击“线性标注”按钮标注图 9–21 俯视图竖直尺寸 40。

5. 标注图 9–21 中 R16、Ø24、Ø10

☆ 创建“圆外标注”标注样式

单击“常用”选项卡中“注释”面板展开器上的按钮，弹出“标注样式管理器”对话框，单击“新建”按钮，选择“线性尺寸”样式为基础样式，新建标注样式“圆外标注”，选择“文字”选项卡，设置“文字样式”为“工程文字”、“文字高度”为“2.5”、“文字对齐”为“水平”；选择“调整”选项卡，设置“调整选项”为“文字和箭头”、“优化”为“手动放置位置”，其余均为缺省设置，单击“确定”按钮。并将该样式置为当前。

☆ 单击“常用”选项卡中“注释”面板上的按钮，调用“半径标注”命令，捕捉图 9–21 中右侧圆弧 R16，移动光标到如图所示位置附近，单击鼠标结束命令。

☆ 单击“常用”选项卡中“注释”面板上的按钮，调用“直径标注”命令，捕捉图 9–21 中右侧圆 Ø24，移动光标到如图 9–21 所示位置附近，单击鼠标结束命令。

☆ 按 Enter 键重复调用“直径标注”命令，捕捉图 9–21 中右侧圆 Ø10，移动光标到如图 9–21 所示位置附近，单击鼠标结束命令。

单击鼠标选中尺寸，将光标移动到尺寸数字上，系统自动把尺寸数字用一灰蓝色文本框框住，光标自动出现在文本框内，输入 2x（乘号为英文字母 X），在文本框外单击鼠标结束输入，该尺寸标注结束。

上述三个尺寸的尺寸线转折点应基本在一条竖直线上。

6. 标注图 9–21 中 M12

☆ 单击“常用”选项卡“注释”面板展开器“标注样式”下拉列表框，选中“线性标注”标注样式，将其置为当前。

☆ 单击“常用”选项卡“注释”面板“线性标注”按钮，调用“线性标注”命令，AutoCAD 提示如下：

命令：_dimlinear

指定第一条尺寸界线原点或<选择对象>：（捕捉 M12 细实线绘制的左侧大径端点）

指定第二条尺寸界线原点：（捕捉 M12 细实线绘制的右侧大径端点）

指定尺寸线位置或[多行文字(M)/文字(T)/角度(A)/水平(H)/垂直(V)/旋转(R)]：t ↙

输入标注文字 <12>： M12↙（大写 M）

指定尺寸线位置或[多行文字(M)/文字(T)/角度(A)]：（在图 9-21 所示位置附近单击鼠标结束命令）

7. 标注图 9-21 中 Ø20、Ø24、Ø42

☆ 创建“线性直径”标注样式

单击“常用”选项卡“注释”面板展开器按钮，弹出“标注样式管理器”对话框，单击“新建”按钮，选择“线性尺寸”样式为基础样式，新建标注样式“线性直径”，选择“文字”选项卡，设置“文字样式”为“工程文字”、“文字高度”为“2.5”、“文字对齐”为“水平”；选择“调整”选项卡，设置“调整选项”为“文字和箭头”、“优化”为“手动放置位置”，选择“主单位”选项卡，设置“前缀”为“Ø”，其余均为缺省设置，单击“确定”按钮。并将该样式置为当前。

☆ 标注 Ø 20

单击“常用”选项卡“注释”面板“线性标注”按钮，调用“线性标注”命令，捕捉图 9-21 中主视图上方 Ø 20 对应直线段的两个端点，移动光标到如图所示位置附近，单击鼠标结束命令，系统自动标注 Ø 20。

☆ 标注 Ø 24

按 Enter 键重复调用“线性标注”命令，AutoCAD 提示如下：

指定第一条尺寸界线原点或<选择对象>：（捕捉俯视图中 Ø 24 右侧尺寸界线对应直线的下端点）

指定第二条尺寸界线原点：（捕捉俯视图中过竖直中心线 Ø42 左侧端点处单击鼠标）

指定尺寸线位置或[多行文字(M)/文字(T)/角度(A)/水平(H)/垂直(V)/旋转(R)]：

（Ø 24 附近单击鼠标结束命令）

移动光标到刚刚标注尺寸上，单击鼠标选中该尺寸，单击鼠标右键，弹出一个下拉菜单，在该菜单的下方单击“特性”选项，弹出该标注的“特性”对话框，移动该对话框左侧滚动条，找到“直线和箭头”区，设置“尺寸线 2”、“尺寸界线 2”选项为“关”；找到“文字”区，设置“文字替代”选项为“%%c24”，然后关闭“特性”对话框。在绘图窗口根据需要适当调整 Ø 24 位置，按 ESC 键退出选中 Ø 24 状态。

☆ 标注 Ø 42

单击“常用”选项卡“注释”面板“线性标注”按钮，调用“线性标注”命令，捕捉图 9-21 中俯视图下方 Ø42 对应直线段的两个端点，移动光标到如图所示位置附近，单击鼠标结束命令，系统自动标注 Ø 42。

8. 标注图 9-21 中主视图尺寸 30 公差 ± 0.015

移动光标到尺寸 30，单击鼠标选中该尺寸，单击鼠标右键，在弹出的下拉菜单中单击“特性”选项，弹出“特性”对话框，移动该对话框左侧滚动条，找到“主单位”区，设置“小数点分隔符”选项为“.（句点）”；找到“公差”区，设置“显示公差”选项为

“对称公差”、“公差上偏差”选项为“0.015”、“公差精度”选项为“0.0000”，然后关闭“特性”对话框。按 ESC 键退出选中 30 状态。

命令: dimdiameter↙

选择圆弧或圆: （选取图 9-20 大圆）

标注文字 =20

指定尺寸线位置或[多行文字(M)/文字(T)/角度(A)]: （指定合适位置放置）

9. 标注图 9-21 形位公差

☆ 创建箭头

单击“常用”选项卡“注释”面板展开器按钮，弹出“多重引线样式管理器”对话框，单击“新建”按钮，选择“standard”为基础样式，新建标注样式“箭头”，选择“引线格式”选项卡，设置“箭头符号”为“实心闭合”、“箭头大小”为“2.5”；选择“内容”选项卡，设置“多重引线类型”为“无”，其余均为默认设置，单击“确定”按钮。并将该样式置为当前。

☆ 标注主视图形位公差

单击“注释”选项卡“标注”面板展开器引线按钮，在俯视图 Ø 24 圆孔面右侧转向轮廓线适当位置指定引线箭头位置，确定转折点，绘制平面度公差的箭头。

单击“注释”选项卡“标注”面板展开器按钮，弹出图 9-19 所示“形位公差”对话框。单击“符号”下面的小黑框，弹出“符号”对话框，选择“平面度公差”符号，在“公差 1”文本框输入“0.015”，单击“确定”按钮，关闭“公差”对话框。光标处自动出现该形位公差符号，对象捕捉箭头的端点，点击鼠标确定公差位置。

☆ 标注俯视图形位公差

单击“注释”选项卡“标注”面板展开器引线按钮，在俯视图 Ø 24 圆孔面右侧转向轮廓线适当位置指定引线箭头位置，绘制圆柱度公差的箭头。

单击“注释”选项卡“标注”面板展开器按钮，弹出图 9-19 所示“形位公差”对话框。单击“符号”下面的小黑框，弹出“符号”对话框，选择“圆柱度公差”符号，单击“符号”下面的小黑框，系统自动弹出直径符号 Ø，在“公差 1”文本框输入“0.005”，单击“确定”按钮，关闭“公差”对话框。光标处自动出现该形位公差符号，将其放置在轴承座适当位置。

☆ 调用“移动”命令，选择形位公差符号框右侧中点作为起点，箭头端点作为目标点，将该形位公差移动到正确位置。

10. 标注剖视图

设置“粗实线”层为当前图层，调用“line”命令绘制主视图中两段长度为 4mm 的粗实线作为剖切符号，设置“尺寸标注”层为当前图层，调用“dtext”命令单行文字写出视图名称“A-A”及剖切符号处对应的 A。

11. 保存

习题

1. 按图 9-22、23 原样绘制并标注尺寸。

2. 把按照 9–22 原样绘制的图，用“比例缩放（Scale）”命令把原图放大一倍，观察会产生什么现象。分析产生这种现象的原理。

3. 标注图 3–11、图 5–17 所示尺寸。

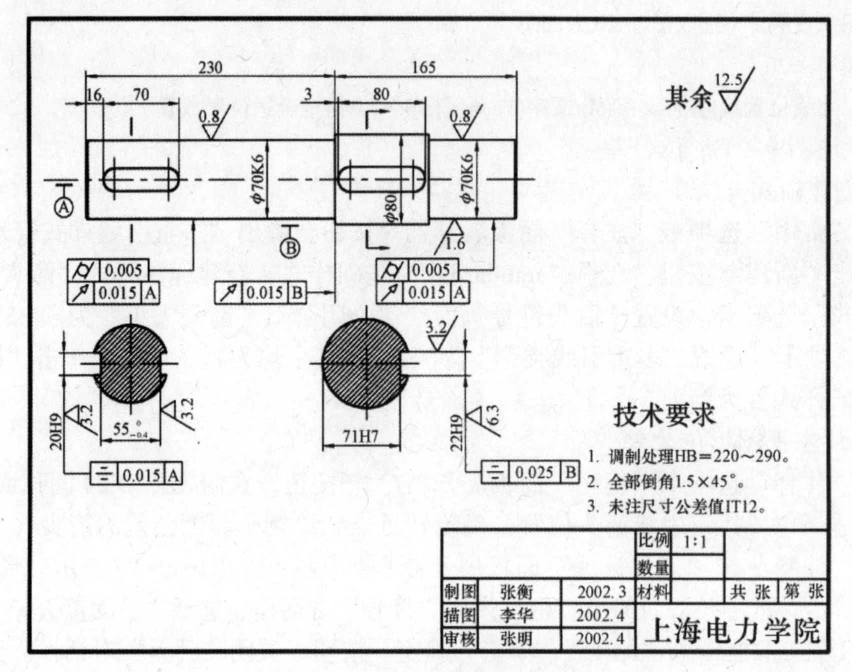

图 9–22 主动轴

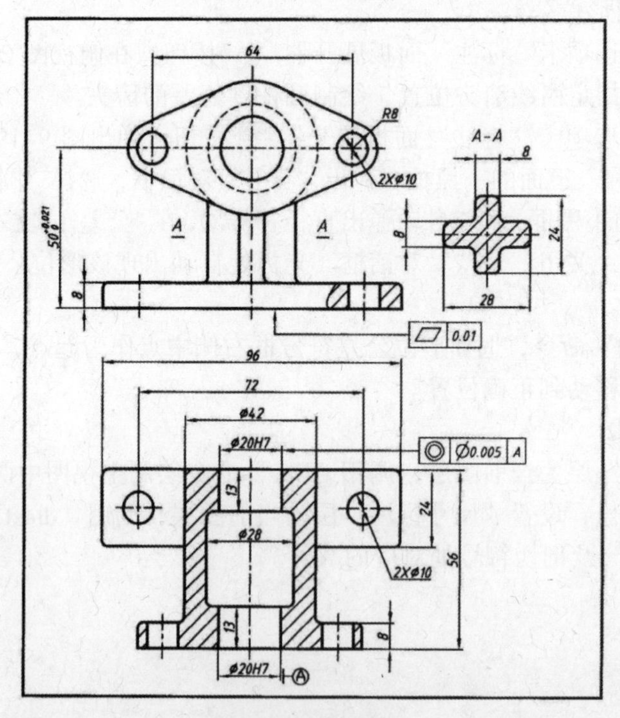

图 9–23 组合体

第 10 章　综合应用实例

学习要求

- 掌握零件图、装配图的绘制。
- 训练、巩固学习内容。
- 熟悉轴测图的绘制。

基本知识

10.1　三通管零件图

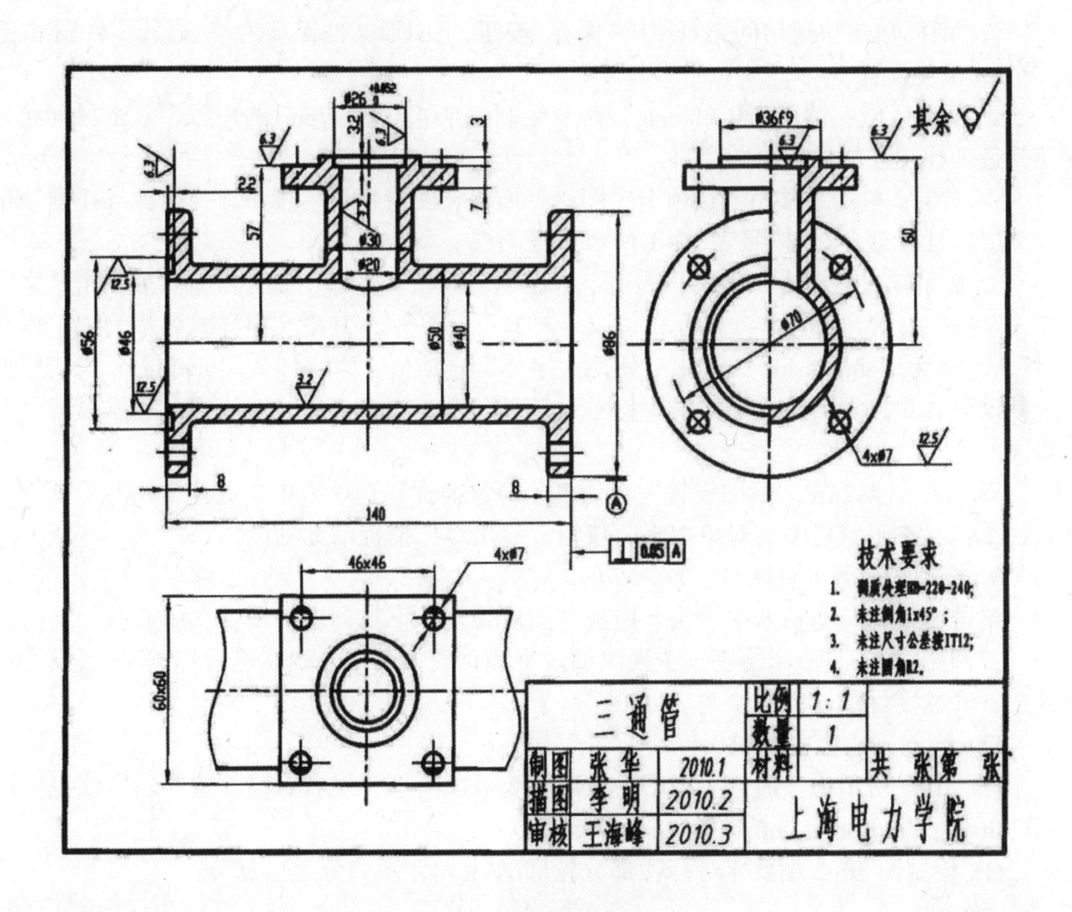

图 10–1　三通管零件图

10.1.1 绘制要求

1. 按 1:1 比例绘制如图 10–1 所示“三通管零件图”，并保存为“三通管零件图.dwg”。

2. 按表 10-1 设置图层，作图时各图元按不同用途置于相应图层中。

3. 表面粗糙度代号做成图块；技术要求的字高为 5，字体为“gbcbig.shx”。

表 10-1

层名	颜色	线型	线宽	用途
粗实线	白色	Continuous	0.5	绘制轮廓线
中心线	红色	Center	0.25	绘制中心线
标注	兰色	Continuous	0.25	绘制尺寸
剖面线	黄色	Continuous	0.25	绘制细线、剖面线
文本	紫色	Continuous	0.25	绘制文本

10.1.2 绘制步骤

1. 新建文件

☆ 新建：单击快速访问工具栏的“新建”按钮，打开如图 1-10 所示“选择样板”对话框， 单击“打开”按钮，打开一个新的 AutoCAD 文件。

☆ 保存:单击快速访问工具栏的“保存”按钮,把图形文件保存为“三通管零件图.dwg”。

2. 相关设置

☆ 绘图区域：调用“Rectangle”命令绘制一个 420×297mm 的矩形，双击鼠标滚轮使其最大化标注显示在绘图窗口。

☆ 图层：单击“常用”选项卡“图层”面板“图层特性”按钮，弹出图 4-1 所示的“图层特性管理器”，按照表 10-1 所示设置图层。

☆ 文字样式：单击“常用”选项卡“注释”面板“注释”展开器，然后单击“文字样式”按钮，弹出如图 7-1 所示的“文字样式”对话框，其中文字样式名称为“工程文字”，字体为“gbitec.shx”，选中“使用大字体”选项框，大字体为“gbcbig.shx”，其他为默认设置。接着新建文字样式“符号”，字体为“gbitec.shx”，不使用大字体，其余设置同前。

☆ 对象捕捉：在“草图设置”对话框“对象捕捉”选项卡中，选择常用对象捕捉模式，单击状态工具栏中“对象捕捉”按钮，启用对象捕捉辅助功能。

3. 绘制三通管零件图

单击“常用”选项卡中“块”面板“图层管理”下拉列表，设置“中心线”层为当前层，调用“line”命令绘制三个视图的水平和垂直方向中心线。然后将“0”层设为当前层，开始零件图轮廓线绘制。

☆ 绘制三通管主视图

图 10-2 所示为三通管主视图，该图主要对象上下、左右对称。这些轮廓线主要调用“line”、“mirror”、“offset”、“trim”等命令。

(1) 绘制图 10-2 主要字母标注部分轮廓(左上角，图四分之一部分)

命令：line↙

指定第一点：（选择“最近点”捕捉命令捕捉图 10-2 中的点 A）

指定下一点或[放弃(U)]： @0，43↙（至点 B）

指定下一点或[放弃(U)]： @8，0↙（至点 C）

指定下一点或[闭合(C)/放弃(U)]: @0, -18↙（至点 D）

指定下一点或[闭合(C)/放弃(U)]: @47, 0↙（至点 E）

指定下一点或[闭合(C)/放弃(U)]: @0, 25↙（至点 F）

指定下一点或[闭合(C)/放弃(U)]: @-15, 0↙（至点 G）

指定下一点或[闭合(C)/放弃(U)]: @0, 7↙（至点 H）

指定下一点或[闭合(C)/放弃(U)]: @12, 0↙（至点 L）

指定下一点或[闭合(C)/放弃(U)]: @0, 3↙（至点 I）

指定下一点或[闭合(C)/放弃(U)]: @5, 0↙（至点 K）

指定下一点或[闭合(C)/放弃(U)]: @0, -3.2↙至点 M）

指定下一点或[闭合(C)/放弃(U)]: @3, 0↙至点 N）

指定下一点或[闭合(C)/放弃(U)]: @0,-36.8↙（至点 P）

指定下一点或[闭合(C)/放弃(U)]: （选择"垂足"捕捉命令,捕捉到垂点 Q）

指定下一点或[闭合(C)/放弃(U)]: ↙

绘制结果如图 10-3(a)所示。

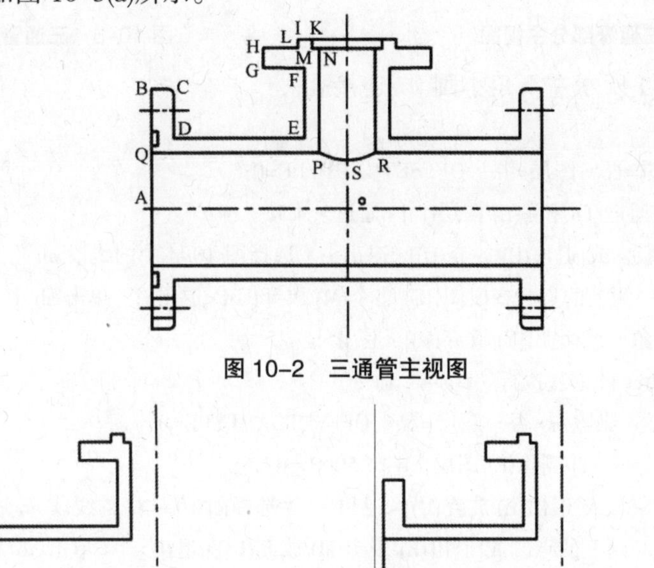

图 10-2 三通管主视图

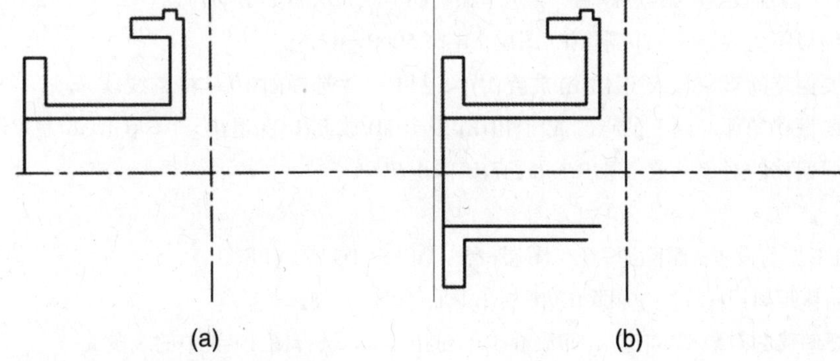

图 10-3 三通管主视图左半部分

(2) 绘制图 10-3(b)中下面部分外轮廓

命令：mirror↙

选择对象：（选择图 10-3(a)中的实体）

选择对象：↙

指定镜像线的第一点：（捕捉图 10-2 中的点 A）

指定镜像线的第二点：（选择“最近点”捕捉命令，在水平中心线上任捕捉一点）

要删除源对象吗？[是(Y)/否(N)] <N>: ↙

镜像结果如图 10-3(b)所示。继续调用“mirror”命令，把以上两步绘制的实体（如图 10-3(b)所示）以垂直中心线为轴线镜像到垂直中心线右边，结果如图 10-4 所示。再调用“line”命令连接图 10-4 中 AB、CD、EF、GH。

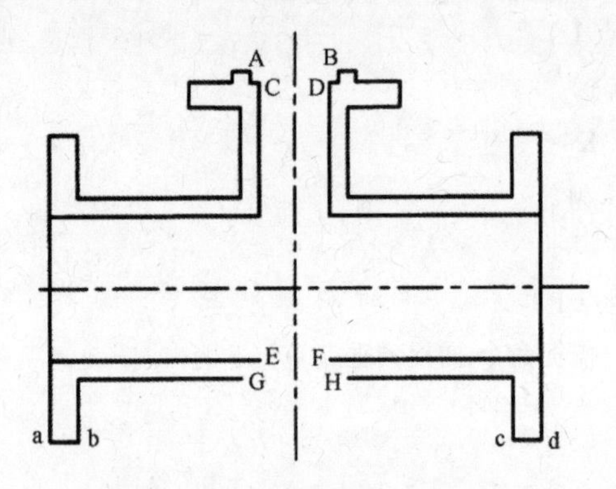

图 10-4 三通管部分主视图

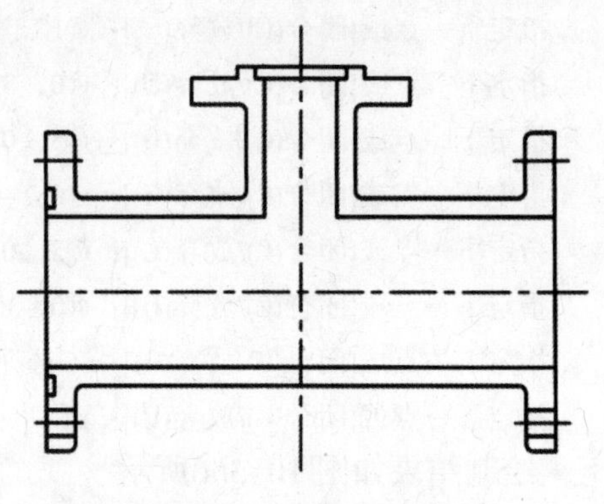

图 10-5 三通管主视图

(3) 绘制图 10-1 所示左下角小圆 Ø7 连接孔。

命令：offset↙

当前设置: 删除源=否 图层=源 OFFSETGAPTYPE=0

指定偏移距离或[通过(T)/删除(E)/图层(L)] <通过>: 4.5↙

选择要偏移的对象，或[退出(E)/放弃(U)] <退出>:（选择图 10-4 中的线段 ab）

指定要偏移的那一侧上的点，或[退出(E)/多个(M)/放弃(U)] <退出>:（单击 ab 上方任一点）

选择要偏移的对象，或[退出(E)/放弃(U)] <退出>:↙

命令: ↙（按 Enter 键重复执行“offset”命令）

OFFSET 当前设置: 删除源=否 图层=源 OFFSETGAPTYPE=0

指定偏移距离或[通过(T)/删除(E)/图层(L)] <4.5000>: 11.5↙

选择要偏移的对象，或[退出(E)/放弃(U)] <退出>:（选择图 10-4 中的线段 ab）

指定要偏移的那一侧上的点，或[退出(E)/多个(M)/放弃(U)] <退出>:（单击 ab 上方任一点）

选择要偏移的对象，或 [退出(E)/放弃(U)] <退出>:↙

命令：↙

OFFSET 当前设置: 删除源=否 图层=源 OFFSETGAPTYPE=0

指定偏移距离或[通过(T)/删除(E)/图层(L)]<11.5000>: 8↙

选择要偏移的对象，或[退出(E)/放弃(U)] <退出>:（选择图 10-4 中的线段 ab）

指定要偏移的那一侧上的点，或[退出(E)/多个(M)/放弃(U)]<退出>:

（单击 ab 上方任一点，生成小圆 Ø7 的中心线）

选择要偏移的对象，或 [退出(E)/放弃(U)]<退出>:↙

(4) 调用“trim”命令剪切多余线段，调用“stretch”命令拉伸刚绘制的中心线；重复“offset”命令绘制密封圈安装槽；将连接孔中心线从“0”层换到中心线层，再调用“mirror”命令镜像复制如图 10-1 所示的另一圆 Ø7 连接孔和密封圈安装槽。

(5) 绘制图 10–2 所示主视图倒圆角。

命令: fillet↙

当前设置: 模式 = 修剪，半径 = 0.0000

选择第一个对象或[放弃(U)/多段线(P)/半径(R)/修剪(T)/多个(M)]: r↙

指定圆角半径<0.0000>: 2↙

选择第一个对象或[放弃(U)/多段线(P)/半径(R)/修剪(T)/多个(M)]: （选择图 10–4 中的线段 ab）

选择第二个对象，或按住 Shift 键选择要应用角点的对象: （选择与 ab 线段相交的此角的另一条边）

重复上述操作步骤，绘制其余圆角，结果如图 10–5 所示。

☆ 绘制三通管俯视图

(1) 绘制大圆

命令：circle↙

指定圆的圆心或[三点(3P)/两点(2P)/切点、切点、半径(T)]: （捕捉图 10–6 所示的中心线交点）

指定圆的半径或[直径(D)]: 18↙

重复上述操作绘制如图 10–6 所示的两个同心圆 Ø20 和 Ø26。

(2) 绘制图 10–1 所示俯视图四个小圆 Ø7 中的左上角小圆以及它的中心线

命令： offset↙

当前设置: 删除源=否 图层=源 OFFSETGAPTYPE=0

指定偏移距离或 [通过(T)/删除(E)/图层(L)] <8.0000>: 23↙

选择要偏移的对象，或 [退出(E)/放弃(U)] <退出>: （选择图 10–6 的水平中心线）

指定要偏移的那一侧上的点，或 [退出(E)/多个(M)/放弃(U)] <退出>: （在水平中心线上方指定一点）

选择要偏移的对象，或 [退出(E)/放弃(U)] <退出>: （选择图 10–6 的垂直中心线）

指定要偏移的那一侧上的点，或 [退出(E)/多个(M)/放弃(U)] <退出>: （在垂直中心线左方指定一点）

命令： circle↙

指定圆的圆心或[三点(3P)/两点(2P)/相切、相切、半径(T)]: （捕捉左上角两条中心线交点）

指定圆的半径或[直径(D)]<10.0000>： d↙

指定圆的直径<20.0000>： 7↙

移动光标到水平中心线上，单击鼠标左键，然后选中端点处的夹点，移动鼠标，调整到合适的长度、位置。重复上述操作，将垂直中心线调整到合适的长度、位置。

(3) 调用“矩形阵列”命令画出其它三个圆 Ø7 及其中心线。单击“修改”面板中“矩形阵列”命令按钮，用窗口选择方式选择圆 Ø7 及其中心线，设置行为“2”、列为“2”、行偏移为“–46”、列偏移为“46”、“阵列角度”为 0。结果如图 10–7 所示。

(4) 绘制三通管上端的方形板

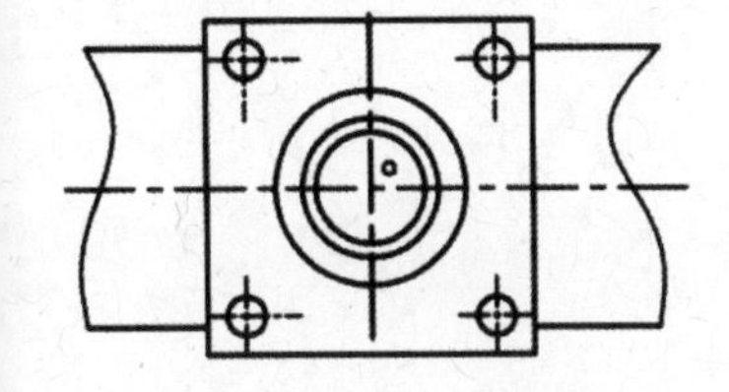

图 10–6 三通管俯视图

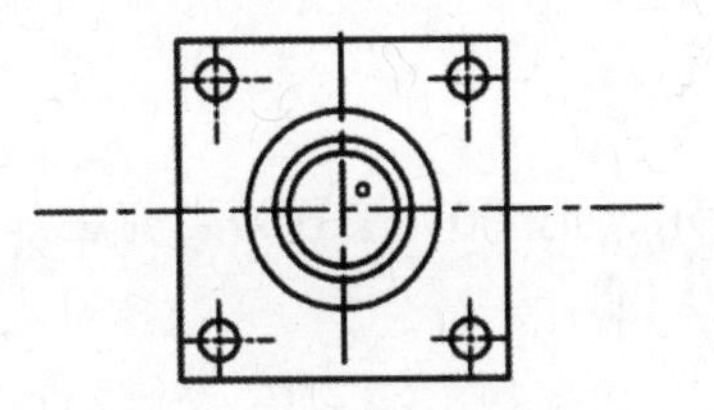

图 10–7 三通管底板俯视图

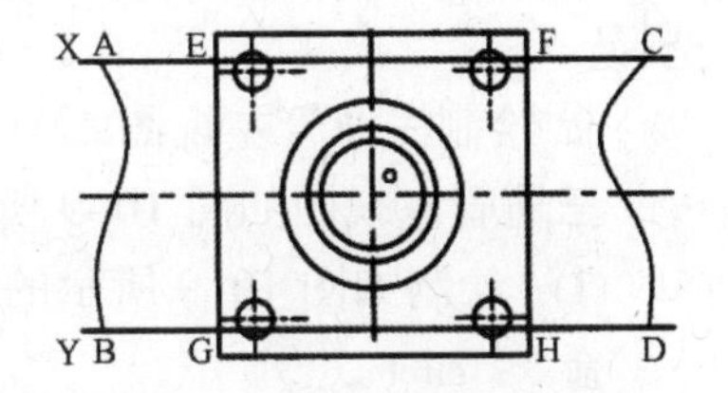

图 10–8 三通管部分俯视图

命令：offset↙

当前设置：删除源=否　图层=源　OFFSETGAPTYPE=0

指定偏移距离或[通过(T)/删除(E)/图层(L)] <23.0000>：30↙

选择要偏移的对象，或[退出(E)/放弃(U)] <退出>：（选择图 10-7 的水平中心线）

指定要偏移的那一侧上的点，或[退出(E)/多个(M)/放弃(U)] <退出>：（在水平中心线上方指定一点）

重复调用“offset”命令，在水平中心线下方得到一条平行线，在垂直中心线左方和右方都得到一条平行线。选中刚偏移线段，在“块”面板中的“图层管理”下拉列表中选择“0”层，将偏移线段从中心线层换到 0 层，并修剪方形板图线。

调用“trim”命令，连续选择矩形板各直线后回车作为剪切边，然后依次点击鼠标选择各直线需要删除的部分，最后回车结束选择，绘制结果如图 10-7 所示。

(5) 绘制管子，如图 10-8 所示。

命令：offset↙

当前设置：删除源=否　图层=源　OFFSETGAPTYPE=0

指定偏移距离或[通过(T)/删除(E)/图层(L)]<30.0000>：25↙

选择要偏移的对象，或[退出(E)/放弃(U)]<退出>：（选择图 10-7 的水平中心线）

指定要偏移的那一侧上的点，或 [退出(E)/多个(M)/放弃(U)]<退出>：（在水平中心线上方指定一点）

选择要偏移的对象，或[退出(E)/放弃(U)]<退出>：（选择图 10-7 的水平中心线）

指定要偏移的那一侧上的点，或[退出(E)/多个(M)/放弃(U)]<退出>：（在水平中心线下方指定一点）

选择要偏移的对象，或[退出(E)/放弃(U)]<退出>：↙

选中刚偏移线段，在“图层”面板“图层管理”下拉列表中选择“0”层，将偏移线段从中心线层换到 0 层，绘制结果如图 10-8 所示。

命令：Spline↙

指定第一个点或[对象(O)]：（捕捉图 10-8 中的点 A）

指定下一点：（在水平中心线上方选择一点）

指定下一点或[闭合(C)/拟合公差(F)]<起点切向>：（在水平中心线下方选择一点）

指定下一点或[闭合(C)/拟合公差(F)]<起点切向>：（捕捉图 10-8 的点 B）

指定下一点或[闭合(C)/拟合公差(F)]<起点切向>：↙

指定起点切向：↙

指定起点切向：↙

按如上步骤操作，绘制图 10-8 所示线段 CD，把多余的直线修剪掉。

调用“trim”命令，连续选择图 10-8 中的直线 EG、FH、AB、CD 及四个小圆 $\phi 7$ 后回车作为剪切边，然后依次点击鼠标选择各直线需要删除的部分，最后按 Enter 键结束选择。

☆ 绘制三通管左视图

三通管左视图如图 10-9 所示，把“0”层置为当前层。

(1) 绘制如图 10-9 所示的大圆。

命令：circle↙

指定圆的圆心或[三点(3P)/两点(2P)/相切、相切、半径(T)]：（捕捉图 10-10 中心线交点 o）

指定圆的半径或[直径(D)]：35↙

重复上述操作步骤，绘制五个同心圆 Ø40，Ø46，Ø50、Ø56、Ø86，绘制结果如图 10–10 所示。

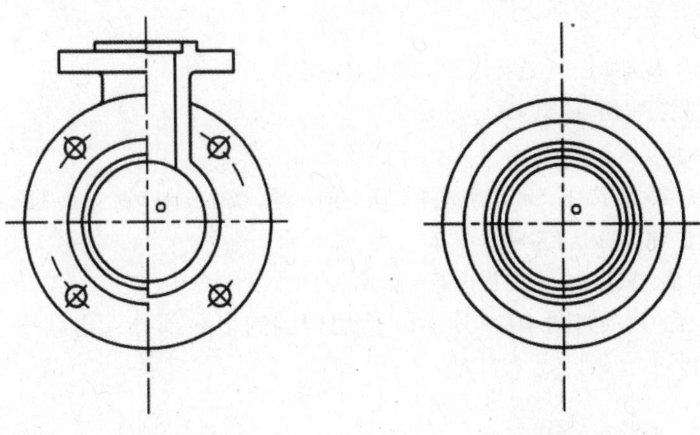

图 10–9 三通管左视图　　　图 10–10 三通管管道左视图

(2) 绘制连接法兰。

把主视图（如图 10–2 所示）的上法兰复制到按图 10–10 所绘制的图上。

命令：copy↙

选择对象：（选择图 10–2 的线段 EF、GH、、GF、HL、LI 及上管右边轮廓线对象）

选择对象：↙

指定基点或 [位移(D)]<位移>:（捕捉图 10–2 中心线交点 o）

指定第二个点或<使用第一个点作为位移>:（捕捉图 10–10 的中心线交点 o）

指定第二个点或[退出(E)/放弃(U)]<退出>:↙

绘制结果如图 10–11 所示。

(3) 修剪多余的直线及圆弧

调用“trim”命令，参照前面步骤，剪切多余直线及圆弧，绘制结果如图 10–12 所示。

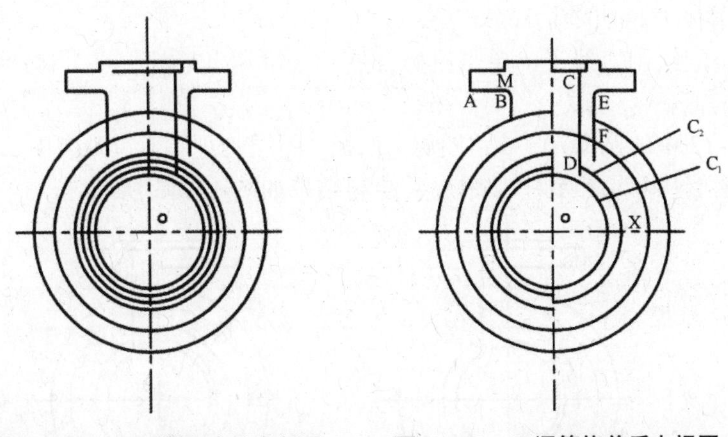

图 10–11 三通管和法兰左视图　　　图 10–12 三通管修剪后左视图

(4) 按照图 10–9 完成绘制。

调用“extend”命令，把 AB 延伸至垂直中心线，CD 延伸至圆 C1,EF 延伸至 C2。

命令：extend↙

当前设置：投影=UCS，边=无

选择边界的边…

选择对象或 <全部选择>:（选择图 10–12 垂直中心线）

选择对象:（选择图 10–12 圆 C1，C2）

选择对象: ↙

选择要延伸的对象，或按住 Shift 键选择要修剪的对象，或[栏选(F)/窗交(C)/投影(P)/边(E)/放弃(U)]:（选择图 10–12 直线 AB、CD、EF）

选择要延伸的对象，或按住 Shift 键选择要修剪的对象，或[栏选(F)/窗交(C)/投影(P)/边(E)/放弃(U)]: ↙

调用“trim”命令，如图 10–9 所示，剪切掉圆的多余部分，再调用“line”命令，完成上法兰的绘制。

命令：line↙

指定第一点：（捕捉图 10–12 中的点 M）

指定下一点或[放弃(U)]: (选择“垂足”方式捕捉垂直中心线的垂足点)

指定下一点或[放弃(U)]:

(5) 调用“line”和“circle”命令绘制如图 10–9 所示右上角一圆 Ø7 及其中心线，置“中心线”为当前层。

命令：line↙

指定下一点或[放弃(U)]: （捕捉图 10–12 中心点 o）

指定下一点或[放弃(U)]: @40<45↙

指定下一点或[放弃(U)]: ↙

置“0”为当前层。

命令：circle↙

指定圆的圆心或[三点(3P)/两点(2P)/相切、相切、半径(T)]:（捕捉图 10–12 中刚绘制的直线与圆 ϕ70 的交点）

指定圆的半径或[直径(D)]<21.2500>：3.5↙

光标移动至刚绘制直线上，单击鼠标，然后选中端点处的夹点，移动鼠标，调整到合适的长度、位置。

选中图 10–12 中的圆 Ø70，在“图层”面板“图层管理”下拉列表中选择“中心线”层，将圆所在图层从 0 层换到中心线层，绘制结果如图 10–13 所示。

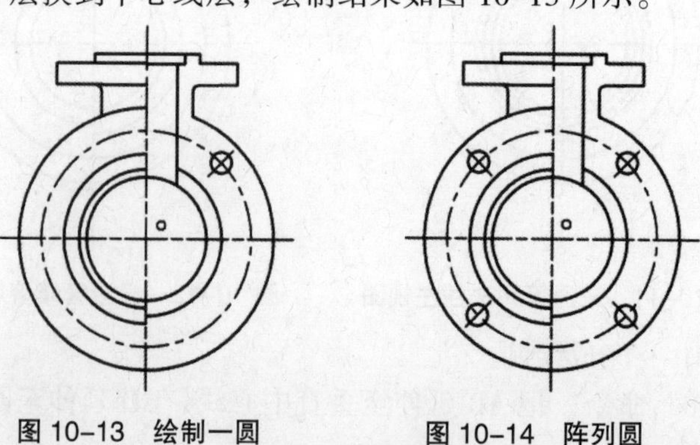

图 10–13 绘制一圆　　　　图 10–14 阵列圆

(6) 调用“array”命令复制圆 ϕ7 及中心线。

单击“修改”面板“环形阵列”按钮，用窗口选择方式选择图 10–13 中小圆及小圆中心线，“中心点”为“图 10–13 中心线交点”、“项目总数”为“4”、“填充角度”为“360”。结果如图 10–14 所示。

调用“break”命令，打断如图 10–14 所示的圆 Ø70，绘制结果如图 10–15 所示。

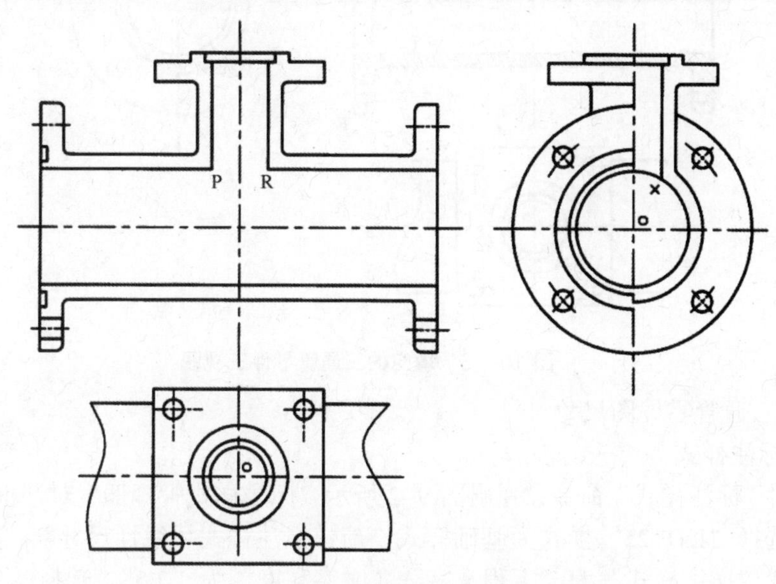

图 10–15 缺相贯线的三通管零件三视图

(7) 绘制图 10–2 所示主视图中的相贯线 PSR。

命令：line↙

指定第一点：（捕捉图 10–15 左视图中直线与圆交点的 X）

指定下一点或[放弃(U)]：（选择“垂足”捕捉命令捕捉图 10–15 主视图中的垂直中心线相交点 S）

指定下一点或[放弃(U)]：↙

命令：–arc （点击“常用”选项卡“绘图”面板“三点圆弧”命令按钮）

指定圆弧的起点或[圆心(C)]：（捕捉图 10–15 中的点 R）

指定圆弧的第二个点或[圆心(C)/端点(E)]：（捕捉刚绘制的点 S）

指定圆弧的端点：（捕捉图 10–15 中的点 P）

三通管零件图绘制完成了。

4．填充三通管零件图剖面图

调用“图案填充”命令，弹出图 5–2 所示“图案填充创建”选项卡，设置：“填充类型”为“预定义”、“图案类型”为“ANSI31”、“角度”为“0”、“比例”为“2”，其余为默认设置。填充区域通过单击“拾取点”按钮，对话框消失。在要填充剖面线的封闭区域内连续拾取点，填充区域选好后，按回车键，返回对话框，单击“确定”按钮，完成剖面线的填充。如果剖面线太密，可增大比例设置值；如果剖面线太疏，可减小比例设置值。结果如图 10–16 所示。

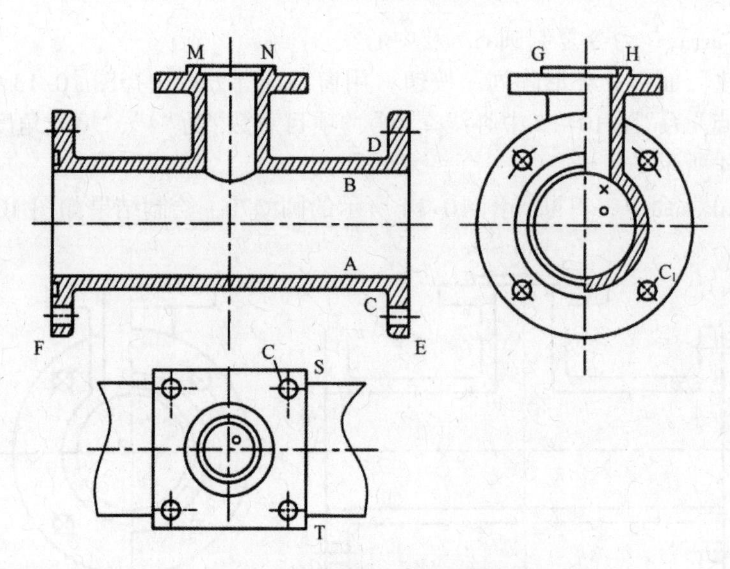

图 10-16 填充的三通管零件三视图

5．标注三通管零件图尺寸

☆ 设置标注样式

(1) 调用“标注样式”命令，弹出图 9–2 所示“标注样式管理器”对话框，单击“新建”按钮，选择“ISO–25”样式为基础样式，新建标注样式“线性尺寸”，选择“文字”选项卡，设置“文字样式”为“工程文字”、“文字高度”为“2.5”，选择“主单位”选项卡，设置“精度”为“0.0”，其余均为默认设置，单击“确定”按钮。并将该样式置为当前。

(2) 调用“标注样式”命令，弹出图 9–2 所示“标注样式管理器”对话框，单击“新建”按钮，选择“线性直径”样式为基础样式，新建标注样式“线性尺寸”，选择“主单位”选项卡，设置“前缀”为“%%c”，其余均为默认设置，单击“确定”按钮。

(3) 重复上述操作，以“线性尺寸”为基础样式，新建标注样式“公差尺寸”，在“主单位”选项卡“前缀”文本框中输入“%%c”、在 公差”选项卡，设置“方式”为“极限偏差”、“精度”为“0.000”、“上偏差”为“0.052”、“下偏差”为“0”，其余均为默认设置。

(4) 重复上述操作，以“线性尺寸”为基础样式，新建标注样式“水平尺寸”，在“文字”选项卡，设置“对齐方式”为“水平”，其余均为默认设置。

(5) 重复上述操作，以“线性尺寸”为样式，新建标注样式“圆内直径”，在“调整”选项卡“调整选项”为“文字和箭头”，“优化”选项为“在尺寸界线之间绘制尺寸线”，其余均为默认设置。

☆ 标注尺寸

转动鼠标滚轮，放大主视图在屏幕上的显示。置“标注”层为当前层。

(1) 标注没有公差的线形尺寸主视图 2.2、3.2、57、140、8，左视图 60，置“线性尺寸”样式为当前样式。

命令：dimlinear↙

指定第一条尺寸界线原点或<选择对象>：（捕捉图 10–16 中主视图水平中心线）

指定第二条尺寸界线原点：（捕捉图 10–16 中主视图三通管上端面对应部位）

指定尺寸线位置或[多行文字(M)/文字(T)/角度(A)/水平(H)/垂直(V)/旋转(R)]:

（指定合适位置放置尺寸线）

标注文字 =57

三视图上其余的线性尺寸标注操作同上。

(2) 标注线形尺寸主视图 3、7

调用线性标注命令，从下到上选择尺寸界线原点，标注主视图尺寸 3、7，使两个尺寸的尺寸线在同一条竖直线上。然后移动光标到尺寸 7 上，单击鼠标左键选中尺寸 3，单击鼠标右键，在弹出的“特性”下拉框中，在“直线和箭头”区选中“箭头 1”选项设为“小点”。同样移动光标到尺寸 7 上，单击鼠标左键选中尺寸 7，单击鼠标右键，将弹出的“特性”下拉框“直线和箭头”区“箭头 2”选项设为“小点”。

(3) 标注线形尺寸俯视图 46 × 46、60 × 60，左视图 Ø36f7。

命令：dimlinear↙

指定第一条尺寸界线原点或<选择对象>：（捕捉图 10–16 俯视图左上角小圆圆心）

指定第二条尺寸界线原点：（捕捉图 10–16 俯视图右上角小圆圆心）

指定尺寸线位置或[多行文字(M)/文字(T)/角度(A)/水平(H)/垂直(V)/旋转(R)]：t↙

输入标注文字<46>： 46 × 46↙

指定尺寸线位置或[多行文字(M)/文字(T)/角度(A)/水平(H)/垂直(V)/旋转(R)]：（指定合适位置）

标注文字 =46

其余的尺寸标注操作同上。

(4) 标注没有公差的线性直径，依次为主视图 Ø40、Ø50、Ø46、Ø56、Ø86、Ø20、Ø30，置“线性直径”样式为当前样式。

命令：dimlinear↙

指定第一条尺寸界线原点或<选择对象>：（捕捉图 10–16 中的点 A）

指定第二条尺寸界线原点：（捕捉图 10–16 中的点 B）

指定尺寸线位置或[多行文字(M)/角度(A)/水平(H)/垂直(V)/旋转(R)]：（指定合适位置放置尺寸线）

标注文字 =40

其余的线性直径尺寸标注操作同上。

(5) 标注主视图上带公差的尺寸，置“公差尺寸”样式为当前样式。

命令：dimlinear↙

指定第一条尺寸界线原点或<选择对象>：（捕捉图 10–16 中的点 M）

指定第二条尺寸界线原点：（捕捉图 10–16 中的点 N）

指定尺寸线位置或[多行文字(M) /文字(T)/角度(A)/水平(H)/垂直(V)/旋转(R)]:

（指定合适位置放置尺寸线）

(6) 标注标注俯视图上尺寸为“4 × Ø7”的圆，置“水平尺寸”样式为当前样式。

命令：dimdiameter↙

选择圆弧或圆：（捕捉图 10–16 中的圆 C）

指定尺寸线位置或[多行文字(M)/文字(T)/角度(A)]：T↙

输入标注文字<4>：4 × %%C7↙

指定尺寸线位置或[多行文字(M)/文字(T)/角度(A)]：（指定合适位置放置尺寸线）

重复上述操作步骤，标注左视图“4×Ø7”尺寸。

(7) 标注左视图上尺寸 Ø70，置“圆内直径”样式为当前样式。

命令：dimdiameter↙

选择圆弧或圆：（捕捉图 10-16 中的圆 C1）

指定尺寸线位置或[多行文字(M)/文字(T)/角度(A)]：（指定合适位置放置尺寸线）

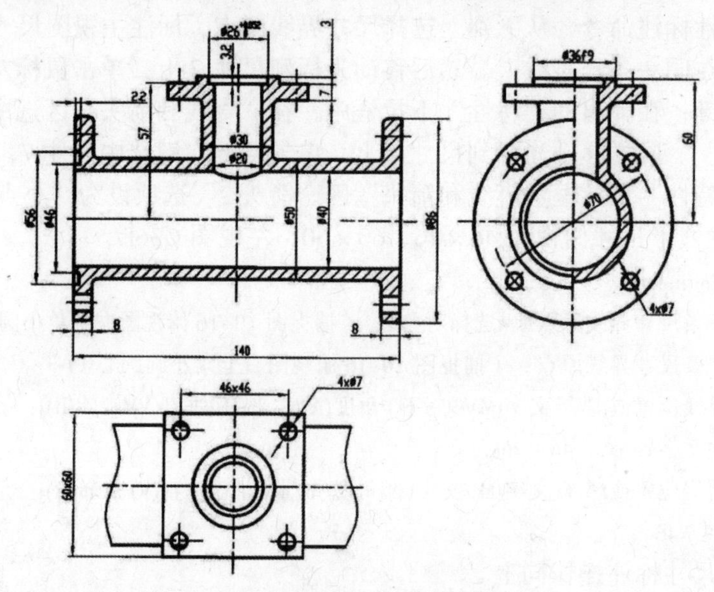

图 10-17 三通管零件图尺寸标注示意

如果仍有个别尺寸标注效果和图 10-17 不同，可以移动光标相应尺寸上，单击鼠标左键将其选中，单击鼠标右键，在弹出的“特性”对话框进行相关的设置，调整标注效果。最后绘制结果为如图 10-17 所示的三视图。

6. 标注表面粗糙度符号

☆绘制、插入去除材料表面粗糙度代号

首先创建第八章 8.5 节中去除材料的表面粗糙度代号，然后重复插入粗糙度符号块，插入过程中根据需要调整图块旋转角度和文字旋转角度。

☆ 绘制零件图右上角非去除材料表面粗糙度代号，如图 10-18 所示。

调用“line”命令在“表面粗糙度”层绘制一条适当长度的水平辅助线。调用“offset”或“copy”命令得到另外两条平行线。点击状态栏“极轴追踪”按钮启动极轴追踪，然后单击右键选择弹出下拉菜单中“设置”选项，在“极轴追踪”选项卡中设置增量角为“60”度。调用“line”命令绘制图 10-18 中两条直线。

点击状态栏“对象捕捉”按钮启动对象捕捉，然后单击右键选择弹出下拉菜单中“设置”选项，在“对象捕捉”选项卡中选中“中点”选项，调用“line”命令捕捉左侧短线中点作为起点绘制其垂线，长度适当。回车重复调用“line”命令捕捉图 10-18 中两条直线的交点为起点绘制竖直线。调用“circle”命令以前面两条线的交点作为圆心、到短线中点的距离作为半径绘制小圆。选中图 10-18 的所有对象，在“特性”面板“线宽”下拉列表中选择“0.35”作为线宽。结果如图 10-18 所示。

☆ 建立非去除材料粗糙度符号图块

调用“block”命令，弹出如图 8-1 所示“块定义”对话框。单击“基点”区“拾取点”按钮，进入绘图区域，捕捉图 10-18 中两直线交点，返回对话框。单击“对象”区“选择对象”按钮，进入绘图区域，选中图 10-18 的所有对象，回车，返回对话框。在“名称”文本框中输入“非去除材料表面粗糙度.dwg”文件名。

同时，可以通过设计中心内容显示框显示前面章节 CAD 文件的样式、图块等，按照第八章介绍方法，直接将样式、图块图标拖动到图形中插入即可；也可以新建一个工具选项板，把图块放置在新建工具选项板上，按前述方法通过工具选项板向图形插入块。

☆ 插入非去除材料粗糙度符号块

单击“常用”选项卡“块”面板“插入”按钮，弹出如图 8-2 所示“插入”对话框，在“图块名称”下拉框中选择“非去除材料表面粗糙度”、“插入点”和选择“在屏幕上指定”、“比例”区选择“统一比例 1.4”，“旋转角度”为“0”，单击“确定”按钮，在绘图区域右上角适合位置单击鼠标左键，插入图块。

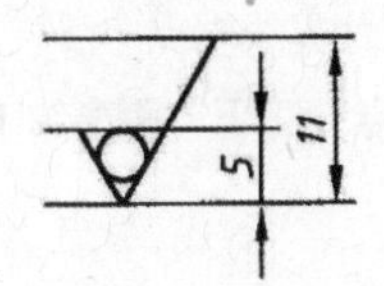

图 10-18 粗糙度符号

图 10-19 基准代号

7. 标注形位公差

☆ 基准代号

(1) 绘制形位公差基准代号

命令：line↙

指定第一点：（任取一点）

指定下一点或[放弃(U)]：@4，0↙

指定下一点或[放弃(U)]：↙

选中该线，在“特性”面板“线宽”下拉列表中选择“0.35”作为该线线宽。

命令：↙

LINE 指定第一点：（对象捕捉前面直线的中点）

指定下一点或[放弃(U)]：@0，3↙

指定下一点或[放弃(U)]：↙

命令：circle↙

指定圆的圆心或[三点(3P)/两点(2P)/相切、相切、半径(T)]：2↙（向下对象追踪捕捉前面直线端点）

指定圆的半径或[直径(D)]:：2↙

(2) 定义属性

打开图 8-3 所示“属性定义”对话框，设置属性，其中“标记”文本框中输入“基准代号”、“值”文本框中输入“A”作为属性默认值，文字面板中“对正”设为“正中”、“文字样式”设为“符号”，其字体为“gbeitc.shx”、“高度”设为 2.5，插入点区单击“拾取点”按钮，用光标拾取属性值插入点位置为圆心，其他选项为默认设置，单击“确定”后完成“基准符号”属性的定义。

(3) 创建“基准代号”属性块

打开如图 8–1“块定义”对话框。单击“基点”区“拾取点”按钮，进入绘图区域，对象追踪捉图 10–19 中图形上方直线的中点、追踪距离为“1”，返回对话框。单击“对象”区“选择对象”按钮，进入绘图区域，选中图 10–19 的所有对象，返回对话框。在“名称”文本框中输入“基准代号.dwg”文件名。

(4) 插入“基准代号”属性块

打开图 8–2 所示“插入”对话框，在图块名称下拉框中选择“基准代号”、“插入点”选择“在屏幕上指定”、“旋转角度”为“0”、“比例”区选择“统一比例 1”，单击“确定”按钮，对象捕捉图 10–1 中尺寸 Ø86 下方尺寸界线和尺寸线的交点，插入图块。

☆ 标注形位公差

(1) 绘制辅助线

命令：line↙

指定第一点：（捕捉图 10–1 三通管主视图尺寸 140 右边尺寸界线端点）

指定第一点或[放弃(u)]：(打开正交模式，在该尺寸界线端点的正下方距离约 10 处点击鼠标)

指定第一点或[放弃(u)]：↙

(2) 创建“多重引线标注样式”

打开图 9–15 所示“多重引线样式管理器”对话框，以“standard”为基础样式，新建标注样式“形位公差标注”。设置“引线格式”选项卡的“箭头符号”为“实心闭合”、“箭头大小”为“2.5”；设置“引线结构”选项卡的“基线距离”为“2”；设置“内容”选项卡的“多重引线类型”为“无”，其余为默认设置，单击“确定”按钮结束设置。然后将该样式置为当前。

(3) 标注引线

命令：mleader↙

指定引线箭头的位置或[引线基线优先(L)/内容优先(C)/选项(O)] <选项>：（捕捉辅助线中点）

指定引线基线的位置：（从辅助线中点水平向右移动光标，距离约 10 处点击鼠标）

(4) 公差标注

打开图 9–19 所示“形位公差”对话框，按图 10–1 所示设置，单击“确定”按钮，捕捉引线端点作为公差位置，完成形位公差标注。

8．绘制文字

调用“mtext”命令，在标题栏左侧适当位置处设置一个适当大小的矩形区域，弹出图 7–3 所示文字编辑器选项卡，样式为“工程文字”、字体为“gbeitc.shx”，在多行文字矩形输入区域中输入如图 10–1 所示文字。其中“技术要求”文字高度 5、在“段落”选项卡中选择居中，其余文字的文字高度 3.5，在“段落”选项卡中选择左对齐、“以数字标记”项目符号和编号。最后可以根据需要适当调整制表位以达到图 10–1 所示设置。

9．插入 A3 图框

☆ 调用“insert”命令插入第七章 7.5 节 A3 图框，调用“explode”命令对 A3 图框进行分解，调用“erase”命令删除其他内容，保留标题栏。

☆ 调用“move”命令精确确定标题栏位置，调用“break”命令打断穿过尺寸数字的点划线，启用夹点操作调整点划线的长度，并将“零件名”改为“三通管”，最后保存文件，完成三通管零件图绘制。

10.2 绘制夹线体装配图

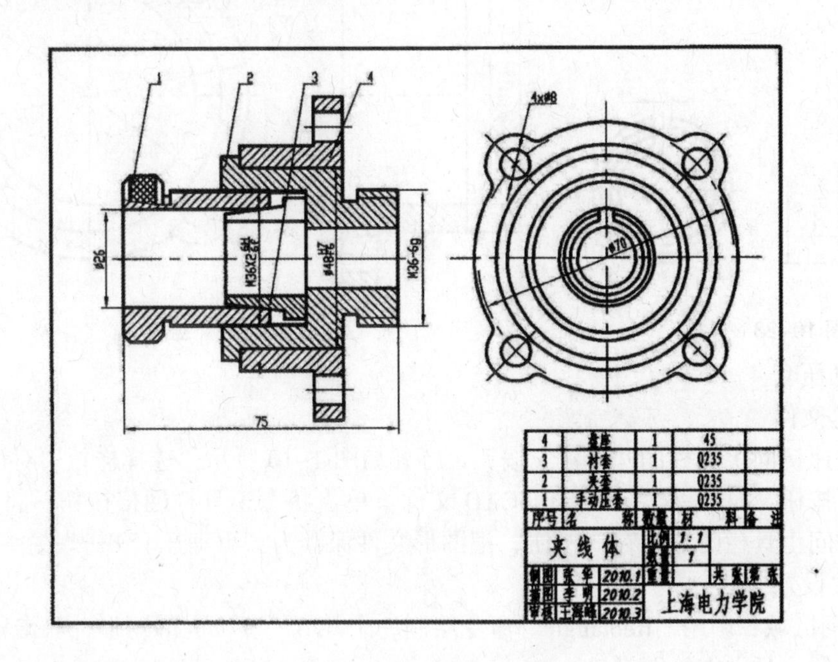

图 10-20　夹线体装配图

10.2.1 绘制要求

1. 按 1:1 比例绘制夹线体装配图，如图 10-20 所示，保存为“夹线体.dwg”。
2. 设置图层，作图时各图元按不同用途置于相应图层中。

10.2.2 相关零件的绘制

绘制夹线体装配图，首先应绘制夹线体装配图中的四个零件图。四个零件尺寸如图 10-21 至图 10-24 所示。

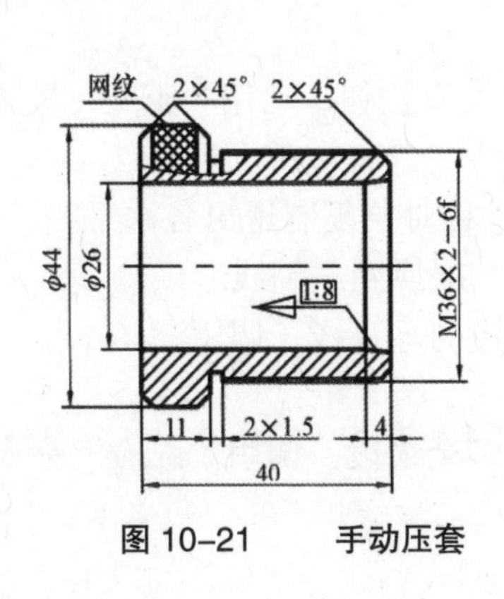

图 10-21　　手动压套

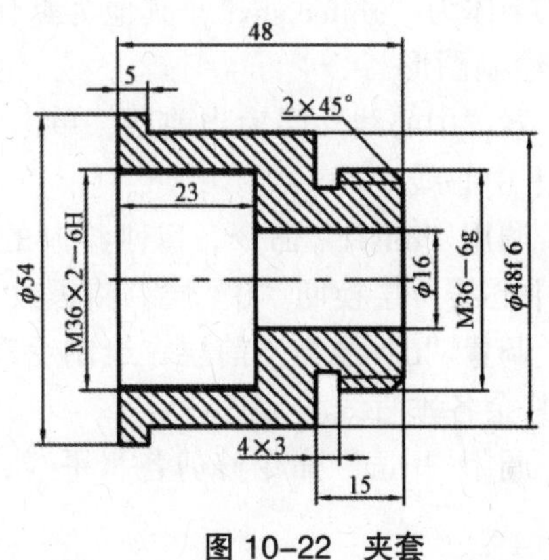

图 10-22　夹套

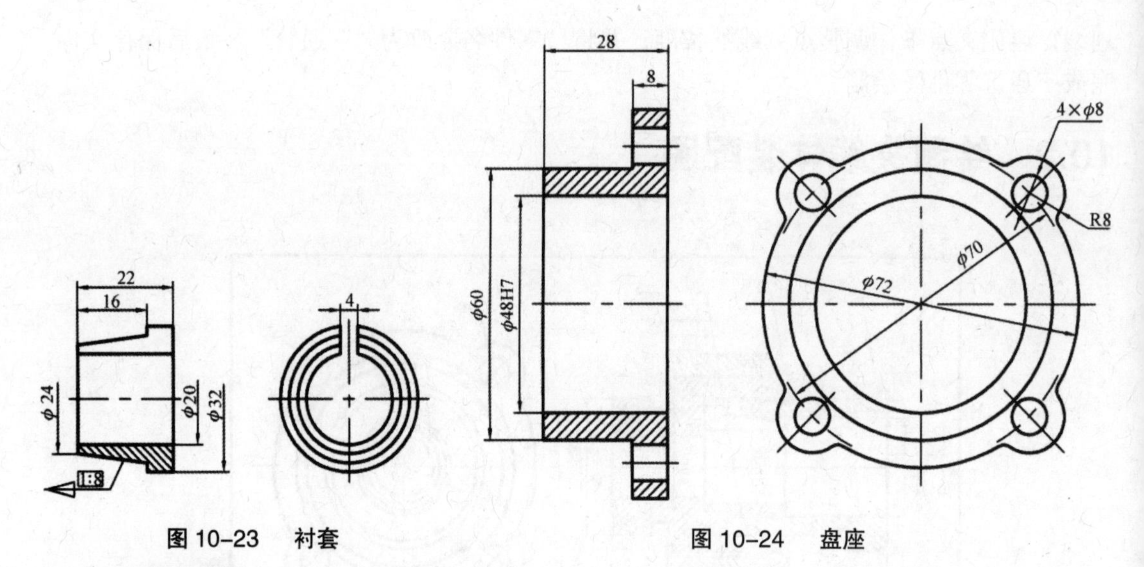

图 10-23 衬套　　　　图 10-24 盘座

1. 手动压套

☆ 新建文件

单击快速访问工具栏的“新建”按钮，打开如图 1-10 所示“选择样板”对话框，单击“打开”按钮，打开一个新的 AutoCAD 文件。单击状态工具栏网格按钮，将其关闭。单击快速访问工具栏的“保存”按钮，把图形文件保存为“手动压套.dwg”。

☆ 相关设置

(1) 绘图区域：调用“Rectangle”命令绘制一个 420×297mm 的矩形，双击鼠标滚轮使其最大化标注显示在绘图窗口。

(2) 图层：单击“常用”选项卡“图层”面板“图层特性”按钮，弹出如图 4-1 所示的“图层特性管理器”，按照表 10-1 所示设置图层。在“草图设置”对话框“对象捕捉”选项卡中，选择常用对象捕捉模式，单击状态工具栏“对象捕捉”按钮，启动对象捕捉辅助功能。

(3) 文字样式：首先单击“常用”选项卡“注释”面板“注释”展开器，然后单击“文字样式”按钮，弹出如图 7-1 所示的“文字样式”对话框，其中文字样式名称为“工程文字”、字体为“gbitec.shx”，其他为默认设置。

☆ 绘制图形

(1) 置“中心线”层为当前层，单击状态栏“正交”按钮，启用“正交”模式。绘制一条水平中心线。

(2) 调用“offset”命令，以刚绘制的中心线为偏移对象复制得出各水平线，并将它们从“中心线”层换回“0”层。将螺纹大径从“0”层换到“细线”层。

(3) 调置“0”层为当前层，绘制手动压套最左边的垂直线，调用“offset”命令偏移复制得其余各垂直线。

(4) 调用“trim”命令修剪各水平线，垂直线的多余线段。调用“erase”命令删除多余线段。

(5) 调用“chamfer”命令绘制出各倒角。

(6) 绘制手动压套右边斜度为 1：8 的斜线。

(7) 置“剖面线”层为当前层，按图 10–21 所示填充剖面图案，手柄处剖面图案为“ANSI37”。

图形绘制完毕，保存文件。

2. 夹套

按照绘制手动压套步骤建立、保存文件，设置图层，并以“夹套.dwg”文件名保存。重复上述绘制手动压套的操作步骤绘制夹套。置“细线”层为当前层，按图 10–22 所示填充剖面图案。图形绘制完毕，保存文件。

3. 衬套

按照绘制手动压套步骤建立、保存文件，设置图层，并以“衬套.dwg”文件名保存。开始绘制手动压套。

(1) 置“中心线”层为当前层，单击状态栏“正交”按钮，启用“正交”模式。绘制中心线。

(2) 置“0”层为当前层，调用“circle”命令绘制左视图中Φ20，Φ24，Φ26 三个圆。

(3) 换垂直中心线到“0”层。调用“offset”命令偏移复制得两条垂直线。

(4) 调用“trim”命令修剪两垂直线。将垂直中心线从“0”层换回“中心线”层。

(5) 绘制各条水平线，其尺寸分别由主视图、左视图决定。

(6) 置“0”层为当前层，绘制手动压套最左边的垂直线，调用“offset”命令偏移复制得其余各垂直线。

(7) 绘制衬套左边斜度为 1：8 的斜线。

(8) 调用“trim”命令修剪各线段。调用“erase”命令删除多余线段。

(9) 置“剖面线”层为当前层，按图 10–23 所示填充剖面图案。

(10) 调用“circle”命令绘制左视图中剩余的一个圆，其尺寸由主视图决定。

图形绘制完毕，保存文件。

4. 盘座

按照绘制手动压套步骤建立、保存文件，设置图层，并以“盘座.dwg”文件名保存。开始绘制盘座。

(1) 置“中心线”层为当前层，单击状态栏“正交”按钮，启用“正交”模式。绘制中心线。

(2) 置“0”层为当前层，调用“circle”命令绘制左视图中的圆Φ48，Φ60，Φ70，Φ72。

(3) 置“中心线”层为当前层，绘制一条 45° 斜线，换圆Φ70 到“中心线”层。

(4) 置“0”层为当前层，以圆Φ70 和 45° 斜线的交点为圆心，调用“circle”命令绘制圆Φ8，R8。

(5) 调用“fillet”命令倒出圆ΦR8 和Φ72 间的圆 R2。

(6) 调用“array”命令中环形阵列，绘出其余圆Φ8，R8，R2。

(7) 调用“trim”命令，Break 命令修剪掉多余线段。

(8) 换水平中心线到“0”层，用“偏移”命令偏移复制得各水平线。

(9) 绘制手动压套最左边的垂直线，调用“offset”命令偏移复制得其余各条垂直线。

(10) 调用“trim”命令修剪各线段。调用“erase”命令删除多余线段。

(11) 置“剖面线”层为当前层，按图 10-24 所示填充剖面图案。

图形绘制完毕，保存文件。

10.2.3 绘制夹线体装配图

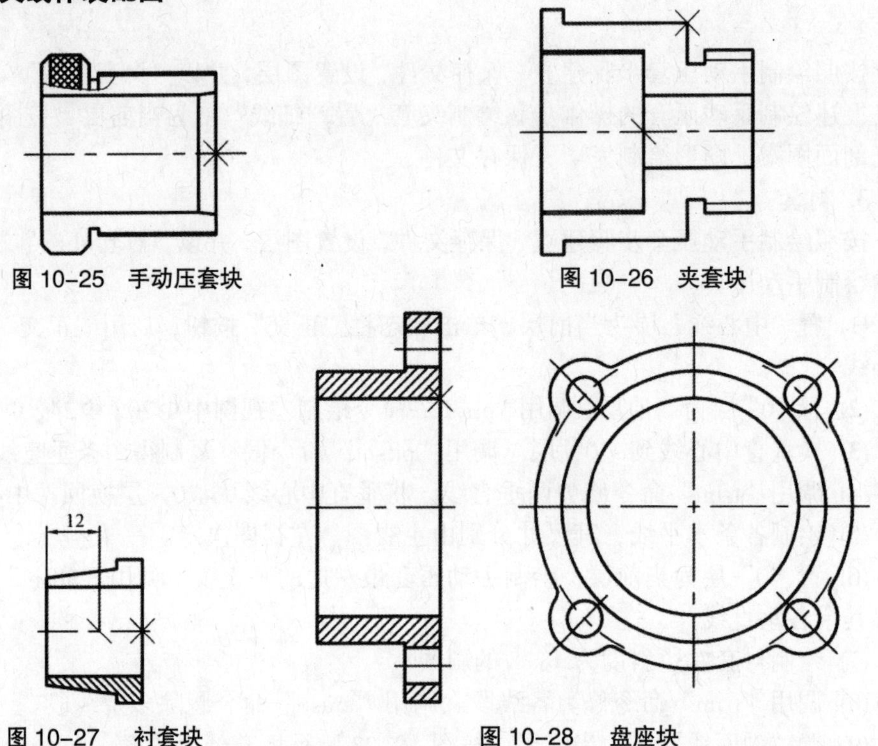

图 10-25 手动压套块

图 10-26 夹套块

图 10-27 衬套块

图 10-28 盘座块

1. 组合装配图初型

☆ 按照绘制手动压套步骤新建、保存文件，设置图层，保存为“夹线体.dwg”。

☆ 插入零件图文件

(1) 插入“盘座.dwg”文件：单击“块”面板中“插入”按钮，打开“插入块”对话框，如图 8-2 所示。单击“浏览”按钮，选择“盘座.dwg”文件，选中“分解”选项，缩放比例 X、Y、都设为“1”，旋转角度为“0”。单击“确定”按钮，在命令行输入（0,0）作为插入点，则“盘座”插入“夹线体”。

(2) 插入“夹套.dwg”文件：单击“块”面板中“插入”按钮，打开“插入块”对话框，单击“浏览”按钮，选择“夹套.dwg”文件，选中“分解”选项，缩放比例 X、Y 都设为“1”，旋转角度为“0”。单击“确定”按钮，捕捉“夹线体”右下角（297,0）作为插入点，则“夹套”插入“夹线体”。

(3) 插入“衬套.dwg”文件：重复前面操作，选择“衬套.dwg”文件，其余设置同前，捕捉“夹线体” 右下角（297,210）作为插入点，则“衬套”插入“夹线体”。

(4) 插入“手动压套.dwg”文件：重复前面操作，选择“手动压套.dwg”文件，其余设置同前，捕捉“夹线体” 右下角（0,210）作为插入点，则“衬套”插入“夹线体”。

☆ 绘制装配图

(1) 移动夹套：调用“erase”命令删除“夹套”螺纹处倒角、尺寸。调用“move”命令，框选“夹套”，选取图 10-26 所示的十字中心点为插入基点，以图 10-28 所示的十字中心点为第二个点移动“夹套”到适合位置。

(2) 移动衬套：调用“erase”命令删除“夹套”尺寸。调用“move”命令，框选“夹套”主视图，选取图 10–27 所示的十字中心点为插入基点，以图 10–25 所示的一字中心点为第二个点移动“衬套”主视图到适合位置。重复调用“move”命令，框选“夹套”左视图，选取其圆心为插入基点，以图 10–28 所示“夹套”左视图圆心第二个点移动“衬套”左视图到适合位置。

(3) 移动手动压套：调用“erase”命令删除“手动压套”尺寸。调用“move”命令，框选“手动压套”，选取图 10–25 所示的十字中心点为插入基点，以图 10–27 所示的一字中心点为第二个点移动“手动压套”到适合位置。

调用“erase”命令删除“夹套”、“衬套”、“手动压套”包括图框在内的所有图形，双击滚轮，使“夹线体”最大化地显示在绘图窗口，保存文件，如图 10–29 所示。

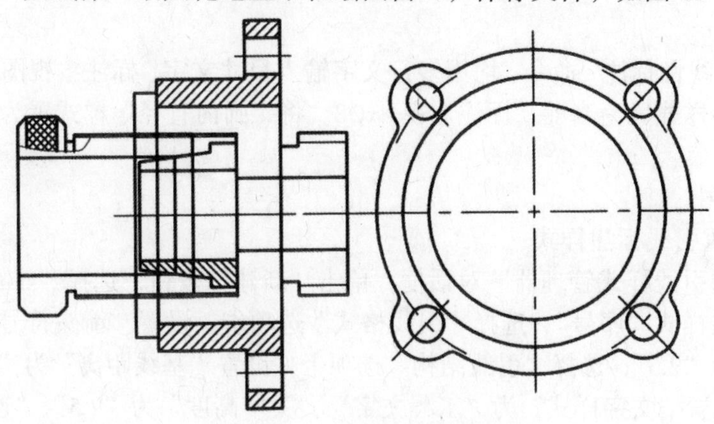

图 10–29　夹线体装配图初型

2. 完善装配图

☆ 调用“trim”、“break”、“erase”命令，将各零件之间相互相交部位的多余线段修剪、断开、清除掉。

☆ 置“剖面线”层为当前层，用双击剖面线，打开“编辑图案填充”对话框，编辑剖面线的方向和间隔，使相邻零件的剖面线方向和间隔不一致。

☆ 绘制、编辑左视图中手动压套、衬套和夹套的可见部分。

3. 插入 A3 图框

用“插入”命令将第七章绘制 A3 图框插入“夹线体.dwg”文件中，进行相应修改，完成夹线体装配图绘制。

4. 标注夹线体尺寸

☆ 设置标注样式

打开“标注样式管理器”对话框，单击“新建”按钮，选择“ISO–25”标准样式为基础样式，新建标注样式“线性尺寸”，选择“线”选项卡，设置“基线间距”为“6”；选择“文字”选项卡，设置“文字样式”为“工程文字”、“文字高度”为“2.5”；选择“主单位”选项卡，设置“精度”为“0”，其余均为缺省设置，单击“确定”按钮。并将该样式置为当前。

重复上述操作，以“线性尺寸”为基础样式，新建标注样式“水平尺寸”，在“文字”

选项卡，设置“对齐方式”为“水平”，其余均为缺省设置。

重复上述操作，以“线性尺寸”为样式，新建标注样式“圆内直径”，在“调整”选项卡“调整选项”为“文字和箭头”，“优化”选项为“在尺寸界线之间绘制尺寸线”，其余均为缺省设置。

☆ 标注

命令: dimlinear↙

指定第一条尺寸界线原点或 <选择对象>:（捕捉图 10-20 中 Ø26 下侧端点）

指定第二条尺寸界线原点:（捕捉图 10-20 中 Ø26 上侧端点）

指定尺寸线位置或[多行文字(M)/文字(T)/角度(A)/水平(H)/垂直(V)/旋转(R)]: M↙

（在多行文字编辑器中输入%%c26）

指定尺寸线位置或[多行文字(M)/文字(T)/角度(A)/水平(H)/垂直(V)/旋转(R)]: (指定尺寸线位置)

标注文字 =26

重复调用“线性标注”命令，均用多行文字输入尺寸文字，标注主视图中其余尺寸。将“水平尺寸”样式置为当前，标注左视 4xØ8。将“圆内直径”样式置为当前，标注左视图 Ø70。

5．标注序号

☆ 设置多重引线标注样式

打开“多重引线样式管理器”对话框，单击“新建”按钮，选择“standard”为基础样式，新建标注样式“序号”，选择“引线格式”选项卡，设置“箭头符号”为“小点”、“箭头大小”为“2.5”，选择“引线结构”选项卡，设置“基线距离”为“2”，选择“内容”选项卡，设置“文字样式”为“工程文字”、“文字高度”为“2.5”、“连接位置-左”和“连接位置-右”为“最后一行加下划线”，其余均为缺省设置，单击“确定”按钮。并将该样式置为当前。

☆ 标注序号

命令：mleader↙

指定引线箭头的位置或[引线基线优先(L)/内容优先(C)/选项(O)] <选项>: （移动光标到手动压套内左上角空白处，然后点击鼠标）

指定引线基线的位置：（在夹线体主视图左上方适当位置处点击一点，在“文字编辑器”中输入 1）

重复调用“mleader”命令，标注其他 3 个序号。

☆ 编辑序号

命令：mleaderalign↙（可以点击“注释”面板“对齐引线标注”按钮）

选择多重引线: 找到 1 个（选择需要调整位置的多重引线）

选择多重引线: ↙（回车结束选择或继续选择需要调整位置的多重引线）

选择要对齐到的多重引线或[选项(O)]: （指定 4 个序号中位置最佳的序号标注）

当前模式: 使用当前间距

指定方向:（移动光标使 4 个序号在一条水平线上）

最后调用“break”命令打断穿过尺寸数字的点划线，启用夹点操作调整点划线的长度，绘制完成如图 10-20 所示夹线体，保存文件。

10.3 支座轴测图

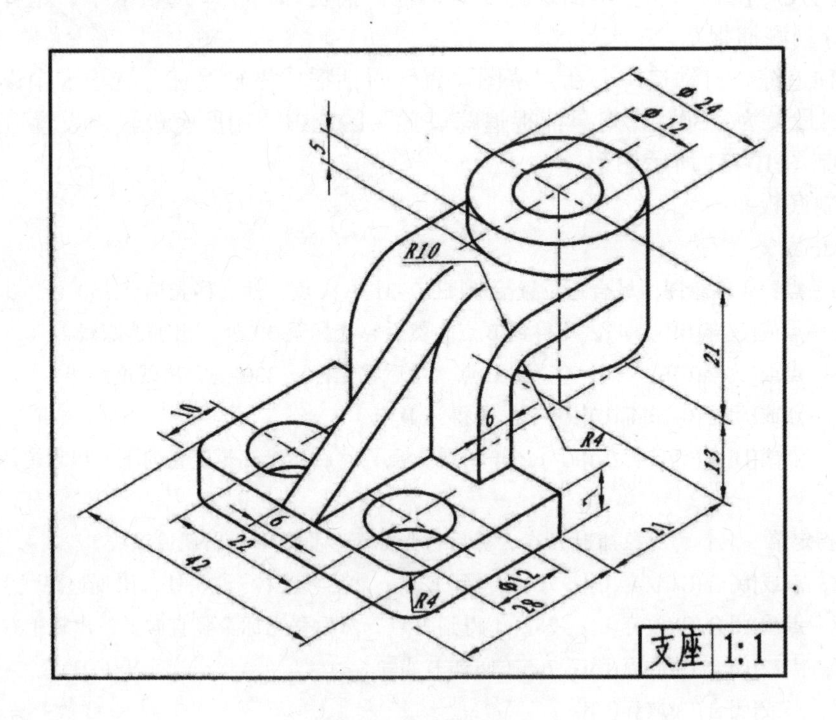

图 10-30 支座轴测图

10.3.1 绘制要求

1. 按 1:1 比例绘制如图 10-30 所示“支座轴测图”，并保存为“支座.dwg”。

2. 按表 10-1 设置图层，作图时各图元按不同用途置于相应图层中。

10.3.2 绘制步骤

1. 新建文件

☆ 新建：单击快速访问工具栏的“新建”按钮，打开如图 1-10 所示“选择样板”对话框， 单击“打开”按钮，打开一个新的 AutoCAD 文件。

☆ 关闭网格：单击状态工具栏网格按钮，将其关闭。

☆ 保存:单击快速访问工具栏的“保存”按钮,把图形文件保存为“支座轴测图.dwg”。

2. 相关设置

☆ 绘图区域：调用“Rectangle”命令绘制一个 210×297mm 的矩形，双击鼠标滚轮使其最大化标注显示在绘图窗口。

☆ 图层：单击“常用”选项卡“图层”面板“图层特性”按钮，弹出如图 4-1 所示的“图层特性管理器”，按照表 10-1 所示设置图层。

☆ 文字样式：首先单击“常用”选项卡“注释”面板“注释”展开器，然后单击“文字样式”按钮，弹出如图 7-1 所示的“文字样式”对话框，其中文字样式名称为“工程文字”、字体为“gbitec.shx”，其他为默认设置。

☆ 对象捕捉：在“草图设置”对话框“对象捕捉”选项卡中，选择“端点”、“中点”、和“交点”对象捕捉模式，单击状态工具栏中“对象捕捉”按钮，启动对象捕捉辅助功能。

☆ 轴测投影模式：在“草图设置”对话框“捕捉和栅格”选项卡中，选择“捕捉类型”为“等轴测捕捉”。

☆ 极轴追踪、自动追踪：在“草图设置”对话框“极轴追踪”选项卡中设置“极轴追踪角度增量”为“30”，“对象捕捉追踪设置”区选中“用所有极轴角设置追踪”。

3. 绘制图 10-31 所示图形

☆ 绘制底板

命令：line↙

指定第一点：（在绘图区域合适位置拾取图 10-31 中 A 点，然后移光标至 150^0处，出现追踪线）

指定下一点或[放弃(U)]：　42↙（得到 B 点，然后移光标至 30^0处，出现追踪线）

指定下一点或[放弃(U)]：　28↙（得到 C 点，然后移光标至 330^0处，出现追踪线）

指定下一点或[闭合(C)/放弃(U)]：　42↙（得到 D 点）

指定下一点或[闭合(C)/放弃(U)]：　c↙（回到 A 点，然后移光标至竖直向下，出现追踪线）

命令:↙

LINE 指定第一点：（对象捕捉 A 点，然后移光标至竖直向下，出现追踪线）

指定下一点或[闭合(C)/放弃(U)]：7↙（得到 E 点，然后移光标至 30^0处，出现追踪线）

指定下一点或[闭合(C)/放弃(U)]：28↙（得到 F 点，然后移光标至竖直向上，出现追踪线）

指定下一点或[闭合(C)/放弃(U)]：7↙（回到 D 点）

指定下一点或[闭合(C)/放弃(U)]：↙

按 Enter 键重复调用“line”命令，绘制出其余线段 EG、GB。

☆ 绘制竖板

继续调用“line”命令绘制其余部分，调用“erase”命令删除多余线段。最后绘制结果如图 10-31 所示。

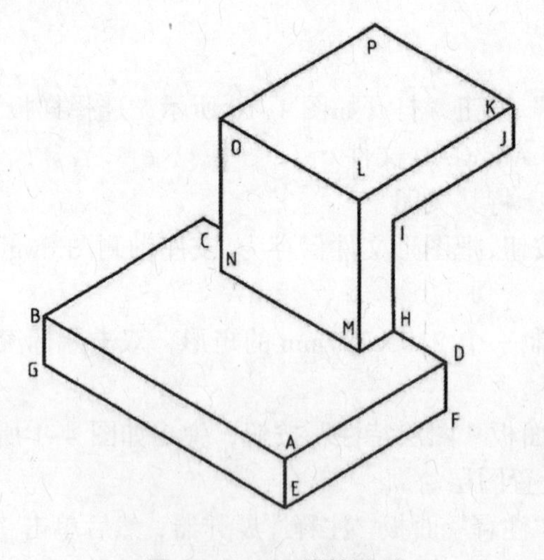

图 10-31　　线性图形

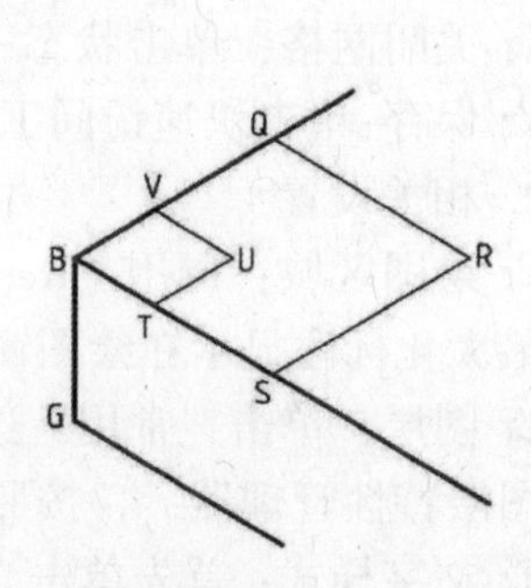

图 10-32　　底板左上角

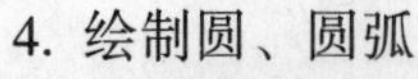

4. 绘制圆、圆弧

☆ 绘制支座右上角 Ø12 和 Ø24 圆

(1)　绘制 Ø12 和 Ø24 圆的中心线交点

命令：line↙

指定第一点：（对象捕捉线段 PK“中点”）

指定下一点或[放弃(U)]：5↙（得到圆心，然后移光标至竖直向上，出现追踪线）

指定下一点或[闭合(C)/放弃(U)]：↙

(2) 绘制 Ø12 和 Ø24 圆

命令: ellipse↙

指定椭圆轴的端点或[圆弧(A)/中心点(C)/等轴测圆(I)]： i↙（选择绘制等轴测圆）

指定等轴测圆的圆心：（对象捕捉中心线交点）

指定等轴测圆的半径或 [直径(D)]： <等轴测平面 俯视> 12↙（先按 F5 键多次，直到命令提示行为“等轴测平面 俯视”后，输入圆半径）

重复调用上述命令画 Ø24 的同心圆 Ø12。

(3) 在 Ø24 圆正下方 5mm，16mm 处分别复制两个同样的圆。

命令: copy↙

选择对象： 找到 1 个(选择 Ø24 圆)

选择对象：↙

当前设置： 复制模式 = 多个

指定基点或[位移(D)/模式(O)] <位移>：（对象捕捉“圆心”，光标移至竖直向下，出现追踪线）

指定第二个点或[阵列(A)] <使用第一个点作为位移>： 5↙

指定第二个点或[阵列(A)] <使用第一个点作为位移>： 16↙

指定第二个点或[阵列(A)/退出(E)/放弃(U)] <退出>：↙

(4) 绘制 Ø24 圆两侧直线

命令：line↙

指定第一点：（对象捕捉最高处 Ø24 圆的右侧“象限点”）

指定下一点或[放弃(U)]：（对象捕捉最低处 Ø24 圆的右侧“象限点”）

指定下一点或[放弃(U)]：↙

命令：line↙

指定第一点：（对象捕捉最高处 Ø24 圆的左侧“象限点”）

指定下一点或[放弃(U)]：（对象捕捉最低处 Ø24 圆的左侧“象限点”）

指定下一点或[放弃(U)]：↙

☆ 绘制支座底板上 Ø12 圆

命令：line↙

指定第一点：（对象捕捉线段 B 点，然后移光标至 30^0 处，出现追踪线）

指定下一点或[放弃(U)]：10↙（得到 Q 点，然后移光标至 330^0 处，出现追踪线，如图 10-32 所示）

指定下一点或[放弃(U)]：10↙（得到 R 点，R 为圆心，然后移光标至 210^0 处，出现追踪线）

指定下一点或[放弃(U)]：10↙（得到 S 点）

指定下一点或[闭合(C)/放弃(U)]：↙

调用“ellipse”命令绘制 Ø12 圆，调用“copy”命令沿 330^0 方向移动 22 复制得另一 Ø12 圆。

☆ 绘制支座底板上 R4 圆弧

(1) 绘制 R4 圆弧的圆心

命令：line↙

指定第一点：（对象捕捉线段 B 点，然后移光标至 30^0处，出现追踪线）

指定下一点或[放弃(U)]：4↙（得到 V 点，然后移光标至 330^0处，出现追踪线）

指定下一点或[放弃(U)]：4↙（得到 U 点，U 为圆心，然后移光标至 210^0处，出现追踪线）

指定下一点或[闭合(C)/放弃(U)]：4↙（得到 T 点）

指定下一点或[闭合(C)/放弃(U)]：↙

(2) 绘制 R4 圆弧

命令: -ellipse （单击“常用”选项卡“绘图”面板“椭圆弧”命令按钮）

指定椭圆轴的端点或 [圆弧(A)/中心点(C)/等轴测圆(I)]: _a （自动提示）

指定椭圆弧的轴端点或 [中心点(C)/等轴测圆(I)]: i↙（指定绘制等轴测圆）

指定等轴测圆的圆心：（对象捕捉“U”点作为圆心）

指定等轴测圆的半径或 [直径(D)]: 4↙

指定起点角度或[参数(P)]:（对象捕捉“V”点作为起始切点）

指定端点角度或[参数(P)/包含角度(I)]:（捕捉“T”点作为终止切点，注意起点和端点是逆时针）

继续调用“line”、“_ellipse”命令绘制底板左下角的圆角。调用“copy”命令沿竖直方向向下移动 7，复制得到另两个 R4 圆弧。调用“line”命令绘制圆弧的切线，并调用“erase”命令删除多余线段。

☆ 绘制竖板的圆角

(1) 同样调用“line”命令绘制辅助线段，得到最前面圆弧的圆心和切点。

(2) 按 F5 键切换至<等轴测平面 右视>

(3) 调用“ellipse”命令绘制竖板 R10、R4 圆角

(4) 调用“copy”命令沿 150^0方向移动 9、15、24 复制得其余三个位置的 R10 圆弧。

(5) 调用“erase”命令删除多余线段。

5. 绘制肋板

命令：line↙

指定第一点：（对象捕捉线段 AB 中点，然后移光标至 330^0处，出现追踪线）

指定下一点或[放弃(U)]：3↙（移动光标至对应圆弧处，直到出现“切点”标记）

指定下一点或[放弃(U)]：（对象捕捉“切点”）

指定下一点或[放弃(U)]：↙

按 Enter 键重复调用“line”命令，绘制表示肋板的另一条线。最后调用“Trim”命令和“erase”命令修剪、删除多余线段，得到最终图形。

6. 标注尺寸

☆ 相关设置

(1) 创建文字样式“正 30”：字体为“gbeitc.shx”、倾斜角度为“30”。

(2) 创建文字样式“负 30”：字体为“gbeitc.shx”、倾斜角度为“-30”。

(3) 创建对应两种文字样式的尺寸样式“正 30”和“负 30”，其余为默认设置。

(4) 创建多重引线标注样式“半径”，文字样式为“正 30”，其余为默认设置。

☆ 标注尺寸 6、22、44、Ø12（右上方）、Ø24

(1) 指定尺寸样式“正 30”为当前样式，用“对齐标注”标注尺寸上述尺寸。

(2) 选择“标注”面板“倾斜”按钮（dimedit 命令），输入倾斜角度为“30”，调整上述标注的尺寸使之符合图 10-30 所示。

☆ 标注尺寸 10、Ø12（左下方）、28、21

(1) 指定尺寸样式“负 30”为当前样式，用“对齐标注”标注尺寸上述尺寸。

(2) 选择“标注”面板“倾斜”按钮（dimedit 命令），输入倾斜角度为“–30”，调整上述标注的尺寸使之符合图 10-30 所示。

☆ 标注尺寸 5、13、21

(1) 指定尺寸样式“正 30”为当前样式，用“线性标注”标注尺寸上述尺寸。

(2) 选择“标注”面板“倾斜”按钮（dimedit 命令），输入倾斜角度为“–30”，调整上述标注的尺寸使之符合图 10-30 所示。

☆ 标注尺寸 7

(1) 指定尺寸样式“负 30”为当前样式，用“线性标注”标注尺寸上述尺寸。

(2) 选择“标注”面板“倾斜”按钮（dimedit 命令），输入倾斜角度为“30”，调整上述标注的尺寸使之符合图 10-30 所示。

☆ 标注尺寸正前方 6

(1) 指定尺寸样式“30”为当前样式，用“对齐标注”标注尺寸上述尺寸。

(2) 选择“标注”面板“倾斜”按钮（dimedit 命令），输入倾斜角度为“90”，调整上述标注的尺寸使之符合图 10-30 所示。

☆ 标注尺寸 R4、R10：指定多重引线标注样式“半径”为当前样式，用“多重引线标注”标注尺寸上述尺寸。

习题

1. 按 1:1 比例绘制如图 10-33 所示“商标”图。

图 10-33 商标设计

2. 按 1:1 比例绘制图 10-34、35、36。

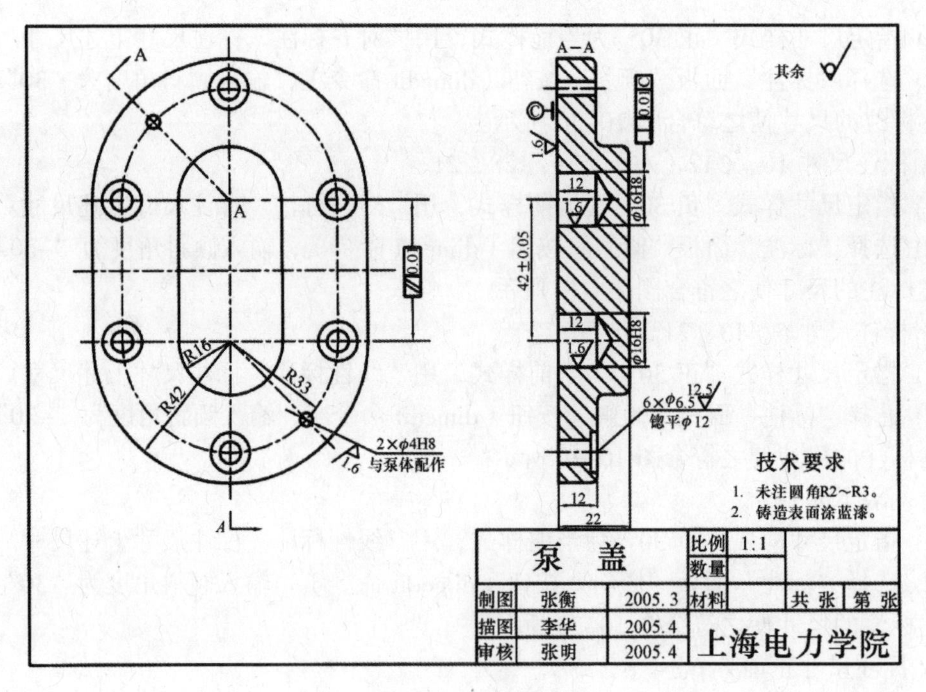

图 10–34 泵盖

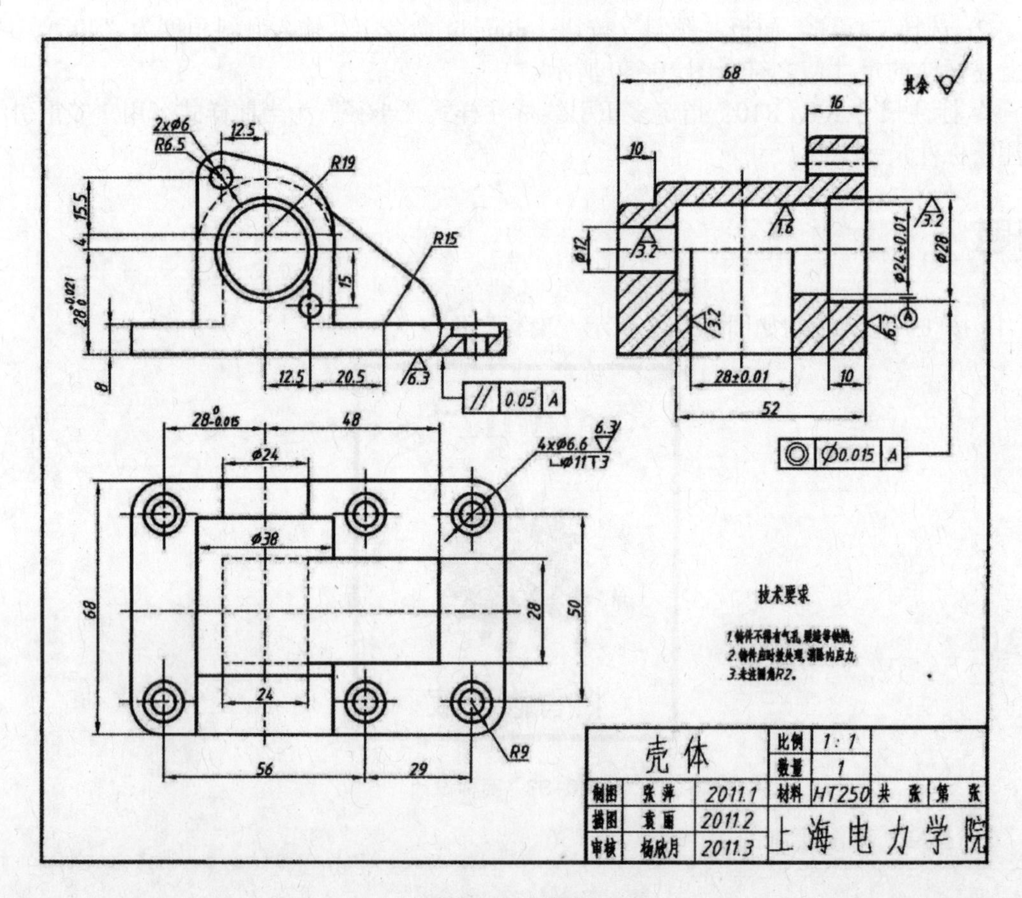

图 10–35 壳体 1

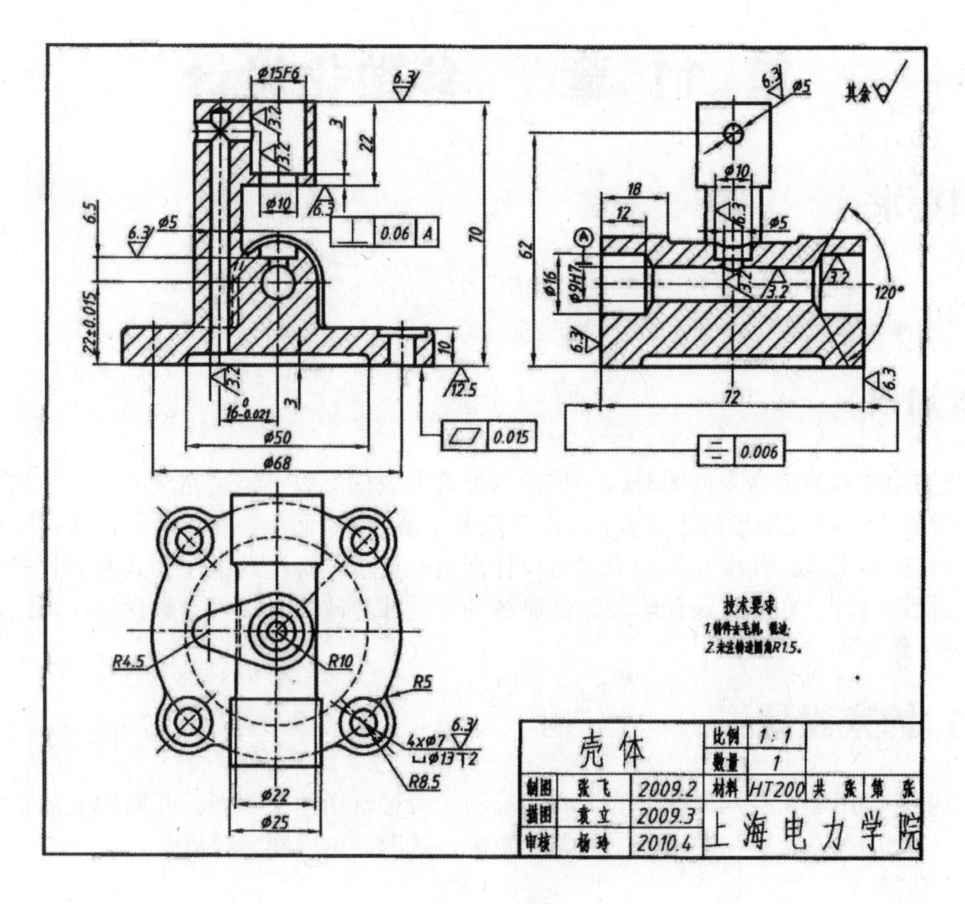

图 10–36 壳体 2

3. 按 1:1 比例绘制如图 10–37 所示图。

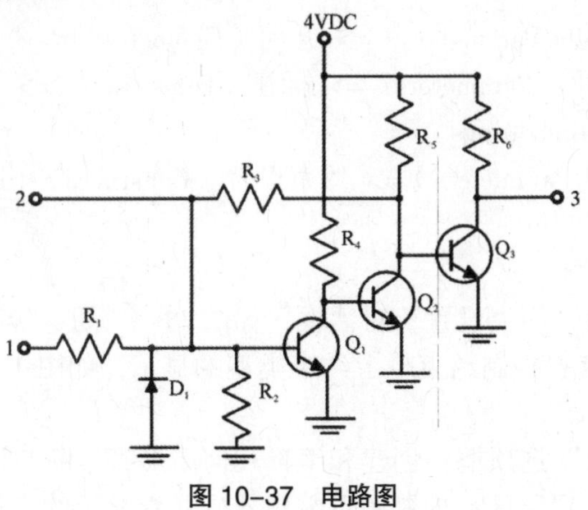

图 10–37 电路图

第 11 章　参数化设计

学习要求

- 掌握约束的设置、添加、编辑。
- 掌握参数化设计的一般方法。

基本知识

调用绘图和编辑命令绘图时，必须输入准确的数据参数，绘制完成的图形才能确保精确无误。若要改变图形的形状及大小，一般要重新绘制。而参数化设计可以通过约束，自动调整图形实体。其中几何约束保持设计规范和要求，标注约束中公式和方程式变量值进行快速设计。在工程设计阶段，试验各种设计或更改时，使用参数化设计可以极大地提高工作效率。

11.1 约束设置

约束是应用于二维几何图形的关联和限制。两种常用约束类型：几何约束控制对象相对于彼此的关系；标注约束控制对象的距离、长度、角度和半径值。

1. 功能

控制约束栏上约束类型的显示。

2. 调用方式

☆ 功能区：参数化（Parameters）=> 几何（Geometry）=>“几何”对话框启动器
　　　　　参数化（Parameters）=> 标注（Dimension）=>“标注”对话框启动器

☆ 命令行：constraintsettings

☆ 菜　单：参数（Parameters）=> 约束设置（Constraint Settings）

☆ 状态栏：

3. 解释

调用该命令，弹出“约束设置”对话框，如图 11–1 所示。各选项说明如下：

☆ “几何”选项卡：控制约束栏上约束类型的显示，如图 11–1 所示。各选项说明如下：

(1)“推断几何约束”选项框：创建和编辑几何图形时推断几何约束。

(2)“约束栏显示设置”区：控制图形编辑器中是否显示约束栏或约束点标记，此区内共有 12 种约束类型，对应有 12 个复选框，各选项含义如表 11–1 所示。“全部选择”按钮和“全部清除”按钮可以选择或清除所有约束类型。

(3)“仅为处于当前平面中的对象显示约束栏”复选框：仅为当前平面上受几何约束的对象显示约束栏。

(4)“约束栏透明度”文本框：设定图形中约束栏的透明度。可以在文本框中直接输入数值，或者拖动文本框后的滑块。

(5)“将约束应用于选定对象后显示约束栏”复选框：手动约束后显示相关约束栏。

(6)“选定对象时显示约束栏”复选框：临时显示选定对象的约束栏。

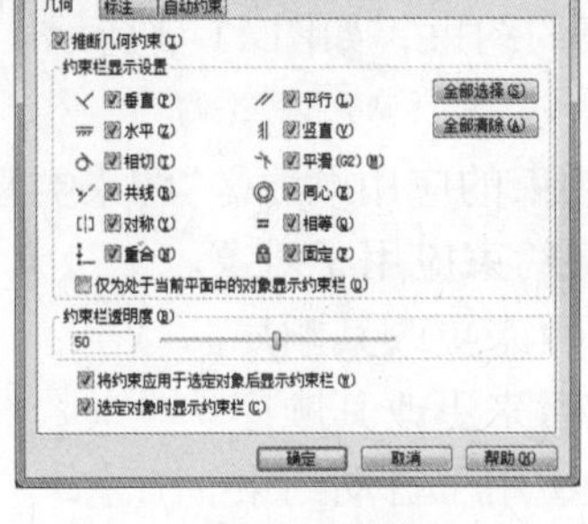

图 11-1 “约束设置”对话框

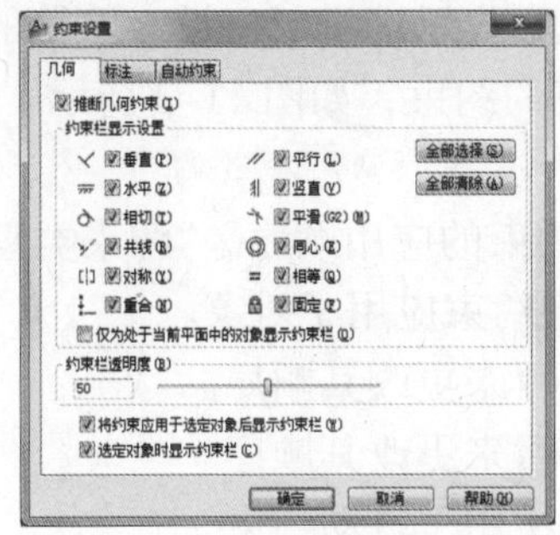

图 11-2 “标注”选项卡

表 11-1 几何约束类型及其功能

几何约束类型	功　　能
垂直(GCPERPENDICULAR)	使选定的直线、多段线线段、椭圆或字位于彼此垂直的位置。第二个选定对象将设为与第一个对象垂直。
平行(GCPARALLEL)	约束两条直线或多条直线，使其具有相同的角度。第二个选定对象将设为与第一个对象平行。
水平(GCHORIZONTAL)	约束一条直线或一对点，使其与当前 UCS 的 X 轴平行，对象上的第二个选定点将设定为与第一个选定点水平。
竖直(GCVERTICAL)	约束一条直线或一对点，使其与当前 UCS 的 Y 轴平行，对象上的第二个选定点将设定为与第一个选定点垂直。
相切(GCTANGENT)	约束两条曲线，使其或延长线彼此相切。
平滑（GCSMOOTH）	约束一条样条曲线，使其与其它样条曲线、直线、圆弧或多段线彼此相连并保持 G2 连续性。
共线(GCCOLLINEAR)	约束两条或多条直线、其它对象，使其位于同一直线方向上，第二个选定对象将设为与第一个对象共线。
同心(GCCONCENTRIC)	将约束选定的两个圆、圆弧、或椭圆，使其具有相同的圆心点。第二个选定对象将设为与第一个对象同心。
对称(GCSYMMETRIC)	约束对象上的两条曲线或两个点，使其以选定直线为对称轴彼此对称。
相等(GEOMCONSTRAINT)	约束两条直线或多段线线段使其具有相同长度，或约束圆弧和圆使其具有相同半径值。
重合(GCCOINCIDENT)	约束对象上的约束点使其重合，或者约束一个点使其位于曲线（或曲线的延长线）上。
固定(GCFIX)	约束一个点或一条曲线，使其固定在相对于坐标系的特定位置和方向上。

☆“标注”选项卡：显示标注约束时，设定行为中的系统配置，如图 11-2 所示。各选项说明如下：

(1)“标注约束格式”区：应用标注约束时，显示的文字指定格式。“标注名称格式”选项框设定标注名称格式和锁定图标的显示。名称格式可设定为名称、值、名称和表达式。“为注释性约束显示锁定图标”复选框设定已应用注释性约束的对象是否显示锁定图标。

(2)“为选定约束显示隐藏的动态约束”复选框：显示选定时已设为隐藏的动态约束。

☆ “自动约束”选项卡：控制应用于选择集的约束，如图 11-3 所示。各选项说明如下：

(1)“自动约束”下拉框：“优先级”项控制约束的应用顺序。“约束类型”项显示应用于对象的推断几何约束。“应用”项控制是否将约束应用于对象。

(2)“上移”按钮：通过在列表中上移选定项目来更改其顺序。

(3)“下移”按钮：通过在列表中下移选定项目来更改其顺序。

(4)“全部选择”按钮：选择所有几何约束类型用于自动约束。

(5)“全部清除”按钮：清除所有用于自动约束几何约束类型。

(6)“重置”按钮：将自动约束设置重置为默认值。

(7)“相切对象必须共用同一交点”复选框：指定两条曲线必须共用一个点（在距离公差内指定）以便应用相切约束。

(8)“垂直对象必须共用同一交点”复选框：指定直线必须相交或者一条直线的端点必须与另一条直线或直线的端点重合（在距离公差内指定）。

(9)“公差”区：设定可接受的公差值以确定是否可应用约束。“距离”文本框用于重合、同心、相切和共线约束。“角度”文本框用于水平、竖直、平行、垂直、相切和共线约束。

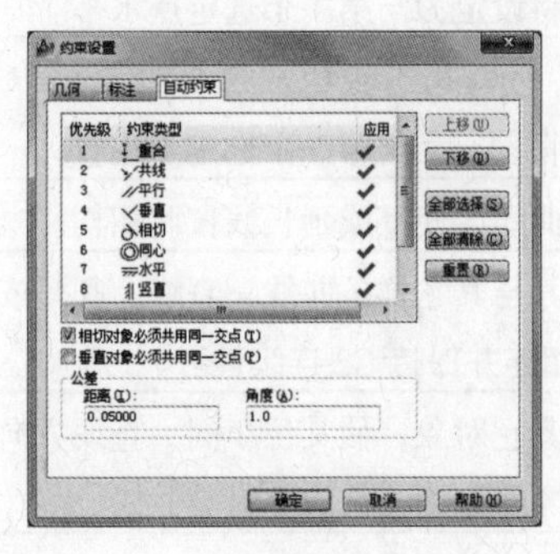

图 11-3　“自动约束”选项卡

图 11-4　“参数管理器”下拉框

11.2　添加约束方法

设置好约束后，开始添加约束。设计中一般首先应用几何约束以确定设计的形状，然后应用标注约束以确定对象的大小。

11.2.1　几何约束

1. 功能

确定二维对象间或对象上各点间的几何关系，如平行、垂直、同心、重合等。例如，可添加平行约束使两条线段平行，添加重合约束使两端点重合等。

2. 调用方式

☆ 功能区：参数化（Parameters）=> 几何（Geometry）=> 约束按钮（详见表 11–1）

☆ 命令行：详见表 11–1

☆ 菜 单：参数（Parameters）=> 几何约束（Geometry Constraint）

3. 解释

调用上述“几何约束”命令后，选择图形对象，回车后，相应的几何约束添加在所选图形对象上。具体几何约束说明见表 11–1。添加几何约束后，在对象的旁边出现约束图标。将光标移动到图标或图形对象上，AutoCAD 将加亮显示相关的对象及约束图标。

11.2.2 标注约束

1. 功能

标注约束控制二维对象的大小、角度及两点间距离，此类约束可以是数值，也可以是变量及方程式。改变尺寸约束，则约束将驱动对象发生相应变化。

2. 调用方式

☆ 功能区：参数化（Parameters）=> 标注（Dimension）=> “约束”按钮（详见表 11–2）

☆ 命令行：详见表 11–2

☆ 菜 单：参数（Parameters）=> 标注约束（Dimension Constraint）

3. 解释

调用上述“标注约束”命令后，选择图形对象约束点或图形对象，在适合位置单击鼠标左键，相应的标注约束添加在适合位置。具体标注约束说明见表 11–2。

表 11–2 标注约束类型及其功能

标注约束类型	功 能
线性(DcLinear)	选定直线或圆弧后，对象的端点之间的水平或垂直距离受到约束。
对齐(DcAligned)	约束对象上或者不同对象上两个点之间的距离。
半径(DcRadius)	约束圆或圆弧的半径。
直径(DcDiameter)	约束圆或圆弧的直径。
角度(DcAngular)	约束直线段或多段线线段之间的角度，由圆弧或多段线圆弧段扫掠得到的角度，或对象上三个点之间的角度。
转换（DcConvert）	将标注转换为标注约束。

标注约束有两种形式：动态约束和注释性约束。默认情况下是动态约束，系统变量 CCONSTRAINTFORM 为 0。若为 1，则默认尺寸约束为注释性约束。

动态约束：标注外观由固定的预定义标注样式决定，不能修改，且不能被打印。在缩放过程中，动态约束保持相同大小。

注释性约束：标注外观由当前标注样式控制，可以修改，也可以打印。在缩放过程中，注释性约束的大小发生变化。可把注释性约束放在同一图层上，设置颜色及改变可见性。动态约束与注释性约束可相互转换，选择尺寸约束，单击鼠标右键，选择“特性”选项，弹出“特性”下拉框，在“约束形式”下拉列表中指定尺寸约束要采用的形式。

添加尺寸约束的一般顺序是先定形，后定位；先大尺寸，后小尺寸。标注约束通常是数值形式，也可采用自定义变量或数学表达式。单击“参数化”选项卡“标注”面板 “参数管理器”按钮，打开“参数管理器”对话框，如图 11–4 所示。此管理器显示所有尺寸约束及用户变量，利用它可轻松地对约束和变量进行管理。标注约束或变量采用表达式时，可以使用常用运算符及数学函数。

11.3 编辑约束

使用约束进行设计时，图形会处于以下三种状态之一：

1. 未约束，未将约束应用于任何几何图形；

2. 欠约束，将某些约束应用于几何图形；

3. 完全约束，将所有相关几何约束和标注约束应用于几何图形。

参数化设计需要完全约束图形，实现完全约束的方法是有两种。第一种：一组对象首先至少包括一个固定约束，以锁定几何图形的位置。然后使用编辑命令和夹点的组合，添加或更改约束。第二种：先创建一个图形，并对其进行完全约束，然后释放并替换相关几何约束，更改标注约束中的值。

对已加到图形中的约束可以进行显示、隐藏和删除等操作。具体方法如下：

1. 显示/隐藏约束：单击“参数化”选项卡“几何”和“标注”面板“显示/隐藏”按钮，可以设置几何约束和标注约束是否显示在绘图区域。

2. 显示约束：单击“参数化”选项卡“几何”和“标注”面板“全部显示”按钮，显示所有几何约束和标注约束。

3. 隐藏约束：单击“参数化”选项卡“几何”和“标注”面板“全部隐藏”按钮，隐藏所有几何约束和标注约束。

4. 删除约束：单击“参数化”选项卡“管理”面板“删除约束”按钮，选择受约束的对象，删除选定对象上所有几何约束和标注约束。

对于已创建的几何约束，可采用以下 2 种方法进行编辑：

1. 单击标注约束的名称亮显图形中的约束。

2. 选中约束，单击鼠标右键，利用快捷菜单中相应选项编辑约束。

对于已创建的标注约束，可采用以下 3 种方法进行编辑：

☆ 双击标注约束或利用 DDEDIT 命令编辑约束的值、变量名称或表达式。

☆ 选中标注约束，拖动与其关联的夹点改变约束的值，同时驱动图形对象改变。

☆ 选中约束，单击鼠标右键，利用快捷菜单中相应选项编辑约束。

编辑受约束的图形后，约束会发生变化，变化情况如下：

1. 使用夹点编辑模式修改受约束的几何图形，保留应用的所有约束。

2. 调用编辑命令如 MOVE、COPY、ROTATE 和 SCALE 等修改受约束的几何图形，保留应用于对象的约束。

3. 调用编辑命令如 TRIM、EXTEND 和 BREAK 等修改受约束的几何图形，所加约束将被删除。

应用实例

11.4 参数化图形设计

11.4.1 绘制要求

参数化绘制平面图形，如图 11–5 所示。

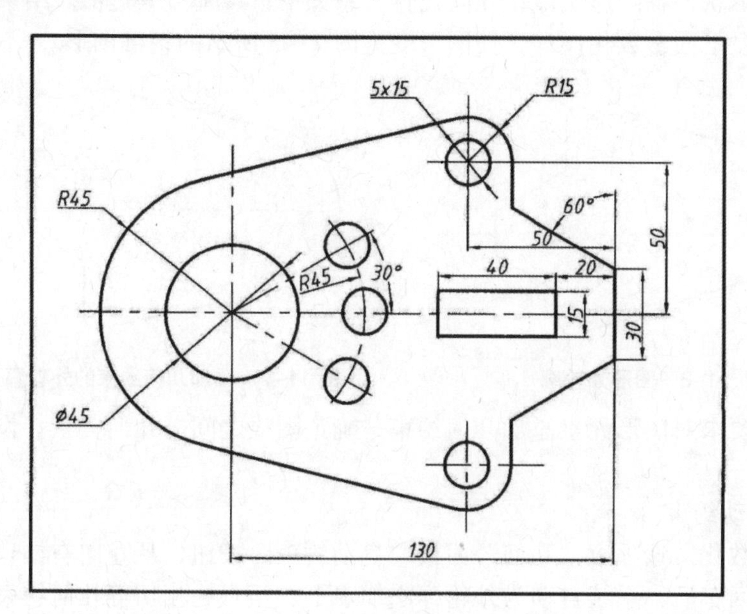

图 11–5 参数化图形

11.4.2 标注步骤

1. 新建文件

新建尺寸为 297×210mm 的图形文件，保存为“参数化图形.dwg”

2. 相关设置

☆ 新建图层:“点划线”图层为线型 center、线宽 0.25;“粗实线”层为线型 Continuous、线宽 0.5；“尺寸标注”层为线型 Continuous、线宽 0.25，如图 1–14 所示。

☆ 创建应用于尺寸标注的文字样式：文字样式名称为“工程文字”，字体为“gbitec.shx”,其余为默认设置。

☆ 创建应用于标注约束的尺寸样式:“线性标注”用于线性标注，其中“文字样式”为“工程文字”、“文字高度”为“2.5”,其余默认。“水平标注”用于标注尺寸文字必须水平放置的尺寸，其中“文字对齐”为“水平”,其余同上。“角度标注”用于标注角度，其中“文字对齐”为“水平”,“文字位置”区“垂直”项为“中”，其余同上。

☆ “对象捕捉”设置：在“对象捕捉”对话框中，单击“全部选择”按钮，启用全部对象捕捉模式，单击状态工具栏中“对象捕捉”按钮，启用对象捕捉辅助功能。

☆ 绘图区域设置：调用“Rectangle”命令设定绘图区域大小为 297×210mm，双击鼠标滚轮，使绘图区充满绘图窗口（了解随后绘制草图轮廓大小，不使草图形状失真太大）。

☆ 约束设置：打开“约束设置”对话框“标注”选项卡，在“标注约束格式”区“标注名称格式”下拉框中选择“值”，其他设置为默认。命令行调用 CCONSTRAINTFORM 命令，设置其值为 1，使默认标注约束为注释性约束。

3. 绘制图形外部轮廓

将图形分解成由外轮廓及多个内轮廓组成的结构，按先外后内的顺序绘制。在绘图区域内，调用“line”、“arc”、“trim”、“mirror”、“fillet”等命令，在“粗实线”层绘制外轮廓的大致形状，各图形实体相互间位置关系如平行、垂直等近似。结果如图 11–6 所示。然后通过下面参数化设计，使图形变为图 11–5 所示的精确图形。

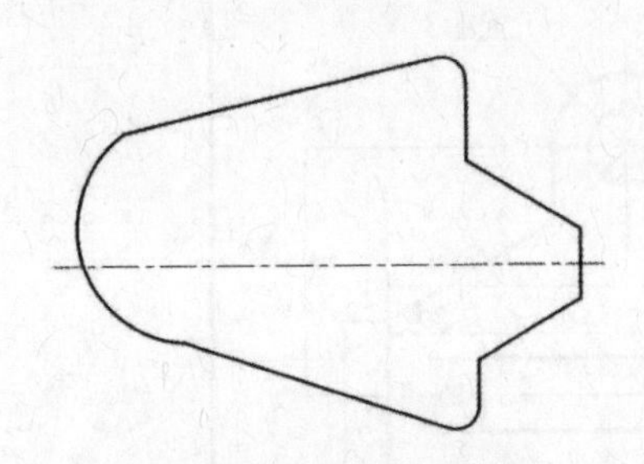

图 11–6 图形外轮廓

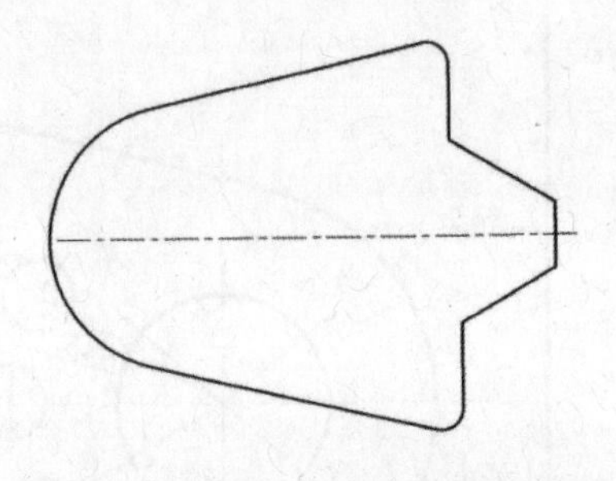

图 11–7 添加几何约束的外轮廓

根据设计要求对图形元素添加几何约束，确定图线之间的几何关系。设置“标注”层为当前图层。

☆ 添加自动约束

单击“参数化”选项卡“几何”面板“自动约束”按钮，从左向右框选外轮廓以及上下对称线，回车后，系统自动为外轮廓添加水平、竖直、相切等几何约束，单击“几何”面板“全部显示”按钮，可以看到自动添加约束。

☆ 施加固定约束

单击“参数化”选项卡“几何”面板“固定”按钮，选中图形最右端竖直直线和对称中心线的交点作为整个轮廓的固定点，以确定外轮廓位置。

☆ 施加自定义约束。

依次单击“参数化”选项卡“几何”面板“重合”和“相切”按钮，先选择图形最下方斜线的左端点，再选择图形左侧圆弧的下端点，使左侧圆弧和下端直线段相切。

依次单击“参数化”选项卡“几何”面板“对称”按钮，依次先选择对称中心线上方图线，再选择对称中心线下方图线，设置“对称”几何约束。

依次单击“参数化”选项卡“几何”面板“相等”按钮，依次先选择对称中心线上方圆弧和斜线，再选择对称中心线下方圆弧和斜线，设置“相等”几何约束。

结果如图 11–7 所示。

4. 添加标注约束

确定外轮廓中各图形元素的精确大小及位置。创建的尺寸包括定形及定位尺寸，标注顺序一般为先大后小，先定形后定位。

☆ 标注定形约束 30、R15、R45、60°

标注定形约束操作使相关的线段或圆弧的尺寸变成现在要求的尺寸，比如一线段 AB，原来绘制的尺寸是 150mm,现在标注定形约束为 30，线段 AB 实际尺寸缩短为 30mm，可以通过该方法改变图形尺寸。

设置 “线性标注” 为当前标注样式，单击“参数化”选项卡“标注”面板“线性”按钮，选中图形中相应的线段标注线性尺寸 30。

设置 “水平标注” 为当前标注样式，单击“参数化”选项卡“标注”面板“半径”按钮，选中图形圆弧标注圆弧半径 R45、R15。单击“参数化”选项卡“标注”面板“直径”按钮，选中图形圆弧标注圆弧直径。

设置 “角度标注” 为当前标注样式，单击“参数化”选项卡“标注”面板“角度”按钮，选中图形相应的线段标注角度 60°。

☆ 标注定位约束 175、50、35

设置“线性标注”为当前标注样式，单击“参数化”选项卡“标注”面板“线性”按钮，选中图形中相应的线段标注定位尺寸 175、50、35。应用夹点操作调整相关尺寸和图线的位置后，结果如图 11-8 所示。

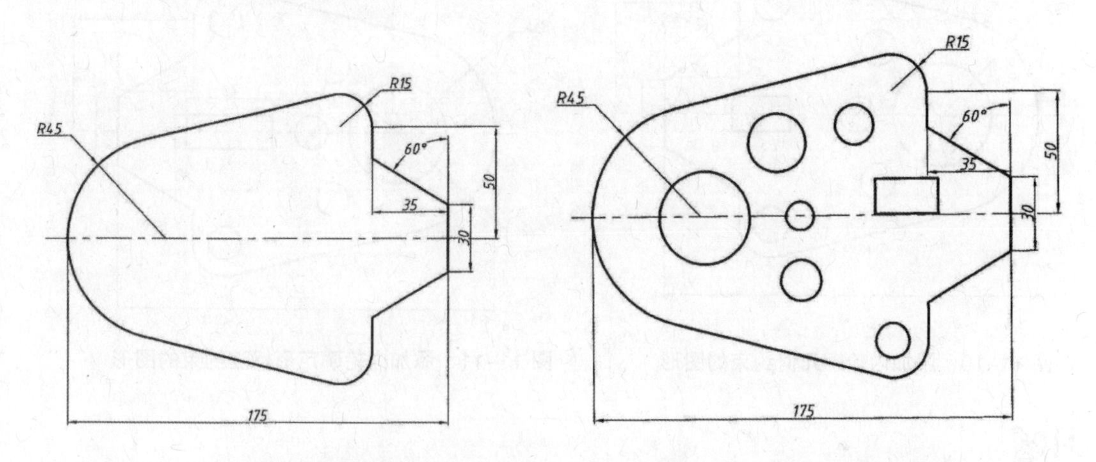

图 11-8　添加定位标注约束的外轮廓　　　图 11-9　绘制内轮廓的图形

5. 绘制图形内部轮廓

☆ 大致绘制图形内部轮廓

调用“circle”、“rectangle”命令绘制外轮廓内部的圆、矩形，尺寸、位置近似，如图 11-9 所示。

☆ 添加几何约束

单击“参数化”选项卡“几何”面板“自动约束”按钮，从左向右框选内轮廓，回车后，系统自动为外轮廓添加水平、竖直、相切等几何约束，单击“几何”面板“全部显示”按钮，可以看到自动添加约束。

依次单击“参数化”选项卡“几何”面板“同心”、“对称”、“重合”按钮，选择图形相应图线，使圆弧同心，矩形对称，如图 11-10 所示。

☆ 添加标注约束 Ø45、5×Ø15、40、15、300、20

设置“水平标注”为当前标注样式，单击“参数化”选项卡“标注”面板“直径”按钮，选中图形圆弧标注圆弧直径 Ø45、5×Ø15。其中 5xØ15 应当打开该尺寸的“特性”下拉框在“主单位”选项区“前缀”中填写“5×”。

设置“线性标注”为当前标注样式，单击“参数化”选项卡“标注”面板“线性”

按钮，标注图形中矩形长度 40，标注矩形宽度 15。为保证矩形面积始终为 600,设其表达式为“600\长度”。

设置“角度标注”为当前标注样式，单击“参数化”选项卡“标注”面板“角度”按钮，选中图形左侧圆和中心线标注角度 30°。

调用“线性”标注保证内部图形的定位标注约束 20。结果如图 11-11。

6. 整理标注约束和图形

调用“erase”命令删除 175、35 两个约束，调用“线性标注”标注约束，标注约束 130、50。用夹点操作调整对称线长度和标注约束的位置。调用“line”命令在“点划线”层绘制其余对称线。整理图形，结果如图 11-5。

7. 保存文件

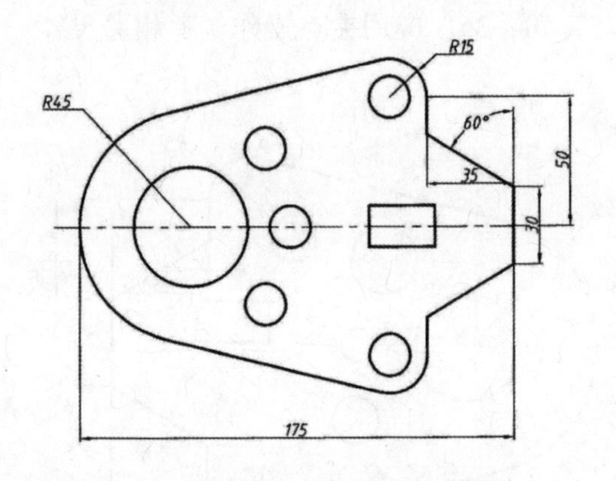

图 11-10　添加内轮廓几何约束的图形

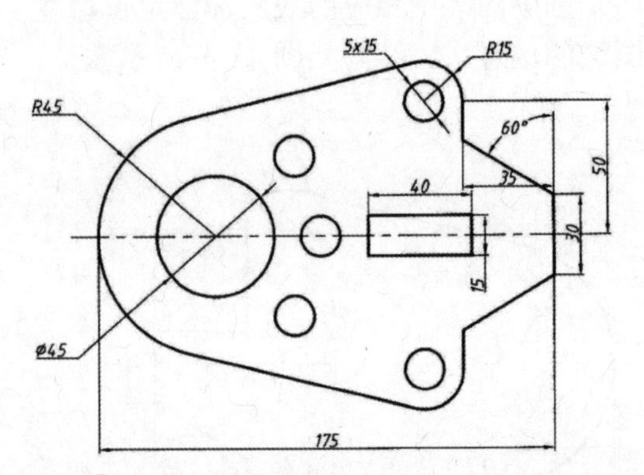

图 11-11　添加内轮廓定形标注约束的图形

习题

1. 参数化设计图 11-12（a）、11-12（b）所示图形。

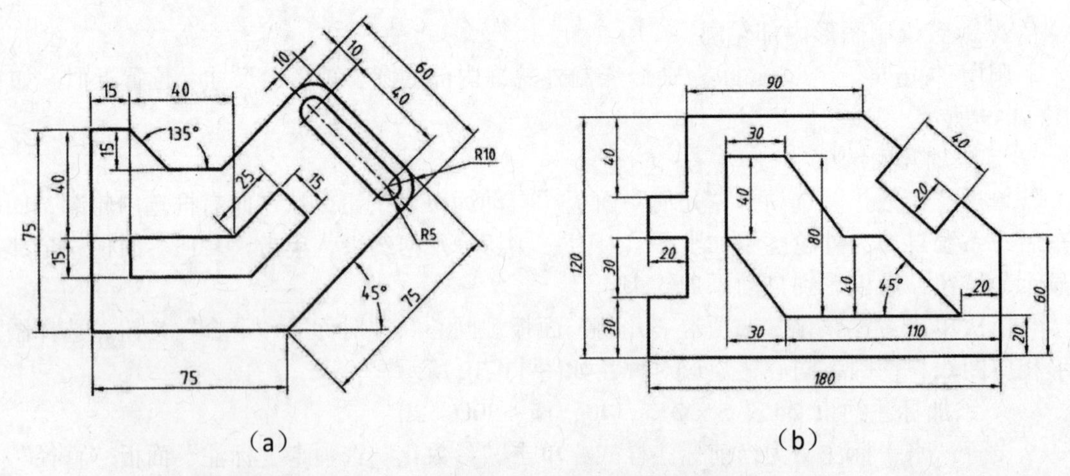

（a）　（b）

图 11-12　参数化设计图形

2. 参数化设计图 3-11 所示图形。

第 12 章　三维绘图基础

学习目的

- 掌握用户坐标系的设定方法。
- 掌握确定三维视图的方法。
- 掌握观察和显示三维图形的方法。
- 掌握线框模型和表面模型的创建。

基本知识

AutoCAD 中，用户可以建立三种三维模型：线框模型、表面模型和实体模型。所有三维模型创建和编辑命令均在“三维建模”和“三维基础”工作空间。一般在“三维建模”工作空间建模。单击“快速访问”工具栏“工作空间”下拉框将工作空间切换到图 1–13 所示“三维建模” 工作空间。 在三维空间建模，首先必须能够熟练设置用户坐标系、观察三维模型。

12.1 用户坐标系（UCS）

三维坐标的表示方法可以用三维直角坐标、圆柱坐标和球坐标。要输入一个点，绝对直角坐标输入方式为(a，b，c)，相对直角坐标输入方式为(@a，b，c)，柱面坐标输入方式为 (r < α ，z)，球面坐标输入方式为(r < α < β)。

在三维绘图中除了使用系统默认的坐标系外，为方便坐标输入，变动操作平面和观察平面，还可以建立用户自己的坐标系。一般将系统默认的坐标系称世界坐标系(WCS)，用户自己创建的坐标系称用户坐标系(UCS)。用户可以根据绘图情况用 UCS 命令创建新的用户坐标系，也可以选择“常用”选项卡“坐标”面板提供关于 UCS 的全面操作。

12.1.1 创建和编辑 UCS

1. 功能

创建用户自己的坐标系。

2. 调用方式

☆ 功能区：常用（Home）=> 坐标（UCS）=>

视图（View）=> 坐标（UCS）=>

☆ 命令行：ucs

☆ 菜　单：工具（Tools）=> 新建 UCS

☆ 工具栏：

3. 解释

命令：ucs↙

当前 UCS 名称：* 世界 *

指定 UCS 的原点或[面(F)/命名(NA)/对象(OB)/上一个(P)/视图(V)/世界(W)/X/Y/Z/Z 轴(ZA)] <世界>:

各选项说明如下：

☆ 指定新 UCS 的原点：在不改变 X，Y，Z 坐标轴方向下，改变 UCS 原点，创建新的 UCS。

☆ 面(F)：根据三维实体上的平面创建 UCS。新 UCS 的原点为距拾取点最近线的端点，XY 面与该实体面重合，X 轴与实体面中最近边对齐。选择该选项，AutoCAD 提示如下：

选择实体面、曲面或网格：(选择三维对象的一个面)

输入选项[下一个(N)/X 轴反向(X)/ Y 轴反向(Y)]<接受>:

其中“下一个(N)”表示将新 UCS 放到邻近面或选择边所在面的反面；“X 轴反向(X)”和“Y 轴反向(Y)”分别表示将 UCS 绕 X 轴、Y 轴旋转 180°，“接受”表示接受新 UCS。

☆ 对象(B)：根据用户选择的三维对象创建新 UCS。新 UCS 与所选对象具有同样的 Z 轴指向，其原点和 X 轴正方向按表 12-1 所示的规则确定，Y 轴方向符合右手规则。

表 12-1　根据对象定义 UCS

对　象	确定 UCS 的方法
圆弧（Arc）	新 UCS 的原点为圆弧圆心，X 轴通过离拾取点近的圆弧端点。
圆（Circle）	新 UCS 的原点为圆心，X 轴通过拾取点。
尺寸标注（Dimension）	尺寸标注文字的中点为新 UCS 的原点，X 轴方向平行于标注该尺寸文字时 UCS 的 X 轴方向
直线（Line）	线上离拾取点近的端点为新 UCS 的原点，X 轴的选择要满足使该线位于新 UCS 的 XZ 面上，线上的另一端点在新 UCS 中的 Y 坐标为 0。
点（Point）	该点为新 UCS 的原点，X 轴任意，但必须与算法一致。
二维多段线（Polyline）	新 UCS 的原点为二维多段线的起始点，X 轴位于起点到下一个顶点的连线上。
二维填充（Solid）	该二维填充的第一点为新 UCS 原点，X 轴位于初始两个点的连线上。
宽线（Trace）	该宽线的起点为新 UCS 的原点，X 轴位于中心线上。
三维面（3Dface）	三维面上的第一点为新 UCS 的原点，初始两点确定 X 轴正方向，第一点与第四点确定 Y 轴方向。
文字、块、外部参照、属性及属性定义	对象插入点为新 UCS 的原点，X 轴方向沿着原 UCS 的 X 轴方向。

☆ 上一个(P)：返回到前一个坐标系，最多可返回 10 次。

☆ 视图(V)：新 UCS 的 XY 平面与屏幕平行，原点保持不变。主要用于标注文本，因为文本要求与屏幕保持一致，而不是与标注对象保持一致。

☆ 世界(W)：　将当前坐标系设置为世界坐标系 WCS，为默认选项。WCS 是所有用户坐标系的基准，不能被重新定义。

☆ X/Y/Z 轴 (X/Y/Z)：通过绕 X/Y/Z 轴旋转一定的角度来定义新的 UCS，所指定的角度都是相对于当前 UCS。根据右手法则判定绕轴旋转的角度正方向。

☆ Z 轴(ZA)：通过确定新坐标系原点和 Z 轴正方向上的任一点创建新 UCS，XY 平面与 Z 轴方向垂直，X 轴和 Y 轴方向沿着原 X 轴和 Y 轴方向。

12.1.2 管理 UCS

1. 功能

管理和设置 UCS。

2. 调用方式

☆ 功能区：常用（Home）=> 坐标（UCS）=> 、“坐标”对话框启动器

视图（View）=> 坐标（UCS）=> 、“坐标”对话框启动器

☆ 命令行：ucsman

☆ 菜　单：工具（Tools）=> 命名 UCS

☆ 工具栏：

3. 解释

调用该命令，弹出“UCS”对话框，如图 12-1 所示。各选项说明如下：

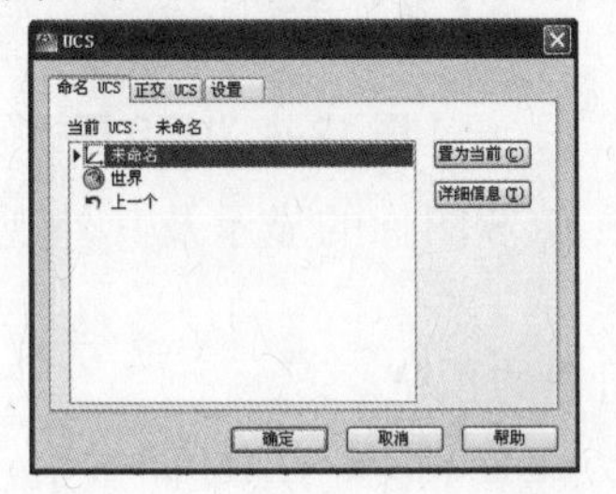

图 12-1　“UCS”对话框

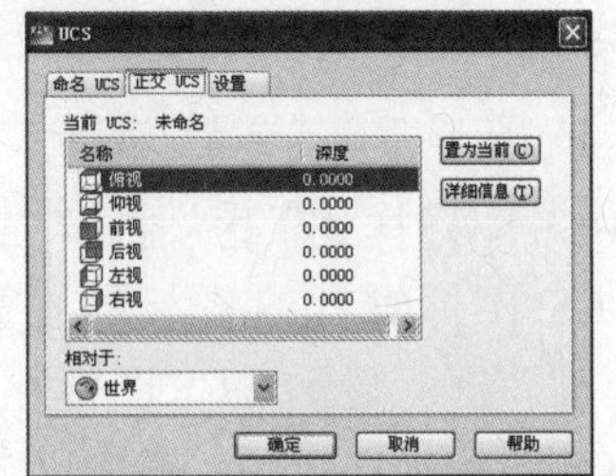

图 12-2　“正交 UCS”选项卡

☆ “命名 UCS”选项卡：显示当前使用的 UCS，在列表框中显示已存在的 UCS，选中列表框中一坐标系，单击“置为当前”按钮，可把该坐标系置为当前坐标系。“详细信息”按钮可以了解指定坐标系的详细信息，其中包括相应 UCS 的原点坐标及 X，Y，Z 坐标轴的方向矢量等信息。

☆ “正交 UCS”选项卡：将 UCS 设置成某一正交形式，正交形式可以是相对于世界坐标系或某一用户坐标系，如图 12-2 所示。

☆ “设置”选项卡：设置当前视口中的 UCS，如图 12-3 所示。各选项说明如下：

(1) “UCS 图标设置”区：用于设置当前视口的 UCS 图标的开关状态，是否显示在 UCS 的原点处，是否应用到所有活动视口。该设置保存在系统变量 UCSICON 中。

(2) “UCS 设置”区：设置当前视口的 UCS。其中 UCS 与视口一起保存复选框用于设置是否与当前视口一起保存 UCS 设置。该设置保存在系统变量 UCSVP 中。修改 UCS 时更新平面视图复选框用于设置当前视口中的坐标系统改变时，是否恢复成平面视图。该设置保存在系统变量 UCSFOLLOW 中。

12.1.3 UCS 图标

1. 功能

控制 UCS 图标的样式、可见性和位置。

2. 调用方式

☆ 功能区：常用（Home）=> 坐标（UCS）=>

视图（View）=> 坐标（UCS）=>

☆ 命令行：ucsicon

☆ 菜　单：视图（View）=> 显示（L）=> UCS 图标 => 特性（P）

☆ 工具栏：

3. 解释

调用该命令，弹出“UCS 图标”对话框，如图 12-4 所示。各选项说明如下：

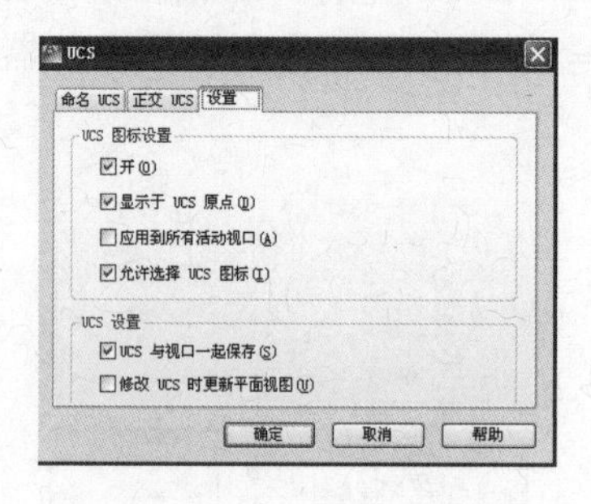

图 12-3　“设置”选项卡

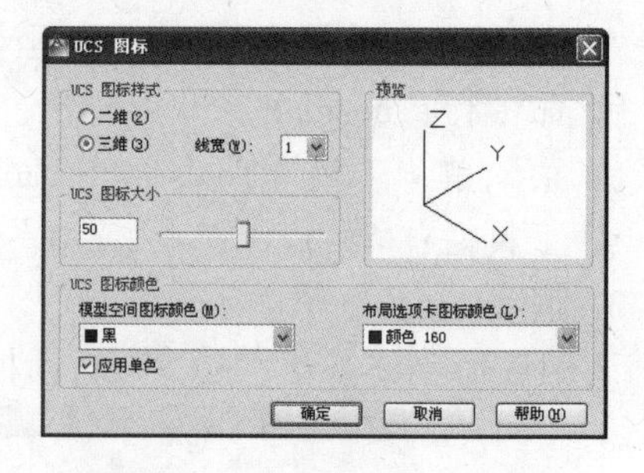

图 12-4“UCS 图标”对话框

☆　“UCS 图标样式”区：指定二维或三维 UCS 图标的显示及其外观。“线宽”控制选中三维 UCS 图标时 UCS 图标的线宽。

☆“预览”框：显示 UCS 图标在模型空间中的预览。

☆“UCS 图标大小”区：按视口大小的百分比控制 UCS 图标的大小，UCS 图标的大小与显示它的视口大小成比例。默认值为 50，取值范围为 5 ~ 95。

☆“UCS 图标颜色”区：控制 UCS 图标在模型空间视口和布局选项卡中的颜色。“应用单色”将选定的模型空间图标颜色应用于所有轴的二维 UCS 图标。

单击“常用”选项卡“坐标”面板按钮，可以选择“在原点处显示 UCS 图标”、“显示 UCS 图标”、“隐藏 UCS 图标”三种模式，确定绘图区域 UCS 图标的显示模式。

12.2 三维视图

12.2.1 视点（Vpoint）

1. 功能

设置图形的三维直观观察方向。

2. 调用方式

☆ 命令行：vpoint

☆ 菜　单：视图（View）=> 三维视图（3D view）=> 视点（Vpoint）

3. 解释

命令：vpoint↙

当前视图方向：　VIEWDIR=0.0000，0.0000，1.0000（当前设置）

指定视点或[旋转(R)] <显示指南针和三轴架>:

各选项说明如下：

☆ 指定视点：输入 X、Y 和 Z 坐标创建定义观察视图的方向矢量，即从该点向原点方向观察。如输入（-1,-1,1）相当于西南等轴测图。

☆ 旋转(R)：使用两个角度指定新的观察方向。第一个角度指观察方向矢量在 XY 平面的投影与 X 轴的夹角。第二个角度指观察方向矢量与 XY 平面的夹角，可在 XY 平面的上方或下方。

☆ 指南针和三轴架：用坐标球和三轴架定义视口中的观察方向。坐标球实际上是一个球体的俯视投影图，中心点是北极 (0,0,n)，内环是赤道 (n,n,0)，整个外环是南极 (0,0,-n)，如图 12-5 所示。拖动鼠标使十字光标在坐标球范围内移动时，三轴架的 X、Y 轴绕着 Z 轴转动，相应的观察方向也在变化。

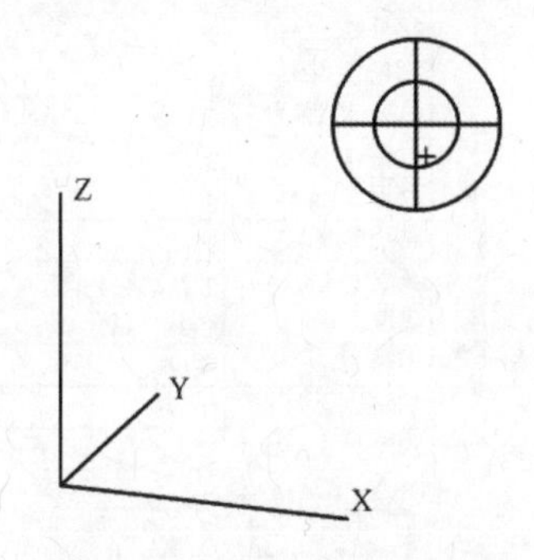

图 12-5 坐标球和三轴架

12.2.2 平面视图（Plan）

1. 功能

显示指定坐标系的 XY 面视图，使图形范围布满屏幕当前视口。

2. 调用方式

☆ 命令行：plan

☆ 菜 单：视图（View）=> 三维视图（3D view）=> 平面视图（Plan）

3. 解释

命令：plan↙

输入选项[当前 UCS(C)/UCS(U)/世界(W)]<当前 UCS>：（确定显示平面视图的坐标系）

各选项说明如下：

☆ 当前 UCS(C)：重新生成当前 UCS 的平面视图显示，使图形范围布满当前 UCS 的当前视口。

☆ UCS(U)：显示以前保存的“UCS ”的平面视图。选择该选项，AutoCAD 提示如下：

输入 UCS 名称或[?]：（输入需显示平面视图的 UCS 名称或输入“?”列出图形中已保存 UCS 名称）

输入要列出的 UCS 名称或<*>：（列出图形中已保存 UCS 名称或输入“*”列出图形中已保存所有 UCS）

☆ 世界(W)：重生成“WCS”的平面视图显示以使图形范围布满当前视口。

12.2.3 视图（View）

1. 功能

保存和恢复命名视图和正交视图。

2. 调用方式

☆ 功能区：视图（View） => 视图（View）=>

☆ 命令行：view

☆ 菜 单：视图（View）=> 命名视图（view）

☆ 工具栏：

3. 解释

调用该命令，弹出“视图管理器”对话框，如图 12-6 所示。各选项说明如下：

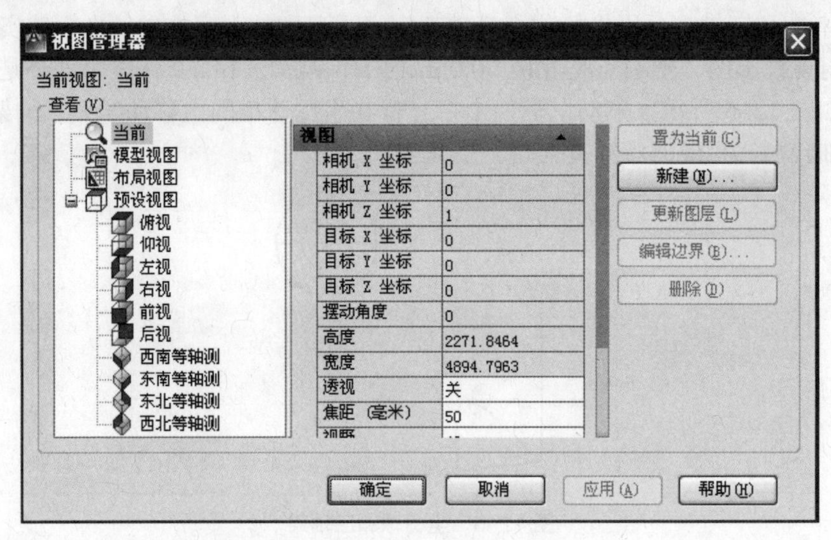

图 12-6 “视图管理器” 对话框

☆ “查看”列表框：显示当前视图的名称。

☆ “视图”列表框：列出每个命名视图一起存储的信息。

☆ “置为当前”按钮：恢复选定的命名视图。也可以在列表中双击命名视图名称来恢复命名视图，或在命名视图名称上单击鼠标右键，然后单击快捷菜单中的“置为当前”。

☆ “新建”按钮：新建视图。

☆ “更新图层”按钮：更新与选定的命名视图一起保存的图层信息，使其与当前模型空间和布局视口中的图层可见性匹配。

☆ “编辑边界”按钮： 居中并缩小显示选定的命名视图，绘图区域其它部分以较浅的颜色显示，从而显示命名视图的边界。可以重复指定新边界的对角点，直到按 Enter 键结束。

☆ “删除”按钮： 删除选定的命名视图。

12.3 三维图形观察

12.3.1 三维导航工具

1. 功能

在当前视口中交互式控制三维对象的视图，是一个使用方便的观察三维对象的工具。

2. 调用方式

☆ 导航栏：

☆ 功能区：视图（View）=> 导航

☆ 命令行：3dorbit

☆ 菜　单：视图（View）=> 动态观察（3DOrbit）

☆ 工具栏：

3. 解释

调用该命令，将弹出 3 个子命令。3 个子命令依次为：

☆ 受约束的动态观察：将动态观察约束到 XY 平面或 Z 方向。

☆ 连续动态观察：光标变为两条实线环绕的球状，使用户可以将对象设定为连续运动。

☆ 自由动态观察：允许沿任意方向进行动态观察，而不被约束到 XY 平面或 Z 方向。

建模中，最常用“自由动态观察”。进入自由动态观察时，屏幕上显示一个大圆，大圆的四个象限点处均有一个小圆。如果打开了 UCS 图标显示开关，AutoCAD 将采用着色的三维 UCS 图标。三维动态观察器以大圆圆心为目标点，观察的对象保持静止不动，而视点（相当于照相机）则可以绕目标点在三维空间转动。为了利于观察，一般情况下应将要观察的对象平移到大圆中。当光标处在大圆的不同位置时，光标会以不同的图标样式指示查看的旋转方向。

☆ 光标位于大圆之内时，它的图标是一个由二条相互垂直椭圆弧线包围的小球。此时按下左键并移动鼠标，视点就会绕目标点转动。此时的光标就像附在一个包容目标点的球面上，通过拖动可使视点随球绕目标点做任意方向的旋转。

☆ 光标位于大圆之外时，图标是一个圆形箭头包围的小球。此时按下鼠标左键并移动鼠标，视点会绕经过大圆圆心且与计算机屏幕垂直的轴旋转。

☆ 光标位于大圆的左边或右边的小圆上时，图标变成一个水平椭圆，此时按下鼠标左键并移动鼠标，视点会绕经过大圆圆心的垂直轴旋转。

☆ 光标位于大圆的上边或下边的小圆上时，图标变成一个垂直椭圆，此时按下鼠标左键并移动鼠标，视点会绕经过大圆圆心的水平轴旋转。

12.3.2 相机（Camera）

1. 功能

设置相机位置和目标位置，以创建并保存对象的三维透视视图。

2. 调用方式

☆ 命令行：camera

☆ 菜　单：视图（View）=> 创建相机（Camera）

☆ 工具栏：

3. 解释

命令：camera↙

指定相机位置：（指定相机位置）

指定目标位置：（指定目标位置）

输入选项[?/名称(N)/位置(LO)/高度(H)/坐标(T)/镜头(LE)/剪裁(C)/视图(V)/退出(X)] <退出>:

命令行中选项可以指定是否显示当前已定义相机的列表、相机名称、相机位置、相机高度、相机目标位置、相机焦距、剪裁平面以及设置当前视图以匹配相机设置。

调用“运动路径动画”命令，创建相机沿路径运动观察图形的动画，此时将打开“运动路径动画”对话框，如图 12-7 所示。

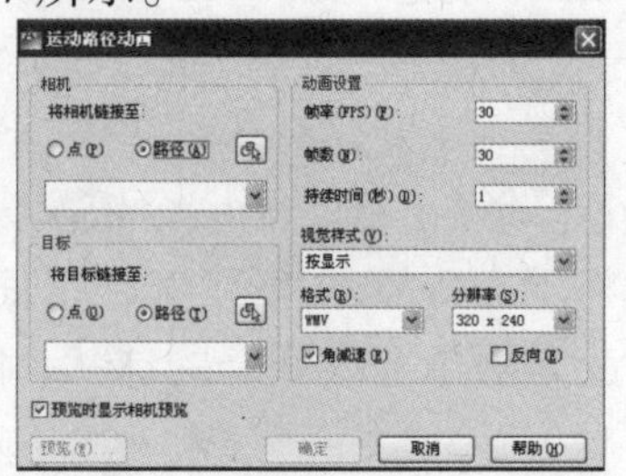

图 12-7 “运动路径动画”对话框

12.3.3 漫游与飞行（3Dwalk and 3Dfly）

1. 功能

用户可以在漫游或飞行模式下，通过键盘和鼠标控制视图显示，或创建导航动画。

2. 调用方式

☆ 命令行：3Dwalk 或 3Dfly

☆ 菜　单：视图（View）=> 漫游和飞行（3Dwalk and 3Dfly）

☆ 工具栏：!!或✈

3. 解释

调用“漫游”和“飞行”命令后都会弹出“定位器的菜单和导航”对话框，如图 12-8 和图 12-9 所示，单击右下角的图标，将展开此对话框，在这两个对话框中可对漫游与飞行进行相关设置。

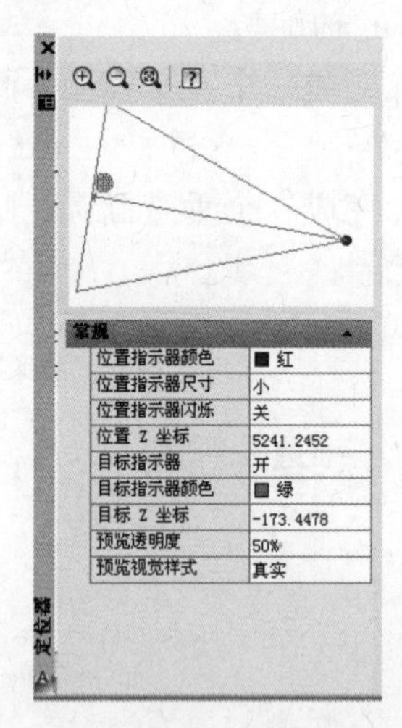

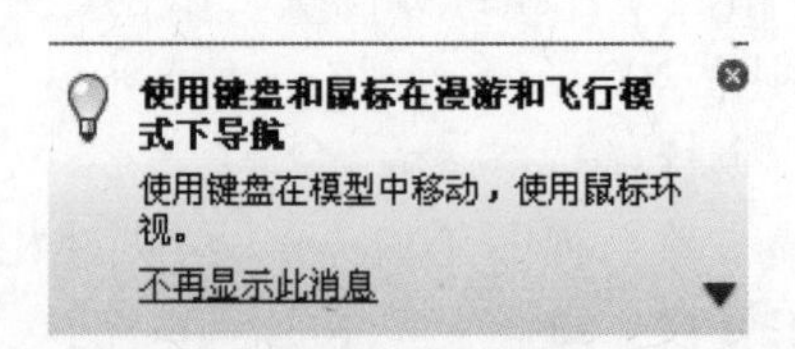

图 12-8 “定位器”菜单　　图 12-9 漫游和飞行设置

12.4 三维图形的显示

12.4.1 消隐图形(Hide)

1. 功能

为了更好地观察三维模型的效果，暂时隐藏位于实体背后而被遮挡的部分。

2. 调用方式

☆ 功能区：视图（View ）=> 视觉样式（Shademode）=>

☆ 命令行：hide

☆ 菜单：视图（View）=> 消隐(Hide)

3. 解释

调用“消隐”命令后，绘图窗口将暂时无法使用“缩放”和“平移”命令，直到执行“重生成”命令重生成图形为止，消隐的效果如图 12-10 所示。

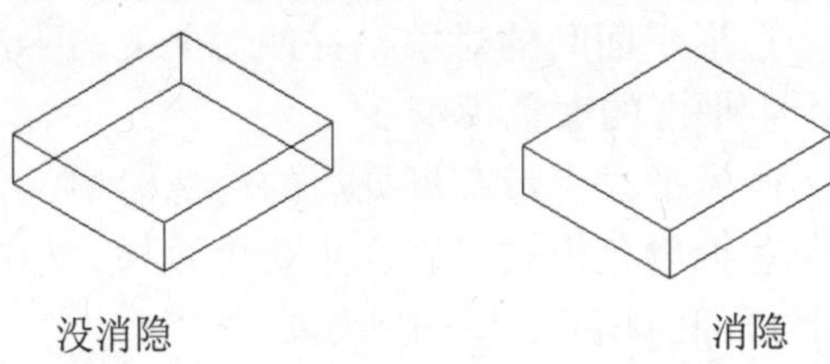

图 12-10 “消隐效果”图

12.4.2 视觉样式(Shademode)

1. 功能

对三维模型进行简单的色彩和阴影处理，为显示模型生成更逼真的图像。

2. 调用方式

☆ 功能区：常用（Favorite） => 视图（View ）

视图（View ）=> 视觉样式（Shademode）

☆ 命令行：shademode

☆ 菜　单：视图（View）=> 视觉样式（Shademode）

☆ 工具栏：

3. 解释

命令：shademode↙

输入选项[二维线框(2)/线框(W)/隐藏(H)/真实(R)/概念(C)/着色(S)/带边缘着色(E)/灰度(G)/勾画(SK)/X射线(X)/其他(O)] <二维线框>:

各选项说明如下：

☆ 二维线框(2)：显示用直线和曲线表示边界的对象，如图 12-11 所示。

☆ 线框(W)：显示用直线和曲线表示边界的对象。

☆ 隐藏(H)：以三维线框模式显示对象，并消去隐藏线框。

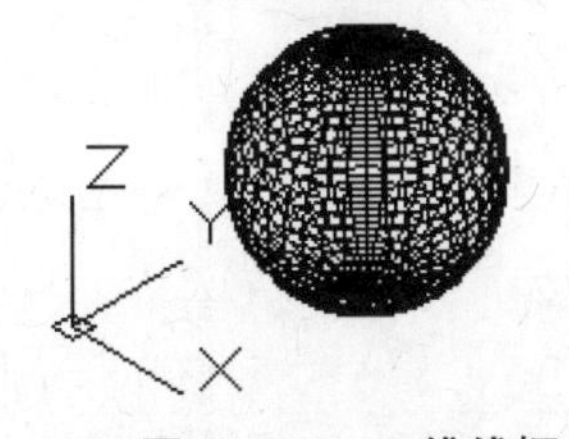

图 12-11 二维线框

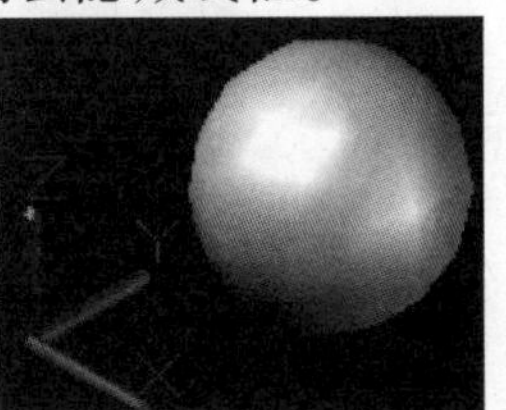

图 12-12 真实

图 12-13　边缘着色

图 12-14 灰度

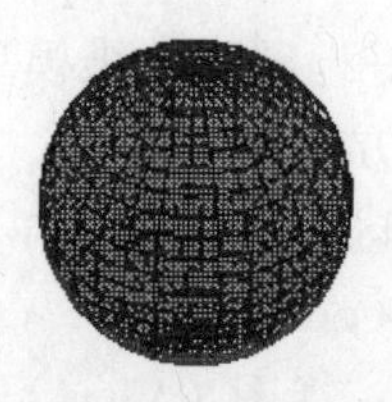

图 12-15　X 射线

☆ 真实(R)：着色多边形平面间的对象，并使对象的边平滑化。将显示已附着到对象的材质，如图 12-12 所示。

☆ 概念(C)：着色多边形平面间的对象，并使对象的边平滑化。

☆ 着色(S)：着色产生平滑的着色模型。

☆ 带边缘着色(E)：产生平滑、带有可见边的着色模型，如图 12-13 所示。

☆ 灰度(G)：使用单色面颜色模式可以产生灰色效果，如图 12-14 所示。

☆ 勾画(SK)：使用外伸和抖动产生手绘效果。

☆ X 射线(X)：更改面的不透明度使整个场景变成部分透明，如图 12-15 所示。

☆ 其他(O)：将提示输入视觉样式名称[?]，输入当前图形中的视觉样式的名称或输入?以显示名称列表并重复该提示。

12.5 三维对象捕捉（3D Object Snap）

1. 功能

控制三维对象的对象捕捉设置，在对象上的精确位置指定捕捉点。选择多个选项后，将应用选定的捕捉模式，以返回距离靶框中心最近的点。按 Tab 键在这些选项之间循环。

2. 调用方式

☆ 状态栏：

☆ 快捷键：F4

☆ 菜　单：工具（Tools）=> 绘图设置（Drafting Settings）

3. 解释

调用该命令，弹出“草图设置”对话框“三维对象捕捉”选项卡，如图 12-16 所示。各选项说明如下：

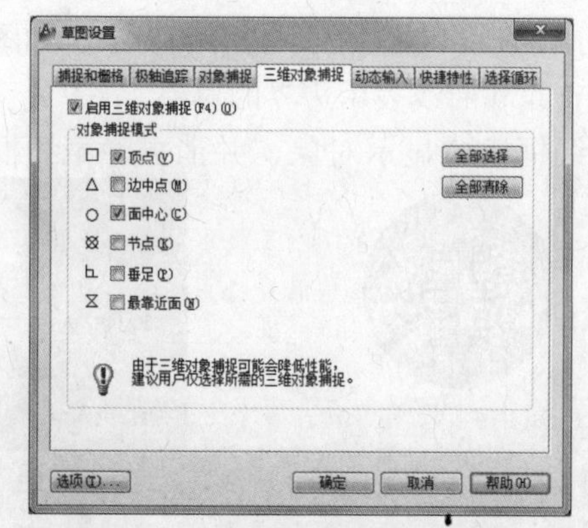

图 12-16 “三维对象捕捉”选项卡

表 12-2 三维对象捕捉模式及功能

捕捉模式	功　　能
顶点	捕捉到三维对象的最近顶点。
边中点	捕捉到面边的中点。
面中心	捕捉到面的中心。
节点	捕捉到样条曲线上的节点。
垂足	捕捉到垂直于面的点。
最靠近面	捕捉到最靠近三维对象面的点。

☆ “启用三维对象捕捉”复选框：打开、关闭三维对象捕捉功能。

☆ “对象捕捉模式”区：列出三维对象捕捉模式。此区内共有 6 种对象捕捉模式，对应有 6 个复选框，各选项含义如表 12-2 所示。“全部选择”按钮和“全部清除”按钮可以选择或清除所有三维对象捕捉模式。

12.6 创建线框模型

线框模型描述的是三维对象的框架，它仅由描述三维对象边框的点、直线和曲线所组成，没有面和体的特征，不能进行消隐、渲染等操作。

12.6.1 二维绘图命令

一些二维绘图命令在三维空间中可以直接调用，如直线、构造线、修订云线、样条曲线、创建块、插入块等命令。只要创建时输入三维空间点的三维坐标值即可。

其余二维绘图命令在三维空间中也可以调用，如圆、圆弧、正多边形、矩形、椭圆、椭圆弧、图案填充、面域、多段线等命令。但调用上述命令时，必须把要绘制图形对象的平面设置成当前 UCS 坐标系的 XY 平面或 XY 平面的平行面。

12.6.2 三维多段线

1. 功能

绘制三维多段线。

2. 调用方式

☆ 命令行：3dpoly

☆ 菜　单：绘图（Draw）=> 三维多段线（3D Polyline）

3. 解释

命令：3dpoly↙

指定多段线的起点：（输入多段线起点坐标值）

指定直线的端点或[放弃(U)]：（输入多段线端点坐标值）

指定直线的端点或[放弃(U)]：（输入多段线端点坐标值）

指定直线的端点或[闭合(C)/放弃(U)]：（可输入多段线端点坐标值，或选择“闭合（c）”封闭三维多段线结束命令，或选择放弃上次操作）

可用“多段线编辑”命令对绘制的多段线进行编辑，方法同二维多段线编辑。“多段线编辑”命令中“闭合(C)”和“合并(J)”选项应用较多。

12.7 创建三维表面

表面模型比线框模型复杂，它定义三维对象的边和面，可以消隐、渲染等，不具有体积、质心等特征，网格建模使用小平面组合在一起构成网格，创建不规则几何图形，如飞机、汽车和山脉等三维地形模型。

12.7.1 二维填充（Solid）

1. 功能

创建实体填充的三角形和四边形。

2. 调用方式

☆ 命令行：solid

3. 解释

命令：solid↙

指定第一点:（确定实体填充多边形第一点）

指定第二点:（确定实体填充多边形第二点，与第一点一起定义多边形的一条边）

指定第三点:（确定实体填充多边形第三点，与第一点和第二点形成一需填充的三角形）

指定第四点或 <退出>: （确定实体填充多边形第四点，与第二点和第三点形成另一需填充的三角形，系统填充第一、二、三点和第二、三、四形成的两个三角形或按 Enter 键结束选择，系统填充前面三点形成的三角形）

指定第三点: （确定一点，与前面两点形成一需填充的三角形或按 Enter 键结束选择）

指定第四点或 <退出>: （确定一点，与前面点形成另一需填充的三角形，系统填充上述两个三角形或按 Enter 键结束选择，系统填充刚形成的三角形）

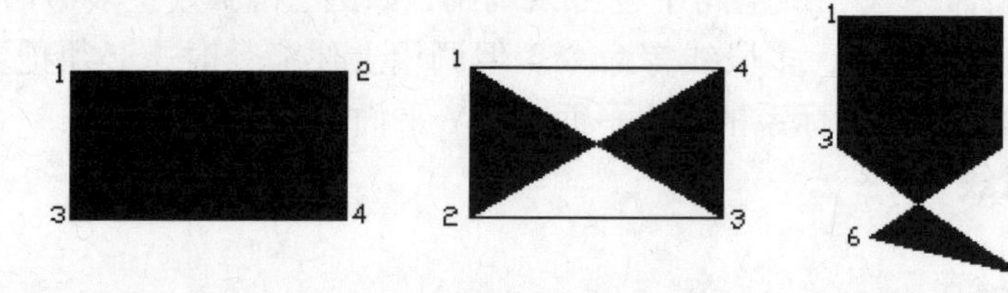

图 12-17 二维填充

当“FILMODE”系统变量设置为开并且查看方向与二维实体正交时才填充二维实体。二维填充实例如图 12-17 所示，随着选择端点顺序的不同，填充的结果也不同。

12.7.2 面域（Region）

1. 功能

生成封闭的二维区域，以便将其拉伸或旋转成三维实体。

2. 调用方式

☆ 功能区：常用（Home）=> 绘图（Draw）=>“绘图”面板展开器 =>

☆ 命令行：region

☆ 菜 单：绘图（Draw）=> 面域（Region）

☆ 工具栏：

3. 解释

命令：region↙

选择对象：（选择用于生成面域的对象或按 Enter 键结束选择）

选择对象：（选择用于生成面域的对象或按 Enter 键结束选择）

……

已创建 n 个环。

已创建 n 个面域。

面域是指内部可以有孔的封闭二维区域，是没有厚度的实心体，具有面积、周长等几何特征。AutoCAD 可以把圆、矩形、直线、闭合多段线、圆弧、椭圆、椭圆弧、样条曲线等对象围成的封闭区域建成面域，也可把上述图形形成的首尾相连的封闭区域建成面域。用户可以对面域进行复制、移动、布尔运算等编辑操作。“边界(Boundary)”命令可使封闭区域自动生成面域，但需将对象类型设置成面域。

12.7.3 厚度（Thickness）

1. 功能

设置新创建对象在所在空间位置向上或向下拉伸或延伸的距离。

2. 调用方式

☆ 命令行：Thickness

3. 解释

调用该命令，输入厚度值，则新创建对象将具有厚度。厚度是系统变量，图形对象的一种三维属性，使特定对象具有三维外观的特性，可以为正值、负值和零。正的厚度沿 Z 轴正方向拉伸，负的厚度沿 Z 轴负方向拉伸。缺省设置为零，表示没有拉伸。Z 轴方向由创建对象时的当前 UCS 确定。所有二维图形厚度为零，但并不是所有的二维图形都具有厚度属性。具有厚度属性的二维图形有：直线、圆、圆弧、矩形、多段线、文字、圆环、正多边形、二维填充等，矩形的厚度属性需在“矩形”命令的“厚度”选项中设置，“厚度”命令对矩形不起作用。而椭圆、椭圆弧、样条曲线、多线、多行文字以及图块不具有厚度属性。“修改”命令可以更改现有对象的厚度特性。厚度为 0 或不为 0 两种情况下所画图形如图 12-18 所示。

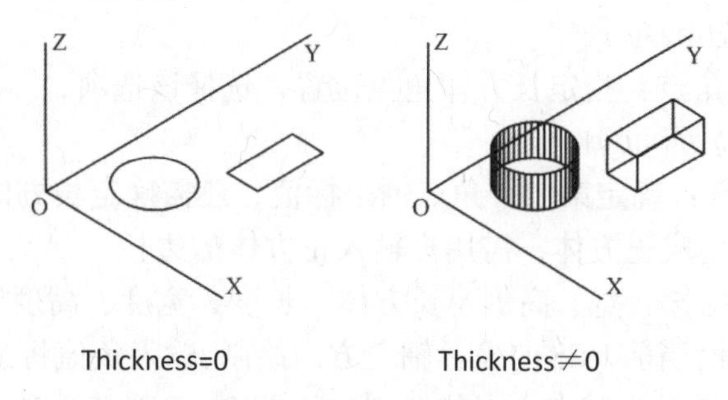

图 12-18 厚度设置

12.7.4 标高（Elev）

1. 功能

不改变新创建对象 X、Y 坐标的前提下，设置其 Z 坐标。

2. 调用方式

☆ 命令行：Elev

3. 解释

命令：elev↙

指定新的默认标高<0.0000>：（指定距离或按 Enter 键）

指定新的默认厚度<0.0000>：（指定距离或按 Enter 键）

标高也是系统变量，图形对象的一种三维属性，可以为正值、负值和零。正的标高沿 Z 轴正方向移动，负的标高沿 Z 轴负方向移动。系统的缺省设置为零。Z 轴方向由创建对象时的当前 UCS 确定。在改变坐标系时，AutoCAD 将把标高重置为零。Elev 命令也可设置某些对象的厚度。“标高”命令为创新建对象设置默认标高，“修改”命令可以更改现有对象的标高特性。具有标高属性的二维图形有：圆、圆弧、矩形、多段线、文字、圆环、正多边形等，而椭圆、椭圆弧、样条曲线、多线、二维填充、多行文字以及图块不具有标高属性。矩形的标高属性可在“矩形”命令的“标高”选项中设置。

12.7.5 网格模型

1. 功能

创建表面各种网格，如长方体、圆锥体、圆柱体、棱锥体、球体、楔体、圆环体。

2. 调用方式

☆ 功能区：网格（Mesh）=> 图元（Entity）=> =>

☆ 命令行：mesh

☆ 菜　单：绘图（Draw）=> 建模（model）=> 网格（Mesh）

☆ 工具栏：

3. 解释

命令：mesh↙

当前平滑度设置为: 0

输入选项[长方体(B)/圆锥体(C)/圆柱体(CY)/棱锥体(P)/球体(S)/楔体(W)/圆环体(T)/设置(SE)]<长方体>:

各选项说明如下：

☆ 长方体(B)：创建长方体表面多边形网格。选择该选项，AutoCAD 提示如下：

指定第一个角点或[中心(C)]:

(1) 指定第一个角点：指定长方体角点位置。选择该选项，AutoCAD 提示如下：

指定其它角点或[立方体(C)/长度(L)]:

◆ 指定其它角点：确定第二个角点的坐标值，还需确定长方体的高度值。

◆ 立方体(C)：生成正方体，需用户输入正方体的边长。

◆ 长度(L)：根据长、宽、高创建长方体。长度、宽度、高度依次与 X 轴、Y 轴、Z 轴对应。输入正值将沿当前 UCS 的坐标轴正方向绘制，输入负值将沿坐标轴负方向绘制。

(2) 中心点(C)：通过指定中心点位置创建长方体。选择该选项，AutoCAD 提示如下：

指定中心点：（输入长方体面上的中心点坐标值）

指定角点或[立方体(C)/长度(L)]：（各选项含义同上）

☆ 圆锥体(C)：创建创建圆锥面多边形网格。选择该选项，AutoCAD 提示如下：

指定底面的中心点或[三点(3P)/两点(2P)/切点、切点、半径(T)/椭圆(E)]:

(1) 指定底面的中心点：指定圆锥面底面中心。选择该选项，AutoCAD 提示如下：

指定底面半径或[直径(D)]：（输入圆锥体底面的半径值或者直径值）

指定高度或[两点(2P)/轴端点(A)/顶面半径(T)]：

◆ 指定高度：输入圆锥面高度，正值沿 Z 轴正方向，负值沿 Z 轴负方向。

◆ 两点(2P)：通过指定两点之间的距离定义网格圆锥体的高度。

◆ 轴端点(A)：设定圆锥体的顶点的位置，或圆锥体平截面顶面的中心位置。轴端点的方向可以为三维空间中的任意位置。

◆ 顶面半径(T)：指定创建圆锥体平截面时圆椎体的顶面半径，该值为 0 则生成圆锥面，大于 0 则生成圆锥台。

(2) 三点(3P)/两点(2P)/切点、切点、半径(T)：确定底圆的形状，操作同绘制二维圆。

(3) 椭圆(E)：创造椭圆形锥体。选择该选项，AutoCAD 提示如下：

指定第一个轴的端点或[中心(C)]:（确定椭圆的形状，操作同绘制二维椭圆）

指定高度或[两点(2P)/轴端点(A)/顶面半径(T)] ：（各选项含义同上）

☆ 圆柱体(CY)：创建三维网格圆柱体。选择该选项，AutoCAD 提示如下：

指定底面的中心点或[三点(3P)/两点(2P)/切点、切点、半径(T)/椭圆(E)]:（各选项含义同上）

☆ 棱锥体(P)：创建三维网格棱锥体。选择该选项，AutoCAD 提示如下：

指定底面的中心点或[边(E)/侧面(S)]:

(1) 指定底面的中心点：指定中心点位置创建棱锥体。选择该选项，AutoCAD 提示如下：

指定底面半径或[内接(I)]:（指定底圆半径或选择与圆内接方式）

指定高度或[两点(2P)/轴端点(A)/顶面半径(T)]：

◆ 指定高度：设定网格棱锥体沿与底面所在的平面垂直的轴的高度。

◆ 两点(2P)：通过指定两点之间的距离定义网格棱锥的高度。

◆ 轴端点(A)：设定棱锥体顶点的位置，或棱锥体平截面顶面的中心位置。

◆ 顶面半径(T)：（指定创建棱锥体平截面时网格棱锥体的顶面半径）

(2) 边(E)：指定网格棱锥体底面一条边的长度。选择该选项，AutoCAD 提示如下：

指定边的第一个端点：（指定网格棱锥体边的第一个位置）

指定边的第二个端点：（指定网格棱锥体边的第二个位置）

指定高度或[两点(2P)/轴端点(A)/顶面半径(T)]:（各选项含义同上）

(3) 侧面(S)：设定网格棱锥体的侧面数。输入 3 到 32 之间的正值。

☆ 球体(S)：创建球面多边形网格。选择该选项，AutoCAD 提示如下：

指定中心点或[三点(3P)/两点(2P)/相切、相切、半径(T)]:

各选项说明如下：

(1) 指定中心点：指定球体表面的中心点。然后输入球体表面的半径或直径值确定球体多边形网格。

(2) 三点(3P)：通过指定三点设定网格球体的位置、大小和平面。选择该选项，AutoCAD 提示如下：

指定第一点：（指定网格球体周长上的第一点）

指定第二点：（指定网格球体周长上的第二点）

指定第三点：（指定网格球体的大小和平面旋转）

(3) 两点(2P)：通过指定两点设定网格球体的直径。

(4) 切点、切点、半径(T)：使用与两个对象相切的指定半径定义网格球体。选择该选项，AutoCAD 提示如下：

指定对象的第一个切点：（设定对象上的点，用作第一个切点）

指定对象的第二个切点：（设定对象上的点，用作第二个切点）

指定圆的半径：（设定网格球体的半径）

☆ 楔体(W)：创建直角楔体表面多边形网格。楔体表面，即三棱柱面，是长方体的1/2。选择该选项，AutoCAD 提示如下：

指定第一个角点或[中心点(C)]:

各选项说明如下：

(1) 指定第一个角点：根据楔体角点位置创建楔体。选择该选项，AutoCAD 提示如下：

指定角点或[立方体(C)/长度(L)]:

◆ 指定角点：根据另一角点位置创建楔体。如果两个角点的 Z 坐标不一样，AutoCAD 会根据这两个角点创建出楔体，是相应长方体的一半。如果两个角点的 Z 坐标一样，需指定楔体高度。

◆ 立方体(C)：创建两个直角边和宽度相等的楔体。需确定楔体直角边的长度。

◆ 长度(L)：按指定的长、宽、高来创建楔体。

(2) 中心点(C)：按指定楔体斜面上的中心点位置来创建楔体。选择该选项，AutoCAD 提示如下：

指定楔体的中心点：（指定中心点的位置）

指定对角点或[立方体(C)/长度(L)]：（各选项含义同上）

☆ 圆环体(T)：创建三维网格图元圆环体。选择该选项，AutoCAD 提示如下：

指定中心点或[三点(3P)/两点(2P)/切点、切点、半径(T)]:

(1) 各选项说明如下：

指定中心点：设定网格圆环体的中心点。选择该选项，AutoCAD 提示如下：

指定半径或[直径(D)]:（输入圆环体的半径或直径）

指定圆管半径或[两点(2P)/直径(D)]:（输入圆管的半径或直径）

(2) 三点(3P)：通过指定三点设定网格圆环体的位置、大小和旋转面。选择该选项，AutoCAD 提示如下：

指定第一点：（设定圆管路径上的第一个点）

指定第二点：（设定圆管路径上的第二点）

指定第三点：（设定圆管路径上的第三个点）

指定圆管半径或[两点(2P)/直径(D)]:（输入圆管的半径或直径）

(3) 二点(2P)：指定两点设定网格圆环体的直径，直径从圆环体的中心点开始计算，直至圆管的中心点。选择该选项，AutoCAD 提示如下：

指定直径的第一个端点：（用于指定圆环体直径距离的第一个点）

指定直径的第二个端点：（用于指定圆环体直径距离的第二个点）

指定圆管半径或[两点(2P)/直径(D)]:（输入圆管的半径或直径）

(4) 切点、切点、半径(T)：定义与两个对象相切的网格圆环体半径。指定的切点投影在当前 UCS 上。选择该选项，AutoCAD 提示如下：

指定对象的第一个切点：（设定对象上的点，用作第一个切点）

指定对象的第二个切点：（设定对象上的点，用作第二个切点）

指定圆的半径：（设定网格圆环体的半径）

指定圆管半径或[两点(2P)/直径(D)]：（输入圆管的半径或直径）

☆ 设置(SE)：设置各种网格模型的平滑度或镶嵌默认值，即网格数量。

单击“网格”选项卡“图元”面板“图元”展开器，弹出“网格图元选项”对话框，如图 12-19 所示。该对话框可设置各种网格模型的镶嵌默认值。

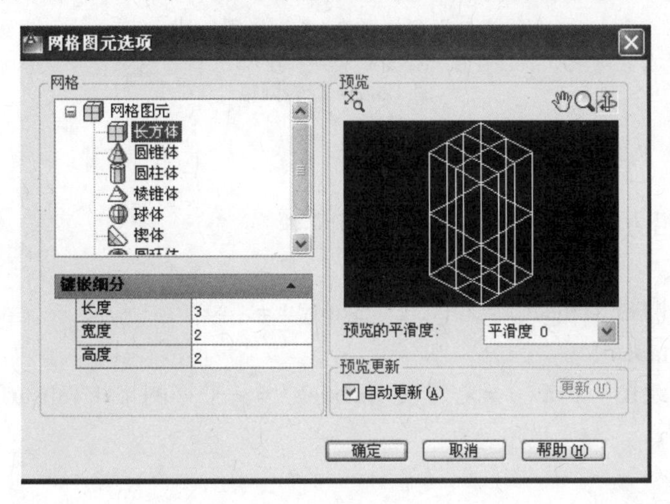

图 12-19 “网格图元选项”对话框

12.7.6 旋转网格

1. 功能

创建选定对象绕旋转轴旋转形成多边形网络。

2. 调用方式

☆ 功能区：网格（Mesh）=> 图元（Entity） =>

☆ 命令行：revsurf

☆ 菜 单：绘图(Draw) => 建模（model）=> 旋转网格（Revsurf）

3. 解释

命令：revsurf↙

当前线框密度：SURFTAB1=当前值 SURFTAB2=当前值（SURFTAB1 指定在旋转方向 M 上绘制的网格线的数目，SURFTAB2 指定绘制的网格等分数目,即 N 向网格数目。）

选择要旋转的对象：（选择一个旋转对象，定义曲面网格的 N 方向。可以旋转的对象有：直线、圆、圆弧、椭圆、椭圆弧、二维多段线、三维多段线、多边形、二维、三维样条曲线或圆环。）

选择定义旋转轴的对象：（指定旋转轴，定义曲面网格的 M 方向。旋转轴可以是直线，开放的二维、三维多段线。旋转轴的正方向从指定点指向选定对象上距离指定点较远的端点。）

指定起点角度<0>：（输入旋转的起始角度，角度方向由右手定则确定。）

指定包含角（+=逆时针，−=顺时针）<360>：（输入旋转的角度）

SURFTAB1 和 SURFTAB2 是与网格显示有关的系统变量，控制旋转网格、平移网格、直纹网格、边界网格的网格密度，决定生成网格 M、N 方向的网格等分数目，可以在使用相关命令前从命令行设置。旋转网格实例如图 12-20 所示。

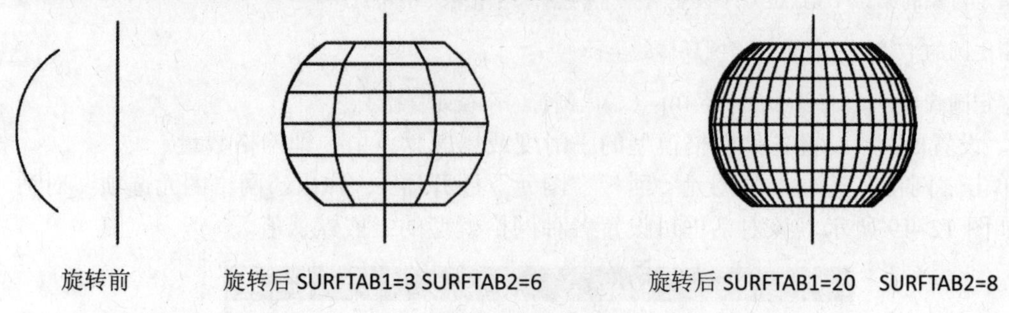

图 12-20 旋转网格

12.7.7 平移网格

1. 功能

将路径曲线沿方向矢量平移创建多边形网络。

2. 调用方式

☆ 功能区：网格（Mesh）=> 图元（Entity）=>

☆ 命令行：tabsurf

☆ 菜　单：绘图（Draw）=> 建模（model）=> 平移网格（Tabsurf）

3. 解释

命令：tabsurf↙

当前线框密度：SURFTAB1=当前值 （SURFTAB1 设置等分路径曲线的数目）

选择用作轮廓曲线的对象：（选择用来形成网格表面的对象定义曲面 N 方向，可以是直线、多段线、样条曲线、圆弧或椭圆弧。）

选择用作方向矢量的对象：（选择指明拉伸方向和长度的对象定义曲面 M 方向，可以是直线或非闭合的多段线。方向矢量从指定点指向选定对象上距离指定点较远的端点，M 方向网格数目为 2。）

平移网格实例如图 12-21 所示。

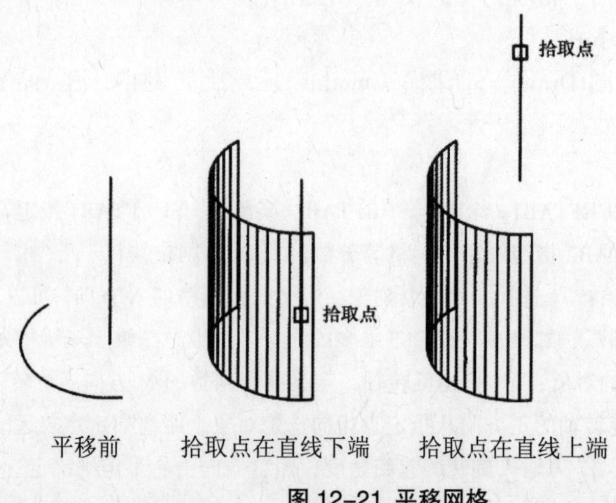

图 12-21 平移网格

12.7.8 直纹网格

1. 功能

在两条曲线间创建多边形网络。

2. 调用方式

☆ 功能区：网格（Mesh）=> 图元（Entity）=>

☆ 命令行：rulesurf

☆ 菜　单：绘图（Draw）=> 建模（model）=> 直纹网格（Rulsurf）

3. 解释

命令：rulesurf↙

当前线框密度：SURFTAB1=当前值

（SURFTAB1 确定两曲线间网格的等分数目，即 N 向网格数目，M 方向网格数目为为 2。）

选择第一条定义曲线：（选择点、直线、样条曲线、圆、圆弧或多段线作第一条定义曲线）

选择第二条定义曲线：（选择点、直线、样条曲线、圆、圆弧或多段线作第二条定义曲线，如两条曲线必须同时闭合或打开，选择两条曲线拾取点的位置应在两条曲线的同一侧，否则直纹曲面可能交叉。）

直纹网格实例如图 12-22 所示。

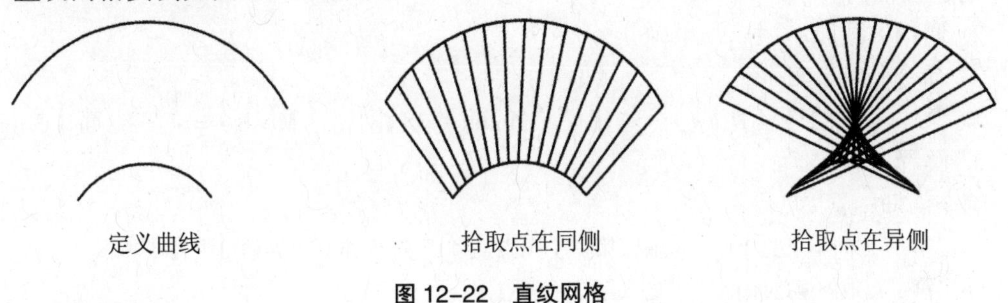

图 12-22　直纹网格

12.7.9 边界网格

1. 功能

通过四条相连的边进行插值获得多边形网络。

2. 调用方式

☆ 功能区：网格（Mesh）=> 图元（Entity）=>

☆ 命令行：edgesurf

☆ 菜　单：绘图（Draw）=> 建模（model）=> 边界网格（Edgesurf）

3. 解释

命令：edgesurf↙

当前线框密度：SURFTAB1=当前值 SURFTAB2=当前值（SURFTAB1 决定生成网格 M 方向的网格等分数目，SURFTAB2 决定了生成网格 N 方向的网格等分数目。）

选择用作曲面边界的对象 1：（选择定义曲面片的第一条邻接边，从该对象上距选择该对象的拾取点最近的端点延伸到另一端是 M 方向。）

选择用作曲面边界的对象 2：（选择定义曲面片的第二条邻接边）

选择用作曲面边界的对象 3：（选择定义曲面片的第三条邻接边）

选择用作曲面边界的对象 4：（选择定义曲面片的第四条邻接边）

用户必须选择定义曲面片的四条邻接边，可以用任何选择次序。邻接边可以是直线、圆弧、开放的样条曲线、开放的二维或三维多段线，这些边必须在端点处相交，首尾相连形成一个拓扑形式的矩形的闭合路径。与第一条边相接的两条边形成了网格的 N 方向的边。边界网格实例如图 12-23 所示。

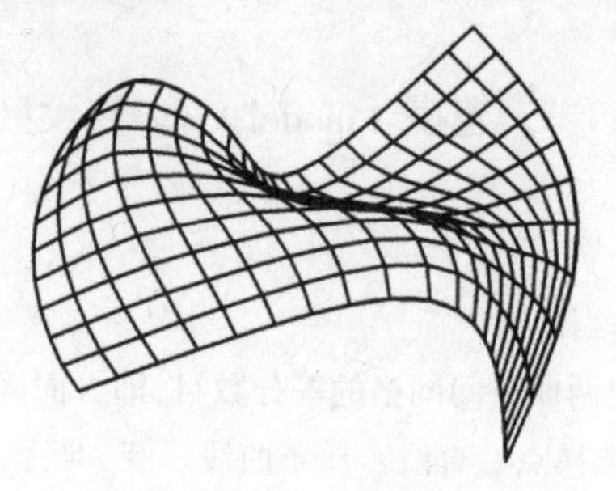

图 12-23 边界网格

12.7.10 三维面

1. 功能

创建三维面。

2. 调用方式

☆ 命令行：3dface

☆ 菜　单：绘图（Draw）=> 建模（Model）=> 网格（Mesh）=> 三维面（3dface）

3. 解释

命令：3dface↙

指定第一点或[不可见(I)]：（输入第一个顶点或“I”选项控制边界的可见性）

指定第二点或[不可见(I)]：（输入第二个顶点）

指定第三点或[不可见(I)]<退出>：（输入第三个顶点）

指定第四点或[不可见(I)]<创建三侧面>：（输入第四个顶点，四个顶点必须按顺时针或逆时针方向给出或按 Enter 键结束命令创建三侧面）

指定第三点或[不可见(I)]<退出>：（继续输入第三个顶点建立第二个三维面，该三维面的第一、第二个顶点是前一个三维面的第三、第四二个顶点或按 Enter 键结束命令）

12.7.11 三维网格

1. 功能

创建自由格式的多边形网格。

2. 调用方式

☆ 命令行：3dmesh

3. 解释

命令：3dmesh↙

输入 M 方向上的网格数量：m↙（输入 2 到 256 之间的值）

输入 N 方向上的网格数量：n↙（输入 2 到 256 之间的值）

为顶点(0, 0) 指定位置：（确定顶点（0，0）的坐标值）

…

为顶点(0, n–1) 指定位置： （确定顶点（0，n–1）的坐标值）

…

为顶点(m–1, n–1) 指定位置： （确定顶点（m–1，n–1）的坐标值）

单击“网格”选项卡“转换网格”面板“转换为曲面”按钮和“转换为曲面”按钮调用 convtosurface 和 convtosolid 命令可以将部分网格面转换为曲面和实体。

应用实例

12.8 房屋

12.8.1 建模要求

创建如图 12–24 所示房屋，主要涉及内容：标高、厚度和 UCS 变换。

12.8.2 建模步骤

1. 二维绘图命令绘制底面投影，如图 12–25 所示。

图 12–24 房屋

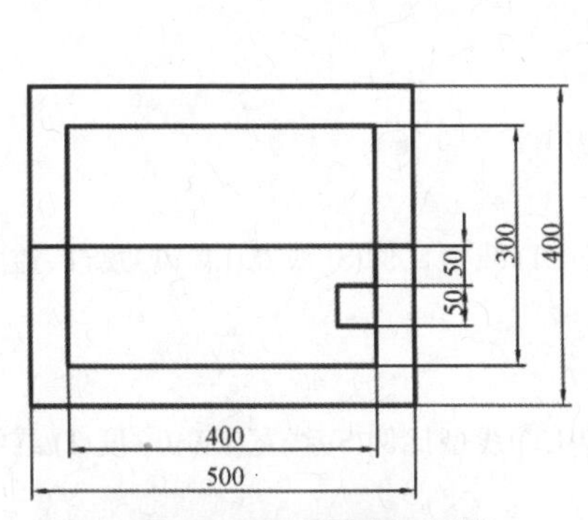

图 12–25 房屋底面投影

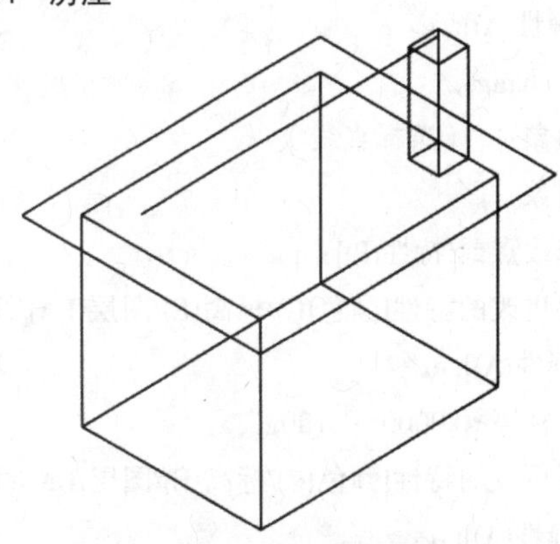

图 12–26 房屋主体

☆ 调用“rectangle”命令绘制外面 500 × 400 矩形。

☆ 调用“offset”命令绘制里面 400 × 300 矩形。

☆ 调用“rectangle”命令绘制 50 × 50 小矩形，绘制时使用对象捕捉追踪功能直接定位。

命令：rectang↙

指定第一个角点或[倒角(C)/标高(E)/圆角(F)/厚度(T)/宽度(W)]:

（启动对象捕捉追踪功能，选择 400×300 矩形的右下角点）

指定另一个角点或[面积(A)/尺寸(D)/旋转(R)]：@-50,50↙

☆ 调用"line"命令绘制矩形水平对称线。

2．创建房屋主体，如图 12-26 所示。

☆ 调用"修改"命令修改上面绘制图形的厚度或标高。

命令：change↙

选择对象：（选择 400×300 矩形）

选择对象：↙

指定修改点或[特性(P)]：p↙

输入要更改的特性[颜色(C)/标高(E)/图层(LA)/线型(LT)/线型比例(S)/线宽(LW)/厚度(T)/透明度(TR)/材质(M)/注释性(A)]:t↙

指定新厚度<0.0000 >：300↙

输入要更改的特性[颜色(C)/标高(E)/图层(LA)/线型(LT)/线型比例(S)/线宽(LW)/厚度(T)/透明度(TR)/材质(M)/注释性(A)]: ↙

命令：change↙

选择对象：(选择 50×50 矩形)

选择对象：↙

指定修改点或 [特性(P)]：p↙

输入要更改的特性[颜色(C)/标高(E)/图层(LA)/线型(LT)/线型比例(S)/线宽(LW)/厚度(T)/透明度(TR)/材质(M)/注释性(A)]: t↙

指定新厚度<0.0000>：180↙

输入要更改的特性[颜色(C)/标高(E)/图层(LA)/线型(LT)/线型比例(S)/线宽(LW)/厚度(T)/透明度(TR)/材质(M)/注释性(A)]: ↙

命令：change↙

选择对象：（选择直线）

选择对象：↙

指定修改点或[特性(P)]：p↙

输入要更改的特性[颜色(C)/标高(E)/图层(LA)/线型(LT)/线型比例(S)/线宽(LW)/厚度(T)/透明度(TR)/材质(M)/注释性(A)]: e↙

指定新标高<0.0000>：100↙

输入要更改的特性[颜色(C)/标高(E)/图层(LA)/线型(LT)/线型比例(S)/线宽(LW)/厚度(T)/透明度(TR)/材质(M)/注释性(A)]: ↙

☆ 选择"视图"选项卡"视图"面板"西南等轴测"。单击"视图"选项卡"视觉样式"面板按钮，使观察模式为"消隐"模式。

3．创建房屋房顶，如图 12-27 所示。

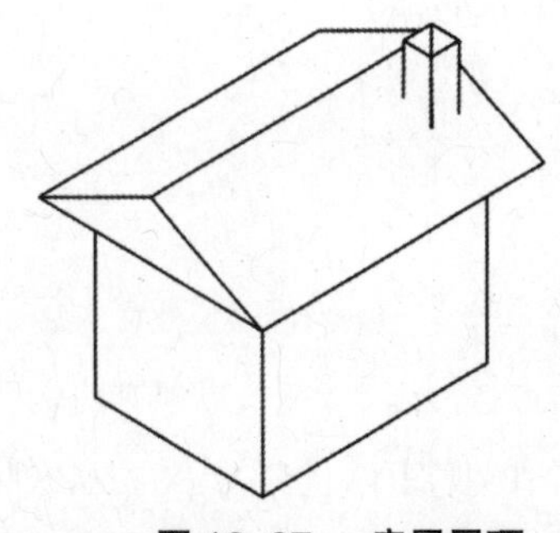

图 12-27 房屋屋顶

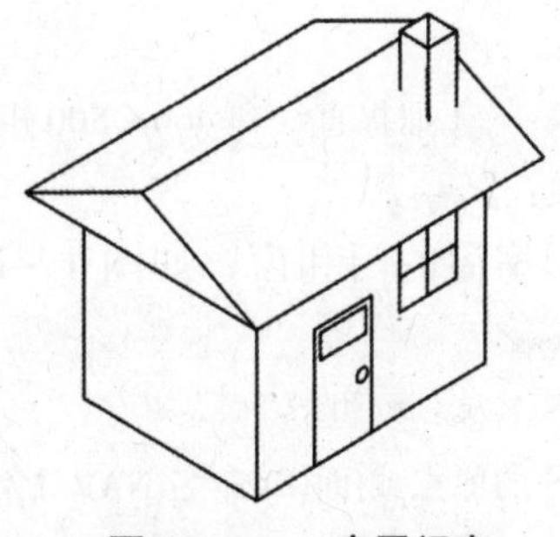

图 12-28 房屋门窗

☆ 变换 UCS 坐标系。

命令：ucs↙

当前 UCS 名称：* 世界 *

指定 UCS 的原点或[面(F)/命名(NA)/对象(OB)/上一个(P)/视图(V)/世界(W)/X/Y/Z/Z 轴(ZA)] <世界>: za↙

指定新原点或[对象(O)] <0,0,0>: （捕捉 400 × 500 矩形左边中点）

在正 Z 轴范围上指定点:（捕捉 400 × 500 矩形右边中点）

☆ 调用“多段线”、“厚度”、“二维填充”命令创建房顶。

命令：thickness↙

输入 THICKNESS 的新值<0.0000>： 500↙

命令：pline↙

指定起点：（捕捉 400 × 500 矩形左边的端点）

当前线宽为 0.0000

指定下一个点或[圆弧(A)/半宽(H)/长度(L)/放弃(U)/宽度(W)]:（捕捉 400x500 矩形左边的另一端点）

指定下一个点或[圆弧(A)/闭合(C)/半宽(H)/长度(L)/放弃(U)/宽度(W)]： （捕捉直线右边端点）

指定下一个点或[圆弧(A)/闭合(C)/半宽(H)/长度(L)/放弃(U)/宽度(W)]： （捕捉 400 × 500 矩形左边端点）

指定下一个点或[圆弧(A)/闭合(C)/半宽(H)/长度(L)/放弃(U)/宽度(W)]：↙

命令：thickness↙

输入 THICKNESS 的新值<0.0000>：0↙

命令：solid↙

指定第一点：（捕捉 400 × 500 矩形左边的端点）

指定第二点：（捕捉 400 × 500 矩形左边的另端点）

指定第三点：（捕捉直线左边端点）

指定第四点或<退出>:（捕捉 400 × 500 矩形左边的端点）

指定第三点：↙

命令：solid↙

指定第一点：（捕捉 400 × 500 矩形边右边的端点）

指定第二点：（捕捉 400 × 500 矩形右边的另端点）

指定第三点：（捕捉直线右边端点）

指定第四点或<退出>：（捕捉 400 × 500 矩形右边的端点）↙

指定第三点：↙

命令：erase↙

选择对象：（捕捉直线和 400×500 矩形）

选择对象：↙

4．绘制房屋的门和窗，如图 12-28 所示。

命令：ucs↙

当前 UCS 名称：* 世界 *

指定 UCS 的原点或[面(F)/命名(NA)/对象(OB)/上一个(P)/视图(V)/世界(W)/X/Y/Z/Z 轴(ZA)] <世界>:

（捕捉房屋正面的左下角端点）

指定 X 轴上的点或<接受>：（捕捉房屋正面的右下角端点）

指定 XY 平面上的点或<接受>：（捕捉房屋正面的左上角端点，使 UCS 的 XY 面在房屋正面上）

命令：line↙

指定第一点：100↙（打开对象追踪功能，捕捉房屋正面的左下角端点）

指定下一点或[放弃(U)]： 200↙（打开正交功能，竖直向上移动光标）

指定下一点或[闭合(C)/放弃(U)]：100↙（打开正交功能，水平向右移动光标）

指定下一点或[闭合(C)/放弃(U)]：200↙（打开正交功能，竖直向下移动光标）

指定下一点或[闭合(C)/放弃(U)]：↙

命令：rectang↙

指定第一个角点或[倒角(C)/标高(E)/圆角(F)/厚度(T)/宽度(W)]：110，150，0↙

指定另一个角点或[面积(A)/尺寸(D)/旋转(R)]： @80,40↙

命令：circle↙

指定圆的圆心或[三点(3P)/两点(2P)/相切、相切、半径(T)]：185，100，0↙

指定圆的半径或[直径(D)]：10↙

命令：rectang↙

指定第一个角点或[倒角(C)/标高(E)/圆角(F)/厚度(T)/宽度(W)]：350，150，0↙

指定另一个角点或[面积(A)/尺寸(D)/旋转(R)]：@－100,100↙

命令：line↙

指定第一点：（捕捉刚绘制 100×100 矩形左边中点）

指定下一点或[放弃(U)]：（捕捉刚绘制 100×100 矩形右边中点）

指定下一点或[放弃(U)]：↙

命令：line↙

指定第一点：（捕捉刚绘制 100×100 矩形上边中点）

指定下一点或[放弃(U)]：（捕捉刚绘制 100×100 矩形下边中点）

指定下一点或[放弃(U)]：↙

5．设置房屋颜色，对房屋着色，西南等轴测观察房屋，如图 12-24 所示。

选中房屋主体，选择“常用”选项卡“特性”面板“颜色”下拉框中“红色”。选中房屋屋顶部分三个实体，选择“常用”选项卡“特性”面板“颜色”下拉框中“绿色”。选中房屋烟囱，选择“常用”选项卡“特性”面板“颜色”下拉框中“灰色”。选择“视图”选项卡“视觉样式”面板“着色”，使观察模式为“着色”模式。

6．观察房屋

依次选择“视图”选项卡“视觉样式”面板中的“线框”、“隐藏”、“着色”、“概念”、“真实”，选择“视图”选项卡“视图”面板中的“俯视”、“仰视”、“左视”、“右视”、“主视”、“后视”、“西南等轴测”、“东南等轴测”、“东北等轴测”、“西北等轴测”，用各种方式观察房屋。同时观察绘图区域中所绘制房屋和 UCS 图标的变化。

7. 保存文件

12.9 台灯

12.9.1 建模要求

创建如图 12-29 所示台灯，主要涉及内容：旋转网格、直纹网格和 UCS 变换。

12.9.2 建模步骤

1. 创建图层

建立三个图层：BOX（长方体）、LH（灯座）、LS（灯罩），颜色分别为白、灰、淡紫色。

2. 绘制辅助长方体，建立用户坐标系，如图 12-31 所示。

☆ 调用“矩形”命令创建 100 × 90 × 100 的长方体。单击“视图”选项卡“视图”面板“东南等轴测”，从东南方向观察显示长方体，如图 12-30 所示。

☆ 调用“直线”命令绘制一条通过长方体角点 A 向上延伸的直线，此直线为旋转曲面的轴线。

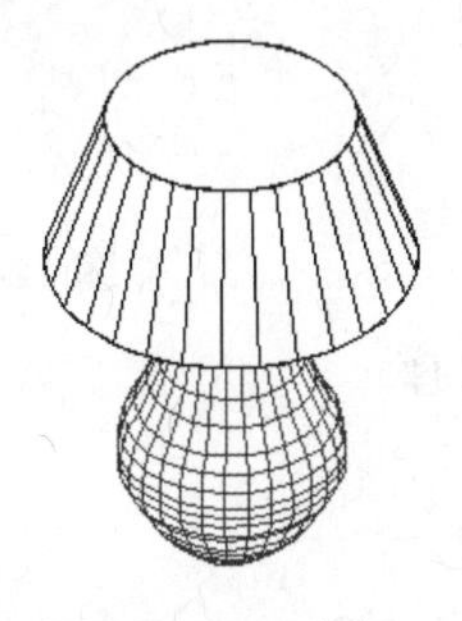

图 12-29 台灯

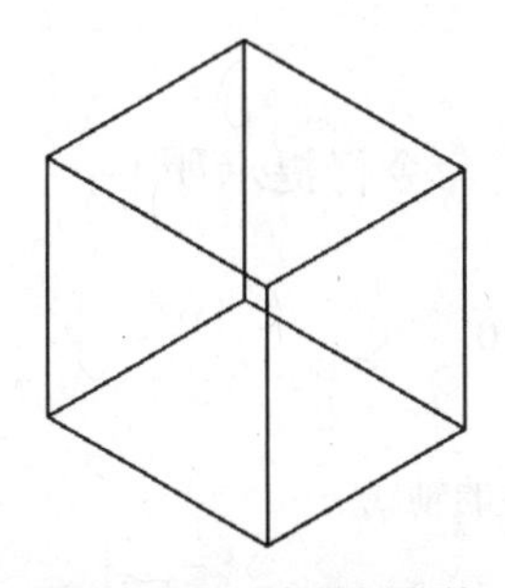

图 12-30 绘制长方体

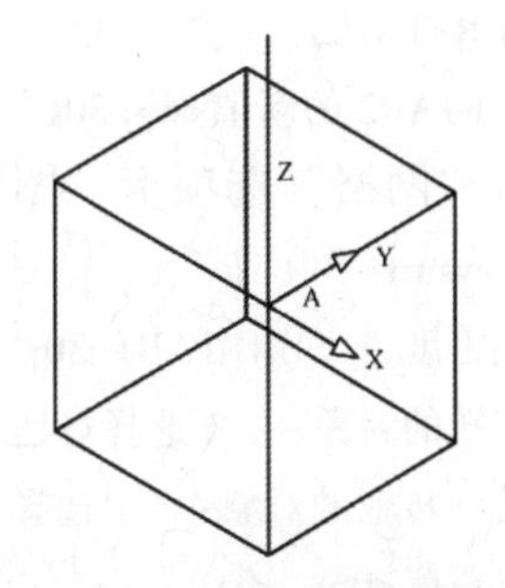

图 12-31 绘制旋转轴线

3. 变换用户坐标系，创建灯座。

☆ 移动、旋转用户坐标系，结果如图 12-31 所示。

命令: ucs↙

当前 UCS 名称: *世界*

输入选项

指定 UCS 的原点或[面(F)/命名(NA)/对象(OB)/上一个(P)/视图(V)/世界(W)/X/Y/Z/Z 轴(ZA)] <世界>：za↙

指定新原点或[对象(O)] <0,0,0>:（捕捉图 12-36 的角点 A）

在正 Z 轴范围上指定点:（捕捉刚刚绘制轴线的端点）

命令：ucs↙

当前 UCS 名称： *没有名称*

指定 UCS 的原点或[面(F)/命名(NA)/对象(OB)/上一个(P)/视图(V)/世界(W)/X/Y/Z/Z 轴(ZA)] <世界>：x↙

指定绕 X 轴的旋转角度 <90>: ↙

☆ 调用“多段线”命令绘制如图 12-32 所示的灯座轮廓线，即旋转网格的迹线。

(1) 调用“plan”命令，显示用户坐标系 XY 面视图。

(2) 旋转网格迹线由首末两端直线和中间两端圆弧构成，起点到圆心的距离为 30mm 左右，其余尺寸目测。

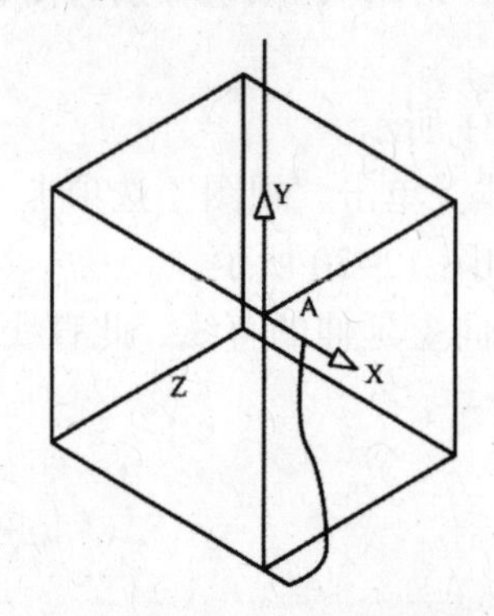

图 12-32 绘制灯座轮廓线

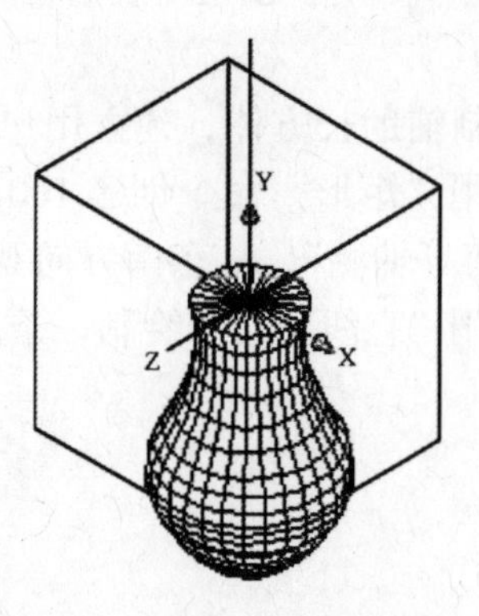

图 12-33 消隐后的灯座模型

☆ 调用“旋转网格”命令创建灯座

(1) 设置线框密度

命令：SURFTAB1↙

输入 SURFTAB1 的新值<6>: 30↙

命令：SURFTAB2↙

输入 SURFTAB2 的新值<6>: 30↙

(2) 单击“网格”选项卡“图元”面板按钮，命令行提示如下：

命令：-revsurf

当前线框密度： SURFTAB1=30 SURFTAB2=30

选择要旋转的对象： （选择灯座轮廓线）

选择定义旋转轴的对象： （选择上面绘制的旋转曲面的轴线）

指定起点角度<0>：↙

指定包含角（+=逆时针，-=顺时针）<360>：↙

☆ 单击“视图”选项卡“视图”面板“东南等轴测”，单击“视图”选项卡“视觉样式”面板按钮，使观察模式为“消隐”模式，如图 12-33 所示，完成灯座创建。

4. 创建灯罩，如图 12-34 所示。

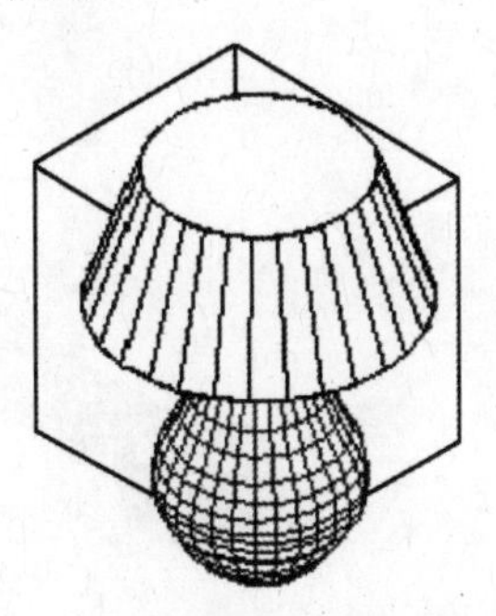

图 12-34 绘制灯罩

☆ 置“LS”层为当前层，关闭“LH”层，删除旋转轴。

☆ 旋转用户坐标系，绘制灯罩底部大圆 Ø100。

命令：ucs↙

当前 UCS 名称: *没有名称*

指定 UCS 的原点或 [面(F)/命名(NA)/对象(OB)/上一个(P)/

视图(V)/世界(W)/X/Y/Z/Z 轴(ZA)] <世界>: x↙

指定绕 X 轴的旋转角度 <90>: -90↙

调用“circle”命令，以坐标系原点为圆心，绘制大圆 Ø100。

☆ 移动用户坐标系，绘制灯罩顶部小圆 Ø72。

命令：ucs↙

当前 UCS 名称: *没有名称*

指定 UCS 的原点或[面(F)/命名(NA)/对象(OB)/上一个(P)/视图(V)/世界(W)/X/Y/Z/Z 轴(ZA)] <世界>: @0,0,50↙

调用“circle”命令，以坐标系原点为圆心，绘制小圆 Ø72。

☆ 单击“网格”选项卡“图元”面板按钮，AutoCAD 提示如下：

命令: -rulesurf

当前线框密度: SURFTAB1=30

选择第一条定义曲线: （选择大圆曲线）

选择第二条定义曲线: （选择小圆曲线）

☆ 单击“常用”选项卡“绘图”面板绘图展开器按钮，调用“region”面域命令，选择灯罩顶圆，生产灯罩顶面。

☆ 单击“视图”选项卡“视觉样式”面板按钮，使观察模式为“消隐”模式。

5. 完成台灯绘制，保存文件。

打开“LH”层，关闭“BOX”层，完成台灯绘制，见图 12-29。最后保存文件。

习题

1. 创建图 12-35、12-36、12-37、12-38 所示圆桶、扳手、楼梯、酒杯，尺寸目测估计。

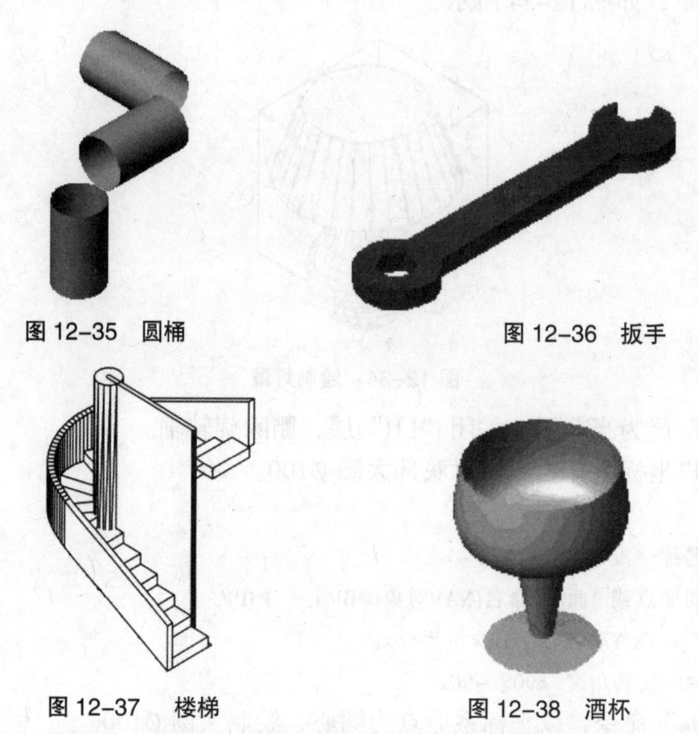

图 12-35　圆桶　　图 12-36　扳手

图 12-37　楼梯　　图 12-38　酒杯

2. 创建如图 12-39 所示的桌子。其标高值为 75，桌面板厚为 5，其他部分尺寸见图 12-40 平面示意图。

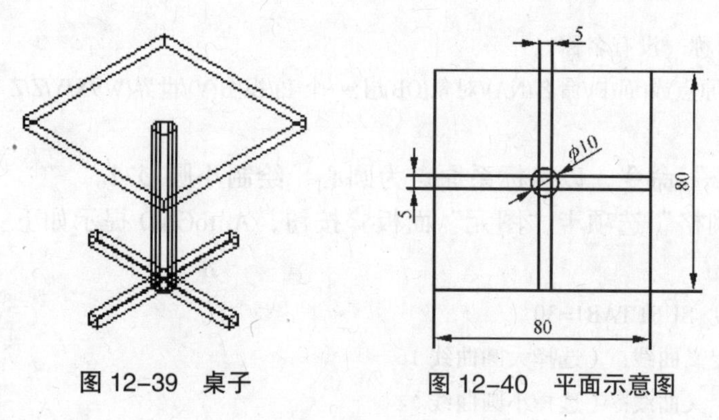

图 12-39　桌子　　图 12-40　平面示意图

3. 创建如图 12-41 所示的茶几。其高 400，桌面 1000 × 600，茶几脚直径为 400。

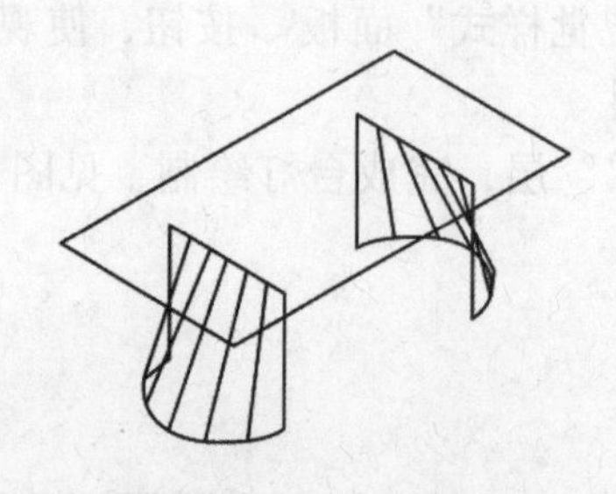

图 12-41　茶几

第 13 章　三维实体建模

学习内容

- 掌握三维实体的创建方法。
- 掌握布尔运算。
- 掌握三维模型编辑操作。
- 掌握三维实体面、边、体编辑方法。
- 掌握对三维模型进行渲染处理的方法。

基本知识

实体模型具有线、面、体等特征，可以进行消隐、渲染等操作，包含体积、质心、转动惯量等质量特征。用户可以直接创建以下基本三维造型：长方体、圆锥体、圆柱体、球体、楔体和圆环体等，也可以将二维对象沿路径延伸或绕轴旋转来创建实体。然后对这些形状进行布尔运算，二维编辑命令和专门的三维编辑命令进行编辑操作，生成更为复杂的实体。

13.1　创建三维实体

13.1.1 基本实体

1. 功能

创建长方体、圆柱体或者椭圆柱体、圆锥体或椭圆锥体、球体、三维实体棱锥体、楔体、圆环体和橄榄球。

2. 调用方式

☆ 功能区：常用（Home）=> 建模（Model）=> =>

实体（Solids）=> 图元（Entity）=>

☆ 命令行：box、cylinder、cone、sphere、pyramid、wedge、torus

☆ 菜　单：绘图（Draw）=> 建模（Model ）=>

☆ 工具栏：

3. 解释

调用上述命令，AutoCAD 提示类似于 12.7.5 节"网格"命令的长方体、圆锥体、圆柱体、棱锥体、球体、楔体、圆环体选项，但是"网格"命令中创建模型是表面模型，本节中"box"、"cylinder"、"cone"、"sphere"、"pyramid"、"wedge"、"torus"命令创建模型是实体模型。相关选项说明详见第 12.7.5 节，其它选项说明如下：

☆ AutoCAD 提示中"当前线框密度：ISOLINES=4"说明当前实体采用的线框密度为 4，即系统变量 ISOLINES 控制线框密度。以球体为例，该变量值越大球体越光滑，反之越不光滑。图 13–1、13–2 分别是系统变量 ISOLINES=4、ISOLINES=10 的显示结果。

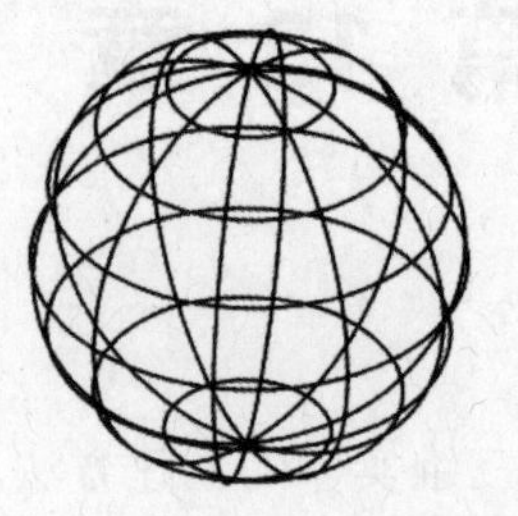

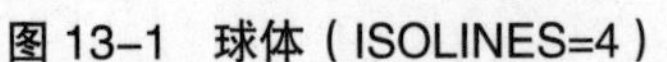
图 13–1　球体（ISOLINES=4）　　图 13–2　球体（ISOLINES=10）

☆ 调用“圆环”命令，输入圆环体半径值或直径值为正时，生成圆环；为负时，生成实心橄榄球。图 13–3 所示为两个圆环实体对象：圆环体和橄榄球。

图 13–3　圆环体和橄榄球

13.1.2　拉伸

1. 功能

通过拉伸现有二维对象来创建三维实体。

2. 调用方式

☆ 功能区：常用（Home）=> 建模（Model）=> =>
　　　　　实体（Solids）=> 实体（Solids）=>

☆ 命令行：extrude

☆ 菜　单：绘图（Draw）=> 建模（Model）=> 拉伸（Extrude）

☆ 工具栏：

3. 解释

命令：extrude↙

当前线框密度：ISOLINES=4，闭合轮廓创建模式 = 实体

选择要拉伸的对象或[模式(MO)]：_MO 闭合轮廓创建模式[实体(SO)/曲面(SU)] <实体>：_SO

选择要拉伸的对象或[模式(MO)]：

各选项说明如下：

☆ 选择要拉伸的对象：选择一个二维对象作为实体的拉伸截面轮廓，可以拉伸的二维对象有：面域、闭合多段线、多边形、椭圆、圆环、平面三维面、闭合样条曲线、圆。不可以拉伸的二维对象有：直线、立体三维面和三维多段线等。不能拉伸包含在块中的对象,也不能拉伸具有相交或自交线段的多段线。可以选择多个对象，最后按 Enter 键结束选择。选择该选项，AutoCAD 提示如下：

指定拉伸的高度或[方向(D)/路径(P)/倾斜角(T)/表达式(E)]<默认高度值>：

(1) 指定拉伸的高度：按指定高度拉伸，为默认选项。高度为正沿当前 UCS 的 Z 轴正向拉伸，为负沿当前 UCS 的 Z 轴负向拉伸。用户还需要指定拉伸的倾斜角度，角度允许的范围为-90°～+90°。如果角度为 0，把二维对象按指定的高度拉伸成柱体；如果输入一个角度值，拉伸后实体截面将沿拉伸方向按此角度变化拉伸成锥体，角度为正，逐渐变细拉伸，角度为负，逐渐变粗拉伸。

(2) 方向(D)：用两个指定点指定拉伸的长度和方向。

(3) 路径(P)：以指定的对象作为拉伸路径。作为拉伸路径的对象可以是直线、圆弧、椭圆、多段线、样条曲线等。将选路径不能与拉伸对象在同一平面内，且其中的某一段也不能具有较大的曲率，否则有可能在拉伸过程中产生自相交情况。

(4) 倾斜角(T)：指定拉伸的倾斜角。倾斜角范围为-90°～+90°。

(5) 表达式(E)：输入公式或方程式以指定拉伸高度。

☆ 模式(MO)：控制拉伸对象是实体还是曲面。

13.1.3 旋转

1. 功能

绕轴旋转二维对象创建三维实体。

2. 调用方式

☆ 功能区：常用（Home）=> 建模（Model）=> =>
实体（Solids）=> 实体（Solids）=>

☆ 命令行：revolve

☆ 菜　单：绘图（Draw）=> 建模（Model）=> 旋转（Revolve）

☆ 工具栏：

3. 解释

命令：revolve↙

当前线框密度：ISOLINES=4，闭合轮廓创建模式 = 实体

选择要旋转的对象或 [模式(MO)]: _MO 闭合轮廓创建模式 [实体(SO)/曲面(SU)] <实体>: _SO

选择要旋转的对象或[模式(MO)]:

各选项说明如下：

☆ 选择要旋转的对象：选择一个二维对象作为实体的旋转截面轮廓。可以旋转的二维对象有：面域、闭合多段线、多边形、椭圆、圆环、平面三维面、闭合样条曲线、圆。可以选择多个对象，最后按 Enter 键结束选择。选择该选项，AutoCAD 提示如下：

指定轴起点或或根据以下选项之一定义轴[对象(O)/X/Y/Z] <对象>：（确定旋转轴）

(1) 指定轴起点：通过指定旋转轴的两端点位置确定旋转轴。选择该选项，AutoCAD 提示如下：

指定轴端点：（指定旋转轴另一端点位置，旋转轴正方向是从第一点指向第二点）

指定旋转角度或[起点角度(ST)/反转(R)/表达式(EX)] <360>：（角度正方向由右手定则确定）

◆ 指定旋转角度：指定选定对象绕轴旋转的角度。正角度将按逆时针方向旋转对象。负角度将按顺时针方向旋转对象。还可以拖动光标以指定和预览旋转角度。

◆ 起始角度(ST)：为从旋转对象所在平面开始的旋转指定偏移。可以拖动光标以指定和预览对象的起点角度。

◆ 反转(R)：更改旋转方向，类似于输入(–)角度值。

◆ 表达式(EX)：输入公式或方程式以指定旋转角度。

(2) 对象(O)：以选择的对象为旋转轴。直线、线性多段线线段以及实体或曲面的线性边用作轴。轴的正方向从该对象的最近端点指向最远端点。选择该选项，AutoCAD 提示如下：

选择对象：（选择现有的直线或多段线中的单条线段定义旋转轴，旋转轴正方向从拾取点指向对象上最远端点。）

指定旋转角度或 [起点角度(ST)/反转(R)/表达式(EX)] <360>：（各选项含义同上）

(3) X/Y/Z：分别绕当前 UCS 的 X、Y 或 Z 轴旋转成实体。坐标轴正方向是旋转轴正方向，需用户指定旋转角度。

☆ 模式(MO)：控制旋转对象是实体还是曲面。

13.1.4 多段体

1. 功能

创建多段体。

2. 调用方式

☆ 功能区：常用（Home）=> 建模（Model）=>

实体（Solids）=> 图元（Entity）=> 多段体 =>

☆ 命令行：polysolid

☆ 菜　单：绘图（Draw）=> 建模（Model）=>

☆ 工具栏：

3. 解释

命令：polysolid↙

高度 = 当前值，宽度 =当前值，对正 = 居中

指定起点或[对象(O)/高度(H)/宽度(W)/对正(J)] <对象>：

各选项说明如下：

☆ 起点：用于指定多段体的起点位置。

☆ 对象(O)：要转换为实体的对象,可以转换的对象有直线、圆弧、二维多段线、圆。

☆ 高度(H)：设置多段体的高度，即 Z 轴上的长度。

☆ 宽度(W)：设置多段体的宽度，即 Y 轴上的长度。

☆ 对正(J)：将实体的宽度和高度设定为左对正、右对正或居中。对正方式由轮廓的第一条线段的起始方向决定。

13.1.5 按住并拖动

1. 功能

按住或拖动有边界区域。

2. 调用方式

☆ 功能区：常用（Home）=> 建模（Model）=>

实体（Solids）=> 实体（Solids）=>

☆ 命令行：presspull

☆ 工具栏：

3．解释

调用该命令，在有边界区域的内部单击，然后拖动并单击鼠标以指定拉伸距离。也可以为距离输入值。该命令提示会自动重复，直到按 Esc 键、Enter 键或空格键结束。

13.1.6 扫掠

1．功能

通过沿路径扫掠二维对象或者三维对象或子对象来创建三维实体或曲面。

2．调用方式

☆ 功能区：常用（Home）=> 建模（Model）=> =>

实体（Solids）=> 实体（Solids）=> =>

☆ 命令行：sweep

☆ 菜 单：绘图（Draw）=> 建模（Model）=> 扫掠（Sweep）

☆ 工具栏：

3．解释

命令：sweep↙

当前线框密度： ISOLINES=4，闭合轮廓创建模式 = 实体

选择要扫掠的对象或 [模式(MO)]: _MO 闭合轮廓创建模式[实体(SO)/曲面(SU)] <实体>: _SO

选择要扫掠的对象或[模式(MO)]：（选择扫掠对象或选择模式选项确定放样对象是实体还是曲面）

选择扫掠路径或[对齐(A)/基点(B)/比例(S)/扭曲(T)]:

各选项说明如下：

☆ 扫掠路径：基于选择的对象指定扫掠路径。可以是直线、椭圆弧、椭圆、圆、圆弧、螺旋、实体、曲面和网格边子对象、二维和三维多段线、二维和三维样条曲线。

☆ 对齐(A)：指定是否对齐轮廓以使其作为扫掠路径的法向。默认情况，轮廓是对齐的。

☆ 基点(B)：指定要扫掠对象的基点。

☆ 比例(S)：指定比例因子进行扫掠操作。从扫掠路径开始到结束，比例因子将统一应用到扫掠的对象。

☆ 扭曲(T)：设置正被扫掠的对象的扭曲角度，指定沿扫掠路径全部长度的旋转量。

扫掠实例如图 13-4 所示。

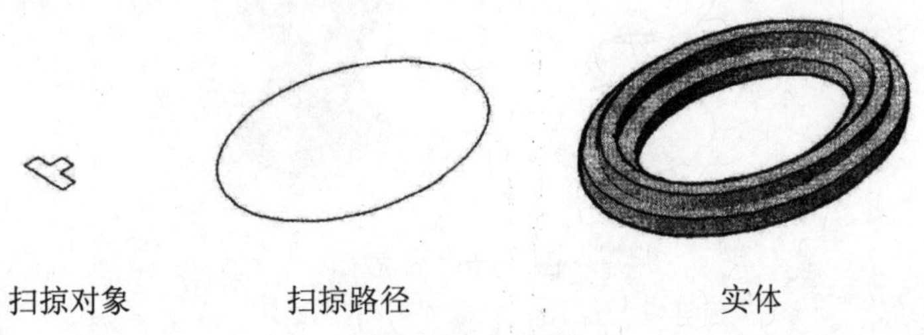

图 13-4 扫掠

13.1.7 放样

1．功能

在若干横截面之间的空间中创建三维实体。

2．调用方式

☆ 功能区：常用（Home）=> 建模（Model）=> =>
　　　　　实体（Solids）=> 实体（Solids）=> =>

☆ 命令行：loft

☆ 菜　单：绘图（Draw）=> 建模（Model）=> 放样（Loft）

☆ 工具栏：

3．解释

命令：loft↙

按放样次序选择横截面或[点(PO)/合并多条边(J)/模式(MO)]:

各选项说明如下：

☆ 按放样次序选择横截面：按曲面或实体将通过曲线的次序指定开放或闭合曲线。可以用作横截面的对象有：二维多段线、二维实体、二维样条曲线、圆弧、圆、边子对象、椭圆、椭圆弧、直线、平面或非平面实体面、平面或非平面曲面、点（仅第一个和最后一个横截面）、面域、宽线。选择该选项，AutoCAD 提示如下：

输入选项[导向(G)/路径(P)/仅横截面(C)/设置(S)] <仅横截面>:

(1) 导向(G)：指定控制放样实体或曲面形状的导向曲线。可以使用导向曲线来控制点如何匹配相应的横截面以防止出现不希望看到的效果（例如结果实体或曲面中的皱褶）。导向可以是直线、椭圆弧、三维多段线、二维多段线、圆弧、二维样条曲线。

(2) 路径(P)：指定放样实体或曲面的单一路径。可用作路径的有：样条曲线、圆弧、圆、椭圆、椭圆弧、二维多段线、直线、三维多段线。

(3) 仅横截面(C)：在不使用导向或路径的情况下，创建放样对象。

(4) 设置(S)：显示“放样设置”对话框。

☆ 点(PO)：选择“点”选项，必须选择闭合曲线。

☆ 合并多条边(J)：将多个端点相交曲线合并为一个横截面。

☆ 模式(MO)：控制放样对象是实体还是曲面。

放样实例如图 13-5 所示

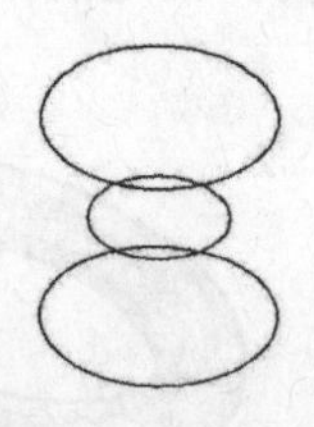

图 13-5　放样

13.2 布尔运算

对三维实体对象或面域进行并集、差集、交集三种布尔运算，得到更复杂的实体对象或面域。

13.2.1 并集

1．功能

用并集运算创建三维实体或面域。

2．调用方式

☆ 功能区：常用（Home）=> 实体编辑（Solids Editing）=>

实体（Solids）=> 布尔值（Boolean）=>

☆ 命令行：union

☆ 菜 单：修改（Modify）=> 实体编辑（Solids Editing）=> 并集（Union）

☆ 工具栏：

3．解释

调用该命令，选择需要并集运算的三维实体，最后按 Enter 键结束命令。对多个实体对象进行布尔并集运算后多个实体融和为一个实体。布尔并集运算实例如图 13-6 所示。

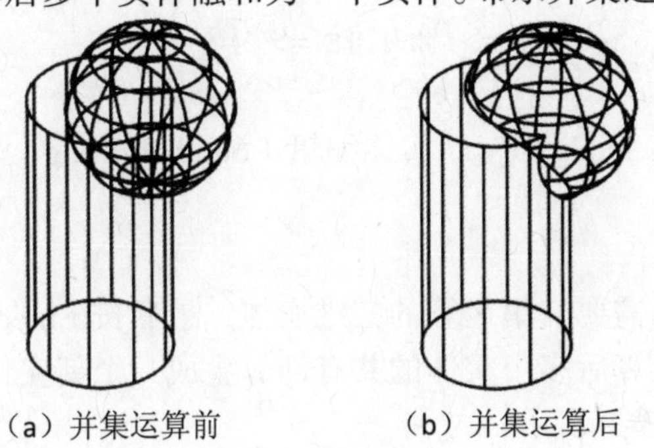

（a）并集运算前　（b）并集运算后

图 13-6 并集

13.2.2 差集

1．功能

从一些实体或面域中去掉另一些实体或面域，从而得到一个新的实体或面域。

2．调用方式

☆ 功能区：常用（Home）=> 实体编辑（Solids Editing）=>

实体（Solids）=> 布尔值 =>

☆ 命令行：subtract

☆ 菜 单：修改（Modify）=> 实体编辑（Solids Editing）=> 差集（Subtract）

☆ 工具栏：

3．解释

命令：subrtact↙

选择要从中减去的实体、曲面和面域...

选择对象：（选择被减去的实体，最后按 Enter 键结束选择）

选择要减去的实体、曲面和面域...

选择对象：（选择要减去的实体，可以选择多个对象，最后按 Enter 键结束选择）

图 13-7 所示是对图 13-6 三维实体差集运算的例子，有 2 种可能结果。

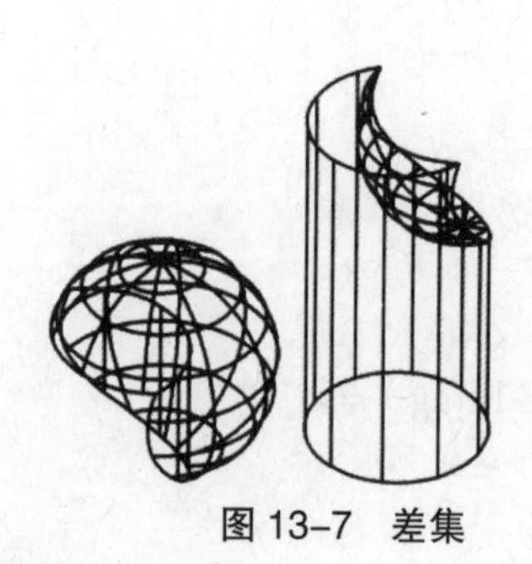

图 13-7 差集

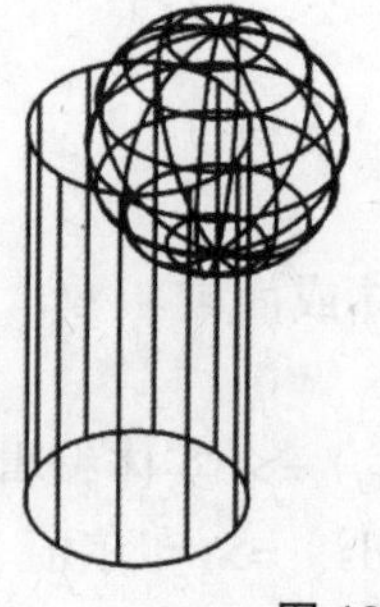

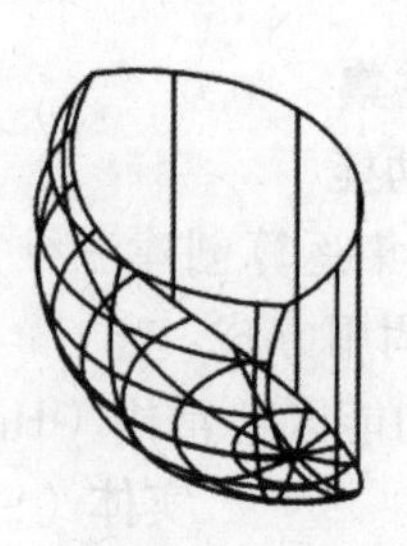

图 13-8 交集

13.2.3 交集

1. 功能

找出多个实体或面域的公共部分创建新实体或面域。

2. 调用方式

☆ 功能区：常用（Home）=> 实体编辑（Solids Editing）=>

实体（Solids）=> 布尔值 =>

☆ 命令行：intersect

☆ 菜　单：修改（Modify）=> 实体编辑（Solids Editing）=> 交集（Intersect）

☆ 工具栏：

3. 解释

调用该命令，选择需要交集运算的三维实体，最后按 Enter 键结束命令。对多个实体对象进行布尔交集运算后多个实体的共有部分生成一个新实体，所有原实体消失。布尔交集运算实例如图 13-8 所示。

13.3 二维编辑命令在三维空间的使用

13.3.1 一般二维编辑命令

所有二维编辑命令均可在三维空间使用，但有些受到一定的限制，总结如下：

适用于所有三维模型，使用不受任何限制的命令：删除(erase)、复制(copy)、移动(move)、比例缩放(scale)。

仅适用于线框模型的命令：偏移(offset)、剪切(trim)、延伸(extend)、拉长(lengthen)、打断(break)。

适用于线框模型和实体模型的命令：倒角 (chamfer)、圆角(fillet)。

适用于线框模型和表面模型的命令：拉伸(stretch)。

必须在当前 UCS 的 XY 面平行的平面上操作的命令：剪切(trim)、延伸(extend)、合并(Join)、标注(Dimension)。

编辑结果于当前 UCS 的 XY 面有关的命令：旋转(rotate)、镜像(mirror)、阵列(array)、偏移(offset)。

编辑方式步骤和二维有区别的命令：倒角(chamfer)、圆角(fillet)。

13.3.2 倒角

1. 功能

切去实体的外角(凸边)或者填充实体内角(凹边)。

2. 调用方式

☆ 功能区：常用（Home）=> 修改（Modify）=> =>
实体（Solid）=> 实体编辑（Solids Editing）=> =>

☆ 命令行：chamfer

☆ 菜　单：修改（Modify）=> 倒角（Chamfer）

☆ 工具栏：

3. 解释

命令：chamfer↙

（修剪模式）当前倒角距离 1=0.0000，倒角距离 2=0.0000

选择第一条直线或[放弃(U)/多段线(P)/距离(D)/角度(A)/修剪(T)/方式(E)/多个(M)]:
（选择需倒角的实体棱边，其余各选项含义同二维倒角部分）

基面选择……

输入曲面选择选项[下一个(N)/当前(OK)]<当前>：（选择用于倒角的基面，选中基面高亮显示）

基面是指包含选择边的两个平面中的某一个，如果选当前亮显面为基面，按 Enter 键即可。选择“下一个(N)”，另一个面亮显，表示该面将作为倒角的基面。确定基面后，AutoCAD 提示如下：

指定基面倒角距离或[表达式(E)]：（输入基面内的倒角距离值或使用数学表达式控制倒角距离）

指定其他曲面倒角距离或[表达式(E)]:
（输入另一个平面的倒角距离值或使用数学表达式控制该倒角距离）

选择边或[环(L)]：（选择基面上需倒角的边或选择环对基面上的所有边倒角）

13.3.3 圆角

1. 功能

对三维实体的凸边或凹边倒圆角。

2. 调用方式

☆ 功能区：常用（Home）=> 修改（Modify）=> =>
实体（Solid）=> 实体编辑（Solids Editing）=> =>

☆ 命令行：fillet

☆ 菜　单：修改（Modify）=> 圆角（Fillet）

☆ 工具栏：

3. 解释

命令：fillet↙

当前设置：模式 =修剪　半径 = 0.0000

选择第一个对象或[放弃(U)/多段线(P)/半径(R)/修剪(T)/多个(M)]:
（选择需圆角的实体棱边，其余各选项含义同二维倒角部分）

输入圆角半径或[表达式(E)]：（设置选择棱边的圆角半径值或使用数学表达式控制该圆角半径）

选择边或[链(C)/环(L)/半径(R)]:

各选项说明如下：

☆ 选择边：选择需圆角的边，可以连续选择多个边。

☆ 链(C):选择构成封闭链的边进行圆角。如各棱边是相切关系,则选择其中一个边,所有这些棱边都将被选中。

☆ 环(L):在实体的面上指定边的环。对于任何边,有两种可能的循环。选择环边后,系统将提示用户接受当前选择,或选择下一个环。

☆ 半径(R):为随后选择的棱边重新设置圆角半径。

13.4 三维操作

13.4.1 三维移动、三维旋转、三维缩放

1. 功能

移动、旋转、缩放三维对象。

2. 调用方式

☆ 功能区:常用(Home)=> 修改(Modify)=>

☆ 命令行:3dmove、3drotate、3dscale、

☆ 菜　单:修改(Modify)=> 三维操作(3D Operation)

=> 三维移动(3D Move)、三维旋转(3D Scale)、三维旋转(3D Rotate)

☆ 工具栏:

3. 解释

"三维移动"命令、"三维旋转"命令、"三维缩放"命令操作步骤和选项含义同二维部分,详见第 3 章。

13.4.2 三维镜像

1. 功能

将对象相对于某一平面进行镜像复制。

2. 调用方式

☆ 功能区:常用(Home)=> 修改(Modify)=>

☆ 命令行:3dmirror

☆ 菜　单:修改(Modify)=> 三维操作(3D Operation)=> 三维镜像(3D Mirror)

3. 解释

命令:3dmirror↙

选择对象: (选择需进行镜像复制的三维对象,可以连续选择多个对象,最后按 Enter 键结束选择)

指定镜像平面(三点)的第一个点或[对象(O)/最近的(L)/Z 轴(Z)/视图(V)/XY 平面(XY)/YZ 平面(YZ)/ZX 平面(ZX)/三点(3)]<三点>: (确定镜像平面)

各选项说明如下:

☆ 对象(O):用指定对象所在的平面作为镜像面。选择该选项,AutoCAD 提示如下:

选择圆、圆弧或二维多段线线段: (指定作为镜像面的对象)

是否删除源对象?[是(Y)/否(N)]<否>: (设置是否删除源对象)

☆ 最近的(L):用上次 3dmirror 命令使用的镜像面作为镜像面。

☆ Z 轴(Z):通过定义平面上的一点和该平面法线上的一点来定义镜像面。

☆ 视图(V):用与当前视图平面平行的面作为镜像面。

☆ XY 平面(XY) /YZ 平面(YZ)/ZX 平面(ZX)：用与当前 UCS 的 XY、YZ、ZX 面平行的面作为镜像面。

☆ 三点(3)：通过三点来定义镜像平面，为默认选项。

13.4.3 三维对齐

1．功能

移动指定的对象并使它与某个对象对齐位置。

2．调用方式

☆ 功能区：常用（Home）=> 修改（Modify）=>

☆ 命令行：3dalign

☆ 菜　单：修改（Modify）=> 三维操作（3D Operation）=> 三维对齐（3D Align）

☆ 工具栏：

3．解释

命令：3dalign↙

选择对象：（选择要对齐的三维对象，可以连续选择多个对象，最后按 Enter 键结束选择）

指定源平面和方向 ...

指定基点或[复制(C)]：（指定点或输入“C”以创建副本）

指定第二个点或[继续(C)] <C>：（指定对象的 X 轴上的点，或按 Enter 键向前跳到指定目标点。第二个点在平行于当前 UCS 的 XY 平面的平面内指定新的 X 轴方向。如果按 Enter 键而没有指定第二个点，将假设 X 轴和 Y 轴平行于当前 UCS 的 X 和 Y 轴。）

指定第三个点或[继续(C)] <C>：（指定对象的正 XY 平面上的点，或按 Enter 键向前跳到指定目标点）

指定目标平面和方向 ...

指定第一个目标点：（指定点，该点定义了源对象基点的目标）

指定第二个目标点或[退出(X)] <X>：（指定目标的 X 轴的点或按 Enter 键）

指定第三个目标点或[退出(X)] <X>：（指定目标的 XY 平面的点，或按 Enter 键）

对齐实例如图 13–9 所示。

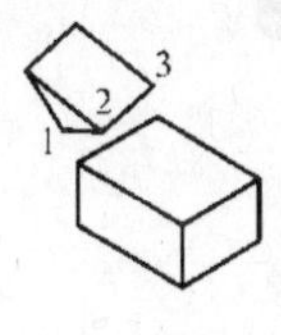

原图

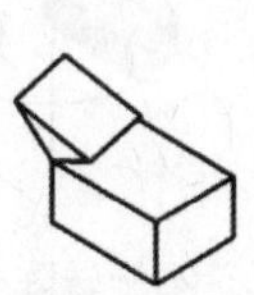

一点对齐

二点对齐

三点对齐

图 13–9　对齐

13.4.4 三维阵列

1．功能

对选定对象进行三维阵列复制，分为矩形阵列和环行阵列两种。

2．调用方式

☆ 功能区：常用（Home）=> 修改（Modify）=>

☆ 命令行：3darray

☆ 菜　单：修改（Modify）=> 三维操作（3D Operation）=> 三维阵列（3D Array）

☆ 工具栏：

3. 解释

命令：3darray↙

选择对象：（选择需要阵列的对象，可选择多个对象，最后按 Enter 键结束选择）

输入阵列类型[矩形(R)/环形(P)]<矩形>：（选择阵列类型）

☆ 矩形阵列：在行、列和层三个分别沿着当前 UCS 的 X、Y 和 Z 轴的方向复制对象。一个阵列必须具有至少两个行、列或层。选择该选项，AutoCAD 提示如下：

输入行数(---)<1>：（输入矩形阵列行数）

输入列数(|||)<1>：（输入矩形阵列列数）

输入层次数(···)<1>：（输入矩形阵列层数）

指定行间距(---)：（输入矩形阵列行间距）

指定列间距(|||)：（输入矩形阵列列间距）

指定层间距(···)：（输入矩形阵列层间距）

当提示输入某方向的间距值时，可以输入正值，也可以输入负值。正值将沿相应坐标轴正方向阵列，负值将沿反方向阵列。

☆ 环形阵列：绕旋转轴复制对象。选择该选项，AutoCAD 提示如下：

输入阵列中的项目数目：（确定阵列后的对象个数）

指定要填充的角度(+=逆时针，-=顺时针)<360>：（指定阵列填充的角度，角度正负由右手定则确定）

旋转阵列对象？[是(Y)/否(N)]：（确定阵列对象是否随着阵列位置旋转）

指定阵列的中心点：（指定环形阵列的旋转轴上第一点）

指定旋转轴上的第二点：（指定环形阵列的旋转轴上第二点，旋转轴正方向从第一点指向第二点）

环形阵列的 2 种情况如图 13-10 所示。三维阵列也可以通过“常用”选项卡“修改”面板“阵列”按钮实现。

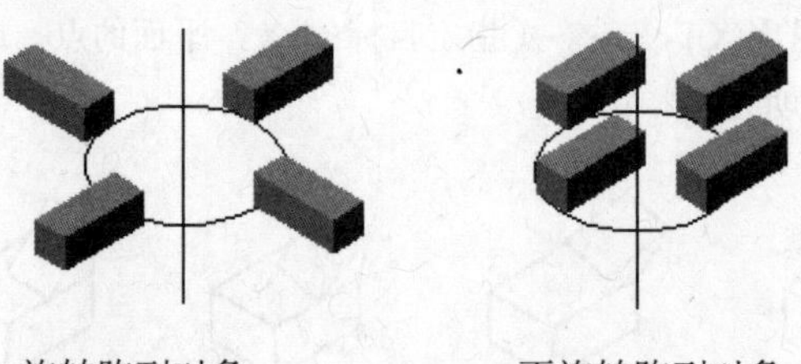

旋转阵列对象　　不旋转阵列对象

图 13-10　环形阵列

13.5　三维实体编辑

Solidedit 命令是个功能强大的命令集，对三维实体可以进行面、边、体编辑。

13.5.1 三维实体面编辑

1. 功能

拉伸、移动、偏移、删除、旋转、倾斜、复制、着色实体的指定表面。

2. 调用方式

☆ 功能区：常用（Home）=> 实体编辑（Solids Editing）=> =>

实体（Solids）=> 实体编辑（Solids Editing）=>

☆ 命令行：solidedit

☆ 菜　单：修改（Modify）=> 实体编辑（Solids Editing）

☆ 工具栏：

3. 解释

命令：solidedit↙

实体编辑自动检查：SOLLDCHECK=1

输入实体编辑选项[面(F)/边(E)/体(B)/放弃(U)/退出(X)] <退出>: f↙

输入面编辑选项

[拉伸(E)/移动(M)/旋转(R)/偏移(O)/倾斜(T)/删除(D)/复制(C)/颜色(L)/材质(A)/放弃(U)/退出(X)] <退出>:

各选项说明如下：

☆ 拉伸(E)：按指定距离或沿指定的路径拉伸实体的指定表面。选择该选项，AutoCAD 提示如下：

选择面或[放弃(U)/删除(R)]：（选择拉伸面。用户可以选择多个面，也可以通过“放弃（U）”选项放弃上一次的选择操作，或者通过“删除（R）”选项从选择集中扣除已选择的对象）

选择面或[放弃(U)/删除(R)/全部(ALL)]：（前三个选项含义同上，“全部(ALL)”表示选择实体全部表面）

指定拉伸高度或[路径(P)]:

◆ 指定拉伸高度：按指定高度沿选择面的法线方向拉伸面。高度为正，向外拉伸；高度为负，向内拉伸。输入高度后，还需确定拉伸的倾斜角度，即实体锥化的锥角。该角度在$-90^{\circ}\sim90^{\circ}$，角度为正，实体缩小；角度为负，实体变大。

◆ 路径(P)：沿着一条指定的路径拉伸实体表面。拉伸路径可以是直线、圆弧、多段线等，作为路径的对象不能与拉伸的实体表面共面，同时要避免路径曲线的某些局部区域有较高的曲率。拉伸路径的一个端点一般应在拉伸的实体表面内，否则将把路径移动到面轮廓的中心。在终点位置被拉伸的面与路径是垂直的。

☆ 移动(M)：按指定距离移动实体的指定表面。选择该选项，AutoCAD 提示如下：

选择面或[放弃(U)/删除(R)]：（选择要移动的面）

选择面或[放弃(U)/删除(R)/全部(ALL)]：（各选项含义同拉伸面）

指定基点或位移：（指定移动面的移动基准点或移动位移）

指定位移的第二点：（确定移动后基准点的位置）

移动面实例如图 13-11 所示。

圆孔移动前

圆孔移动后

图 13-11　移动面

☆ 旋转(R)：绕指定轴旋转实体的指定表面。选择该选项，AutoCAD 提示如下：

选择面或[放弃(U)/删除(R)]：（选择要旋转的面）

选择面或[放弃(U)/删除(R)/全部(ALL)]：（各选项含义同拉伸面）

指定轴点或[经过对象的轴(A)/视图(V)/X 轴(X)/Y 轴(Y)/Z 轴(Z)]<两点>:（指定旋转轴）

各选项说明如下：

◆ 经过对象的轴(A)：根据指定对象来指定旋转轴。指定对象为直线，旋转轴即为直线；指定对象为圆、圆弧、椭圆、椭圆弧，旋转轴通过对象中心且垂直于所在平面；指定对象为多段线、样条曲线，旋转轴为从起点到终点的连线。

◆视图(V)：旋转轴通过指定点并与当前视图垂直。

◆X 轴(X)/Y 轴(Y)/Z 轴(Z)：旋转轴通过指定点，且与 X 轴（或 Y、Z 轴）平行。

◆两点(2)：通过两个点来定义旋转轴，为默认选项。

旋转面实例如图 13-12 所示。

旋转前　旋转后

图 13-12　旋转面

☆ 偏移(M)：等距离偏移实体的指定表面。选择偏移面后，指定偏移距离，偏移距离为正，实体体积变大，为负，实体体积变小。偏移面实例如图 13-13 所示。

偏移前　偏移值为正　偏移值为负

图 13-13　偏移面

☆ 倾斜(R)：将指定的实体表面倾斜一指定角度。选择该选项，AutoCAD 提示如下：

选择面或[放弃(U)/删除(R)]：（选择倾斜面）

选择面或[放弃(U)/删除(R)/全部(ALL)]：（各选项含义同拉伸面）

指定基点：（指定倾斜基点）

指定沿倾斜轴的另一个点：（指定倾斜轴的另一个点，旋转方向从基点到该点）

指定倾斜角度：（指定倾斜角度）

倾斜面实例如图 13-14 所示。

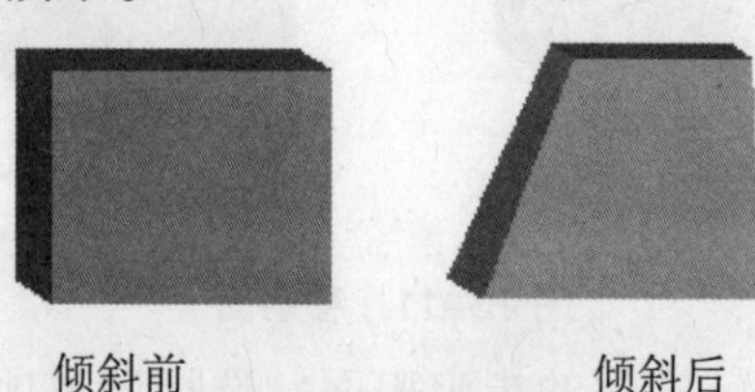
倾斜前　倾斜后

图 13-14　倾斜面

☆ 删除(D)：删除指定的实体表面，包括圆角和倒角。删除面实例如图 13-15 所示。

图 13-15 删除面

☆ 复制(C)：复制指定的实体面。选择实体上需要复制的面后，首先指定复制表面的基准点或移动位移，然后指定复制后基准点的位置结束命令。复制面实例如图 13-16 所示。

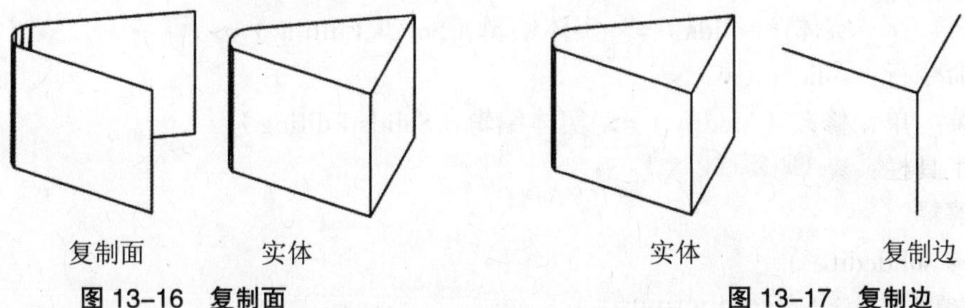

图 13-16 复制面 **图 13-17 复制边**

☆ 着色(L)：对实体上指定的面进行颜色修改。选择实体上需要着色的面后，弹出“选择颜色”对话框，用户可从中选择颜色，最后单击“确定”按钮结束命令。

13.5.2 三维实体边编辑

1. 功能

从实体中复制产生三维线框。

2. 调用方式

☆ 功能区：常用（Home）=> 实体编辑（Solids Editing）=> =>

☆ 命令行：Solidedit

☆ 菜 单：修改（Modify）=> 实体编辑（Solids Editing）

☆ 工具栏：

3. 解释

命令：solidedit↙

实体编辑自动检查：SOLLDCHECK=1

输入实体编辑选项[面(F)/边(E)/体(B)/放弃(U)/退出(X)]<退出>：e↙

输入边编辑选项

[复制(C)/着色(L)/放弃(U)/退出(X)]<退出>：

各选项说明如下：

☆ 复制(C)：选择面从实体中复制产生三维线框。选择该选项，AutoCAD 提示如下：

选择边或[放弃(U)/删除(R)]： （选择要复制的边）

指定基点或位移： （指定复制边的基准点或移动位移）

指定位移的第二点： （指定复制后基准点的位置）

复制边的实例如图 13-17 所示。

☆ 着色(L)：修改三维实体边的颜色。选择实体上需要着色的边后，弹出“选择颜色”对话框，用户可选择需要的颜色。

对三维实体边编辑的命令还有“提取边”命令，该命令可以从三维实体、曲面、网格、面域或子对象的边创建线框几何图形。单击“常用”选项卡“实体编辑”面板按钮可以调用该命令。

13.5.3 三维实体体编辑

1. 功能

对三维实体进行压印、分割、抽壳、消除、检查等操作。

2. 调用方式

☆ 功能区：常用（Home）=> 实体编辑（Solids Editing）=> =>
　　　　　实体（Solids）=> 实体编辑（Solids Editing）=>

☆ 命令行：solidedit

☆ 菜　单：修改（Modify）=> 实体编辑（Solids Editing）

☆ 工具栏：

3. 解释

命令：solidedit↙

实体编辑自动检查：SOLIDCHECK＝1

输入实体编辑选项[面(F)/边(E)/体(B)/放弃(U)/退出(X)]<退出>：b↙

输入体编辑选项

[压印(I)/分割实体(P)/抽壳(S)/消除(L)/检查(C)/放弃(U)/退出(X)]<退出>：

各选项说明如下：

☆ 压印(I)：将几何图形压印到实体的指定面上。选择该选项，AutoCAD 提示如下：

选择三维实体：（选择三维实体）

选择要压印的对象：（选择压印的几何图形）

是否删除源对象[是(Y)/否(N)]<N>：（设置是否删除压印的几何图形）

压印实例如图 13-18 所示。

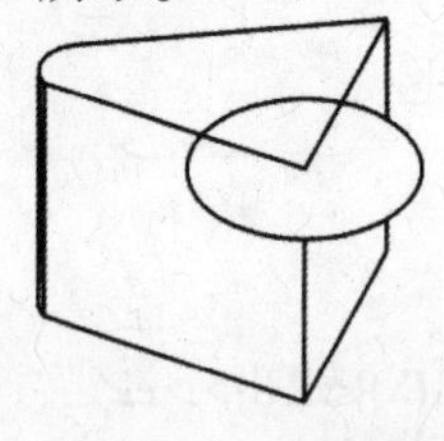
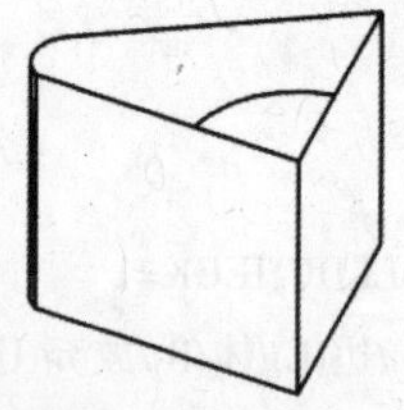

图 13-18　压印

☆ 分割实体(P)：将一个不连续的三维实体分割为几个独立实体。

☆ 抽壳(S)：在实体对象上按指定的壁厚创建中空的薄壁，得到壳体。选择该选项，AutoCAD 提示如下：

选择三维实体：（选择需抽壳的三维实体）

删除面或[放弃(U)/添加(A)/全部(ALL)]：（选择抽壳结束后生成实体比原实体缺少的面）

输入抽壳偏移距离：

（指定壳体壁厚，距离为正，从实体外表面向内抽壳，距离为负，从实体外表面向外抽壳）

抽壳实例如图 13-19 所示。

抽壳前　　抽壳偏移距离为正　　抽壳偏移距离为负

图 13-19　抽壳

☆ 消除(L)：删除实体对象上的所有冗余和顶点，其中包括压印操作所得的边、点。

☆ 检查(C)：检查三维实体是否为有效 ShapeManager 实体。

13.5.4 干涉检查

1. 功能

用两个或多个实体的公共部分创建三维组合实体

2. 调用方式

☆ 功能区：常用（Home）=> 实体编辑（Solids Editing）=>

实体（Solids）=> 实体编辑（Solids Editing）=>

☆ 命令行：interfere

3. 解释

命令：interfere↙

选择第一组对象或[嵌套选择(N)/设置(S)]:

（选择要进行干涉的实体对象，可以选择多个对象，最后按 Enter 键结束选择）

选择第二组对象或[嵌套选择(N)/检查第一组(K)] <检查>:（选择要进行干涉的实体对象，可以选择多个对象，最后按 Enter 键结束选择，弹出图 13-20“干涉检查”对话框）

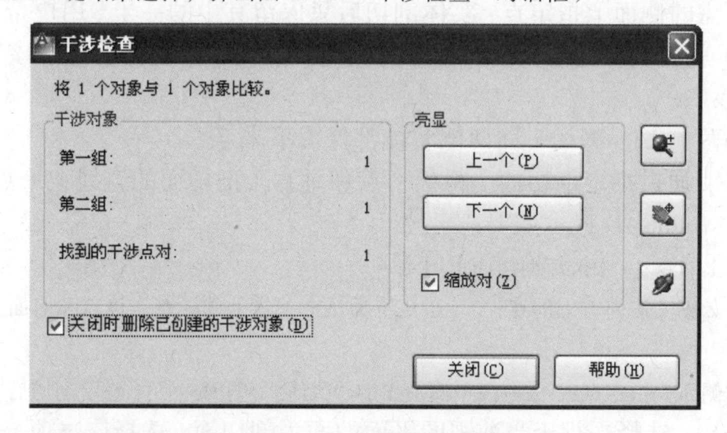

图 13-20　“干涉检查”对话框

系统对三维实体进行干涉测试。测试完毕，亮显所有干涉的三维实体，并显示干涉三维实体的数目和干涉的实体对。原有实体并不发生改变，是否创建实体的公共部分，即干涉实体也由用户决定。干涉实例如图 13-21 所示。

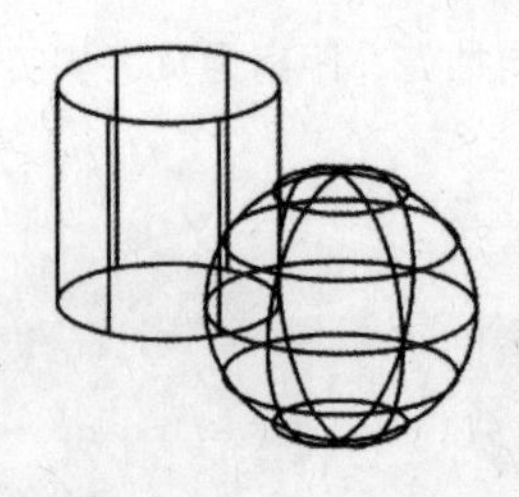

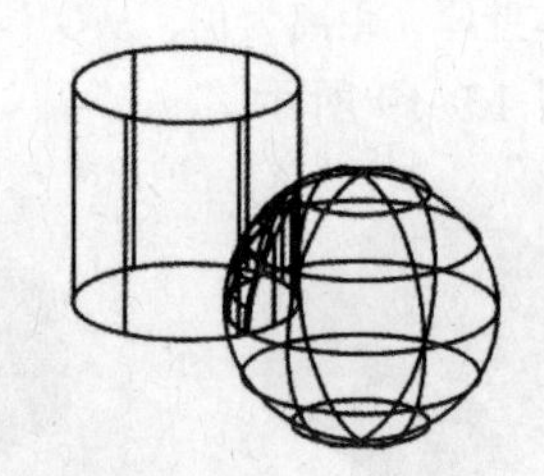

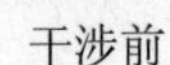

干涉前　　　　创建干涉实体

图 13–21　干涉

13.5.5　剖切

1. 功能

用平面去剖切一组实体，将其一分为二。

2. 调用方式

☆ 功能区：常用（Home）=> 实体编辑（Solids Editing）=>

实体（Solids）=> 实体编辑（Solids Editing）=>

☆ 命令行：slice

3. 解释

命令：slice↙

选择要剖切的对象：（选择要剖切的实体对象，最后按 Enter 键结束选择）

指定切面的起点或[平面对象(O)/曲面(S)/Z 轴(Z)/视图(V)/XY(XY)/YZ(YZ)/ZX(ZX)/三点(3)] <三点>:

各选项说明如下：

☆ 平面对象(O)：将对象所在的平面作为剖切面。选择该选项，AutoCAD 提示如下：

选择用于定义剖切平面的圆、椭圆、圆弧、二维样条线或二维多段线：

（选择圆、椭圆、圆弧、二维样条曲线或二维多段线所在平面为剖切面）

在所需的侧面上指定点或 [保留两个侧面(B)] <保留两个侧面>：（确定剖切后实体保留方式）

(1) 在所需的侧面上指定点：实体剖切后只保留其中的一半。用户希望保留剖切后的哪一半实体，就在剖切面的相应一侧任意指定一点。结果是保留位于该侧的实体，而另一部分被删除。

(2) 保留两侧(B)：剖切平面两侧实体都保留下来。

☆ Z 轴(Z)：通过指定剖切面上得任一点和垂直于剖切面的直线上一点来定义剖切面。选择该选项，AutoCAD 提示如下：

指定剖面上的点：（指定剖切面上的点）

指定平面 Z 轴（法向）上的点：（指定平面法向矢量上的一点，该点和前面的点确定平面 Z 轴方向）

在所需的侧面上指定点或[保留两个侧面(B)] <保留两个侧面>：（确定剖切后实体保留方式）

☆ 视图(V)：选择平行于当前视图平面的面为剖切面。选择该选项，AutoCAD 提示如下：

指定当前视图平面上的点<0,0,0>：（指定剖切面上的点）

在所需的侧面上指定点或[保留两个侧面(B)] <保留两个侧面>：（确定剖切后实体保留方式）

☆ XY(XY)/YZ(YZ)/ZX(ZX)：指定与当前 UCS 的 XY、YZ 和 ZX 面平行的平面作为剖

切面。

☆ 三点(3)： 通过 3 个点确定的平面来定义剖切面。

剖切实例如图 13-22 所示。

剖切前 剖切后

图 13-22 剖切

13.5.6 加厚

1. 功能

为曲面添加厚度，使其成为一个实体。

2. 调用方式

☆ 功能区：常用（Home）=> 实体编辑（Solids Editing）=>

实体（Solids）=> 实体编辑（Solids Editing）=>

☆ 命令行：thicken

3. 解释

命令：thicken↙

选择要加厚的曲面： （选择曲面）

指定厚度<0.0000>： （指定厚度参数）

加厚实例如图 13-23 所示。

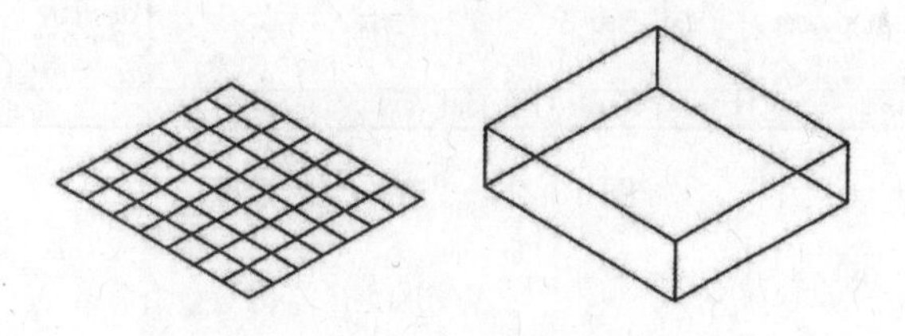

图 13-23 加厚

13.6 三维渲染

渲染是对三维实体对象进行比着色更高级的色彩处理，对三维对象表面添加照明和材质等产生更真实的实体效果。渲染需要光源、材质、场景、背景和配景等要素。

13.6.1 快速渲染

1. 功能

创建三维实体或曲面模型的真实照片及图像或真实着色图像。

2. 调用方式

☆ 功能区：渲染（Render）=> 渲染（Render）=> [icon] => [icon]

☆ 命令行：render

☆ 菜　单：视图（View）=> 渲染（Render）=> 渲染（Render）

☆ 工具栏：[icon]

3. 解释

调用该命令，弹出“渲染”对话框，如图 13-24 所示。渲染窗口中显示了当前视图中图形的渲染效果。在其右边的列表中，显示了图像的质量、光源和材质等详细信息；在其下面的文件列表中，显示了当前渲染图像的文件名称、大小、渲染时间等信息。用户可以右击某一渲染图形，这时将弹出一个快捷菜单，可以选择其中的命令来保存和清理渲染图像。

图 13-24 “渲染”对话框

13.6.2 设置光源

1. 功能

添加、删除和修改环境光、点光源、平行光源和聚光灯光源，并可以为每个光源设置颜色、强度、位置和方向等。创建可从所在位置向所有方向发射光线的点光源。

2. 调用方式

☆ 功能区：渲染（Render）=> 光源（Light）=> [icons]

☆ 命令行：light

☆ 菜　单：视图（View）=> 渲染（Render）=> 光源（Light）

☆ 工具栏：[icons]

3. 解释

命令：light↙

输入光源类型[点光源(P)/聚光灯(S)/光域网(W)/目标点光源(T)/自由聚光灯(F)/自由光域(B)/平行光(D)] <点光源>:

常用选项说明如下：

☆ 点光源(P)：创建可从所在位置向所有方向发射光线的光源。选择该选项，AutoCAD 提示如下：

指定源位置<0,0,0>： （输入光源点的坐标）

输入要更改的选项[名称(N)/强度(I)/状态(S)/阴影(W)/衰减(A)/颜色(C)/退出(X)] <退出>:

(1) 名称(N)：指定光源名，可以使用大小写字母、数字、空格、连字符(–)和下划线(_)。最大长度为 256 个字符。

(2) 强度(I)：设定光源的强度或亮度。取值范围为 0.00 到系统支持的最大值。

(3) 状态(S)：打开和关闭光源。

(4) 阴影(W)：使光源投射阴影。

(5) 衰减(A)：输入要更改的衰减类型、使用界限、衰减起点界限、衰减端点界限

(6) 颜色(C)：控制光源的颜色。

☆ 聚光灯(S)：创建可发射定向圆锥形光柱的聚光灯。选择该选项，AutoCAD 提示如下：

指定源位置 <0,0,0>： （输入点的坐标）

指定目标位置 <0,0,–10>： （输入点的坐标）

输入要更改的选项[名称(N)/强度因子(I)/状态(S)/光度(P)/聚光角(H)/照射角(F)/阴影(W)/衰减(A)/过滤颜色(C)/退出(X)] <退出>:

(1) 名称(N)：指定光源名，可以使用大小写字母、数字、空格、连字符(–)和下划线(_)。最大长度为 256 个字符。

(2) 强度(I)：设定光源的强度或亮度。取值范围为 0.00 到系统支持的最大值。

(3) 状态(S)：打开和关闭光源。

(4) 光度(P)：光度是指测量可见光源的照度。

(5) 聚光角(H)：指定定义最亮光锥的角度，也称为光束角。该值的范围从 0 到 160 度或基于 AUNITS 的等效值。

(6) 照射角(F)：指定定义完整光锥的角度，也称为现场角。照射角的取值范围为 0 到 160 度。默认值为 50 度或基于 AUNITS 的等效值。照射角角度必须大于或等于聚光角角度。

(7) 阴影(W)：使光源投射阴影。

(8) 衰减(A)：控制光线如何随距离增加而减弱。距离聚光灯越远，对象显得越暗。

(9) 过滤颜色(C)：控制光源的颜色。

☆ 平行光(D)：创建互相平行的光线。选择该选项，AutoCAD 提示如下：

指定光源来向<0,0,0>或[矢量(V)]： （输入光源来向点坐标或矢量确定光源方向）

指定光源去向<1,1,1>： （输入光源去向点坐标）

输入要更改的选项[名称(N)/强度因子(I)/状态(S)/光度(P)/阴影(W)/过滤颜色(C)/退出(X)]<退出>:

（各选项含义同上）

单击“渲染”选项卡“光源”面板右下角的“光源”对话框启动器 ，弹出“模型中的光源”对话框，该对话框显示当前三维模型中所有的光源信息，在选定一个或多个光源的情况下，单击鼠标右键并使用快捷菜单可删除或更改选定光源的特性。

13.6.3 设置阳光和位置

1. 功能

设置阳光的常规特性。

2. 调用方式

☆ 功能区：渲染（Render）=> 阳光和位置（Light）=>"阳光特性"对话框启动器

☆ 命令行：sunproperties

☆ 菜　单：视图（View）=> 渲染（Render）=> 光源（Light）=> 阳光特性（U）

3. 解释

调用该命令，弹出"阳光特性"对话框，如图 13-25 所示。各选项说明如下：

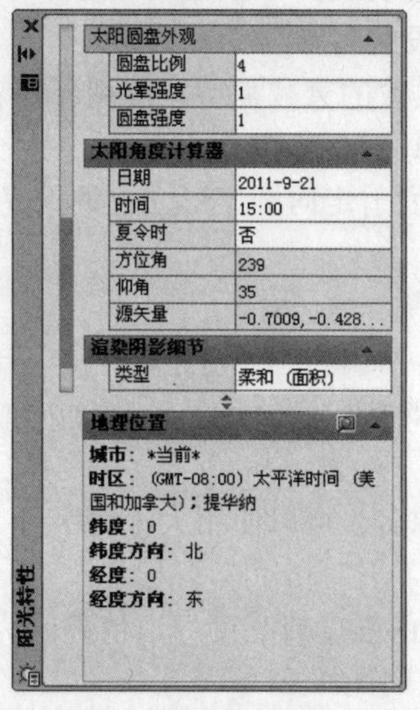

图 13-25　"阳光和位置"对话框

☆ "常规"区：设置阳光的常规特性。"状态"打开和关闭阳光。如果未在图形中使用光源，则此设置没有影响。"强度因子"设置阳光的强度或亮度。取值范围为 0（无光源）到最大值。数值越大，光源越亮。"颜色"控制光源的颜色。"阴影"打开和关闭阳光阴影的显示和计算，关闭阴影可以提高性能。

☆ "天光特性"区：设置自然光常规特性。"状态"确定渲染时是否计算自然光照明。此选项对视口照明或视口背景没有影响，它仅使自然光可作为渲染时的收集光源，不控制背景。取值为"关闭天光"、"天光背景"、"天光背景和照明"，默认为"天光关闭"。"强度因子"提供放大天光的一个方法，取值为 0.0 至最大，默认值为"1.0"。"雾化"确定大气中散射效果的幅值，取值为 0.0 ~ 15.0，默认值为"0.0"。"地平线"适用于地平面的外观和位置。"高级"适用于多种艺术效果。"太阳圆盘外观"仅适合背景。它们控制太阳圆盘的外观。

☆ "太阳角度计算器"：设置阳光的角度。"日期"显示当前日期设置。"时间"显示当前时间设置。"夏令时"显示当前夏令时时间设置。"方位角"显示从正北方向顺时针到阳光（沿地平线）的角度。"仰角"显示从地平线到阳光（在地平线上方）的角度。最大值为 90 度或垂直。"源矢量"显示阳光方向的坐标。上述"仰角"和"矢量"2 个设置不可更改。

☆“渲染阴影细节”区：指定阴影的特性。“类型”显示阴影类型的设置。选择“锐化”、“柔和(已映射)”显示“贴图尺寸”选项，选择“柔和(面积)”显示“样例”选项。“柔和(面积)”是阳光在光度控制流程（LIGHTINGUNITS = 1 或 2）中的唯一选项。“贴图尺寸”显示阴影贴图的尺寸，仅限于在标准光源流程中，取值为 0 ~ 1000。“样例”指定将具有日面的样例数量，取值为 0 ~ 1000。“柔和度”显示阴影边缘外观的设置，取值为 0 ~ 10。阴影显示处于关闭状态时，上述 4 个设置不可更改。

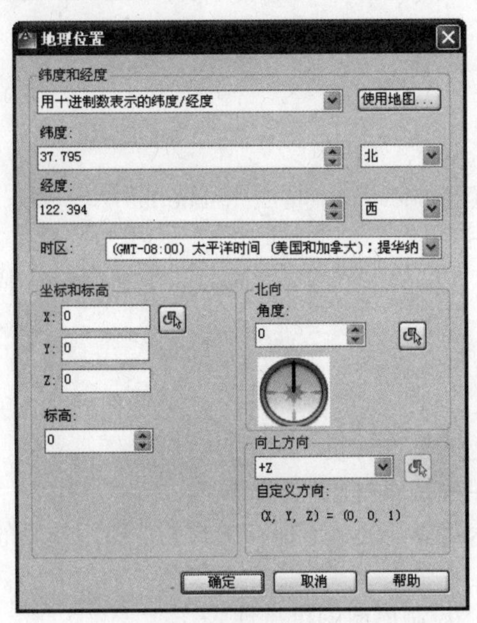

图 13-26 “地理位置”对话框

☆“地理位置”区：显示当前地理位置设置，此信息不可以更改。单击“渲染”选项卡“阳光和位置”面板“设置位置”按钮，弹出“地理位置-定义位置”对话框，选择“输入地理位置”选项，弹出“地理位置”对话框，如图 13-26 所示。该对话框设定图形中地理位置的纬度、经度和北向。各选项说明如下：

(1)“纬度和经度”区：显示或设置纬度、经度和方向。“纬度和经度格式”下拉框中可以选择“用十进制数或度分秒表示纬度/经度”设定图形中纬度和经度的表示格式。单击“使用地图”按钮显示“位置选择器”对话框，从世界地图或相应下拉框中选择“地区”、“最近城市”、“时区”，选择位置时将更新纬度和经度值。如果输入纬度和经度值，则地图将显示更新过的位置。“纬度”设定当前位置的纬度，可以输入值或在地图上选择一个位置，取值范围为-90° ~ +90°。“北/南”下拉框控制正值是表示赤道以北还是表示赤道以南。“经度”显示当前位置的经度，可以输入值或在地图上选择一个位置，取值范围为-180° ~ +180°。“东/西”下拉框控制正值是表示本初子午线以西还是表示本初子午线以东。“时区”下拉框指定时区，时区是通过位置参照来估算的，也可以直接设置时区。

(2)“坐标和标高”区：设定世界坐标系(WCS)、X,Y,Z 和标高的值。“X/Y/Z”设定地理位置在世界坐标系中 X、Y、Z 分量的值。“拾取点”按钮基于世界坐标系(WCS)指定地理位置标记的 X、Y、Z 值。“标高”设定沿着为地理位置定义的指定向上方向的相对高度。

(3)“北向”区：默认情况下，北方是世界坐标系(WCS)中 Y 轴的正方向。“角度”指定相对于北向 0 的角度。“拾取点”按钮基于指定的方向矢量指定北角值。将显示用于指示北向的拖引线。“交互式北向”预览框指定北角值，取值范围为 0 至 359.9。

(4)“向上方向”区：设定向上方向。默认情况下，向上方向为 Z 轴正向 (0,0,+1)。向上方向和正北方向始终受到约束以互相垂直。“拾取点”基于指定的方向矢量指定向上方向(从当前 WCS 坐标)。仅当向上方向设定为“自定义”时启用。

13.6.4 设置材质

1. 功能

导航和管理材质。

2. 调用方式

☆ 功能区：渲染（Render）=> 材质（Material）=>

☆ 命令行：mat

☆ 菜 单：视图（View）=> 渲染（Render）=> 材质浏览器（Matbrowseropen）

☆ 工具栏：

3. 解释

调用该命令，弹出“材质浏览器”对话框，如图 13-27 所示。各选项说明如下：

☆ 创建材质：创建或复制材质。

☆ 搜索：在多个库中搜索材质外观。

☆ 文档材质：显示随打开的图形保存的材质。使用左侧的下拉列表来过滤哪些材质将显示在列表中。

☆ 显示/隐藏库树：控制库树的可见性。

☆ 库：显示选定的库名称。库树显示每个可用库中材质的库和类别。选择库或类别以显示材质列表中关联的材质。

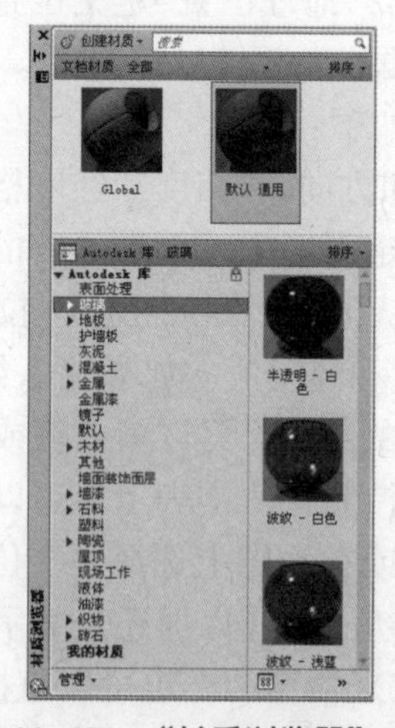

图 13-27 “材质浏览器”对话框

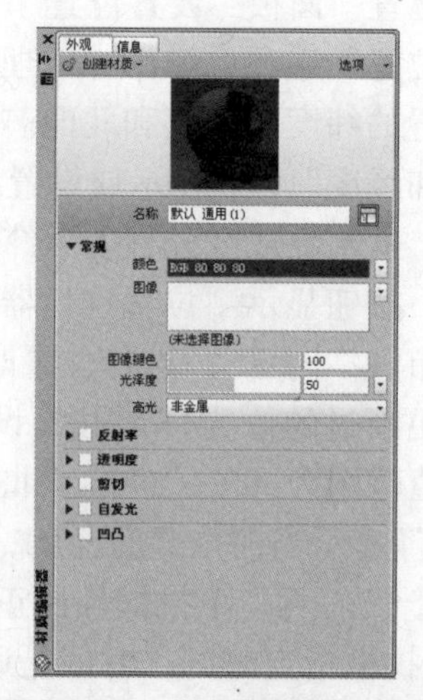

图 13-28 “材质编辑”对话框

☆ 材质列表：显示选定库或类别中的材质。“排序”下拉列表控制材质显示的顺序。以下排序选项可用：

(1) 按名称：按名称的字母顺序列出材质，为默认选项。

(2) 按类别：按其指定的类别列出材质。

(3) 按类型：按创建材质的来源类型列出材质。

(4) 按材质颜色：按其指定的颜色列出材质。材质样例预览中显示的颜色可能不同。

☆ 管理：允许用户创建、打开或编辑库和库类别。

☆ 视图：控制库内容的详细视图显示。

☆ 样例大小：调整样例大小。

☆ 材质编辑器：显示材质编辑器，如图 13-28 所示。

用户可以将材质应用到单个的面和对象，或将其附着到一个图层上的对象。要将材质应用到对象，将材质从“材质库”直接拖动到对象，材质将加到相应对象上。

13.6.5 设置渲染环境

1. 功能

控制对象外观距离的视觉提示。

2. 调用方式

☆ 功能区：渲染（Render）=> 渲染（Render）=>

☆ 命令行：renderenvironment

☆ 菜　单：视图（View）=> 渲染（Render）=> 渲染环境（Renderenvironment）

☆ 工具栏：

3. 解释

调用该命令，弹出“渲染环境”对话框，如图 13-29 所示。各选项说明如下：

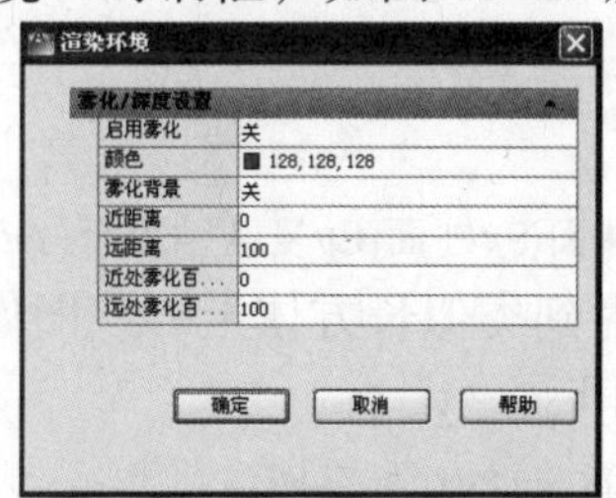

图 13-29 “渲染环境”对话框

☆ “启用雾化”选项框：启用或关闭雾化，而不影响对话框中的其他设置。

☆ “雾化背景”选项框： 对几何图形和背景进行雾化。

☆ “颜色”区：设置雾化颜色。

☆ “近/远距离”区：定义雾化起始和终止的位置。 它们的值是相机到后剪裁平面之间距离的百分比。

☆ “近处/远处雾化百分率”区：定义近处和远处的雾化百分率，范围是从零雾化到百分之百雾化。

渲染环境的背景，需要在“视图管理器”对话框中进行设置。具体操作步骤如下：

(1) 单击“视图”选项卡“视图”面板“视图管理器”对话框启动器。

(2) 单击“新建”按钮，在打开的“新建视图”对话框中输入新视图的名称如图 13-30 所示，“背景”文本框中有“纯色”、“渐变色”、“图像”和“阳光与天光”4 个选项，我们选择“渐变色”，单击右侧的按钮，打开“背景”对话框，如图 13-31 所示。

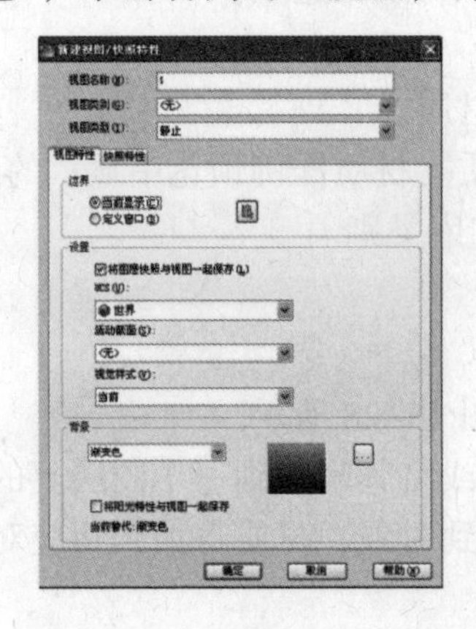

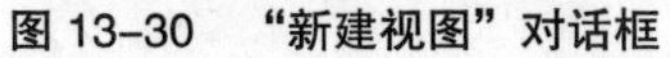

图 13-30 “新建视图”对话框　　　图 13-31 “背景”对话框

13.6.6 贴图

1. 功能

设置材质的贴图方式。

2. 调用方式

☆ 功能区：渲染（Render）=> 材质（Material）=> 材质贴图 =>

☆ 命令行：MaterialMap

☆ 菜　单：视图（View）=> 渲染（Render）=> 贴图（MaterialMap　）

☆ 工具栏：

3. 解释

命令：materialmap ↙

选择选项[长方体(B)/平面(P)/球面(S)/柱面(C)/复制贴图至(Y)/重置贴图(R)] <长方体>:

☆ 长方体(B)：将图像映射到类似长方体上，该图像将在对象的每个面上重复使用。选择该选项，AutoCAD 提示如下：

接受贴图或[移动(M)/旋转(R)/重置(T)/切换贴图模式(W)]:

(1)移动(M)：显示“移动”夹点工具以移动贴图。

(2)旋转(R)：显示“旋转”夹点工具以旋转贴图。

(3)重置(T)：将 UV 坐标重置为贴图的默认坐标。

(4)切换贴图模式(W)：重新显示选项的主命令提示。

☆ 平面(P)：将图像映射到对象上，就像将其从幻灯片投影器投影到二维曲面上。

☆ 球面(S)：在水平和垂直两个方向上同时使图像弯曲。纹理贴图的顶边在球体的“北极”压缩为一个点；同样，底边在“南极”压缩为一个点。

☆ 柱面(C)：将图像映射到圆柱形对象上。

☆ 复制贴图至(Y)：将贴图从原始对象或面应用到选定对象。这可以轻松复制纹理贴图以及对其他对象所做的所有调整。

☆ 重置贴图(R)：将 UV 坐标重置为贴图的默认坐标。

应用实例

13.7 支架

图 13-32 支架

13.7.1 建模要求

运用所学知识创建如图 13-32 所示支架，主要涉及内容：布尔运算、面域、倒角、圆角、三维阵列。

13.7.2 建模步骤

1. 绘制支架底面，如图 13-33 所示。

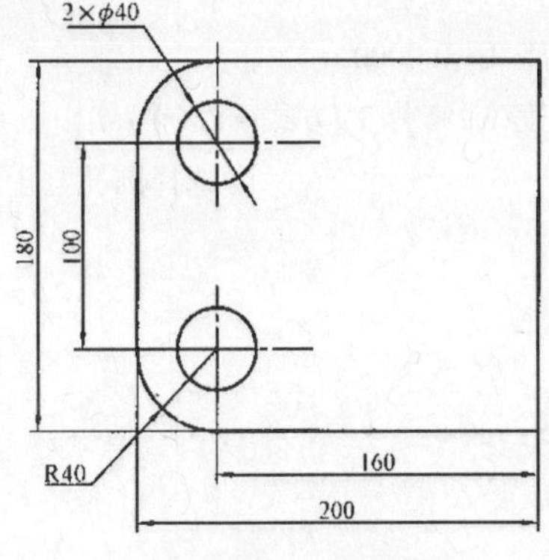

图 13-33 支架底面

图 13-34 底面面域

☆ 调用“rectangle”命令绘制 200x180 矩形。

☆ 调用“offset”命令绘制 160x100 矩形。

☆ 调用“circle”命令在 160x100 矩形左边两端点处绘制两个 R20 圆。

☆ 调用“erase”命令删除 160x100 矩形。

☆ 调用“fillet”命令对 200x180 矩形左边两端点处倒两个 R40 圆。

2. 创建面域，如图 13-34 所示。

命令：region↙

选择对象：找到 1 个（选择矩形）

选择对象：找到 1 个，总计 2 个（选择一个圆）

选择对象：找到 1 个，总计 3 个（选择另一个圆）

选择对象：↙

已提取 3 个环。

已创建 3 个面域。

已删除 7 个约束。

命令：subtract↙

选择要从中减去的实体、曲面或面域……

选择对象： （选择矩形面域）

选择对象：↙

选择要减去的实体、曲面或面域……

选择对象： （选择一个圆面域）

选择对象： （选择另一个圆面域）

选择对象：↙

3．拉伸面域得到底面实体，对圆孔倒角，如图 13–33 所示。

命令：extrude↙

当前线框密度：ISOLINES=4，闭合轮廓创建模式=实体

选择要拉伸的对象或[模式(MO)]：找到 1 个（选择底面面域）

选择要拉伸的对象或[模式(MO)]：↙

指定拉伸的高度或[方向(D)/路径(P)/倾斜角(T)/表达式(E)]：40↙

命令：chamfer↙

（修剪模式）当前倒角距离 1＝0.0000，倒角距离 2＝0.0000

选择第一条直线或[放弃(U)/多段线(P)/距离(D)/角度(A)/修剪(T)/方式(E)/多个(M)]：

（选择圆孔与上底面的交线）

基面选择……

输入曲面选择选项[下一个(N)/当前(OK)]<当前>：↙

指定基面的倒角距离或[表达式(E)]：10↙

指定其他曲面的倒角距离或[表达式(E)]<10.0000>：↙

选择边或[环(L)]： （选择圆孔与上底面的交线）

选择边或[环(L)]：↙

重复调用“倒角”命令用相同的倒角半径对另一圆孔倒角。

图 13–35　底面实体

图 13–36　底面和竖立部分

4．改变用户坐标系，创建支架竖立部分,如图 13–36 所示。

命令：ucs↙

当前 UCS 名称：* 世界 *

指定 UCS 的原点或[面(F)/命名(NA)/对象(OB)/上一个(P)/视图(V)/世界(W)/X/Y/Z/Z 轴(ZA)]<世界>：

（捕捉上底面右前方端点）

指定 X 轴上的点或<接受>：（捕捉下底面实体右前方端点）

指定 XY 平面上的点或<接受>：（捕捉上底面实体右后方端点）

命令：box↙

指定第一个角点或[中心(C)]：（捕捉下底面实体右前方端点）

指定其他角点或[立方体(C)/长度(L)]：l↙

指定长度：–240↙

指定宽度：180↙

指定高度或[两点(2P)]：40↙

命令：line↙

指定第一点：（捕捉长方体前面右上角端点）

指定下一点或[放弃(U)]：40↙（打开正交功能，沿正 X 轴方向移动光标）

指定下一点或[放弃(U)]：40↙（打开正交功能，沿正 Y 轴方向移动光标）

指定下一点或[闭合(C)/放弃(U)]：↙

命令：cylinder↙

指定底面的中心点或[三点(3P)/两点(2P)/切点、切点、半径(T)/椭圆(E)]：（捕捉刚绘制直线段的端点）

指定底面半径或[直径(D)]：20↙

指定高度或[两点(2P)/轴端点(A)] <40.0000>：40↙

命令：3darray↙

选择对象：（选择刚创建圆柱）

选择对象：↙

输入阵列类型[矩形(R)/环形(P)]<矩形>：↙

输入行数(---)<1>：2↙

输入列数(|||)<1>：2↙

输入层次数(…)<1>：↙

指定行间距(---)：100↙

指定列间距(|||)：80↙

命令： subtract↙

选择要从中减去的实体、曲面和面域...

选择对象：找到 1 个（选择支架竖立部分）

选择对象：↙

选择要减去的实体、曲面和面域...

选择对象：总计 4 个（依次选择四个圆柱）

选择对象：↙

命令：fillet↙

当前设置：模式 =修剪 半径 = 40.0000

选择第一个对象或[放弃(U)/多段线(P)/半径(R)/修剪(T)/多个(M)]：（选择支架竖立部分右前方棱边）

输入圆角半径或[表达式(E)] <40.0000>：40↙

选择边或[链(C)/环(L)/半径(R)]：（选择支架竖立部分左上方棱边）

选择边或[链(C)/环(L)/半径(R)]：↙

已选定 2 个边用于圆角。

命令：erase↙

选择对象：（选择前面绘制两段直线段）

选择对象：↙

已删除 2 个约束

5. 改变用户坐标系，创建楔体。

命令：ucs↙

当前 UCS 名称：*没有名称*

指定 UCS 的原点或[面(F)/命名(NA)/对象(OB)/上一个(P)/视图(V)/世界(W)/X/Y/Z/Z 轴(ZA)] <世界>：y↙

指定绕 Y 轴的旋转角度 <90>：-90↙

命令：wedge↙

指定第一个角点或[中心(C)]：（捕捉上底面右前方端点）

指定其他角点或[立方体(C)/长度(L)]：@－100,30↙

指定高度：100↙

命令：move↙

选择对象：（选择刚创建楔体）

选择对象：↙

指定基点或[位移(D)]<位移>：（捕捉刚创建楔体与支架上底面右边重合的边的中点）

指定第二个点或<使用第一个点作为位移>：（捕捉支架上底面右边的中点）

命令：union↙

选择对象：找到 1 个（选择支架底面实体）

选择对象：找到 1 个，总计 2 个（选择支架竖立实体）

选择对象：找到 1 个，总计 3 个（选择楔体）

选择对象：↙

6. 着色、观察支架，保存文件。

13.8 渲染酒杯

13.8.1 渲染要求

对酒杯进行渲染，效果如图 13-37 所示。

图 13-37 酒杯渲染效果

13.8.2 操作步骤

1. 创建酒杯

在第十二章已做过绘制酒杯的练习，下面是创建酒杯步骤：

☆ 调用“实体”选项卡“图元”面板“box”命令创建 40×40 桌面。

☆ 调用“网格”选项卡“图元”面板“revsurf”命令创建酒杯。

☆ 调用“thicken”命令为酒杯添加厚度，使其成为一个实体，并将 UCS 坐标移动到酒杯底部中心位置。

2. 设置材质

☆ 调用“渲染”选项卡“材质”面板“材质浏览器”命令，弹出“材质浏览器”对话框，将“织物-绷带”材质，从“材质库”拖动到桌面，材质赋予桌面。

☆ 重复上述操作选择“玻璃-半透明白色”材质，赋予酒杯。

3. 创建光源

调用“渲染”选项卡“光源”面板“点”命令，设置光源名：“1”，强度因子：“300”，阴影为打开状态，位置为“X=-285，Y=250，Z=-330”。

第二个点光源名：“2”，“强度”为“200”，位置为“X=-320，Y=290，Z=250”。平行光源名：“2”，“强度”为“300”，来源矢量：“X=-800，Y=400，Z=-100”，目标矢量：“X=-200，Y=100，Z=-100”。

4. 背景

调用“background”命令，弹出“背景”对话框，选中“渐变色”，“上”、“中”、“下”颜色依次为“253”、“254”、“255”，“旋转”为“0”。

5. 渲染

调用“render”命令完成渲染。效果如图 13-37 所示。

习题

1. 按图 13-38、39、40 所示轴测图或三视图创建三维模型。

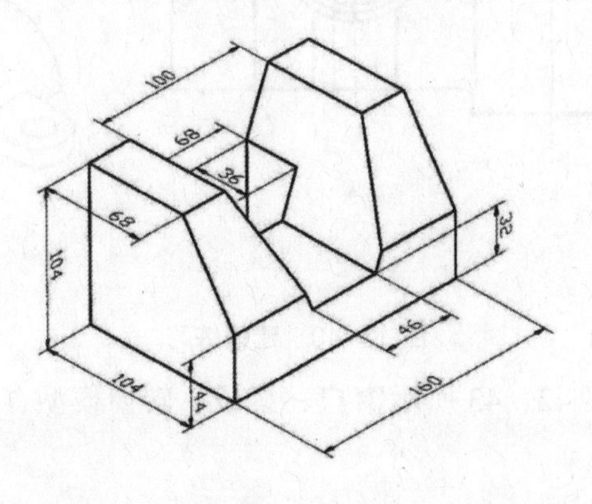

图 13-38　　轴测图

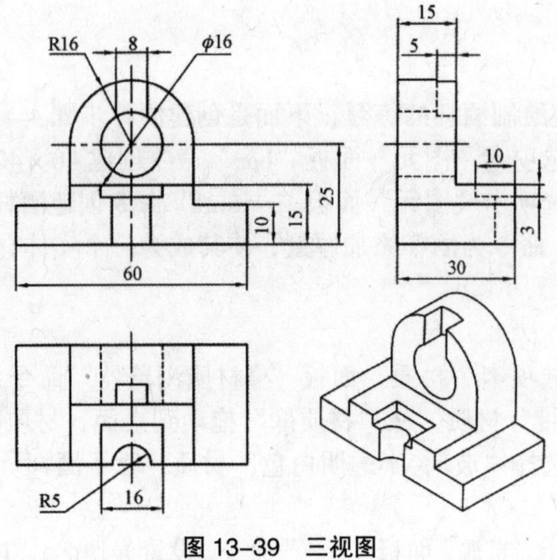

图 13–39 三视图

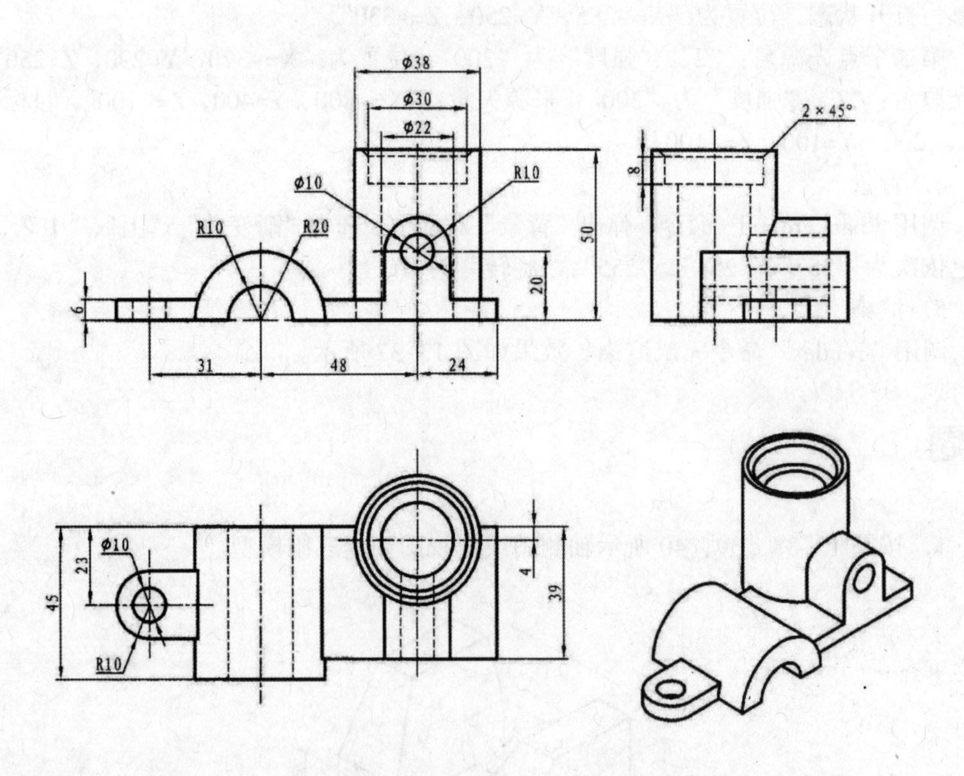

图 13–40 建模练习

2．创建如图 13–41、42、43 所示窗户、桌子、转椅模型，尺寸目测估计。

图 13-41 窗户　　图 13-42 桌子　　图 13-43 转椅

3. 创建如图 13-44、45、46 所示餐厅、飞机、夜景模型并渲染。

图 13-44 餐厅

图 13-45 飞机

图 13-46 夜景

第 14 章　图形输出

学习要求

- 掌握布局的创建与设置。
- 掌握视口的创建。
- 掌握由三维实体生成二维视图方法。
- 掌握打印页面设置及输出。

基本知识

14.1 图纸空间

AutoCAD 2012 提供了两种显示模式：模型空间和图纸空间，默认设置是模型空间。模型主要用于图形和模型的绘制与设计工作。布局是图纸空间的表现形式，一个图形文件可包含多个布局，系统默认有两个布局。图纸空间主要用于设置视图的布局，排列模型空间中所绘制的图形、模型，绘制三视图等，添加诸如边框、注释标题和尺寸标注等内容，完成图纸输出的最终布局及打印。通过绘图窗口左下角的“模型/布局”选项卡和状态栏右侧的图纸/模型按钮可实现模型空间和图纸空间之间的切换。

14.1.1 创建新布局

1. 功能

创建新的布局并命名

2. 调用方式

☆ 右键单击绘图窗口左下角“布局 1”选项卡 => 新建布局

☆ 菜　单：插入（Insert） => 布局（Layout） => 新建布局（New Layout）

3. 解释

右键单击新建好的“布局”选项卡，在弹出的快捷菜单中选择“重命名”可重新命名新的布局。

14.1.2 布局的设置

单击布局选项卡名称，打开布局，在图纸空间中，有 3 个线框：

☆ 最外层的矩形框是图纸的边界。

☆ 中间的虚线是可打印的区域。

☆ 最里层的矩形是浮动视口边界。

在图纸空间单击浮动视口边界，浮动视口边界将会出现 4 个控点，而且实线变为虚线，这时可以拖动控点缩放视口，也可以删除视口，重新创建视口。用户可随时选择“模型”选项卡来返回模型空间，也可以在当前布局中创建浮动模型空间。用户可以在浮动模型空间处理图形对象。

图纸空间和浮动模型空间之间的切换方法有两种：

☆ 在浮动视口内或外双击鼠标左键。

☆ 在状态栏中单击“图纸/模型”按钮。

14.2 创建视口

视口是屏幕上绘制、显示图形的区域。用户可以在模型空间或图纸空间中创建平铺视口，在图纸空间中创建浮动视口。平铺视口和浮动视口的区别是：前者将绘图区域分成若干个固定大小和位置的视口、彼此不能重叠；后者正好相反，可以改变视口的大小和位置、相互重叠。模型空间中可以使用一个或多个视口来显示图形的不同视图，默认设置是一个视口。图形空间中的每个布局可有不同的视口，每个视口中的视图可以独立编辑，使用不同的比例，冻结和解冻特定的图层，给出不同的标注和注释。设置多个视口时，只有一个视口是当前视口，用户只能在当前视口绘制和编辑图形。

14.2.1 创建平铺视口

在模型空间或图纸空间中创建多个视口。

1. 功能

创建平铺视口

2. 调用方式

☆ 功能区：视图（View）=> 视口（Viewports）=>

☆ 命令行：vports

☆ 菜单栏：视图（View）=> 视口（Viewports）=> 新建视口（New Viewports）

☆ 工具栏：

3. 解释

调用该命令，弹出“视口”对话框，如图 14–1 所示。各选项说明如下：

☆ “新建视口”区：用于显示标准视口配置的列表和创建并设置新的平铺视口，它包
括以下几个选项：

(1) “新名称”文本框：用于设置新建的平铺视口的名称。键入名称后，该平铺视口即可使用，但没有保存。

(2) “标准视口”列表框：用于显示用户可用的标准视口配置。用户从中选择所需要的配置形式即可。常用配置为“四个相等”。

(3) “应用于”下拉列表框：确定是将视口配置用于整个屏幕还是应用于当前视口。

(4) “设置”下拉列表框：有 2D 和 3D 两种选择。如果选择 2D 选项，创建视口后，新创建的所有视口中均显示当前视图；如果选择 3D 选项，创建视口后，各视口中将显示相应的标准正交视图。 一般需要选择视口视图。

(5) “预览”框：显示用户所选视口配置以及赋予每个视口的默认视图的预览图象。

(6) “修改视图”下拉列表框：用户可选择一个视图配置来代替已有的视图配置。视图方向与 WCS 坐标系相关，其中 WCS 的 xz 平面为主视图， xy 平面为俯视图， yz 平面为左视图。

(7) “视觉样式”下拉列表框：用户可选择一种视觉样式。

☆“命名视口”区：用于显示图形中命名保存的视口配置，用户可以选择某一配置作为视口配置。

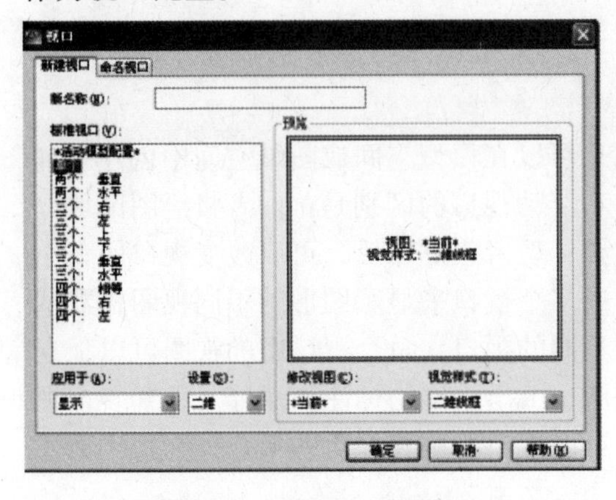

图 14-1 “视口”对话框

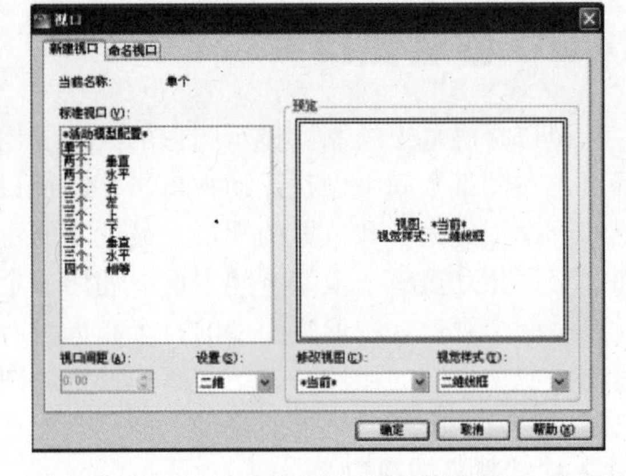

图 14-2 布局 1 或布局 2 模式下“视口”对话框

14.2.2 创建浮动视口

1. 功能

在图纸空间中创建多个视口，可以改变视口的大小、位置和形状，而且可以互相重叠。

2. 调用方式

☆ 功能区：视图（View）=> 视口（Viewports）

☆ 命令行：mview

☆ 菜　单：视图（View）=> 视口（Viewports）=> 新建视口（New Viewports）

☆ 工具栏：

3. 解释

命令：mview↙

指定视口的角点或[开(ON)/关(OFF)/布满(F)/着色打印(S)/锁定(L)/对象(O)/多边形(P)/恢复(R)/图层(LA)/2/3/4] <布满>:　4↙

指定第一个角点或 [布满(F)] <布满>:↙

正在重生成模型。

常用选项说明如下：

☆ 多边形(P)：创建由一系列直线段和圆弧段定义的非矩形布局视口。

☆ 对象(O)：通过闭合的多段线、椭圆、样条曲线、面域或圆创建非矩形布局视口。

与平铺视口不同，浮动视口可以有多种形状。AutoCAD 允许用户创建多边形，圆形等各种非矩形视口，这就使得图纸布局更丰富、方便。在图纸空间中绘制的图形只能出现在浮动视口中，若切换到平铺视口中，这些图形将会消失。在模型空间中所绘制的图形切换到平铺视口中，这些图形将依然存在。

处于布局 1 或布局 2 模式，用对话框方式创建浮动视口的命令格式和步骤与创建平铺窗口相同，其对应对话框如图 14-2 所示。与图 14-1 比较，可以发现两个对话框基本相同，只是创建浮动视口时的“视口”对话框左下角有一个“视口间距”选项，该选项用于控制各个浮动视口的距离。

14.3 创建工程图

在 AutoCAD 2012 中，由三维实体模型生成工程图，可以采用以下三种方法：

方法 1：用 VIEWBASE 和 VIEWPROJ 命令直接创建实体模型的工程视图。

方法 2：用创建实体视图命令 SOLVIEW，在图纸空间中生成实体模型的各个二维视图视口然后使用创建实体图形命令 SOLDRAW（该命令仅适用于 SOLVIEW 命令创建的视口），在每个视口中分别生成实体模型的二维轮廓线。

方法 3：用 VPORTS 或 MVIEW 命令，在图纸空间中创建多个二维视图视口，然后使用创建实体轮廓线命令 SOLPROF，在每个视口中分别生成实体模型的二维轮廓线。

14.3.1 基础视图

1. 功能

从模型空间或 Autodesk Inventor 模型创建基础视图。

2. 调用方式

☆ 功能区：注释（Annotation）=> 工程视图（Engineering View）=>

☆ 命令行：viewbase

3. 解释

命令：viewbase↙ （在图纸空间执行该命令）

指定基础视图的位置或[类型(T)/表达(R)/方向(O)/样式(ST)/比例(SC)/可见性(V)] <类型>:

各选项说明如下：

☆ 类型(T)：指定在创建基础视图后是退出命令还是继续创建投影视图。

☆ 表达(R)：显示表达类型，可以选择要显示在基础视图中的表达。

☆ 方向(O)：指定要用于基础视图的方向。选择该选项，AutoCAD 提示如下：

选择方向[俯视(T)/仰视(B)/左视(L)/右视(R)/前视(F)/后视(BA)/西南等轴测(SW) /东南等轴测(SE)/东北等轴测(NE)/西北等轴测(NW)] <前视>: （选择任一选项返回原来的提示）

☆ 样式(ST)：指定要用于基础视图的显示样式。选择该选项，AutoCAD 提示如下：

选择样式[线框(W)/带隐藏边的线框(E)/着色(S)/带隐藏边的着色(H)] <带隐藏边的线框>:

（选择任一选项返回原来的提示）

☆ 比例(SC)：指定要用于基础视图的绝对比例。此后视图自动导出的投影视图继承指定的比例。

☆ 可见性(V)：显示要为基础视图设置的可见性选项。对象可见性选项是特定于模型的，某些选项在选定的模型中可能不可用。选择该选项，AutoCAD 提示如下：

选择类型[干涉边(I)/相切边(TA)/折弯范围(B)/螺纹特征(TH)/表达视图轨迹线(P)/退出(X)] <退出>:

（选择任一选项返回原来的提示）

单击“注释”选项卡“工程视图”面板右下角的对话框展开器，可以弹出“绘图标准”对话框，从中可以设置“投影类型”、“螺纹样式”等。

14.3.2 投影视图

1. 功能

从现有工程视图创建一个或多个投影视图，仅在布局中可用。

2. 调用方式

☆ 功能区：注释（Annotation）=> 工程视图（Engineering View）=> 投影视图

☆ 命令行：viewproj

3. 解释

命令：viewproj↙（在图纸空间执行该命令）

选择父视图:(单击视图以用作父视图)

指定投影视图位置: (投影类型取决于放置投影视图的位置。以所需的方向拖动预览。随着靠近正交视图位置，预览捕捉到位，单击以放置该视图。提示将一直重复，直到选择退出选项。)

调用"VIEWBASE 和 VIEWPROJ"命令创建视图，系统自动创建多个图层，如表 14-1 所示。

表 14-1 使用 VIEWBASE 或 VIEWPROJ 命令后自动创建图层

图层名	对象类型
可见	可见轮廓线
可见窄线	可见相切边
隐藏	不可见轮廓线
隐藏窄线	不可见相切边

14.3.3 编辑视图

1. 功能

编辑现有工程视图。

2. 调用方式

☆ 功能区：注释（Annotation）=> 工程视图（Engineering View）=>

☆ 命令行：viewedit

3. 解释

命令：vewedit↙（在图纸空间执行该命令）

选择视图:(选择要编辑的视图)

选择选项[表达(R)/样式(ST)/比例(SC)/可见性(V)/移动(M)/退出(X)] <退出>: （各选项说明同上）

14.3.4 设置视图

1. 功能

从三维实体模型转换成二维视图。使用正投影建立视口用来安排投影图和剖面图。

2. 调用方式

☆ 功能区：常用（Home）=> 建模（Model）=> "建模" 面板展开器 =>

☆ 命令行：solview

☆ 菜　单：绘图（Draw） => 建模（Solids） => 设置（Setup）=> 视图（Solview）

3. 解释

命令：solview↙（执行该命令后，系统进入图纸空间）

输入选项[UCS(U)/正交(O)/辅助(A)/截面(S)]:

各选项说明如下：

☆ UCS(U)：选择用户所需坐标系来定义视图。选择该选项，AutoCAD 提示如下：

输入选项[命名(N)/世界(W)/?/当前(C)] <当前>:（输入合适的坐标系）

输入视图比例<1>:（输入合适的视图比例）

指定视图中心:（确定视图的中心位置）

指定视图中心<指定视口>:（可重新确定或按 Enter 键选择默认设置）

指定视口的第一个角点:（视口是一矩形，只要指定其对角线上两点即可）

指定视口的对角点:（指定对角线上另一点）

输入视图名:（输入视图名称，按 Enter 键返回原提示）

☆ 正交(O)：确定一个与已有视图垂直或水平的视图。选择该选项，AutoCAD 提示如下：

指定视口要投影的那一侧:（选中已有视口的、需要投影的那一侧的边）

指定视图中心:（其余提示含义同 UCS(u)对应提示）

指定视图中心<指定视口>:（可重新确定或按 Enter 键选择默认设置）

指定视口的第一个角点:（视口是一矩形，只要指定其对角线上两点即可）

指定视口的对角点:（指定对角线上另一点）

输入视图名:（输入视图名称，按 Enter 键返回原提示）

☆ 辅助(A)：从现有视图中创建辅助视图。 辅助视图投影到和已有视图正交并倾斜于相邻视图的平面。选择该选项，AutoCAD 提示如下：

指定斜面的第一个点:（由两点定义用作辅助投影的倾斜平面。 这两点必须在同一视口中）

指定斜面的第二个点:

指定要从哪侧查看:（指定一点确定从哪一侧观察平面）

指定视图中心:（垂直于倾斜平面的拖引线帮助选择新视口的中心。可以尝试多个点，直到确定满意的视图中心位置）

指定视图中心<指定视口>:（可重新确定或按 Enter 键选择默认设置）

指定视口的第一个角点:（视口是一矩形，只要指定其对角线上两点即可）

指定视口的对角点:（指定对角线上另一点）

输入视图名:（输入视图名称，按 Enter 键返回原提示）

☆ 截面(S)：通过图案填充创建实体图形的剖视图。

指定剪切平面的第一个点:（指定剖视图剖切面上第一个点）

指定剪切平面的第二个点:（指定第二个点，这两个点所决定的特殊位置平面座位剖切平面）

指定要从哪侧查看:（通过指定剪切平面一侧的点定义要查看的边）

输入视图比例<1>:（输入合适的视图比例）

指定视图中心:（确定视图的中心位置）

指定视图中心<指定视口>:（可重新确定或按 Enter 键选择默认设置）

指定视口的第一个角点:（视口是一矩形，只要指定其对角线上两点即可）

指定视口的对角点:（指定对角线上另一点）

调用“SOLVIEW”命令创建浮动视口，系统将自动创建多个图层，如表 14-2 所示。

表 14-2 使用 SOLVIEW 命令后自动创建的图层

图层名	对象类型
VPORTS	视口边框
视口名称-VIS	可见轮廓线
视口名称-HID	不可见轮廓线
视口名称-DZM	尺寸标注
视口名称-HAT	截面填充图案

14.3.5 设置图形

1. 功能

在 Solview 命令所建立的视口中生成剖视图和轮廓图。

2. 调用方式

☆ 功能区：常用（Home）=> 建模（Model）=>“建模”面板展开器 =>

☆ 命令行：soldraw

☆ 菜　单：绘图（Draw）=> 建模（Solids）=> 设置（Setup）=> 视图（Soldraw）

3. 解释

命令：soldraw↙

选择要绘制的视口...

选择对象：（选择由 solview 生成的浮动视口边框，可连续选取多个视图，最后按 Enter 键）

“soldraw”命令生成的投影线框图是以图块形式存在的，可用分解命令将其分解。生成剖视图前用“图案填充创建”选项卡设置剖面图案的名称及填充比例、角度，或者用系统变量 HPNAME、HPSCALE 和 HPANG 设置。

14.3.6 设置轮廓

1. 功能

在图纸空间中创建三维实体的轮廓图像。

2. 调用方式

☆ 功能区：常用（Home） => 建模（Solids） =>“建模”面板展开器 =>

☆ 命令行：solprof

☆ 菜　单：绘图（Draw） => 建模（Solids） => 设置（Setup）=> 轮廓（Solprof）

3. 解释

命令：solprof↙

选择对象：（必须在浮动模型空间中选择三维实体）

是否在单独的图层中显示隐藏的轮廓线?[是(Y)/否(N)]<是>:（选择“是(Y)”选项，系统将创建两个新的图层：PH 开头图层放置可见轮廓线， PV 开头图层放置不可见轮廓线；如果输入“N”，则系统把所有轮廓线都当作是可见的，并且放置在一个图层上）

是否将轮廓线投影到平面?[是(Y)/否(N)]<是>: （选择“是(Y)”选项，则系统将把轮廓线投影到一个与视图方向垂直并通过用户坐标系原点的平面上，生成 2D 轮廓线，否则，将生成三维实体模型的 3D 轮廓线也就是三维实体的线框模型）

是否删除相切的边?[是(Y)/否(N)]<否>:（选择“是(Y)”，则系统将删除相切边，即两个相切表面之间的分界线，如图 14-3 所示。)

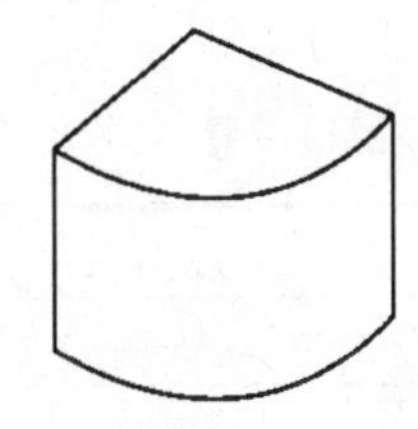
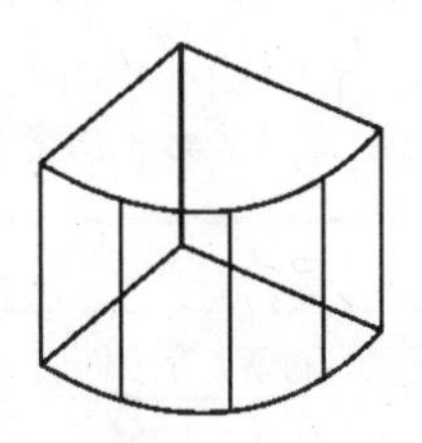

图 14-3 相切边轮廓

14.3.7 设置图形格式

1. 功能

在命名布局上，指定全局比例、创建布局视口、插入预定义标题栏，快速指定所有布局的页面设置并准备打印图形等。

2. 调用方式

☆ 命令行：mvsetup

3. 解释

命令：mvsetup↙

输入选项[对齐(A)/创建(C)/缩放视口(S)/选项(O)/标题栏(T)/放弃(U)]:

（输入选项或按 Enter 键结束命令）

各选项说明如下：

☆ 对齐(A)：在视口中平移视图，使它与另一视口中的基点对齐。其他点向当前视口移动。选择该选项，AutoCAD 提示如下：

输入选项[角度(A)/水平(H)/垂直对齐(V)/旋转视图(R)/放弃(U)]: （选择对齐方式）

(1) 角度(A)：在视口中沿指定的方向平移视图。该方向由指定基点到第二点之间的距离和角度确定。

(2) 水平(H)：在视口中平移视图，直到它与另一视口中的基点水平对齐为止。只有当两个视口水平放置时，才能使用此选项。否则视图可能会平移出视口的边界。

(3) 垂直对齐(V): 在视口中平移视图，直到它与另一视口中的基点垂直对齐为止。只有当两个视口垂直放置时，才能使用此选项。否则视图可能会平移出视口的边界。

(4) 旋转视图(R): 在视口中围绕基点旋转视图。

(5) 放弃(U): 撤消当前 MVSETUP 任务中已执行的操作。

☆ 创建(C)： 创建新视口、删除现有视口。标准工程视口设置见 14-3。

☆ 缩放视口(S)： 调整对象在视口中显示的缩放比例因子。缩放比例因子是边界在图纸空间中的比例和图形对象在视口中显示的比例之间的比率。例如比例 1:4 的工程图，“1” 表示图纸空间单位数，“4” 表示模型空间单位数。可以单独设置每一个视口的缩放比例，也可以统一对所有视口设置相同的比例因子。

☆ 选项(O)： 更改图形前先设置 MVSETUP 配置。“图层” 指定要插入标题栏的图层。“图形界限” 指定在插入标题栏后是否重置栅格界限。“单位” 指定是否将尺寸和点坐标转换为英寸或毫米图纸单位。“外部参照”指定标题栏是采用插入还是采用外部参照。

☆ 标题栏(T)： 准备图纸空间，通过设置原点来调整图形方向，并创建图形边界和标题栏。“原点”重新指定此图纸的原点。“插入”显示标题栏选项。“添加“向列表中添加标题栏选项。

表 14-3 标准工程视口设置

坐标	视图
UCS 的 XZ 平面	主视图
UCS 的 XY 平面	俯视图
UCS 的 YZ 平面	左视图
右前	东南等轴测视图

14.4 打印页面设置及输出

14.4.1 页面设置

1. 功能

对打印设备及打印布局进行详细设置并保存，可运用在当前和其它的布局中。

2. 调用方式

☆ 功能区：输出（Output） => 打印（Print）=>

☆ 命令行：pagesetup

☆ 菜　单：文件（File）=> 页面设置管理器（Pagesetup）

☆ “模型”选项卡或“布局”选项卡上单击右键，选取“页面设置管理器”选项。

3. 解释

调用该命令，弹出“页面设置管理器”对话框，如图 14-4 所示。各选项说明如下：

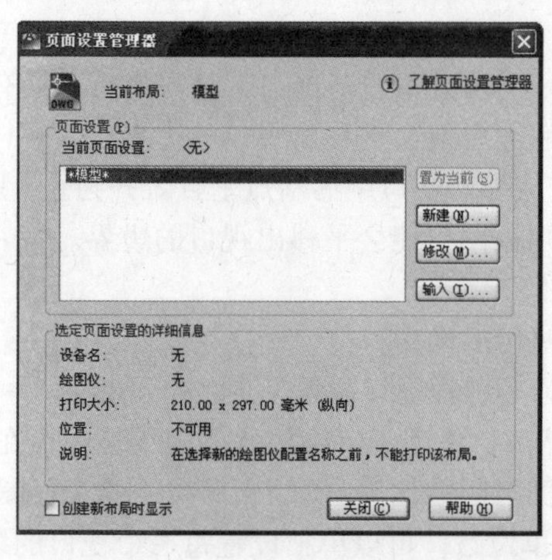

图 14-4 “页面设置管理器”对话框

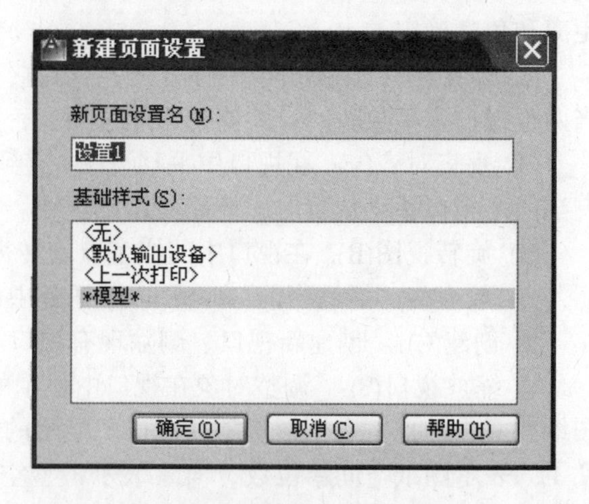

图 14-5 “新建页面设置”对话框

☆ “置为当前”按钮：设置所选页面设置为当前布局的当前页面设置。

☆ “新建”按钮：命名新页面设置名、设置新页面设置的基础样式。单击“新建”按钮，弹出“新建页面设置”对话框，如图 14-5 所示。输入新页面设置名，单击“确定”按钮，弹出“页面设置”对话框，如图 14-6 所示。各选项说明如下：

图 14-6 “页面设置”对话框

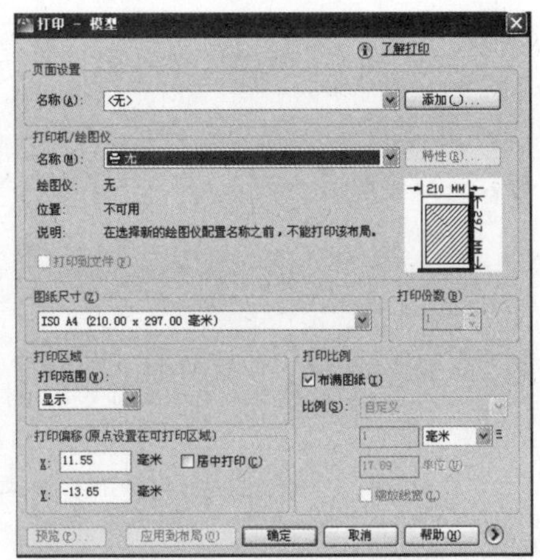

图 14-7 “打印”对话框

(1)“页面设置”区：显示当前页面设置名称。

(2)“打印机/绘图仪”区：指定打印或发布布局或图纸时使用的已配置的打印设备。“名称”下拉列表框中选择已安装驱动程序的打印设备。单击“特性”按钮弹出“绘图仪配置编辑器”对话框，打印机的基本特征都可以通过该对话框进行修改。

(3)“打印样式表（画笔指定）”区：从下拉菜单中选择需要的样式。单击“编辑”按钮，可修改打印样式表中包含的打印样式定义，创建新的打印样式。

(4)“图纸尺寸”区：通过“图纸尺寸”下拉列表框选择图纸大小。

(5)“打印区域”区：在“模型”空间中打印区域选择有“图形界限”、“显示”、“窗口”三种方式。在“布局”空间中打印区域选择有“布局”、“范围”、“显示”、“窗口”四种方式决定。

(6)“图形方向”区：设置打印机图纸上的图形方向，包括横向和纵向。

(7)“打印比例”区：设置打印出的图形尺寸与实际图形尺寸之比。可在“比例”下拉列表框中选取，也可自行定义。

(8)“打印偏移”区：确定打印出的图形在图纸中的位置，可通过复选框选择自动居中打印，或输入 X，Y 坐标值确定。

(9)“打印选项”区：选择是否打印对象线宽，是否使用透明度打印，是否按样式打印，是否最后打印图纸空间，是否隐藏图纸空间对象。

(10) “着色视口选项”区：设置立体图形的打印方式。

☆ “输入”按钮：选择已经创建好的页面设置，放到文本框中。

☆ “修改”按钮：修改选中的页面设置。

14.4.2 绘图仪管理器（Plotter Mangaer）

1. 功能

可以编辑已有的打印机配置，或添加新的打印机。

2. 调用方式

☆ 功能区：输出（Output） => 打印（Print）=>

☆ 命令行：plottermanager

☆ 菜　单：文件（File）=> 绘图仪管理器（Plotter Manager）

3. 解释

调用该命令，弹出“绘图仪”对话框。该对话框中列出了已有的打印设备的类型，可以双击该图标修改该打印设备的特性，也可双击“添加绘图仪向导”图标添加打印设备。

14.4.3 打印输出

1. 功能

通过打印机输出图形实体

2. 调用方式

☆ 功能区：输出（Output）=> 打印（Print）=> 打印

☆ 命令行：plot

☆ 菜　单：文件（File）=> 打印（Plot）

☆ 工具栏：

3. 解释

调用该命令，弹出“打印”对话框，如图 14-7 所示。各个选项在 14.4.1 节页面设置中已作出了详细说明，其余选项说明如下：

☆ “添加”按钮：单击该按钮，弹出“添加页面设置”对话框，可以将“打印”对话框中的当前设置保存到命名页面设置。可以通过“页面设置管理器”修改此页面设置。

☆ “预览”按钮：实现打印完全预览。

应用实例

14.5 创建“支墩轴”工程图

14.5.1 创建要求

调用“VIEWBASE 和 VIEWPROJ”命令创建三维实体“支墩轴”的三视图及轴测图。

14.5.2 创建步骤

1. 创建实体模型

按图 14-8 所示尺寸，绘制实体模型。下面是创建该模型步骤：

☆ 调用“常用”选项卡“建模”面板“box”命令创建 90 × 80 × 90 底座部分。

☆ 调用“fillet”命令生成底座 R8 圆角。

☆ 调用“常用”选项卡“建模”面板“cylinder”命令以某一圆角的圆心为圆心创建直径为 Ø10、高为 5 和直径为 Ø7、高为 15 的圆柱。

☆ 调用“3darray”命令矩形阵列生成行距为“68”、列距为“70”的其它三对圆柱。

☆ 调用布尔运算“差集”命令打通底座上四个台阶孔。

☆ 调用“常用”选项卡“建模”面板“cylinder”命令以底座地面中心为圆心创建直径为 Ø44、高为 90 和直径为 Ø30、高为 90 的圆柱。

☆ 调用“UCS”命令移动 UCS 坐标到底座左上方中心点处，并且旋转到适合位置。调用“面域”命令绘制前面肋板平面图形，调用“常用”选项卡“建模”面板“拉伸”命令拉伸高度为 5 生成前面肋板左半部分。（因肋板角度是 74°，所以不适合用“wedge”命令。）

☆ 调用“三维镜像”命令生成前面肋板右半部分，再次调用“三维镜像”命令生成底座后面肋板。

☆ 调用布尔运算“并集”命令使两块肋板和底座融合为一个实体。

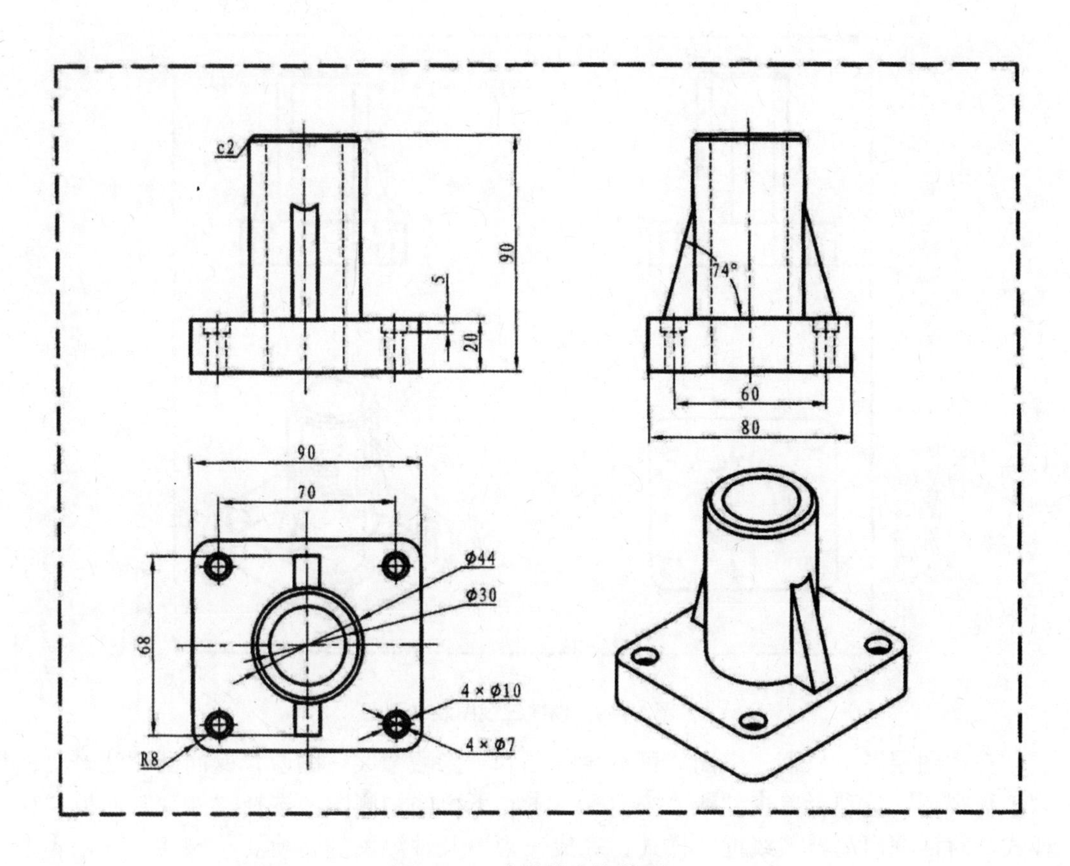

图 14–8 支墩轴实体模型

2. 进入图纸空间，删除视口

单击“布局 1”选项卡，在功能区“常用”选项卡“修改”面板调用“erase”命令，单击视口边框线上任意一点，删除默认生成的视口。

3. 创建三视图及轴测图

命令：viewbase↙

指定基础视图的位置或[类型(T)/表达(R)/方向(O)/样式(ST)/比例(SC)/可见性(V)]<类型>: sc↙

输入比例 <0.5>: 1↙

指定基础视图的位置或[类型(T)/表达(R)/方向(O)/样式(ST)/比例(SC)/可见性(V)] <类型> :o

选择方向[俯视(T)/仰视(B)/左视(L)/右视(R)/前视(F)/后视(BA)/西南等轴测(SW)/东南等轴测(SE)/东北等轴测(NE)/西北等轴测(NW)]<前视>: ↙

指定投影视图的位置或<退出>:（在可打印的虚线区域内指定视图位置）

命令：viewproj↙

选择父视图:（选择已建好的基础视图）

指定投影视图的位置或 <退出>:（在基础视图的正左方确定左视图的位置）

指定投影视图的位置或 <退出>:（在基础视图的正下方确定俯视图的位置）

指定投影视图的位置或 <退出>:（在右下角确定轴测图的位置）

AutoCAD 会自动生成可见、可见窄线、隐藏、隐藏窄线图层。结果如图 14–9 所示。

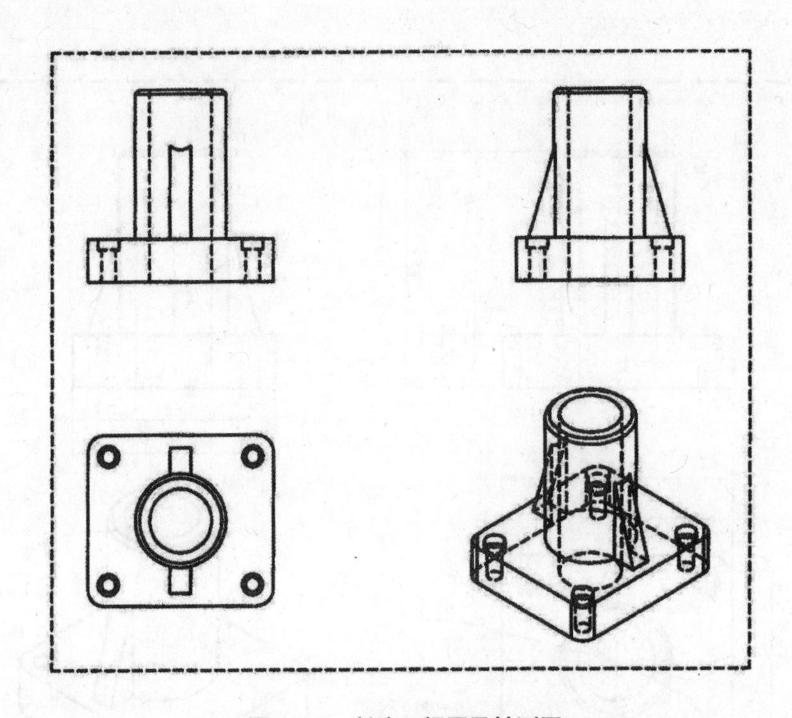

图 14–9　创建三视图及轴测图

在“图层”下拉框，关闭“可见窄线”和“隐藏窄线”图层，返回到“注释”面板“工程视图”选项卡单击“ ”按钮，单击右下角的轴测图，选择“外观”面板“视图样式”对话框启动器“线框”样式，完成三视图及轴测图的转换。

4. 绘制轴对称线及标注尺寸

单击“常用”选项卡“图层”面板“ 图层特性管理器”按钮，弹出“图层特性管理器”对话框，单击“新建图层”按钮，图层名设置为“中心线”，线型设置为“CENTER”，其余选项继承“0”层特性，按照图 14–8 所示绘制三视图轴对称线，根据需要调用“linetype”命令调整虚线、点划线的线性比例。单击“新建图层”按钮，图层名设置为“标注”，其余选项继承“0”层特性，把该层置为“当前层”，按照图 14–8 所示标注尺寸。

5. 保存文件

保存文件名为“支墩轴”。

6. 打印

单击“输出”选项卡“打印”面板“ 页面设置管理器”按钮，弹出“页面设置管理器”对话框，新建“设置 1”，各选项设置如下：

☆ 页面设置名称：设置 1

☆ 打印样式表：无

☆ 打印区域：布局

☆ 图纸尺寸：A4（297 × 210mm）

☆ 打印比例：1：1

☆ 图形方向：横向

☆ 打印偏移：X：0.00mm；Y：0.00mm

单击“输出”选项卡“打印”面板“打印”按钮，弹出“打印”对话框，页面设置选项选择“设置 1”，单击“预览”按钮预览打印，如图 14-8 所示，单击鼠标右键，选择“打印”选项，打印出图。

14.6 生成支座工程图

14.6.1 创建要求

1. 调用“SOLVIEW 和 SOLDRAW”命令创建三维实体支座的三视图。
2. 调用“VPORTS 和 SOLPROF”命令创建三维实体支座的轴测图。

14.6.2 创建步骤

1. 创建实体模型

按图 14-10 所示尺寸，创建实体模型。下面是创建该模型步骤：

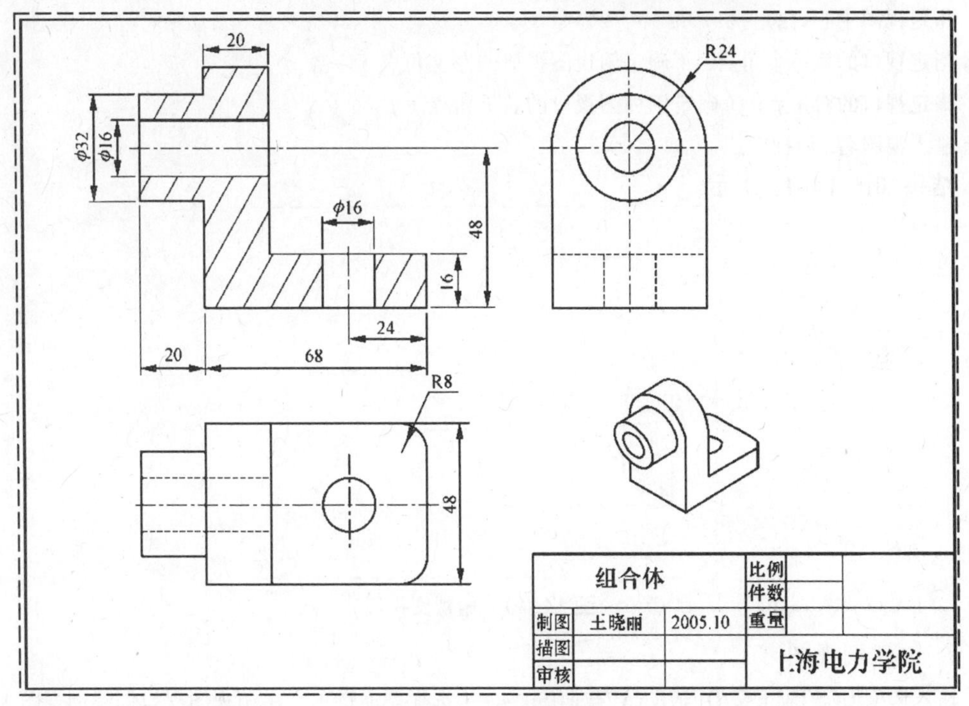

图 14-10 实体模型

☆ 调用“实体”选项卡“图元”面板“box”命令创建 68 × 48 × 16 底座部分。

☆ 调用“UCS”命令移动 UCS 到合适位置，创建竖板 U 形柱体部分。

☆ 调用“UCS”命令移动 UCS 到 U 形柱体的半圆柱左前端圆心处，并旋转 UCS 坐标，创建直径为 Ø32、高为 20 的圆柱。

☆ 调用布尔运算“并集”命令使三个实体融合为一个实体。

☆ 以 Ø32 圆柱左端面圆心为圆心、创建直径为 Ø16、高为-40 的圆柱。调用布尔运算“差集”命令打通竖板部分 Ø16 孔。

☆ 调用“UCS”命令移动 UCS 到初始位置，在底板上创建 Ø16、高为 16 的圆柱。调用布尔运算“差集”命令打通底座上 Ø16 孔。

☆ 调用“fillet”命令生成底座右侧 R8 圆角。

2. 进入图纸空间，删除视口

单击“布局 1”选项卡，“常用”选项卡“修改”面板调用“erase”命令，单击视口边框线上任意一点，删除默认生成的视口。

3. 创建工程图视口

☆ 创建俯视图

命令: solview↙

输入选项[UCS(U)/正交(O)/辅助(A)/截面(S)]: u↙

输入选项[命名(N)/世界(W)/?/当前(C)]<当前>: w↙

输入视图比例<1>: ↙

指定视图中心:

指定视图中心<指定视口>:↙

指定视口的第一个角点:（确定俯视图视口的左上角点）

指定视口的对角点:（确定俯视图视口的右下角点）

输入视图名: 俯视图↙

结果如图 14-11 所示

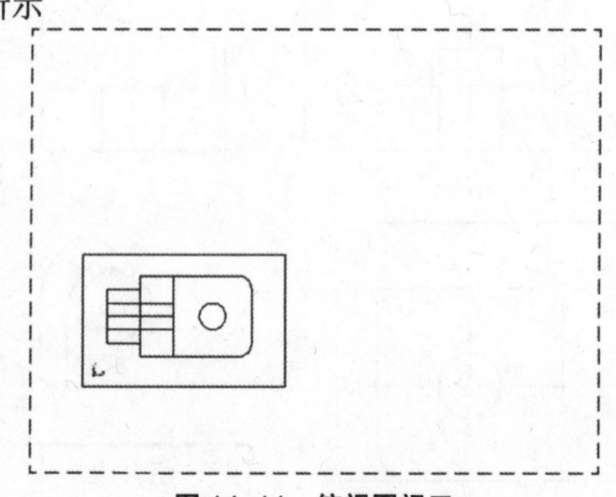

图 14-11 俯视图视口

☆ 创建剖视图

输入选项[UCS(U)/正交(O)/辅助(A)/截面(S)]: s↙（选择截面选项，由俯视图视口创建剖视图）

指定剪切平面的第一个点:（捕捉俯视图水平中心位置上其中一点）

指定剪切平面的第二个点:（捕捉俯视图水平中心位置上另外一点）

指定要从哪侧查看:（选择俯视图水平中心位置下面任一点）

输入视图比例<1>: ↙

指定视图中心:（在俯视图视口上方适当位置处单击鼠标，确定剖视图视口的中心位置）

指定视图中心<指定视口>: ↙

指定视口的第一个角点:（确定剖视图视口的左上角点）

指定视口的对角点:（确定剖视图视口的右下角点）

输入视图名: 剖视图↙

结果如图 14-12 所示。

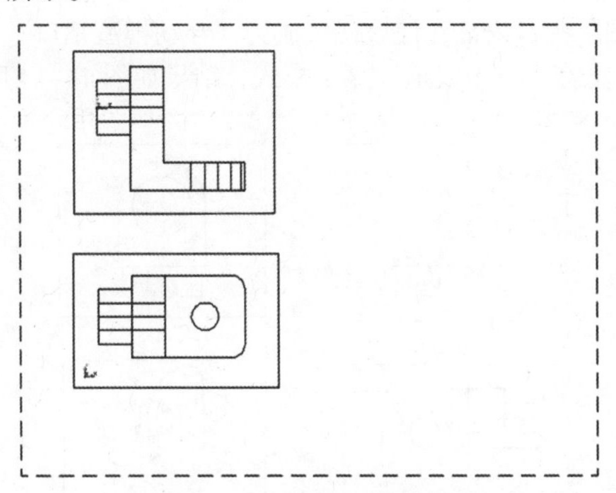

图 14-12 创建剖视图视口

☆ 创建左视图

输入选项[UCS(U)/正交(O)/辅助(A)/截面(S)]: o↙（选择正交选项，由剖视图视口创建左视图）

指定视口要投影的那一侧:（选择剖视图视口左边框的中点）

指定视图中心:（在剖视图视口右方适当位置处单击鼠标，确定左视图视口的中心位置）

指定视图中心<指定视口>:↙

指定视口的第一个角点:（指定左视图视口的左上角点）

指定视口的对角点:（指定左视图视口的右下角点）

输入视图名: 左视图↙（指定视口的名称）

结果如图 14-13 所示。

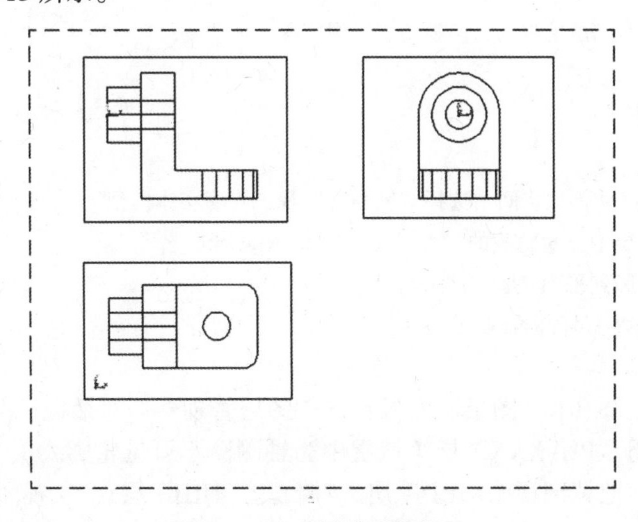

图 14-13 创建左视图视口

4. 创建轴测图视口

☆ 单击“视图”选项卡“视口”面板“命名视口”按钮，弹出“视口”对话框，选择“新建视口”选项卡，设置如下：“标准视口”为“单个”、“设置”为“三维”、“修改视图”为“东南等轴测”，单击“确定”按钮，关闭“视口”对话框。在布局空间右下角适当位置指定该视口的位置。

☆ 双击“轴测图”视口内部，使该视口成为“浮动模型视口”，单击“视图”选项卡“视觉样式”面板选择“二维线框”显示模式，结果如图 14–14 所示。

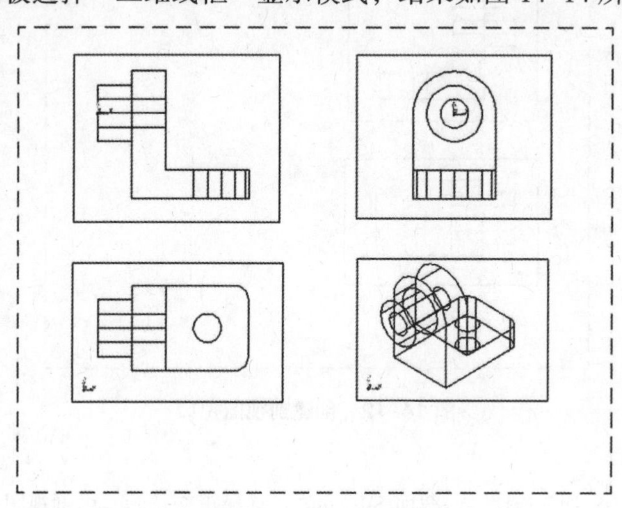

图 14–14 创建轴测图视口

5. 修改剖视图的填充图案

命令: hpname ↙(修改剖面线样式)

输入 hpname 的新值< “ANGLE” >: ansi31↙（输入新的剖面线样式名）

6. 生成实体轮廓线

命令: soldraw ↙

选择要绘图的视口...

选择对象:（分别单击主视图、俯视图、剖视图）

选择对象: ↙

7. 生成轴测图

命令：solprof↙

选择对象:（在浮动模型空间中选择“轴测图”视口支座实体模型）

是否在单独的图层中显示隐藏的轮廓线?[是(Y)/否(N)]<是>: ↙

是否将轮廓线投影到平面?[是(Y)/否(N)]<是>: ↙

是否删除相切的边?[是(Y)/否(N)]<否>:

8. 设置图层

单击“常用”选项卡“图层”面板打开“图层管理器”对话框，关闭 0 层（该层中为实体模型）、关闭“PH–XXX”层（该层中为轴测图不可见轮廓线）、VPORT（该层中为视口边框）。分别把“剖视图–HID”层、“俯视图–HID”层、“主视图–HID”层的线型设置为 ACAD–ISO02W100。）

命令: la ↙（新建一个图层 DXH，用于绘制三视图中的轴线及对称中心线，线型设置为

ACAD-ISO04W100，其余不变，并将其设置为当前层。新建一个图层 DIM，用于标注三视图中的尺寸。）

调用“Line”命令绘制视图中的轴线、对称中心线，根据需要调用“linetype”命令调整虚线、点划线的线性比例，并在 DIM 层标注尺寸。

如果创建的主视图、俯视图、剖视图没有对齐，即不满足“主俯视图长对正、主左视图高平齐、俯左视图宽相等”的原则、则可以使用设置视图格式命令“MVSETUP”，分别将其对齐和调整相应的缩放比例。

9. 保存、打印

调用“保存”命令保存图形。单击“输出”选项卡“打印”面板“”按钮，弹出“页面设置管理器”对话框，新建“设置 1”各选项设置如下：“页面设置名称”为“设置 2”，“打印样式表”为“无”，“打印区域”为“布局”，“图纸尺寸”为“A4(297 × 210mm)”，“打印比例”为“1:1”，“图形方向”为“横向”，“打印偏移”为“X：0.00mm；Y：0.00mm”。

单击“输出”选项卡“打印”面板“打印”按钮，弹出“打印”对话框，页面设置选项选择“设置 2”，单击“预览”按钮预览打印，如图 14–10 所示，单击鼠标右键，选择“打印”选项，打印出图。

习题

1. 生成图 14–15、16 所示实体模型相应的工程图，并标注尺寸，打印出图。

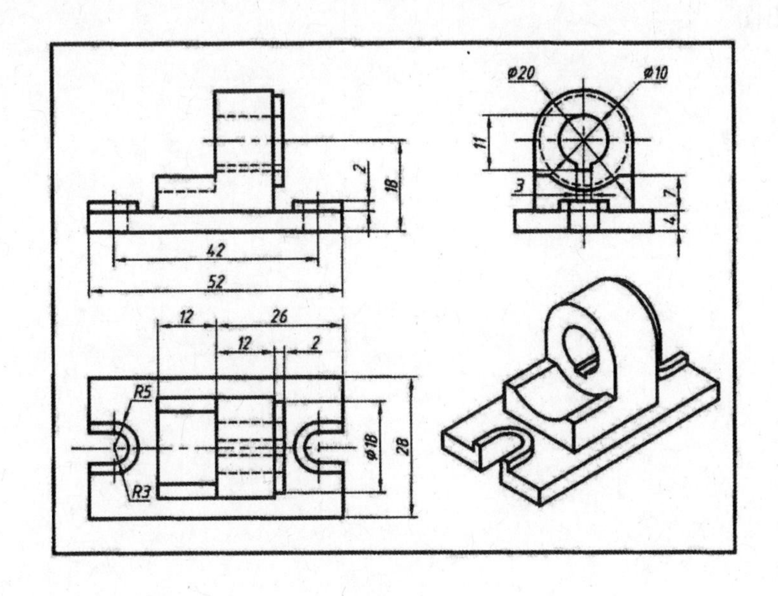

图 14–15 底座

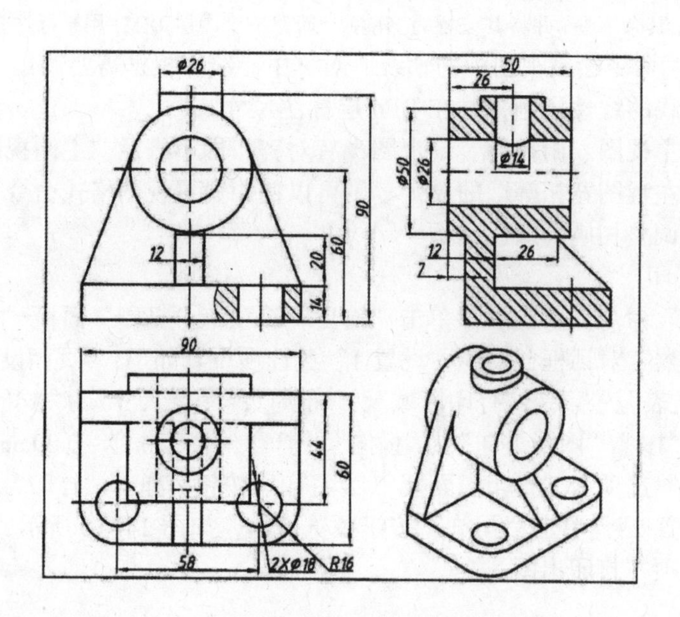

图 14-16 轴承座

2. 生成图 13-38、39、40 所示实体模型相应的工程图，并标注尺寸，打印出图。

3. 根据图 10-33、34、35 所示零件图创建实体模型，生成相应的工程图，并标注尺寸，打印出图。